Solventes Industriales

Selección, Formulación y Aplicación

Paulo Garbelotto
Coordinador

Solventes Industriales

Selección, Formulación y Aplicación

Tradução:
Hebe Caletti Marenco

EDITORIAL BLUCHER 50 años

Rhodia

Título original
Solventes industrias: seleção, formulação e aplicação

A edição em língua portuguesa foi publicada pela
EDITORA EDGARD BLUCHER LTDA.

EDITORA EDGARD BLUCHER LTDA.
Rua Pedroso Alvarenga, 1245 – 4° andar
04531-012 – São Paulo, SP – Brasil
Fax: (55_11) 3079-2707
Tel.: (55_11) 3078-5366
e-mail: editora@blucher.com.br
site: www.blucher.com.br

ISBN 978-85-212-0478-7

FICHA CATALOGRÁFICA

Solventes industriales : selección, formulación y aplicación / Paulo Garbelotto, coordenador ; [tradução Hebe Caletti Marenco] . -- São Paulo : Edgard Blucher : Rhodia, 2008.

Título original: Solventes industriais : seleção, formulação e aplicação.

Vários autores.
ISBN 978-85-212-0478-7 (Editora Blucher)

1. Solventes I. Garbelotto, Paulo.

08-09858 CDD-660.29482

Índices para catálogo sistemático:

1. Solventes industriais : Físico-química aplicada 660.29482

Presentación

Informar, formar, educar: trinomio atemporal que invariablemente se le atribuye a los líderes.

Desde hace más de tres décadas Rhodia se dedica a invertir, en Brasil, en nuevas tecnologías en el campo de los solventes con el objetivo de fomentar el desarrollo de la industria. La historia de este libro traduce ese espíritu.

Todo empezó con la idea de compartir el conocimiento que acumulamos no sólo en los procesos de fabricación sino en el mercado, las aplicaciones, propiedades físicas, técnicas analíticas, cuidados y conceptos de seguridad, medio ambiente y responsabilidad.

El desafío lo aceptaron catorce miembros de diferentes áreas de nuestra corporación. Fueron horas, días, semanas y meses de dedicación voluntaria, con el fin de reunir lo más reciente que existe sobre este asunto.

Es así como el resultado de esta obra es una recopilación de conceptos prácticos y precisos, escritos de una forma absolutamente sencilla sin perder, a pesar de ello, la profundidad inherente a la condición de un verdadero clásico.

Estimado lector, lo invito a viajar por el mundo de los solventes industriales.

Dirección Rhodia

Prefacio

El solvente, considerado muchas veces como un simple medio de reacción, representa en realidad un universo de gran complejidad, cuyos secretos se desentrañan en este libro. Esa palabra expresa la capacidad de disolver alguna especie o entidad permitiendo que esas moléculas penetren en la fase líquida y sean transportados para cumplir alguna finalidad o propósito. En esta operación participan todas las fuerzas que actúan en la especie que se va a disolver, el soluto, y también las de la interfase soluto-solvente y las que existen entre las moléculas del solvente. Por dicho motivo se precisa comprender y ecuacionar correctamente el papel de las interacciones dipolares, de los puentes de hidrógeno y de las fuerzas de van der Waals. Paralelamente a estas fuerzas actúa la naturaleza entrópica del solvente. Por lo tanto, abordar científicamente el papel del solvente es esencial para determinar la función que va a desempeñar en un proceso tecnológico. El abordaje científico del papel del solvente es esencial para prever su comportamiento en los procesos tecnológicos. Éste es uno de los aspectos importantes que el presente libro le ofrece al lector al permitirle conocer profundamente el mundo de los solventes.

Las implicaciones del tema son inmensas, empezando por el agua, el solvente universal sin el cual no habría vida. De hecho, desde la magnitud de los océanos hasta el minúsculo tamaño de una célula las transformaciones químicas más importantes ocurren en fase líquida. Los solventes forman parte de casi todas las fórmulas que se usan en las más variadas etapas de la producción industrial. En la mayoría de ellas el solvente tiene una función transitoria porque al final del proceso se lo debe retirar, pero se debe tener el cuidado de hacerlo correctamente para no afectar el resultado. Es el caso de las pinturas, en que debe estudiar la composición de la mezcla de solventes que se van a utilizar sobre la base que parámetros físicos para que la evaporación de los componentes más volátiles no provoque la precipitación del soluto en la mezcla remanente. La importancia del estudio científico es otro aspecto que el lector podrá comprender leyendo este libro.

Los solventes se aplican, la mayoría de las veces, en ambientes al aire libre, como la pintura de residencias y edificios y los procesos de impresión y limpieza industrial y doméstica. Es así como algunos solventes terminan su ciclo de utilización en la atmósfera y otros, solubles en agua, producen contaminación hídrica y del suelo. Esto da origen a serios problemas que justifican la creciente preocupación sobre la preservación de la calidad de vida y del medio ambiente que se refleja en una serie de normas de carácter nacional e internacional a las que se debe ajustar el uso de los solventes. En este libro el lector va a encontrar dichas normas debidamente comentadas y también una presentación muy bien fundamentada sobre los procedimientos de la denominada "Química Verde", orientada hacia la elección correcta en pro de la conservación de la calidad de vida y del desarrollo sustentable.

Al final, abordados con mucho criterio, se presentan diversos aspectos de carácter técnico sobre análisis y monitoreo, y también de carácter económico y comercial, que componen un panorama amplio y actual de los solventes industriales. Los autores, profesionales de reconocida competencia que trabajan Rhodia, comparten en este magnífico libro su experiencia y sus conocimientos, sin dejar de lado los aspectos relevantes relacionados con la salud, la seguridad y el medio ambiente

Henrique E. Toma

Profesor Titular del Instituto de Química de la Universidad de San Pablo

Sobre los autores

Alessandro Rizzato

Licenciado y Master en Química de la Universidade Estadual Paulista (UNESP). Doctor en Química de la UNESP y de la Université de Bourgogne, Dijon – Francia. Postdoctorado en Química de Materiales Cerámicos Nanoestructurados y Mesoporosos. Desde hace dos años trabaja como investigador en el Laboratorio de Físico-Química del Centro de Investigación y Tecnología de Rhodia de Paulinia y tiene a su cargo el sector Desarrollo y Aplicación de productos a base de bicarbonatos. Desde mayo de 2006 es Black Belt Six Sigma de Rhodia.

Ana Cristina Leite

Ingeniera Química de la UNICAMP, con postgrado en Marketing en la Fundación Getúlio Vargas. Trabaja desde hace diez años en la industria química y actualmente tiene a su cargo el área de marketing de las divisiones químicas de Rhodia en América Latina.

Cristina Maria Schuch

Licenciada y Master en Química de la Universidade Federal de Rio Grande do Sul (UFRGS). Doctora en Química de la Universidade Estadual de Campinas (UNICAMP). Trabaja desde hace seis años en la industria química y actualmente es investigadora senior del Centro de Investigaciones de Rhodia de Paulinia, en el departamento de Química Analítica.

Danilo Zim

Doctor en Química de la Universidade Federal do Rio Grande do Sul (UFRGS) con posdoctorado en el Massachusetts Institute of Technology (MIT). Trabaja desde 2003 en la concepción y mejoría de procesos químicos y actualmente es investigador del Centro de Investigaciones de Rhodia de Paulinia.

Denílson José Vicentim

Licenciado en Química, recibido en la PUC Campinas. Trabaja desde 1987 en el Centro de Investigaciones de Rhodia de Paulinia. Actualmente es Especialista en Desarrollo y Aplicaciones para los mercados de pinturas y barnices, tintas de impresión, *thinners*.

Edson Leme Rodrigues

Doctor en Ingeniería Química de la Universidade Federal de São Carlos (UFSCar). Actúa desde 2000 en el desarrollo de procesos químicos y petroquímicos. Actualmente es investigador del Centro de Investigaciones de Rhodia de Paulinia, en el área de desarrollo y aplicaciones para los mercados de ésteres, poliésteres y poliuretanos y también trabaja en la concepción de procesos químicos en escala piloto.

Fabiana Marra

Licenciada en Química de la Facultad Oswaldo Cruz. Postgraduada en Administración Industrial de la Fundación Vanzolini de la Universidade de São Paulo. Trabaja desde hace quince años en industrias de pinturas y sus proveedores y actualmente está a cargo del marketing de la unidad de negocios de solventes de Rhodia.

Fernando Zanatta

Farmacéutico recibido en la Universidade Metodista de Piracicaba. Especialista en *Product Stewardship* y en Sistemas de Gestión de la Calidad. Trabaja en Rhodia como especialista corporativo en *Product Stewardship* para América Latina.

Hidejal Santos

Biólogo e Ingeniero Civil y Sanitarista, recibido en la PUC CAMPINAS. Trabaja en el Centro de Investigaciones de Rhodia de Paulinia-CPP desde el 78. Desde el 92 trabaja en el Centro de Investigaciones de Rhodia de Paulinia en el área de Tecnología y Medio Ambiente. Actual Consultor en Medio Ambiente y "garantizador" en las áreas de Higiene Industrial y Análisis de Riesgo de Procesos.

Léo Santos

Licenciado y Master en Química de la Universidade Estadual Paulista (UNESP), Doctor en Química de la UNESP y la Université de Montpellier II - Montpellier – Francia. Postdoctorado en Química de Materiales: Polímeros, Superficies y Estado Amorfo. Trabaja desde hace tres años en el Centro de Investigaciones y Tecnología de Rhodia de Paulinia como investigador en el Laboratorio de Físico-Química, y desde octubre de 2006 tiene a su cargo el sector de Análisis Químico Industrial en el Complejo Industrial Químico de Paulinia.

Maria Luiza Teixeira Couto

Master en Geociencias de la UNICAMP e Ingeniera Química de la Universidad Federal de Minas Gerais; trabaja en el área de medio ambiente del Centro de Investigaciones de Rhodia de Paulinia.

Rosmary De Nadai

Licenciado en Química de la UNICAMP. Especialista en Gestión Ambiental de la UNICAMP. Trabaja en el área de medio ambiente en el Centro de Investigaciones de Rhodia de Paulinia (CPP).

Sérgio Martins

Licenciado en Química con atribuciones tecnológicas de la UFSCar. Master en Química de la USP. Trabaja desde 1994 en el Centro de Investigaciones de Rhodia de Paulinia, habiendo tenido a su cargo durante este período los Laboratorios de Caracterización Molecular y de Química de Procesos. Actualmente es Especialista en Desarrollo y Aplicaciones para los mercados de adhesivos, cuero, mineración, pinturas y barnices.

Contenido

5 Propiedades físico-químicas de los solventes

6 Parámetro de solubilidad

7 Principales criterios de elección de un solvente

8 Los solventes y sus aplicaciones

9 Métodos para el análisis de solventes

10 Una área comprometida con la sustentabilidad

1 Panorama

El mercado de los solventes industriales

El objetivo de este capítulo es presentar un panorama sobre los solventes: su historia, sus mercados, los principales productos y como forman parte de algunas cadenas de producción.

Ana Cristina Leite

Fabiana Marra

El universo de los solventes es muy amplio y sus aplicaciones están presentes en nuestro día a día. Los solventes destinados a la utilización industrial son los que se producen y utilizan en mayor cantidad y también son componentes clave en diversos procesos y productos. Sólo para citar algunos ejemplos: pinturas, envases, adhesivos, productos de limpieza, purificación de fármacos y productos químicos en general.

El objetivo de este capítulo es presentar un panorama sobre los solventes: su historia, sus mercados, los principales productos y de qué manera forman parte de algunas cadenas de producción.

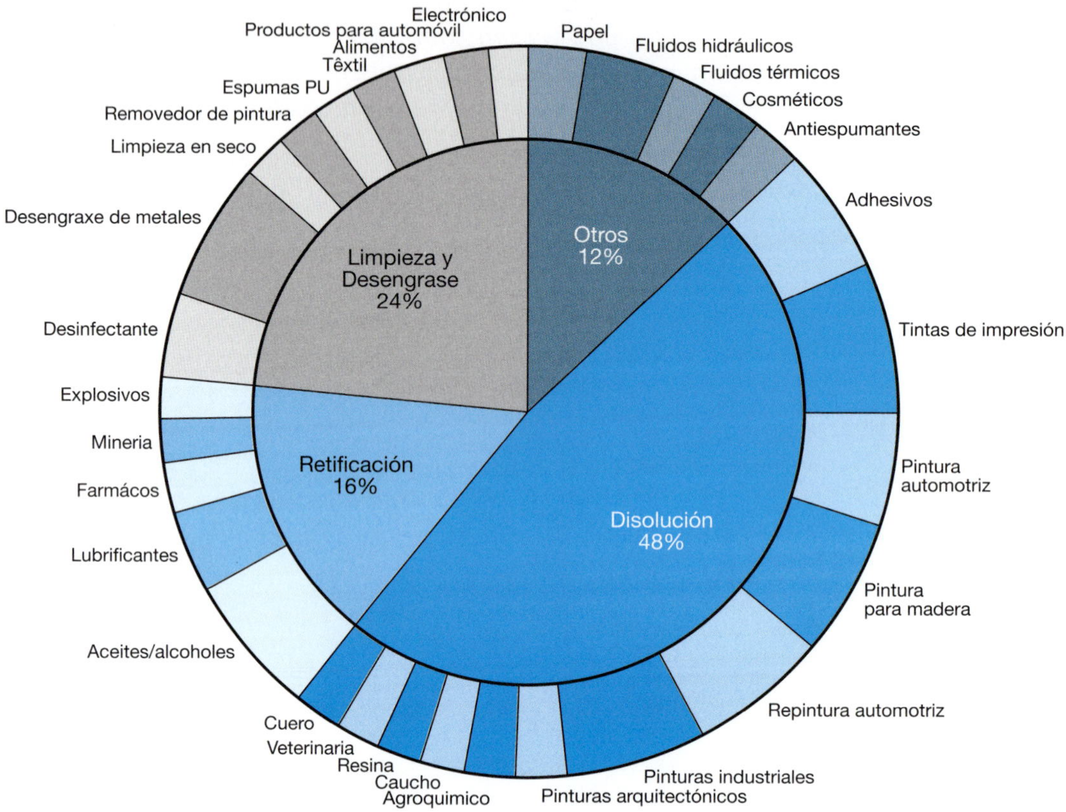

Figura 1.1. Solventes: una familia de productos presentes en una amplia gama de mercados finales.

1.1. Reseña histórica

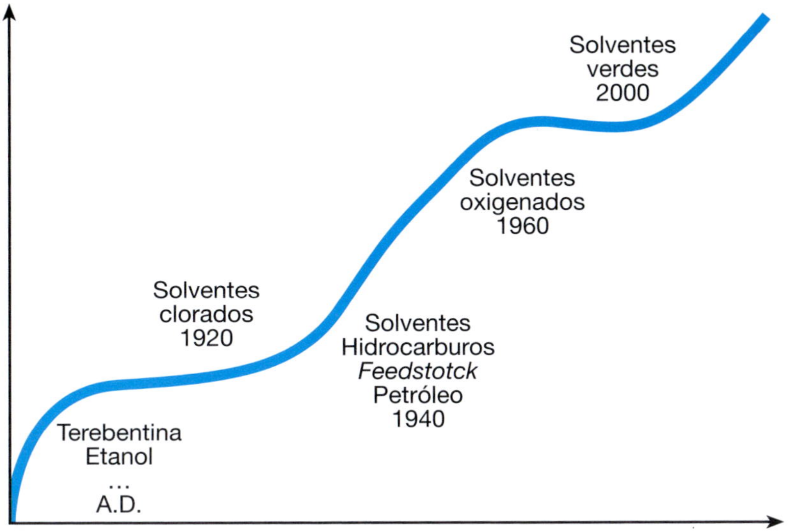

Figura 1.2. La historia de los solventes.

1.1.1. El principio

Se cree que los primeros solventes utilizados fueron los hidrocarburos, como la terebintina, que se extraía de la madera, y el etanol proveniente de los procesos de fermentación. Los griegos y los romanos fermentaban la uva y la caña de azúcar para obtener etanol y descubrieron que, a pesar de que ese líquido tenía un comportamiento parecido al del agua y se parecía al agua, podía disolver aceites y resinas.

Hay registros de que, antes de Cristo, los asirios usaban solventes con fines medicinales. También hay datos que comprueban que los egipcios los usaban para sintetizar sustancias de uso cosmético. Unos trabajos realizados en conjunto por químicos de L'Oreal y científicos del museo de Louvre de París permitieron llegar a la conclusión de que el color negro de las muestras de maquillaje analizadas en reliquias del segundo milenio era de naturaleza sintética, es decir, elaborado a partir de componentes que no se encuentran en la naturaleza.

Antoine de Chiris y Roure Bertrand Fils marcaron un hito en la historia de los solventes cuando presentaron en la Feria Mundial de París de 1900 esencias extraídas con solventes volátiles, lo que les permitió ganar el gran premio de la feria.

El primer solvente de origen petroquímico se produjo en 1920.

En 1918, al finalizar la Primera Guerra Mundial, surgió la necesidad de la producción en gran escala. Los solventes para pinturas se empezaron a utilizar para atender la demanda de un mercado que se estaba reconstruyendo y que tenía prisa.

En la industria automotriz, con la introducción de máquinas que permitían acelerar el trabajo de pintura de los automóviles, se enfrentó el problema de tener que contar con procesos de secado más rápido. Las resinas a base de aceites vegetales y las de madera se reemplazaron por resinas a base de nitrocelulosa. Como una simple observación podemos recordar que al finalizar la guerra se acabó el trabajo en las fábricas de pólvora y, debido a la necesidad de producir esas nuevas resinas, se volvieron a usar los equipos que habían quedado desactivados.

Después aparecieron las resinas fenólicas, que fueron las primeras resinas sintéticas (1920). En 1930 se empezaron a comercializar las resinas alquídicas.

La evolución de los diversos tipos de resinas y de la tecnología de producción de pinturas impulsó y modeló el uso de los solventes orgánicos industriales. El motor de esta evolución fue, sin ninguna duda, la necesidad de contar con resinas más modernas y de secado rápido [1].

1.1.2. Primera tendencia: el proceso de substituición de los clorados

Los primeros solventes producidos fueran los organoclorados. ICI (International Coatings Industry) Fue la primera empresa que produjo y utilizó los solventes sintéticos organoclorados,

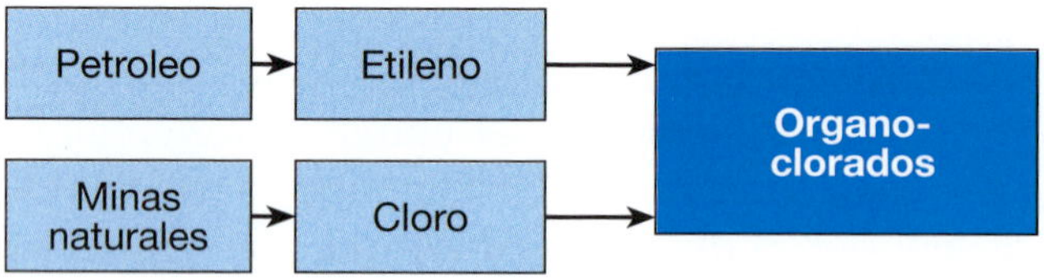

Figura 1.3. Esquema ilustrativo de las materias primas de los principales organo-clorados.

El solvente tricloroetileno (TCE) se produjo por primera vez en 1910, sin embargo hasta 1930 no se le encontraron aplicaciones relevantes. El tetracloruro de carbono sustituyó la gasolina en los productos para limpieza de materiales y se lo consideró el principal solvente orgánico para esta aplicación hasta 1960, cuando se introdujo el 1,1,1 -tricloroetano (TCA).

Durante varios años se utilizaron los solventes organoclorados como removedores de superficie de ceras, aceites y otras sustancias, porque tenían un buen desempeño y se los consideraba seguros ya no eran inflamables. Los organoclorados que más se utilizaban eran: 1,1,2-tricloro-1,2,2-trifluoroetano (CFC 113), 1,1,1-tricloroetano (TCA), tricloroetileno (TCE), tetracloroetileno también llamado percloroetileno o PERC, además del diclorometano.

A los solventes clorados se los denominó líquidos densos de fase no acuosa (DNAPL - *Dense Non-Aqueous Phase Liquids*), debido a que no tenían olor ni sabor y su densidad era superior a la del agua.

A pesar de que ya existían técnicas de medición los solventes clorados no fueron objeto de detección ni medición hasta la década del 80. Solamente después que se analizaron los métodos de disposición de los residuos se entendió de qué manera estos productos contaminaban el subsuelo.

En 1970 se observó que algunos clorofluorcarbonos (CFCs) sufrían modificaciones químicas en la capa superior de la atmósfera y provocaban la destrucción de la capa de ozono. Debido a esta constatación cuarenta y cinco países firmaron en 1987 un acuerdo para restringir la producción y el uso de tales sustancias. En 1992 se decidió por votación que a partir del 1° de enero de 1996 no se permitiría más el uso de las sustancias que destruyen la capa de ozono que constan en la lista ODSL (*Ozone Depleting Substance List*) Clase 1.

A pesar de ello, durante los años siguientes y hasta que no se consiguieron desarrollar otras técnicas, se utilizaron sustancias como CF113 y TCA, que eran muy importantes en la industria para retirar grasa de los metales.

1.1.3. Segunda tendencia: el proceso de restricción al uso de hidrocarburos

El primer hidrocarburo comercializado como solvente fue el benceno. En 1849 se producía a partir del carbón pero solamente en 1941 se comenzó a producir a partir del petróleo. Al principio su principal aplicación era en la gasolina, pero a partir de la mitad de la Segunda Guerra Mundial su aplicación se extendió a la industria química. Actualmente se lo usa principalmente como materia prima en la producción de etilbenceno, cumeno y ciclohexano.

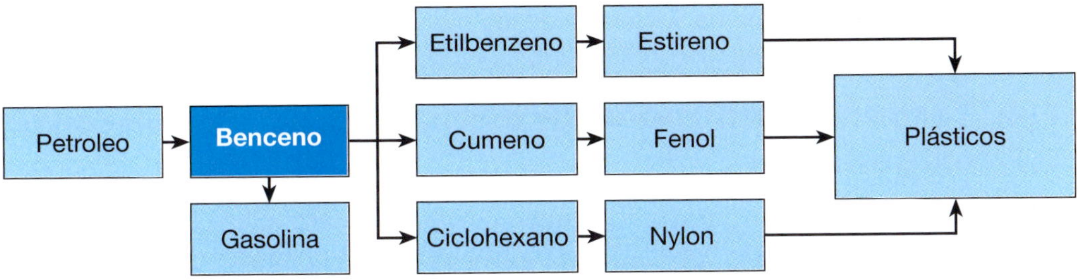

Figura 1.4. Esquema ilustrativo del benceno y sus principales aplicaciones.

En 1989 la EPA (*Environmental Protection Agency*), Agencia de Protección del Medio Ambiente, restringió el uso del benceno a las aplicaciones industriales. Se hicieron estudios sobre el impacto negativo sobre la salud de los trabajadores que podían causar el tolueno y el xileno, coproductos del benceno; los informes de los resultados se publicaron en la década del 90.

También en la década del 90 se aceptaron internacionalmente el *Protocolo de Montreal* y la Ley del Aire Limpio (*Clean Air Act*), una de las reglamentaciones de EPA, y se promovió el proceso de reducción gradual del uso de solventes que agotan la capa de ozono. En los Estados Unidos, obedeciendo lo establecido en el *Clean Air Act* se limitó la emisión de componentes orgánicos volátiles (VOC) y se restringió el uso de hidrocarburos, compuestos clorados, y otros productos.

Las industrias voluntariamente han realizado esfuerzos para reducir el uso de algunos productos como benceno, tolueno, metiletilcetona (MEK), metilisobutilcetona (MIBK), cloroformo y cloruro de metileno, por ejemplo. Los organismos y las agencias de protección al medio ambiente están al tanto de estas iniciativas, que se observan principalmente en los países desarrollados. Los mayores índices de reducción se produjeron en los segmentos de pinturas y barnices y en los productos de limpieza industrial.

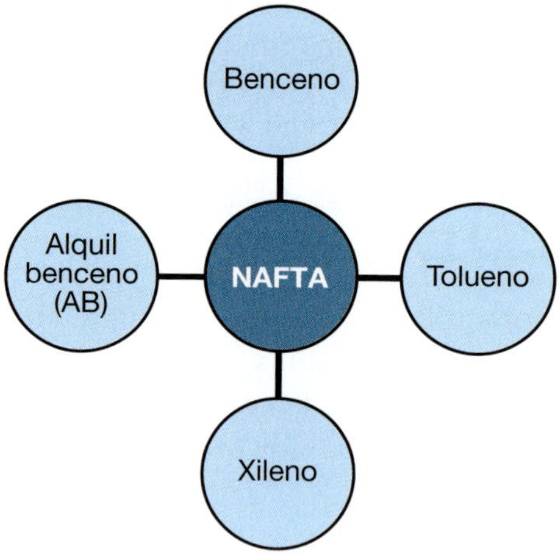

Figura 1.5. Esquema ilustrativo de los hidrocarburos más usados.

1.1.4. Tercera tendencia: la evolución de los solventes oxigenados

La evolución del uso de los productos químicos y su impacto sobre la salud humana impulsó la introducción de legislaciones sobre salud, seguridad y medio ambiente y forzó a que los fabricantes y los usuarios desarrollasen otros tipos de productos. De ahí surgió la tercera generación de solventes: los oxigenados. En esta categoría se encuentran sustancias con funciones químicas como alcoholes, cetonas, ésteres, glicoles, éteres glicólicos y otras.

Antes de que surgiesen tales legislaciones, más de la mitad de la cantidad total de pinturas base solvente producidas estaban compuestas por hidrocarburos alifáticos y aromáticos. Después del Protocolo de Montreal muchas empresas, principalmente de países desarrollados, comenzaron a sustituirlos por solventes oxigenados cuando era posible técnicamente. Actualmente en el mundo se consumen cerca de 20 millones de toneladas de solventes industriales, el 70% de los cuales son oxigenados.

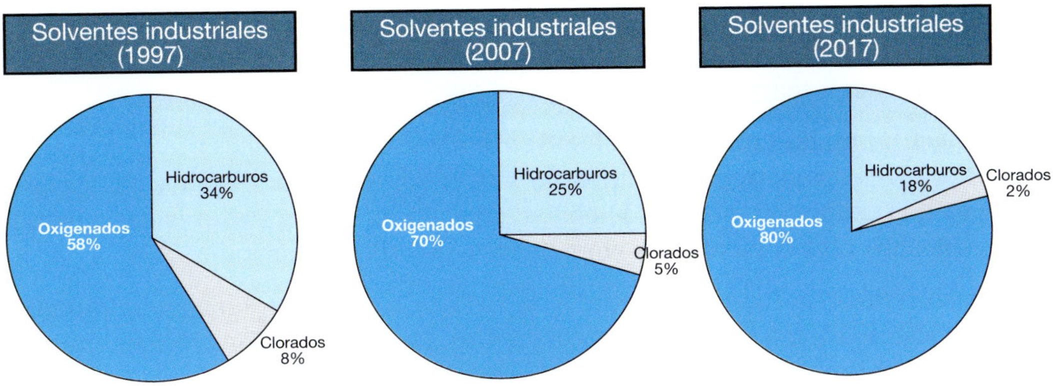

Figura 1.6. Perfil de los solventes industriales: clorados, hidrocarburos y oxigenados (1997-2007).

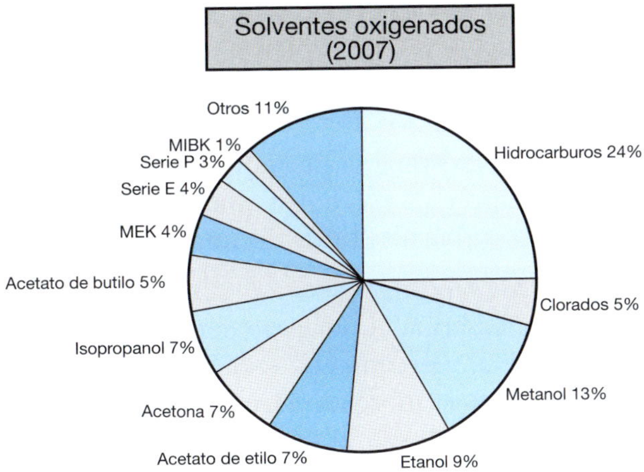

Figura 1.7. Solventes más consumidos mundialmente (ver el significado de los términos en el ítem 1.3).

1.1.5. Siglo XXI: la revolución verde

El uso de solventes petroquímicos es fundamental en varios procesos químicos y aplicaciones del día a día, pero ha ocasionado serios impactos sobre el medio ambiente. Debido al *Protocolo de Montreal* se ha percibido la necesidad de reevaluar los procesos químicos e identificar y cuantificar el uso de los compuestos orgánicos volátiles (VOCs) y su impacto en el medio ambiente.

En las últimas décadas se ha observado una creciente demanda por solventes menos agresivos al medio ambiente que ha llevado a la creación de un nuevo grupo de productos: los solventes verdes.

La evolución del mercado de solventes presenta, en promedio, los mismos índices del PIB mundial. Si por una parte, en dicho período, los solventes clorados y los hidrocarburos han tenido índices de crecimiento negativos, los oxigenados han crecido con un índice dos veces mayor que el PIB y los llamados "verdes", con un índice cuatro veces mayor.

Todavía no se ha encontrado el solvente ideal pero es necesario procurar un equilibrio entre eficiencia, costo e impacto ambiental. Hace por lo menos quince años que se vienen utilizando con una buena aceptación en varios sectores del mercado algunos biosolventes como metil soyato, lactato de etilo y D-limoneno.

Los solventes de fuente petroquímica todavía tienen predominancia mundial, pero inclusive su índice de crecimiento está directamente relacionado a su grado de agresión al hombre y al medio ambiente.

1.2. Solventes: producto multimercado

Como se puede ver en la Figura 1.8, debido a sus características, los solventes son utilizados en diversos mercados y aplicaciones.

Entre estos mercados se destaca el de pinturas, no sólo por haber sido de los primeros en los que se utilizaron los solventes sino por ser hasta hoy el que más los utiliza, ya sea como pintura o barniz, tinta de impresión, removedor de pinturas, *thinners*...

Sin embargo, en América Latina el perfil de consumo presenta una distribución diferente debido a que algunos mercados no están tan desarrollados como en otras regiones. Un ejemplo de esto es el mercado farmacéutico. En este segmento los solventes se usan, fundamentalmente, en el procesamiento de principios activos, que en su mayoría son de origen importado.

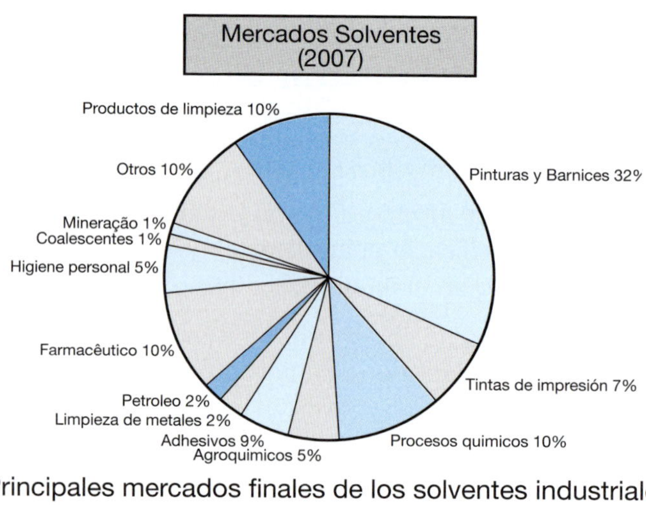

Figura 1.8. Principales mercados finales de los solventes industriales (mundial).

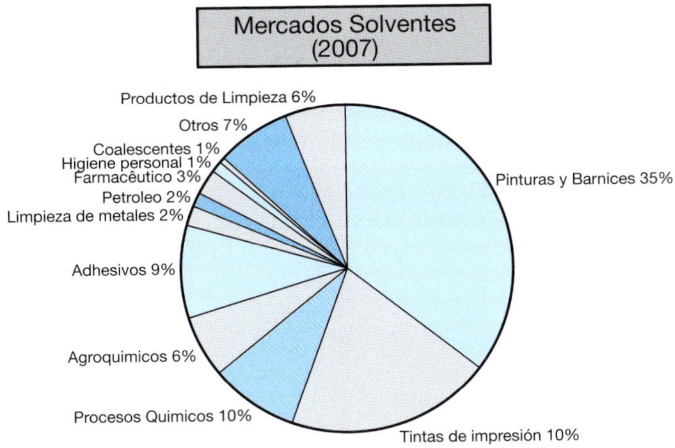

Figura 1.9. Principales mercados finales de los solventes industriales (América Latina).

1.2.1. Mercado de pinturas y barnices

En Europa, Estados Unidos y Japón el mercado de pinturas y barnices crece con un índice del 2% al año y está vinculado al desarrollo económico de la región. En las regiones menos industrializadas el crecimiento del mercado es de alrededor del 6% al año.

Se estima que en 2007 el consumo mundial de pinturas y barnices giró alrededor de 7 millones de toneladas.

El mercado de pinturas y barnices está dividido de la siguiente manera:

- Pinturas decorativas o arquitectónicas;
- Pinturas automotrices OEM (*Original Engineer Manufacturer*);
- Pinturas para repintura automotriz;
- Pinturas para madera;
- Pinturas industriales: (línea blanca, línea marrón, etc...).

Hasta principios de la década del 70 la mayor parte de las pinturas que se producía para el segmento de arquitectura seguía la tecnología base *solvente de bajos sólidos* y *pinturas base agua*. Hacia el final de esta década la presión de las leyes que tenían el objetivo de disminuir el VOC en las operaciones industriales, la necesidad de ahorrar energía y el aumento de los costos de los solventes favorecieron la introducción de nuevas tecnologías como:

- *Base agua* (emulsiones termocuradas, dispersiones coloidales y solubles en agua);
- *Altos sólidos*;
- Sistemas bicomponentes;
- Pinturas en polvo;
- Curado UV.

Estas tecnologías experimentaron una fuerte aceleración en la década del 90 cuando se aceptaron internacionalmente el *Protocolo de Montreal* y el *Clean Air Act*.

Actualmente las tecnologías predominantes son: *base solvente* y *base agua*.

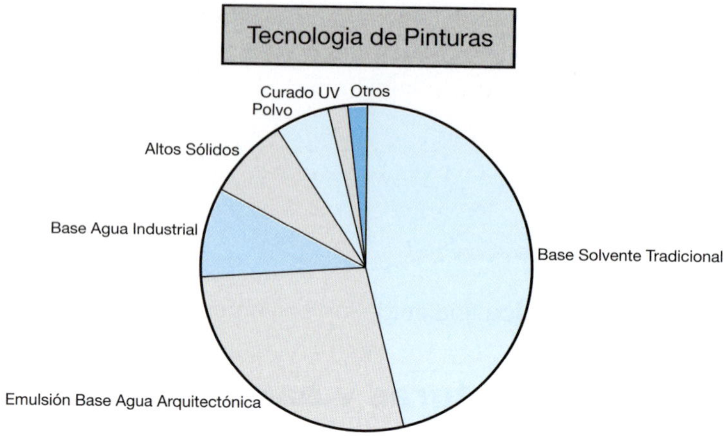

Figura 1.10. Perfil indicativo de las tecnologías presentes en el mercado de pinturas.

La tecnología más utilizada es la pintura base solvente porque presenta la mejor relación costo x desempeño. Se supone que en los próximos cinco años la legislación sobre el control de contaminación del aire va a favorecer el crecimiento de otras tecnologías, como alto sólidos, curado UV y base agua.

En los Estados Unidos y en Europa está ocurriendo un movimiento de consolidación de las empresas productoras de pinturas; en otras regiones los pequeños y medios fabricantes son los que representan una parte significativa del mercado. Por ejemplo, en Asia el 60% del mercado está en manos de los pequeños y medios fabricantes, mientras que en Europa y en los Estados Unidos ese valor es del 20% y el 35% respectivamente.

1.2.2. Mercado de tintas de impresión

El mercado de tintas de impresión está dividido en dos grandes grupos:

- impresión/publicidad;
- industria de embalajes.

Los procesos de impresión más comunes son: litografía, flexografía, rotograbado *letterpress* y *screen*.

La base del éxito de las industrias de tintas de impresión la constituyen dos pilares:

- calidad técnica del producto;
- asistencia técnica al cliente.

Lo que diferencia este mercado de otros es que una buena parte del material está vendido antes de ser producido. Para el 2007 estuvo prevista una demanda de aproximadamente 3,5 millones de toneladas, con un índice de crecimiento del 4%, incluso en los países industrialmente desarrollados.

Como se trata de una actividad que produce grandes emisiones de VOC viene sufriendo la presión de varias legislaciones. Sin embargo su tecnología se modifica lentamente porque sustituir las tecnologías actuales por otras a base de agua o curado UV tiene un costo sumamente elevado.

1.2.3. Mercado de adhesivos

Hay varios tipos de adhesivos:

- base agua;
- base solvente;
- 100% sólido (tecnología *hot melt* y adhesivos sensibles a la presión);
- películas;

Los adhesivos tienen una gran variedad de aplicaciones en la industria textil y de envases flexibles e incluso en diversos tipos de estructuras, en las cuales es necesario que el adhesivo tenga un alto poder de adhesión.

El mercado de los adhesivos crece por arriba del PIB mundial porque los adhesivos son productos versátiles que tienen las más diversas aplicaciones. El mercado necesita productos que tengan poder de adhesión cada vez más alto porque constantemente se desarrollan nuevos sustratos, ya sea por cuestiones de diseño de los productos o por cuestiones ambientales.

A pesar de que la industria de adhesivos no es una de las que más produce VOC también se debe adecuar a las nuevas reglamentaciones.

El mercado de los adhesivos se puede dividir de acuerdo con el tipo de la resina del adhesivo o con el mercado usuario final.

Según el tipo de resina se lo puede dividir de la siguiente manera:

- Polímeros naturales;
- Polímeros solubles en agua;
- Polímeros *base solvente*;
- *Hot melt*;
- Reativos;
- Dispersión/emulsión.

Se estima que en 2007 la demanda de adhesivos fue de 15,5 millones de toneladas. El segmento de adhesivos *base solvente* fue el tercero en importancia y su demanda, de 1,8 millones de toneladas.

En los últimos años al aumentar el número de reglamentaciones para proteger la salud humana y el medio ambiente ha provocado la disminución del consumo de solventes; para algunas aplicaciones se han sustituido los adhesivos *base solvente* por otros producidos con tecnología base agua o *hot melt*.

Difícilmente se pueda reducir más el consumo de solventes porque actualmente se los emplea en aplicaciones específicas, en las que se requiere un elevado desempeño técnico. En estos casos las tecnologías sustitutivas aún no han alcanzado los prerrequisitos necesarios.

A pesar de que para los próximos años no se espere reducir considerablemente el uso de los solventes existe una clara tendencia a evaluar y sustituir, desde que sea posible, los solventes actuales por otros menos agresivos al ser humano y el medio ambiente.

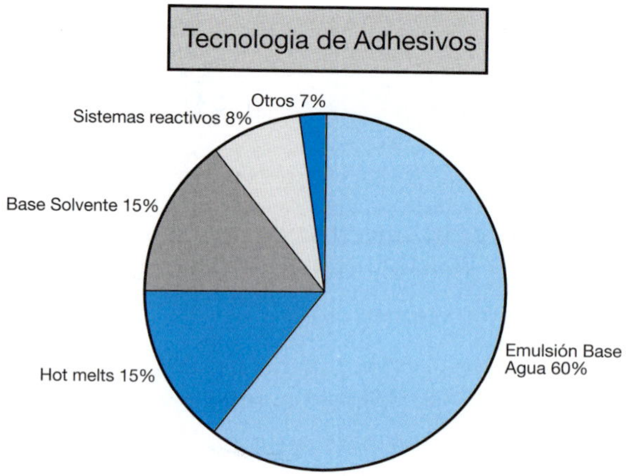

Figura 1.11. Perfil indicativo de las tecnologías presentes en el mercado de adhesivos.

1.3. Solventes: una pieza importante en la cadena petroquímica

Los solventes forman parte como producto principal o como coproducto de las importantes cadenas de producción de la actualidad. Estos productos, ya sean de origen petroquímico – petroleo o gas natural – o fuentes renovables, siempre están presentes.

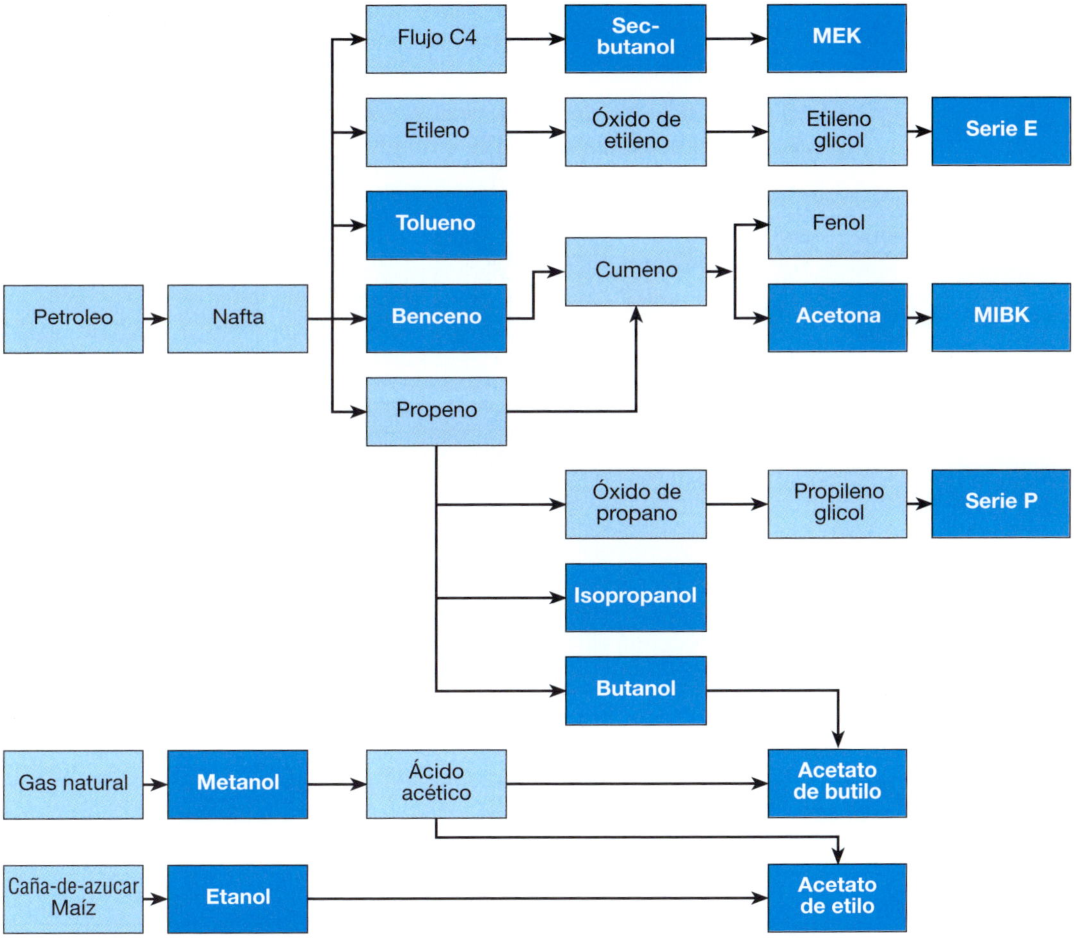

Figura 1.12. Flujo simplificado para la obtención de los principales solventes.

Es importante destacar que algunas de las principales moléculas reconocidas como solventes no sólo tienen esta aplicación ni dicha aplicación es la principal; como ejemplo podemos citar la acetona, el metanol y el etanol.

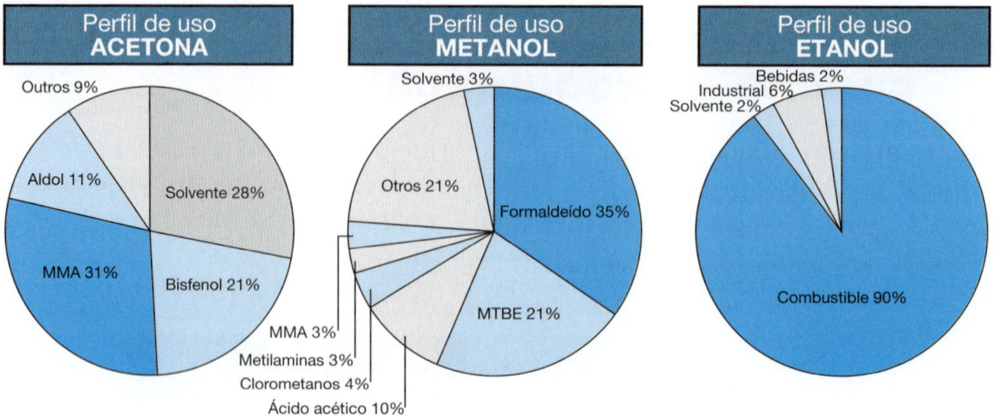

Figura 1.13. Perfil del uso de la acetona, el metanol y el etanol. (MMA = metilmetacrilato; MTBE = metiltercbutil éter)

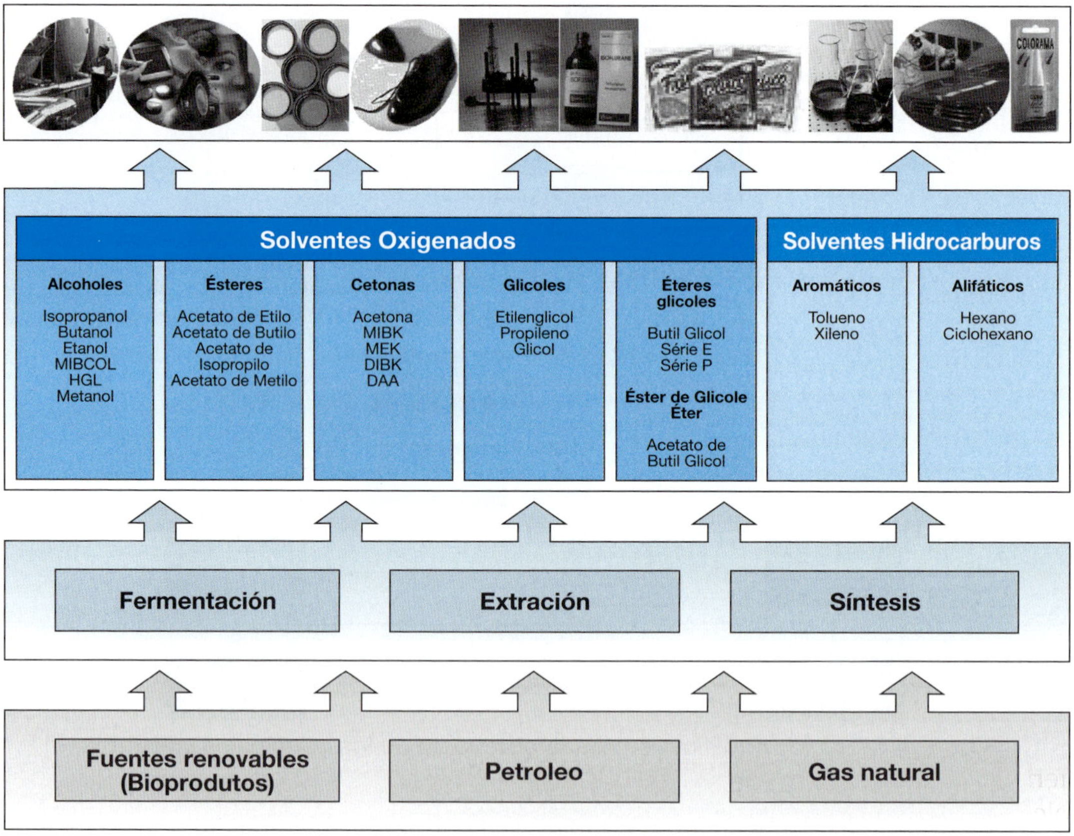

Figura 1.14. Diagrama ilustrativo las matérias primas hasta los mercados finales. (MIBCOL = metilisobutilcarbinol; HGL = hexilenglicol; MIBK = metilisobutilcetona; MEK = metiletilcetona; DIBK = diisobutilcetona; DAA = diacetona alcohol; IPA = isopropanol)

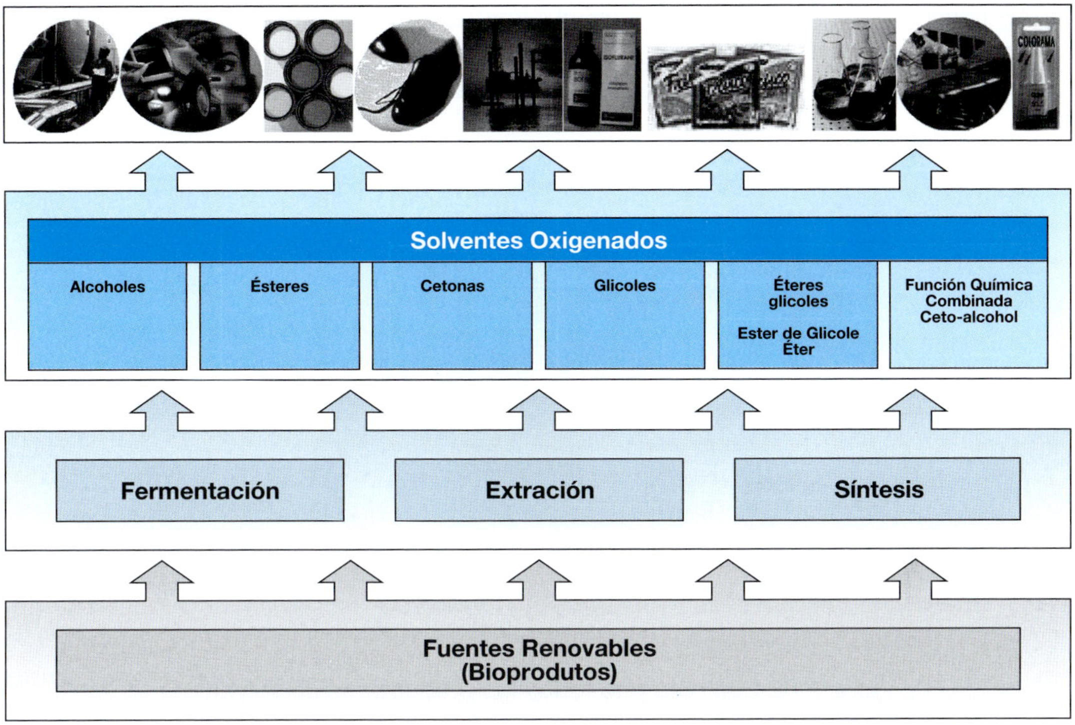

Figura 1.15. Del origen al destino – una perspectiva verde.

1.4. Solventes: *commodities* y especialidades

Si se tiene en cuenta que el tamaño del mercado mundial de los solventes gira alrededor de los veinte millones de toneladas se llega a la conclusión de éstos, sin ninguna duda, son *commodities*, es decir, productos que se comercializan en grandes cantidades y cuyos productores, para actuar en ese mercado, deben atender a una serie de requisitos de excelencia operacional y escala de producción.

Algunos solventes se comercializan en grandes cantidades (más de 500 mil toneladas/año cada uno), por ejemplo: tolueno, metanol, etanol, acetato de etilo, acetato de n-butilo, acetona, MEK e IPA (isopropanol).

Otros, más de 50, son considerados solventes y se comercializan en cantidades inferiores a las 200 mil toneladas/ano cada uno. Podemos citar como ejemplo: diacetona alcohol, hexilenglicol, productos de la serie E y la serie P individualmente, metilisobutilcarbinol (MIBC), ciclohexanol, n-butanol, n-propanol, ciclopentanona, óxido de mesitilo, acetato de ter-butilo, acetato de iso-propilo, metil soyato, lactato de etilo, n-metil pirrolidona, etc. La mayor parte de estos productos puede ser considerada como una especialidad química. En el mundo son pocos los que los producen, su escala de producción y comercialización es menos relevante y normalmente atienden a las necesidades específicas de algunas aplicaciones, lo que los aproxima a una aplicación en nichos.

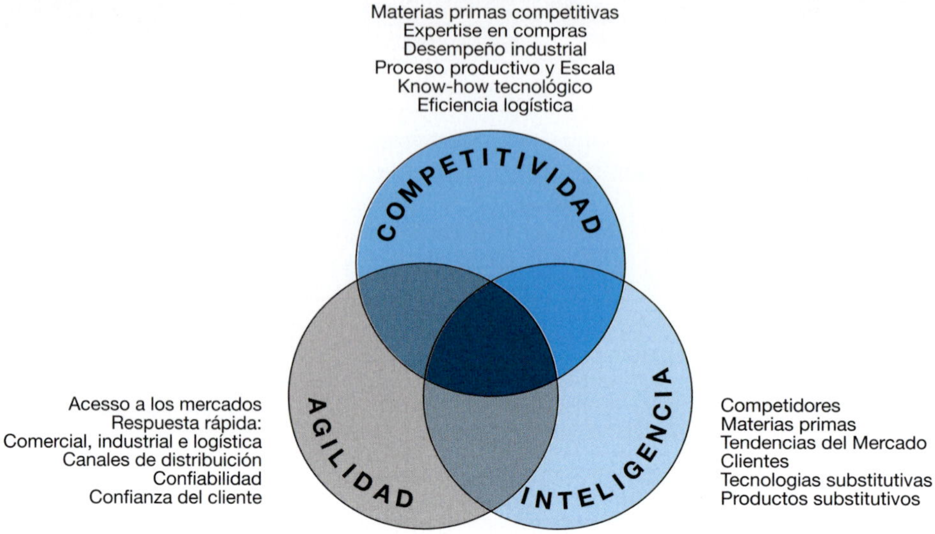

Figura 1.16. Factores que todos los productores de solventes deben tener en cuenta para actuar con eficiencia.

1.5. Solventes: una tecnología antigua y actual

Dependiendo de la aplicación se pueden indicar más de siete tecnologías sustitutivas posibles.

A pesar de que en algunas aplicaciones se usen los solventes desde antes de Cristo y las tecnologías *base solvente* estén entre las más antiguas, a esta tecnología se la puede considerar moderna y actual porque ha evolucionado a lo largo de los años. Surgió en 1920 con los organoclorados y evolucionó para atender las exigencias de la química verde creando, al principio del siglo XXI una nueva clase y un nuevo concepto de solventes: los verdes.

Atendiendo la mayor parte de los criterios de elección: desempeño, costo, baja inversión inicial, pequeño consumo de energía para los procesos de secado y aplicación y procurando ajustarse cada vez más a las normas de salud ocupacional y protección al medio ambiente las tecnologías a base de solventes han renacido y se han reinventado en este nuevo siglo.

No existe una tecnología ideal. Analizando la historia y sopesando las ventajas e inconvenientes de las tecnologías *base solvente*, se puede suponer que estarán presentes en el mercado durante los próximos siglos.

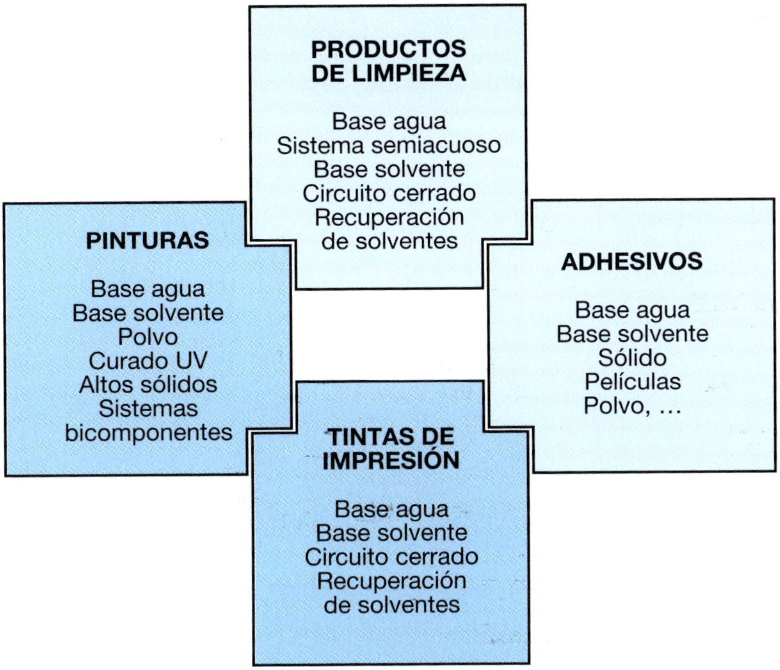

Figura 1.17. Esquema ilustrativo de algunas tecnologías substitutivas.

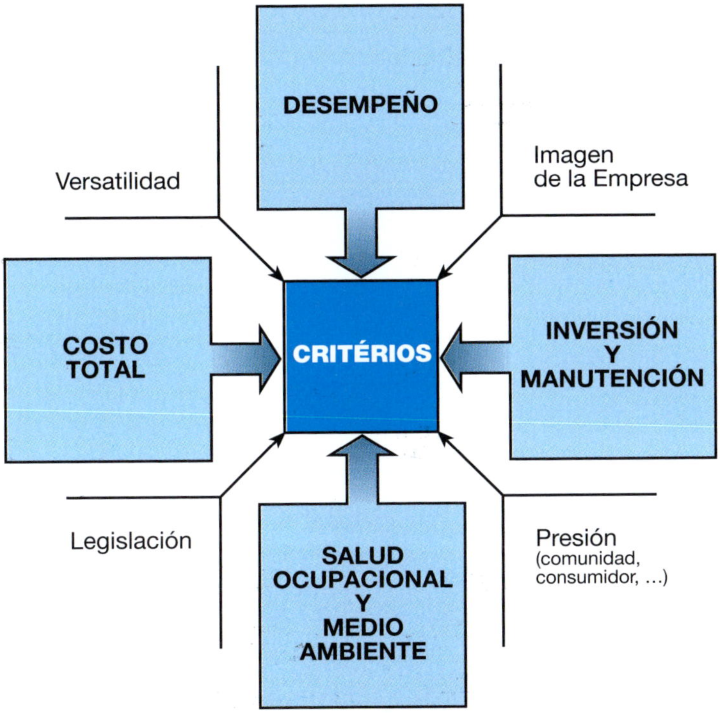

Figura 1.18. Criterios para eligir una tecnología.

Referencias bibliográficas

Dieter Stoye, Werner Freitag Paints, Coatings and Solvents Second, Completely Revised Edition, p. 2.

www.dnapl.group.shef.ac.uk

www.chemlink.com.au

www.webelements.com

2 Aspectos Generales

En este capítulo se aborda en forma general el papel de los solventes en sus diversas aplicaciones y se los clasifica de acuerdo a varias características: composición química, carácter ácido-base, interacción soluto-solvente y propiedades físicas.

Edson Leme Rodrigues

Todos los tipos de industrias emplean solventes para procesar, manufacturar y formular productos. Los solventes se emplean en varias etapas de los procesos químicos industriales tales como separación (de gases, líquidos y/o sólidos), reacciones (como medio de reacción, reactivo y agente de arrastre), lavado y otras más. Como componentes de productos formulados, los solventes se usan en pinturas, tejidos, gomas, adhesivos y miles de otros productos de uso industrial y doméstico. También se usan como agentes de limpieza o formando parte de la composición de productos de limpieza. Esta lista no es exhaustiva, ya que los solventes se emplean en varios tipos de productos de uso doméstico, industrial y de laboratorio.

Se deben considerar en forma conjunta los amplios beneficios de los solventes y los aspectos de protección al medio ambiente, salud y seguridad para los seres humanos, ecotoxicidad, procesos seguros y deposición de residuos.

Por lo tanto, el desarrollo responsable de los solventes está orientado hacia la reducción de su impacto ambiental.

2.1. Definición

Los solventes son compuestos químicos que normalmente se encuentran en estado líquido a temperatura ambiente y presión atmosférica, y tienen la propiedad de disolver, suspender o extraer otras sustancias sin modificarlas químicamente.

Una solución está constituida, por lo menos, por dos componentes: una sustancia, denominada soluto, disuelta en otra denominada solvente. Las soluciones se obtienen a partir de la mezcla de componentes sólidos, líquidos y/o gaseosos con líquidos. Cuando se mezclan dos sustancias líquidas, por convención, se considera solvente aquella que tiene mayor número de moléculas en la solución.

Al hablar sobre las propiedades de una solución nuestro principal interés recae sobre las propiedades del soluto; por este motivo se elige el solvente en función de la propiedad del soluto que se desea formular.

Se desea que un solvente tenga las siguientes características:

- Aspecto límpido e incoloro;
- Volatilización sin dejar residuos;
- Buena resistencia química;
- Químicamente inerte;
- Olor suave o agradable;
- Bajo contenido de agua (anhidro);
- Propiedades físicas constantes;
- Baja toxicidad;
- Biodegradabilidad.

2.2. Clasificación

2.2.1. Clasificación de los solventes de acuerdo con su composición química

Los solventes se pueden dividir en tres grandes clases, que generalmente reciben la denominación de acuosos, no acuosos y orgánicos, y se usan en la industria como carriers y como medio para síntesis químicas. Generalmente se clasifica a los solventes orgánicos de acuerdo con el grupo funcional de la molécula: alcoholes, cetonas, ésteres, éteres, éter glicoles, aminas, hidrocarburos aromáticos, alifáticos, ciclos-alifáticos, halogenados o nitrados y terpenos. La presencia de un determinado grupo indica los tipos de interacciones físico-químicas que pueden ocurrir entre el soluto y el solvente.

Entre los solventes no acuosos se encuentran sustancias inorgánicas y algunos compuestos de carbono de bajo peso molecular como ácido acético, metanol y dimetilsulfóxido. Los solventes no acuosos en condiciones standard de presión y temperatura pueden ser sólidos (por ejemplo, LiI fundido), líquidos (H_2SO_4), o gaseosos (NH_3). El ioduro de sodio cuando está fundido (NaI) tiene propiedad de solvente, mientras que el amoníaco (NH_3) sólo actúa como solvente en estado líquido.

2.2.2. Clasificación de los solventes en función de su carácter ácido-base

Teoria ácido-base de Brönsted-Lowry

Según la teoría de Brönsted-Lowry, los ácidos ceden protones y las bases los aceptan, lo que se expresa mediante la ecuación de equilibrio (2.1):

$$\underbrace{HA^{z+1}}_{\text{Ácido}} \rightleftharpoons \underbrace{A^{z}}_{\substack{\text{Base}\\\text{Conjugada}}} + H^{+} \tag{2.1}$$

donde $Z = 0, \pm 1\ldots$

La mayoría de los solventes tiene propiedades ácidas o básicas y su basicidad o acidez dependen del medio en el que están disueltos.

El equilibrio que representa la ecuación 2.2 se establece cuando un ácido HA se disuelven en un solvente básico SH.

$$\underbrace{HA^{z+1}}_{\text{Ácido}} + \underbrace{SH}_{\text{Solvente}} \rightleftharpoons SH_2^{+} + A^{z} \tag{2.2}$$

La fuerza del ácido HA en el solvente SH está indicada por la constante de acidez Ka como se observa en la ecuación (2.3).

$$K_a = \frac{[SH_2^+]*[A^z]}{[HA^{z+1}]} \tag{2.3}$$

En un solvente ácido SH el equilibrio ácido-base está representado por la ecuación (2.4).

$$\underbrace{A^z}_{\text{Base}} + \underbrace{SH}_{\text{Solvente}} \rightleftharpoons +HA^{z+1} + S^- \tag{2.4}$$

El aumento de la basicidad o acidez del solvente desplaza el equilibrio (2.2) y (2.4) hacia la derecha en los dos casos.

Los solventes autoionizables tienen ambas características, ácida y básica (por ejemplo el agua) y son denominados solventes *anfipróticos*; por el contrario los solventes *apróticos* no son autoionizables (por ej. hidrocarburos alifáticos, tetracloruro de carbono, etc.).

Brönsted estableció esta clasificación y distinguió cuatro tipos de solventes acuerdo con su acidez o basicidad. Davies amplió la clasificación de Brönsted y subdividió los solventes en ocho clases de acuerdo con el valor de su constante dieléctrica (mayores o menores que 20). Kolthoff propuso una clasificación más simplificada, la que se presenta en la Tabla 2.1.

Tabla 2.1. Clasificación de los solventes orgánicos ene función de su carácter ácido-base

Clasificación del solvente		Acidez relativa[(a)]	Basicidad relativa[(a)]	Ejemplos
Anfipróticos	Neutro	+	+	H_2O, CH_3OH, $(CH_3)_3COH$, $HOCH_2CH_2OH$
	Protogênico	+	–	H_2SO4, HCOOH, CH_3COOH
	Protofílico	–	+	NH_3, $HCONH_2$, $CH_3CONHCH_3$, $H_2N\text{-}CH_2CH_2\text{-}NH_2$
Aprótico	Dipolar protofílico	–	+	$HCON(CH_3)_2$, CH_3SOCH_3, Piridina, 1,4-dioxano, $(C_2H_5)_2O$, tetrahidrofurano
	Dipolar protofóbico	–	–	CH_3CN, CH_3COCH_3, CH_3NO_2, $C_6H_5NO_2$, sulfolano
	Inerte	–	–	Hidrocarbonetos alifáticos, C_6H_6, $Cl\text{-}CH_2\text{-}Cl$, CCl_4

[(a)] Indica ácido o base (–) más débil o (+) más fuerte que el agua.

El agua es el prototipo de un solvente anfiprótico y todos los solventes que tienen propiedades ácido-base similares se denominan solventes neutros. Los solventes que son ácidos más fuertes y bases más débiles que el agua se denominan solventes *protogénicos*; los solventes con alta basicidad y baja acidez con respecto al agua se denominan solventes *protofílicos*.

A partir de la ecuación (2.2) se podría deducir que la ionización de un ácido depende de la basicidad del solvente; sin embargo la ionización de un ácido no depende apenas de esta característica sino también de su constante dieléctrica y de su capacidad de solvatación. La basicidad o acidez de los solventes va a determinar la capacidad de ionización de los solutos. Por ejemplo, el ácido hipocloroso se ioniza totalmente en metanol mientras que el ácido nítrico se ioniza parcialmente.

Se han elaborado varias escalas de acidez y basicidad para el agua y otros solventes; sin embargo no hay una escala simple que se pueda usar para todos los solventes y se aplique para describir condiciones de equilibrio y cinética.

La acidez o la basicidad de los solventes se pueden medir de diferentes formas. Además de los métodos experimentales para determinar las constantes de equilibrio ácido-base se puede medir la acidez o basicidad de una sustancia por medio de la variación de alguna propiedad física (infrarrojo, absorción UV/Vis o RMN) de una molécula de un sustrato standard cuando se transfiere de un solvente de referencia a otro.

Teoria ácido-base de Lewis

Según la teoría de Lewis los ácidos tienen la propiedad de aceptar pares de electrones (EPA = "electron pair acceptors") y las bases, de cederlos (EPD = "electron pair donors"), lo que se puede representar por medio de la siguiente ecuación de equilibrio (2.5).

$$\underbrace{A}_{\substack{\text{Ácido}\\ \text{EPA}\\ \text{eletrofílico}}} + \underbrace{:D}_{\substack{\text{Base}\\ \text{EPD}\\ \text{nucleofílico}}} \rightleftharpoons \underbrace{A-D}_{\substack{\text{Ácido-base}\\ \text{complejo}}} \tag{2.5}$$

En función de su composición química y de los compuestos del medio de reacción se puede clasificar a los solventes como EPD o EPA. Sin embargo, no se puede englobar a todos los solventes en estas dos clases, por ejemplo, los hidrocarburos alifáticos no tienen propiedades EPD ni EPA. Un solvente EPD solvata preferentemente iones o moléculas aceptoras de pares de electrones y lo contrario ocurre con los solventes EPA.

Pearson propuso una extensión de la clasificación ácido-base de Lewis incluyendo una subdivisión en dos grupos, fuertes y débiles, de acuerdo con su electronegatividad y su polarizabilidad, a lo que denominó HSAB.

Los ácidos "Fuertes" (por ej.: H^+, Li^+, Na^+, BF_3, $AlCl_3$, HX) y las bases "Fuertes" (por ej.: F^-, Cl^-, HO^-, RO^-, H_2O, ROH, R_2O, NH_3) están constituidos por átomos pequeños con alta electronegatividad y, generalmente, baja polarizabilidad.

Los ácidos "Débiles" (por ej.: Ag^+, Hg^+, I_2, 1,3,5-trinitrobenzeno) y las bases "Débiles" (por ej.: H^-, I^-, R^-, RS^-, RSH, R_2S, alquenos, C_6H_6) generalmente están constituidos por átomos grandes con baja electronegatividad y normalmente son polarizables.

La ventaja de esta clasificación es que permite explicar la estabilidad del complejo ácido-base de Lewis: ácidos "Fuertes" y "Débiles" se combinan preferentemente con bases "Fuertes" y "Débiles" respectivamente. Este concepto HSAB permite describir varios fenómenos desde un punto de vista cualitativo y se utiliza ampliamente en la química orgánica.

La aplicación del concepto HSAB para las soluciones lleva a la regla de que los solutos fuertes se disuelven en solventes fuertes y los solutos débiles se disuelven en solventes débiles, en concordancia con la regla de Thumb "lo igual disuelve lo igual".

2.2.3. Clasificación de los solventes en función de la interacción soluto-solvente

Los solventes se pueden subdividir en tres grupos de acuerdo con su tipo interacción con el soluto:

- Polares próticos;
- Dipolares apróticos;
- No polares apróticos.

La diferencia reside principalmente en la polaridad del solvente y su capacidad de formar enlaces por puente de hidrógeno. En este caso la palabra prótico se refiere a un átomo de hidrógeno unido a un átomo electronegativo y la palabra aprótico, a las moléculas que no tienen un enlace del tipo –O–H,–N–H, F–H, etc.

Solventes polares próticos

Los solventes polares próticos son compuestos que tienen un átomo de hidrógeno unido a un átomo electronegativo (F–H, –O–H, –N–H, etc.) y pueden formar puentes de hidrógeno. Debido a ello estos solventes tienen elevada capacidad de solvatar aniones. Con excepción del ácido acético y sus homólogos, la constante dieléctrica es mayor que 15. Entre los solventes de esta clase podemos citar el agua, el amoníaco, los alcoholes, los ácidos carboxílicos y las amidas primarias.

Solventes dipolares apróticos

El valor de la constante dieléctrica ($\varepsilon > 15$) y del momento dipolar ($\mu > 8 \cdot 3 \cdot 10^{-30}$ cm) de los solventes dipolares apróticos es alto. Estos solventes no forman enlaces por puente de hidrógeno porque las uniones C–H de la molécula no están suficientemente polarizadas; sin embargo son buenos solventes EPD y, en consecuencia, tienen el poder de solvatar cationes. Entre los principales solventes dipolares apróticos se pueden citar: acetona, acetato de etilo, acetonitrilo, benzonitrilo, N,N-dimetilocetamida, N,N-dimetilformamida, dimetilsulfona, dimetilsulfoxido, 1-metil-2-pirrolidona, nitrobenceno, carbonatos cíclicos como carbonato de propileno y sulfolanos.

Solventes não-polares apróticos

Los solventes no polares apróticos se caracterizan por tener baja constante dieléctrica ($\varepsilon < 15$), bajo momento dipolar ($\mu < 8 \cdot 3 \cdot 10^{-30}$ C · m), y por no formar enlaces por puente de hidrógeno. Estos solventes interactúan poco con el soluto, apenas por acción de fuerzas de inducción y dispersión. Entre los solventes de esta clase podemos citar a los hidrocarburos alifáticos y aromáticos y sus derivados halogenados, las aminas terciarias y el bisulfuro de carbono.

Esta clasificación no es absoluta porque hay varios solventes que no se pueden clasificar en ninguno de estos tres grupos, por ejemplo, éteres, ésteres carboxílicos, aminas primarias y secundarias y amidas N-monosustituidas con N-metilocetamida, sin embargo es predominante con relación a la solvatación de los iones.

Los solventes polares próticos solvatan aniones; esta característica es más pronunciada cuanto mayor es la densidad de carga (relación de carga por volumen) del anión que se va a solvatar y, consecuentemente, su fuerza según el concepto HSAB (ítem 2.2.2). Se puede notar que el aumento del poder de solvatación disminuye la reactividad nucleofílica del anión.

Por el contrario, en los solventes dipolares apróticos la solvatación del anión ocurre por acción de las fuerzas ion-dipolo y ion-dipolo inducido. Esta solvatación será importante para aniones débiles, con baja densidad de carga, pero generalmente estos solventes no tienen un elevado poder de solvatación de aniones. En consecuencia la reactividad de los aniones es excepcionalmente alta en los solventes dipolares apróticos, y la constante de reacción de las reacciones de sustitución nucleofílicas Sn2 puede aumentar cerca de diez veces cuando se cambia un solvente prótico por otro aprótico.

En resumen, los solventes polares próticos tienen una capacidad de solvatación de aniones superior a la de solventes dipolares apróticos; para el caso de la solvatación de cationes ocurre lo contrario. Este aspecto es importante para seleccionar los solventes de las reacciones.

2.2.4. Clasificación de los solventes usando constantes físicas

Se pueden caracterizar las propiedades de un solvente por medio de las siguientes constantes físicas:

- Punto de fusión o de ebullición;
- Presión de vapor;
- Calor de vaporización;
- Índice de refracción;
- Densidad;
- Viscosidad;
- Tensión superficial;
- Momento dipolar;
- Constante dielétrica;
- Polarizabilidad;
- Condutividad específica.

De acuerdo con el valor del punto de ebullición los solventes se pueden clasificar como bajos, medios y altos. (Tabla 2.2). En los procesos de extracción y destilación es importante saber cual es el punto de ebullición de los solventes, pero en la industria de pinturas y adhesivos es más importante conocer su grado de volatilidad.

Tabla 2.2. Clasificación de los solventes de acuerdo con el punto de ebullición, la temperatura de evaporación relativa (T.E.R.) y la viscosidad

Propriedade	Baixa	Média	Alta
Punto ebullición a 760 mmHg	< 100 °C	100 – 150 °C	> 150 °C
T.E.R.*	< 10	10 – 35	> 35
Viscosidad a 20 °C	< 2 Cps	2 – 10 cP	> 10 cP

* Tasa de evaporación relativa.

No existe una correlación general entre la tasa de evaporación y el punto de ebullición de los solventes. Si los solventes son de la misma clase química la volatilidad generalmente disminuye con el aumento del punto de ebullición. Los solventes que tienden a formar enlaces por puentes de hidrógeno (por ej. agua, alcoholes, aminas) son menos volátiles que otros de igual punto de ebullición.

La tasa de evaporación depende de las siguientes propiedades y características:

1) Presión de vapor a la temperatura del proceso;
2) Calor específico;
3) Entalpia de vaporización;
4) Grado de asociación molecular;
5) Velocidad de suministro de calor;
6) Tensión superficial;
7) Masa molecular del solvente;
8) Turbulencia atmosférica;
9) Humedad atmosférica.

Como estas características son interdependientes es difícil predecir teóricamente el valor de la tasa de evaporación. En la práctica, el tiempo de evaporación de una dada cantidad de solvente se determina experimentalmente usando dietil éter o acetato de butilo a condiciones externas idénticas. La tasa de evaporación relativa (T.E.R.) de los solventes usando el acetato de butilo se puede determinar de acuerdo con la norma ASTM D 3539. De acuerdo con el T.E.R. puede clasificar a los solventes en tres grupos: de baja, media y alta volatilidad (Tabla 1).

La densidad y el índice de refracción se emplean para determinar, con algunas restricciones, la pureza del solvente. La densidad generalmente se mide a 20 °C y se toma como referencia la densidad del agua a 4 °C (densidad relativa d_4^{20}). La densidad de la mayoría de los solventes orgánicos disminuye con el aumento de la temperatura. La densidad relativa de los ésteres y éter glicoles homólogos disminuye con el aumento del peso molecular, pero la de las cetonas y alcoholes, aumenta (Tabla 2.3).

El índice de refracción (n_D) se mide en un refractómetro con una lámpara de vapor de sodio (589.0 y 589.6 nm). El valor del índice de refracción es función de la estructura molecular de la sustancia. Los ésteres alifáticos, cetonas y alcoholes tienen un índice de refracción entre 1.32 y 1.42. En las series homólogas el índice de refracción es mayor a medida que aumenta la longitud de la cadena carbonada y disminuye cuando aumentan las ramificaciones. El índice de refracción aumenta cuando hay estructuras ciclo-alifáticas y aromáticas.

La viscosidad de las series homólogas de los solventes aumenta a medida que aumenta el peso molecular. La viscosidad de los solventes que tienen grupos hidroxilos es mayor debido a la formación de puentes de hidrógeno. La viscosidad del solvente influye sobre la viscosidad de la solución. Los solventes también se pueden clasificar en tres grupos según su viscosidad sea baja, media o alta (Tabla 2.2).

La tensión superficial de los solventes para tintas define la tasa de evaporación, que es importante para la formación de la superficie de revestimientos y para la mojabilidad de los sustratos y los pigmentos.

Tabla 2.3. Influencia del peso molecular en la densidad relativa de ésteres, éter glicoles, alcoholes y cetonas

Éster	d_4^{20}	Alcohol	d_4^{20}
Acetato de metilo	0,934	Metanol	0,791
Acetato de etilo	0,901	Etanol	0,789
Acetato de propilo	0,886	Propanol	0,804
Acetato de butilo	0,881	Butanol	0,810
Acetato de amilo	0,876	Alcohol amílico	0,815
Éter glicoles	d_4^{20}	**Cetonas**	d_4^{20}
Metilglicol	0,966	Acetona	0,792
Etilglicol	0,931	Metiletilcetona	0,805
Propilglicol	0,911	Metilpropilcetona	0,807
Butilglicol	0,902	Amilmetilcetona	0,816

Los solventes y los solutos se pueden clasificar, de una manera más amplia, en polares (hidrofílicos) y no polares (lipofílicos). La polaridad se puede medir como la constante dieléctrica o el momento dipolar de un compuesto. La polaridad de un solvente determina que tipo de compuestos puede disolver y con que otros solventes o compuestos líquidos es miscible. De acuerdo con la regla de Thumb, los solventes polares disuelven mejor los compuestos polares y los solventes no polares disuelven mejor los compuestos no polares; "lo igual disuelve lo igual".

2.3. Interación soluto-solvente

Las soluciones son mezclas homogéneas de dos o más sustancias. Una mezcla homogénea es una combinación física de dos o más sustancias puras uniformemente distribuidas. Esto significa que si tomamos una porción de la solución (alícuota), la proporción de la mezcla en cada alícuota debe ser la misma en la solución. Estas relaciones con respecto al todo se llaman concentraciones.

Cuando una sustancia (soluto) se disuelve en un solvente o mezcla de solventes, las fuerzas de atracción entre las moléculas del soluto disminuyen porque las moléculas del solvente penetran entre las moléculas del soluto y lo envuelven aislando cada molécula del soluto. Este proceso se denomina *solvatación* y ocurre a nivel molecular.

La fuerza de la solvatación y el número de moléculas de solvente en la capa de solvatación dependen de la solubilidad, el momento dipolar, los enlaces de hidrógeno, la polarizabilidad y el tamaño de la molécula del soluto y del solvente.

En las soluciones acuosas las moléculas polares del agua interactúan con las moléculas del soluto solvatándolas. Si las uniones entre las moléculas del soluto son lo suficientemente débiles se podrán romper por acción de la fuerza eléctrica de atracción de las moléculas del agua a las moléculas del soluto. Cuando ocurre esto las moléculas de soluto se denominan iones solvatados. En algunos casos el proceso de ionización puede ser casi completo mientras que en otros ocurre de manera limitada. Las moléculas de soluto de la solución que no fue ionizada están solvatadas y se llaman no electrolitos. En estas soluciones, como no hay iones, tampoco hay conducción de corriente eléctrica. Las soluciones en las que las moléculas se ionizaron durante el proceso de solución se llaman electrolitos y conducen la energía eléctrica debido a la presencia de iones.

2.3.1. Transferencia de energía en la formación de las soluciones

Cuando se forman las soluciones las moléculas del solvente rodean las moléculas del soluto; en este proceso de solvatación hay una cierta cantidad de energía térmica. Algunas soluciones absorben energía, en este caso se puede decir que tienen un calor o entalpía de solución endotérmica. La mayoría de las soluciones acuosas con solutos sólidos o líquidos tienen calor de solución endotérmico.

$$\text{Soluto} + \text{Solvente} + \text{Energía Térmica} \Rightarrow \text{Solución} \tag{2.6}$$

Cuando se forman soluciones de solutos gaseosos en agua se libera energía térmica, entonces se dice que su calor de solución es exotérmico.

$$\text{Soluto}(g) + \text{Solvente} \Rightarrow \text{Solución} + \text{Energía Térmica} \tag{2.7}$$

2.3.2. Solubilidad de las soluciones

La solubilidad de un dado soluto en un solvente es la máxima cantidad de soluto que se puede disolver en una cantidad específica de solución o de solvente. Esto representa el nivel de saturación de la solución, en la que no se puede disolver más soluto. Esta condición de saturación crea un equilibrio físico-dinámico entre el soluto y el solvente y la solución.

$$\text{Soluto} + \text{Solvente} \ll \text{Solución} \tag{2.8}$$

Este equilibrio representa dos procesos, uno directo y otro inverso. Cuando la velocidad del proceso directo es igual a la del proceso inverso se considera que el sistema está en equilibrio dinámico.

2.3.3. Factores que afectan la solubilidad

Hay algunos factores que influyen sobre la solubilidad de una solución.

Interacción soluto/solvente: La polaridad de las moléculas del soluto y del solvente influye en la solubilidad. Generalmente las moléculas de soluto polares se disuelven en solventes polares y las no polares, en solventes no polares. Cuando la solución está formada por un soluto y un solvente polares las fuerzas de atracción resultantes son denominadas fuerzas dipolo - dipolo. Éste es un tipo de fuerza intermolecular diferente de las denominadas fuerzas de dispersión o de London, en las que la carga nuclear efectiva de los átomos de la molécula de soluto interactúa con los electrones de los átomos de la molécula del solvente. Este tipo de interacción se encuentra en las soluciones con solventes no polares.

Temperatura: La solubilidad varía con la temperatura. Si en el proceso de formación de la solución hay absorción de energía la solubilidad aumenta cuando aumenta la temperatura. Si en el proceso de formación de la solución hay liberación de energía la solubilidad disminuye con el aumento de temperatura.

A una dada temperatura la solución puede alcanzar su límite de solubilidad permaneciendo en equilibrio dinámico. Según el principio de Le Chatelier, cuando se modifica alguna variable el equilibrio se desplaza y se restablece en una nueva condición. Un factor externo puede ser la temperatura. De acuerdo con este principio si se aumenta la temperatura, el sistema evolucionará favoreciendo el proceso endotérmico. La mayoría de los solutos líquidos y sólidos disueltos en agua se solubilizan por un proceso endotérmico, que se favorece cuando aumenta la temperatura y aumenta el límite de solubilidad. Hay algunas excepciones, por ejemplo, el sólido $Ce_2(SO_4)_3$ cuya solubilidad en agua disminuye a medida que aumenta la temperatura. Por otro lado, el calor de solución de algunas soluciones es exotérmico, como la mayoría de las soluciones de solutos gaseosos. Se puede decir que la solubilidad de todas las soluciones de gases en agua disminuye con el aumento de temperatura.

Presión: La variación de la presión sobre la solución no modifica los límites de solubilidad de los sólidos o los líquidos en el agua, pero sí la de los gases. Si se aumenta la presión de un gas en una solución la solubilidad va aumentar en relación lineal, como lo expresa la Ley de Henry.

$$C = k \cdot P \tag{2.9}$$

Donde: k = constante de Henry para el gás
P = Presión parcial del gas sobre la solución
C = Concentración del gas en la solución

Peso molecular: En compuestos homólogos, a mayor peso molecular de la molécula menor la solubilidad. Durante el proceso de solvatación es más difícil que las moléculas grandes queden rodeadas por el solvente. En el caso de compuestos orgánicos el aumento de las ramificaciones aumenta la solubilidad (a igual peso molecular), porque las ramificaciones disminuyen el volumen de la molécula y favorecen su solvatación.

2.3.4. Clasificación de las solucines

Las soluciones pueden ser insaturadas, saturadas o supersaturadas. Las *soluciones insaturadas* son las que se encuentran por debajo del límite de solubilidad del soluto en el solvente. Las *soluciones saturadas* son las que se encuentran en el límite de solubilidad. Las *soluciones supersaturadas* son las que se encuentran por encima del límite de solubilidad. Las soluciones supersaturadas son metaestables; en ellas el exceso de soluto se mantiene sin cristalizar, pero cualquier perturbación (un simple cristal de soluto o la introducción de un cuerpo extraño) provoca la cristalización del exceso de soluto dejando la solución en condición de saturada.

2.4. El papel del solvente en la industria

2.4.1. El solvente en las reacciones químicas

Un gran número de reacciones químicas ocurre en solución. Los solventes desempeñan varias funciones en una reacción química. Se pueden usar como un medio de reacción, para evitar que se separen los reactivos y como un elemento de arrastre para separar compuestos químicos en solución. Como medio de reacción, pueden solvatar los reactivos permitiendo que se disuelvan. Facilitan la colisión de los reactivos favoreciendo su transformación en productos, o aumentando la energía de la colisión de las partículas para acelerar la reacción. Los solventes también se pueden usar para otras finalidades; por ejemplo, en reacciones endotérmicas se puede suministrar calor por medio de un solvente inerte caliente con alta capacidad calorífica, mientras que en reacciones exotérmicas se podrían utilizar para absorber el calor. Además los solventes pueden ser un medio de control de la temperatura. Incluso las reacciones en fase gaseosa, que normalmente ocurren a alta temperatura y/o presión, se podrían realizar en fase líquida a menor temperatura y/o presión. Como elemento de arrastre los solventes se pueden usar para actuar indirectamente sobre la reacción por remoción de uno o más productos. El solvente más adecuado se elige sobe la base de la teoría y la experiencia. Un buen solvente debe presentar las siguientes características.

- Debe ser inerte en las condiciones de reacción;
- Debe disolver los reactivos;
- Su punto de ebullición debe ser apropiado;
- Se debe remover fácilmente al final de la reacción.

2.4.2. El solvente en los procesos de extración

La extracción por solvente se puede definir como un proceso de transporte de masa de una fase a otra con el propósito de separar uno o más componentes de la mezcla.

La extracción líquido-líquido, también conocida como extracción líquida o extracción por solvente, es la separación de los componentes de una solución líquida, denominada alimentación, por contacto con otro líquido, miscible o inmiscible, denominado solvente, que debe tener la propiedad de extraer preferentemente uno o más componentes deseados (soluto). Así se originan dos nuevas corrientes, el refinado, que es la solución residual de la alimentación, pobre en solvente y con uno o más de los solutos retirados por la extracción, y el extracto, rico en solvente, y que contiene el soluto extraído.

En el caso de la extracción de componentes presentes en matrices sólidas los mecanismos que intervienen son: lixiviación, lavado, difusión y diálisis. La eficiencia de la extracción sólido-líquido depende, en gran parte, del tratamiento previo que haya recibido la matriz sólida, para maximizar el área de contacto entre el sólido y el solvente.

Se desea que los solventes utilizados para la extracción líquido-líquido o sólido-líquido tengan las siguientes propiedades:

- Baja inflamabilidad;
- Estabilidad térmica y química;
- Inercia con relación a equipos (minimización de gastos de manutención);
- Elevada pureza para uniformizar las características operacionales;
- Alto volumen/bajo precio;
- Fácil recuperación;
- Alta seletividad;
- Alto poder de solución del soluto en cuestión;
- Alto poder de penetración en la matriz sólida;
- Fácil difusión del soluto en el solvente (baja viscosidad).

Una nueva forma de extracción líquido-líquido es la extracción con fluidos supercríticos o gases en estado líquido. Los gases en estado líquido cerca del punto crítico o los fluidos supercríticos cerca del punto crítico tienen la característica de ser buenos solventes. Tienen densidad más alta, de valor más próximo al de un líquido común que la de un gas común. Tienen baja viscosidad, de valor más próximo al de un gas que al de un líquido. De manera general la extracción supercrítica tiene la ventaja de permitir variar la selectividad del solvente modificando la presión o la temperatura del sistema; también permite que se elimine el solvente fácilmente mediante una simple despresurización del sistema. Los principales inconvenientes son: el trabajo de compresión para licuar el gas hasta un valor cercano a su presión crítica y el costo elevado del equipo.

2.4.3. Solventes usados en pintura y revestimientos

En la industria de pinturas se usan solventes para disolver o dispersar diferentes componentes usados en las formulaciones (como resinas y pigmentos) con la finalidad de conseguir una viscosidad o consistencia adecuadas que permitan una aplicación uniforme. Después que está aplicada la pintura los solventes se evaporan y la resina y los pigmentos forman una película y se secan dentro de un período de tiempo adecuado.

Las principales propiedades de un solvente usado en la industria de pinturas que deben tener en cuenta son:

- Peso específico;
- Inflamabilidad;
- Capacidad disolvente;
- Rango de destilación;
- Tasa de evaporación;
- Aspectos toxicológicos.

2.4.4. Solventes usados en tintas de impresión

El solvente es el componente principal, en cantidad, de la mayoría de las tintas de impresión usadas en litografía, *offset*, *letterpress*, flexografía y procesos de impresión de grabados y telas.

El poder disolvente y la volatilidad del solvente son propiedades importantes que determinan el tipo de tinta que se puede utilizar en los diferentes procesos de impresión.

Los solventes se usan para controlar la viscosidad de la tinta y permitir que fluya adecuadamente sin dañar los rodillos de impresión. Además los solventes promueven la optimización del tiempo de secado en función del proceso de impresión.

Los solventes o las mezclas de solventes que se usan en las tintas para litografía, para flexografía y para grabados se evalúan de acuerdo con las características de estabilidad de la impresión, printabilidad y secado de la tinta en el sustrato. Por otro lado, es necesario tomar cuidado al elegir las formulaciones de tintas para flexografía y trabajos de grabados que se usan en envases para evitar problemas de olor y retención de producto.

2.4.5. Solventes usados en productos de limpieza

Los solventes se emplean en una gran variedad de productos de limpieza porque ayudar a aumentar su eficiencia; pueden actuar de diferentes maneras:

Solubilización de las impurezas

Los solventes disminuyen la necesidad de añadir abrasivos; actúan suavizando los tejidos y solubilizando los restos de suciedad.

Reducción de la tensión superficial

Los solventes contribuyen con la función desinfectante reduciendo la tensión superficial. Esta característica, sumada a la de otros componentes del producto ayuda a que el desinfectante penetre en los espacios vacíos del material que se limpia, lo que permite atacar los microorganismos más eficazmente.

Aumentar la estabilidad delo producto

Otro beneficio de la presencia de un solvente en un producto de limpieza es que lo hace más estable, aumentándole así la vida útil.

2.4.6. Solventes usados en adhesivos

Los solventes mejoran el desempeño de los adhesivos. Desde suelas de zapatos hasta neumáticos para automóviles los solventes se usan en aplicaciones domésticas e industriales, así como en aplicaciones de alta exigencia como el colado metal-metal.

Los solventes también se utilizan para disolver adhesivos sólidos y preparar las superficies para el proceso de colado; la efectividad para controlar el tiempo de secado es un atributo crítico para la mayoría de los adhesivos. Para obtener un colado eficiente es esencial retirar completamente el solvente.

2.4.7. Solventes usados en la producción de fármacos

Los solventes se usan en miles de productos farmacéuticos, en cuya manufactura desempeñan dos funciones: se pueden emplear como medio de reacción y también se pueden usar para extracción y purificación.

En la producción de algunos fármacos, como cremas antibacterianas y corticoides, frecuentemente se utilizan solventes al iniciar el proceso para fabricar los ingredientes activos. Los solventes también se pueden usar para mezclar los componentes de un producto cuya forma final es una crema, una loción o un líquido; además se usan para dar consistencia al producto final.

Los solventes también se utilizan en productos para animales domésticos como medicamentos por vía oral y champúes para mascotas. En éstos los solventes se usan para disolver ingredientes activos o para suavizar el pelo de los animales.

2.4.8. Solventes usados en la fabricación de productos agrícolas y alimenticios

Los solventes se usan para preparar y aislar ingredientes activos en el segmento de pesticidas y productos agrícolas. En los pesticidas la presencia del solvente permite que el producto se seque de manera uniforme y lenta y penetre y se esparza adecuadamente, lo que disminuye la cantidad que se necesita aplicar.

Debido a las diversas aplicaciones de los pesticidas, herbicidas e insecticidas, los solventes tienen un papel esencial en su función de transporte. Es importante elegir el solvente adecuado para que el tiempo de secado sea el más conveniente (lo suficientemente lento para permitir una buena penetración) y una eficiente dispersión del producto.

Los solventes se usan en muchas etapas de la preparación de alimentos y también en sus envases. Se usan para extraer grasas, aceites y aromas de nueces, semillas y otras sustancias, así como en formulaciones líquidas de aromas y esencias. También se usan en las tintas de impresión y los adhesivos para envases de alimentos. La presencia de solventes en los productos de limpieza ayuda a higienizar los ambientes en que se preparan alimentos.

2.4.9. Solventes usados en la manufactura de productos de higiene personal

Los solventes se emplean en la manufactura de productos de belleza y cosméticos para disolver ingredientes y mejorar el desempeño del producto.

Solventes usados en productos para el cabello

En los productos para tratamiento del cabello se usan los solventes para mezclar la tintura antes de aplicarla. En los champúes y acondicionadores se usan junto con otros ingredientes para dejar el cabello suave y fácil de peinar, y en una variedad de otros productos, para alisar o encrespar.

Los solventes se encuentran en muchos productos como mouses, geles y fijadores; en estos productos los solventes más comúnmente encontrados son los alcoholes.

Solventes usados en productos para la piel

Los solventes intervienen en la composición de lociones, cremas, lápices de labios, cremas de afeitar y otros productos destinados a mantener la elasticidad de la piel, suavizar, otorgar apariencia sana, etc.; se los utiliza como carrier de los agentes antibacterianos, las fragancias, o para dar una consistencia apropiada al producto. Algunos productos para la limpieza de la piel, como los adstringentes, contienen solventes que ayudan a disolver y retirar restos de maquillaje; otros, como las lociones faciales y los geles de afeitar, los contienen para mejorar su desempeño.

Solventes usados en cosméticos y productos de maquillaje

En los productos para maquillaje de los ojos los solventes tienen múltiples funciones; actúan como carrier de los agente antimicrobianos, otorgan la consistencia deseada y contribuyen a que el maquillaje permanezca más tiempo en la piel y se realce.

La mayoría de los perfumes es a base de alcohol lo que permite que se lo rocíe en varias direcciones (spray). Cuando el alcohol se evapora sobre la superficie en que se ha aplicado el perfume queda la fragancia. En los primeros pasos de algunos procesos de fabricación de perfumes se usan solventes para extraer y purificar esencias de aceites de frutas, flores, raíces o cáscaras. Generalmente se usa un solvente para extraer el aceite (esencia) e incorporarlo al producto.

2.4.10. Solventes para uso en el segmento automotor

Los solventes colaboran en la manutención de los automóviles de varias maneras: permiten limpiar las boquillas de inyección, válvulas, cámara, cabezal y carburadores, así como las alfombras y el tapizado; también evitan que se caliente el motor.

Los solventes entran en la composición de los aditivos para gasolina. Estos productos mantienen siempre limpia la boquilla de inyección permitiendo el buen funcionamiento del sistema de inyección electrónica, además aumentan la vida útil del catalizador, evitan la corrosión y garantizan una perfecta pulverización del combustible.

2.4.11. Solventes usados en la producción de microchips

Los solventes tienen un importante papel en la industria microelectrónica, por ejemplo en la fabricación de circuitos integrados o microchips. El uso de solventes de grado electrónico permite minimizar fallas en el circuito. Grado electrónico significa que el contenido de iones en el solvente es bajo, lo que es importante porque los iones metálicos pueden causar un cortocircuito y arruinar el microchip

Los solventes de grado electrónico se usan para disolver un polímero fotosensible que se usa para revestir una pastilla de silicio con la que se hace el micro-circuito. Para limpiar la superficie de esta placa y la del circuito se usan solventes. Los solventes que normalmente más se usan para fabricar microchips son alcoholes, ésteres y cetonas.

Los chips de los circuitos integrados se fabrican por un proceso denominado fotolitografía, en el que inicialmente se produce el depósito de una capa de SiO_2 sobre una pastilla de silicio y después se reviste la pastilla con una película muy fina (de 0,5 a 1,0 micrómetros, 10^{-6} metros de espesor) de un polímero orgánico fotosensible solubilizado. Después se irradia la pastilla con luz UV a través de un esténcil denominado máscara (especie de modelo o molde utilizado para dar al circuito la forma deseada). Las partes del polímero irradiadas y que no están cubiertas por la máscara reaccionan y se quedan más solubles que el material original de las regiones cubiertas por la máscara. El paso siguiente es lavar con un solvente apropiado, que retira el polímero de las superficies expuestas (o sea, las que no están cubiertas) A continuación queda expuesta la superficie de sílice mostrando el formato del circuito. Para terminar de producir el circuito se realizan sucesivos recubrimientos y ataques con solventes químicos.

2.4.12. Solventes usados en los aerosoles

Una gran variedad de productos se comercializa en pulverizadores del tipo aerosol, que tienen la ventaja de reducir el desperdicio y permitir alcanzar eficazmente espacios pequeños. Se usan en productos para revestimientos, de limpieza, aromatizadores de ambiente, de cuidado personal, insecticidas, etc. Un componente clave de muchos de estos pulverizadores es el solvente, que ayuda a mejorar el desempeño del producto y prolongar su vida útil.

Elegir un solvente o un sistema de solventes que permita obtener el desempeño deseado no es tarea fácil. La función primordial de los solventes en productos en aerosol es mantener la formulación uniforme para asegurar que las proporciones de los ingredientes del producto permanezcan constantes durante todo el período de uso.

En la formulación de un aerosol hay tres componentes principales: propulsor, solvente e ingredientes activos. La mayoría de los propulsores tiene un bajo poder disolvente, por eso se usa el solvente, cuya función es mantener el propulsor uniformemente distribuido en el producto. En algunos casos es necesario agregar un segundo solvente con la finalidad de mantener los ingredientes activos en solución.

Otra importante función del solvente es la de permitir adaptar el tamaño de partícula del pulverizador a las necesidades de la aplicación. Los pulverizadores usados para pintura, cremas e insecticidas tienen características diferentes. El solvente tiene la capacidad de reducir la presión de vapor del propulsor, lo que influye sobre el tamaño de partícula del pulverizador.

En algunos casos el solvente es esencial para el despeño del propio producto, por ejemplo los aerosoles para pintura. Muchas formulaciones de pintura en aerosol contienen tres tipos de solventes con diferentes tasas de evaporación: rápida, media y lenta. El solvente que se evapora más rápido otorga una viscosidad inicial más baja, que facilita la aplicación del producto, el solvente que tiene una tasa de evaporación media impide que el producto gotee, y el solvente de tasa de evaporación media, el último que sale del sistema, finaliza el flujo y permite una distribución uniforme, lo que será una función de la afinidad del solvente por el soluto (polímero).

Referencias bibliográficas

Ullmann's Encyclopedia of Industrial Chemistry, Fifth Edition, Volume A 24: Silicon Compounds, Inorganic to Stains, Microscopic. Editors: Bárbara Elvers, Stephen Hawkins, William Russey, Gail Schulz, 1993.

Brönsted Acid-base behavior in Inert Organic Solvents. M. M. Davies, in J. J. Lagowski, The Chemistry of Nonaqueous Solvent Systems. Academic Press, New York, London 1970, vol. III, p.1.

Acid-Base Equilibria in Dipolar Aprotic Solvents. I. M. Kolthoff. Anal. Chem. 46, 1992 (1974), in Solvent effects in organic chemistry. Christian. Reicfortest. Weinheim, New York: Verlag Chemie, 1978.

Acidity Functions. R. H. Boyd, in J. F. Coetzee and C. D. Ritchie (editors), Soluto-Solvent Interactions. Vol. 1, M. Dekker, New York, London 1969.

Acid-Base Behaviour. E. J. King, in A. K. Covington and T. Dickinson (editors), Physical Chemistry of Organic Solvent System. Plenum Press, London, New York 1973.

Solvent effects in organic chemistry. Christian Reicfortest Weinheim, New York: Verlag Chemie, 1978.

R. G. Pearson, J. Americ. Chem. Soc. 85, 3533 (1963); Science 151, 172 (1966); J. Chem. Educ. 45, 581, 643 (1968); J. Org. Chem. 32, 2899 (1967)] e [R. G. Pearson, (editors): Fortes and Fracos Acids and Bases. Dowden, Hutchinson, and Ross, Stroudsburg/Pa. 1973, in Solvent effects in organic chemistry. Christian. Reicfortest. Weinheim, New York: Verlag Chemie, 1978.

A Modern Approach to Solvent Selection. Rafiqul Gani, Concepción Jiménez-González, Antón ten Kate, Meter A. Crafts, John H. Atherton, Joan L. Cordiner. Chemical Engineering, march, 2006.

Mass-transfer Operations Autor: Treybal, Robert E. Editora: McGraw-Hill International Editions - Chemical engineering series, 1980.

Gas Extraction: An Introduction to Fundamentals of Supercritical Fluids and the Application to Separation Processes. Autor: Brunner, G. Editora: Springer, Hamburgo Alemanha, 1994.

Tintas: Métodos de controle de pinturas e superfícies. Carlos Alberto T. V. Fazano. Hemus Editora, 1982.

3 Principales clases de solventes

Los solventes se pueden clasificar de acuerdo con las funciones químicas que contienen sus moléculas Teniendo en cuenta esta característica en este capítulo se van a tratar temas como reactividad, incompatibilidad con el medio y vías de producción de los principales solventes.

Danilo Zim

3.1. Solventes alifáticos

3.1.1. Definición

Las moléculas de los hidrocarburos están constituidas exclusivamente por átomos de carbono e hidrógeno que forman cadenas y, dependiendo de la estructura de estas cadenas, se puede clasificar a los hidrocarburos en aromáticos o alifáticos.

Los hidrocarburos aromáticos tienen una estructura especial, el anillo bencénico, que está constituida por seis átomos de carbono unidos entre si formando un ciclo en el que se alternan uniones simples y uniones dobles resonantes.

Los hidrocarburos alifáticos no presentan un anillo aromático; se pueden clasificar como cíclicos o acíclicos (o como hidrocarburos de cadena cerrada o abierta), lineales o ramificados y saturados o insaturados.

Los hidrocarburos lineales tienen una única cadena de átomos de carbono dispuestos de forma tal que cada uno de ellos está unido a, como máximo, otros dos átomos de carbono. Los hidrocarburos ramificados tienen en uno o más puntos de la cadena carbonada un átomo de carbono unido a tres o cuatro otros átomos de carbono.

CH_4

metano etano propeno n-butano butadieno n-hexano

Figura 3.1. Ejemplos de hidrocarburos lineales.

metilpropeno metilpropano 2,2-dimetilbutano 2,3-dimetilbutano

Figura 3.2. Ejemplos de hidrocarburos ramificados.

Los hidrocarburos cíclicos o de cadena cerrada tienen una cadena carbonada, en la que los átomos de carbono se unen entre sí formando un ciclo. La estructura de los hidrocarburos acíclicos o de cadena abierta, por el contrario, no presenta ciclos.

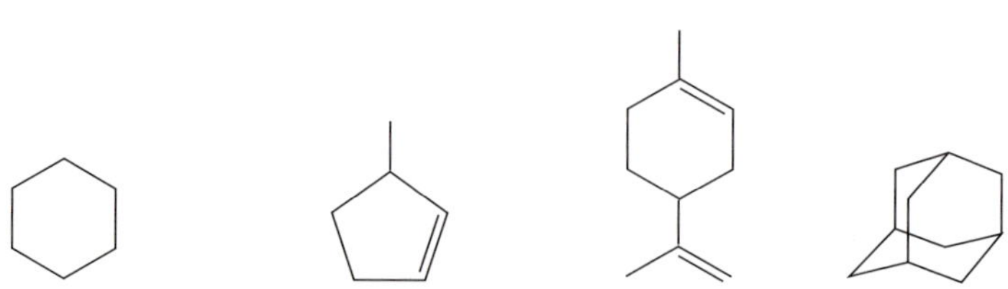

ciclohexano 3-metilciclopenteno limoneno adamantano

Figura 3.3. Ejemplos de hidrocarburos cíclicos.

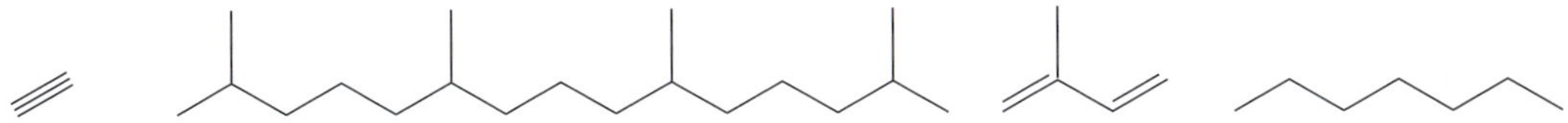

acetileno pristano isopreno n-heptano

Figura 3.4. Ejemplos de hidrocarburos acíclicos.

La estructura de los hidrocarburos saturados, que también reciben el nombre de alcanos, está compuesta por uniones simples solamente. Los hidrocarburos insaturados tienen por lo menos una unión doble o triple entre sus átomos de carbono. Los hidrocarburos que tienen uniones dobles se denominan alquenos u olefinas y los que tienen uniones triples se denominan alquinos.

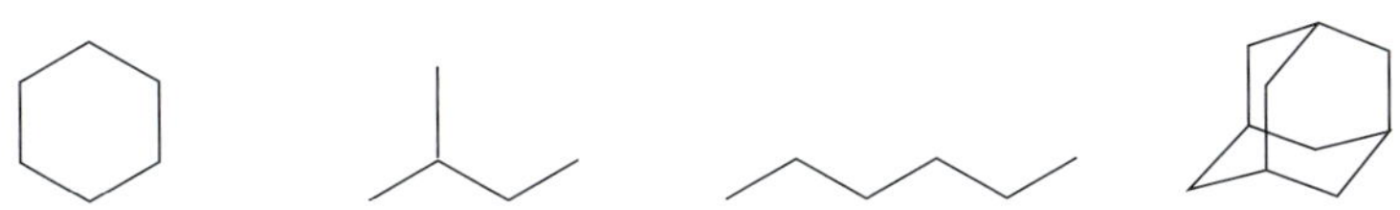

ciclohexano 2,2-dimetilbutano n-hexano adamantano

Figura 3.5. Ejemplos de hidrocarburos saturados.

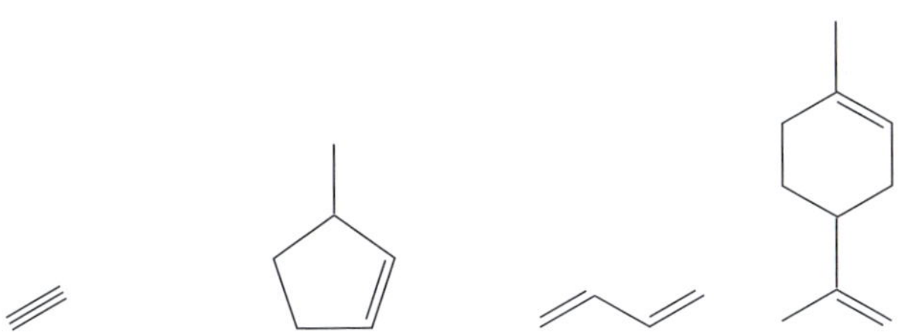

acetileno 3-metilciclopenteno butadieno limoneno

Figura 3.6. Ejemplos de hidrocarburos insaturados.

La estructura de la cadena carbonada no define apenas la clasificación de la molécula, también define sus propiedades físicas y su reactividad.

3.1.2. Características y reatividad

Debido a la pequeña diferencia entre la electronegatividad del carbono y la del hidrógeno, los dos únicos componentes de los dos hidrocarburos, en estas moléculas no hay enlaces muy polares; las fuerzas intermoleculares que actúan en estos compuestos son del tipo dipolo inducido — dipolo inducido. Todos los hidrocarburos son compuestos bastante apolares y presentan algunas propiedades características.

Los hidrocarburos alifáticos son prácticamente inmiscibles en agua, por lo tanto cuando se mezcla un hidrocarburo con agua se forman dos fases, de las cuales la superior es la orgánica y la inferior, la acuosa porque los hidrocarburos son menos densos que el agua. Los hidrocarburos son solubles entre sí en cualquier relación y tienden a solubilizar otros compuestos apolares (como grasas y ceras).

Los hidrocarburos de bajo peso molecular (que tienen hasta cuatro átomos de carbono) son gases a temperatura y presión ambiente, mientras que los lineales que tienen más de cinco átomos de carbono tienden a ser líquidos o sólidos. En la siguiente figura están indicados los puntos de fusión y ebullición de los catorce primeros alcanos lineales.

La reactividad de los hidrocarburos depende básicamente de la presencia o ausencia de insaturaciones en la molécula.

Los hidrocarburos saturados, es decir los alcanos, son prácticamente inertes a temperatura y presión ambiente. No reaccionan con ácidos ni bases, incluso fuertes; tampoco se hidrolizan, polimerizan o se descomponen en dichas condiciones. Son resistentes a los oxidantes fuertes, incluso el peróxido de hidrógeno y el ácido nítrico, y no se reducen ni aún en presencia de hidruros metálicos. Las reacciones de halogenación y cracking sólo ocurren a alta temperatura. Los únicos alcanos con una reactividad diferente son los cíclicos con elevada tensión en el anillo, como el ciclopropano, que tiende a comportarse de manera similar a los alquenos.

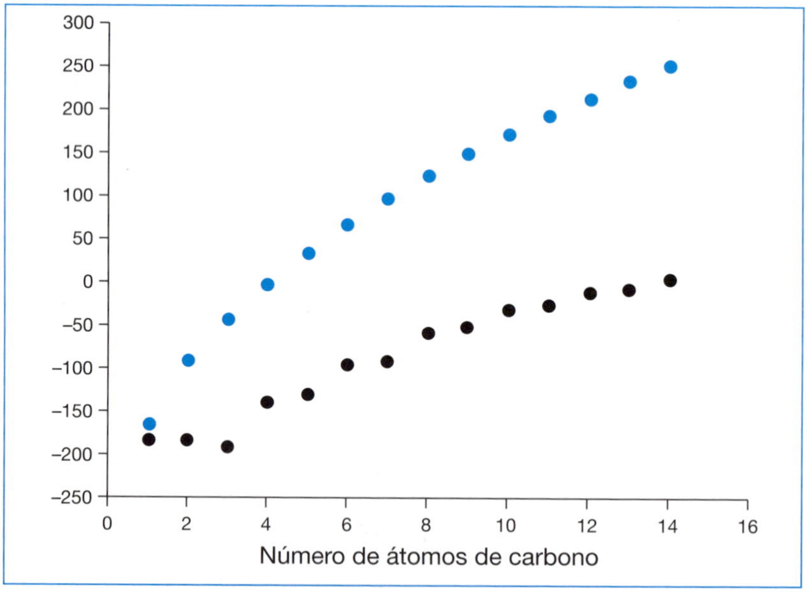

Figura 3.7. Punto de fusión (negro) y punto de ebullición (azul) de los catorce primeros alcanos lineales.

Talvez la combustión sea la única reacción que represente una excepción de la baja reactividad de los alcanos, pues son altamente inflamables, especialmente los de bajo peso molecular. Los combustibles fósiles, como el gas natural, la gasolina, el querosén y el diesel están constituidos básicamente por alcanos. La reacción de combustión de los alcanos libera una gran cantidad de energía y ésta es la principal aplicación de dichos compuestos.

Figura 3.8. Reacción de combustión completa del propano, el principal constituyente del GLP.

Los hidrocarburos insaturados, alquenos y alquinos, no tienen la misma estabilidad de los alcanos. Debido a la presencia del enlace π (insaturación) estos compuestos son susceptibles principalmente a reacciones de adición; las reacciones de los halógenos y los ácidos halogenhídricos con la doble ligadura pueden ocurrir a temperatura ambiente. Los alquenos también reaccionan con agentes reductores y oxidantes.

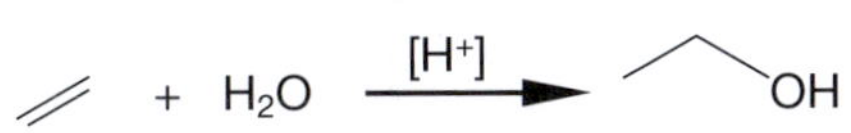

Figura 3.9. Reacción de adición de água al eteno catalizada por un ácido fuerte para producir etanol.

La presencia de un ácido fuerte puede catalizar reacciones de adición electrofílica con reactivos como el agua, alcoholes y ácidos carboxílicos, y también reacciones de polimerización. De hecho, la aplicación principal de los alquenos es la síntesis de polímeros como el polietileno y el polipropileno.

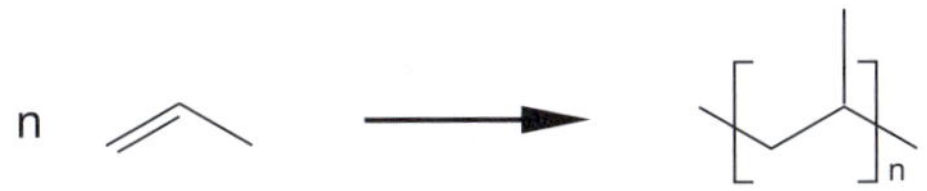

Figura 3.10. Síntesis del polipropileno a partir del propeno.

3.1.3. Principales vías de producción

La principal fuente de hidrocarburos es el petróleo. Los alcanos, entre ellos el n-hexano, se obtienen directamente por destilación del óleo bruto, mientras que la mayoría de los alquenos y los alquinos se obtienen a partir de alcanos por medio de reacciones de cracking, reforming e isomerización. Los hidrocarburos superiores (de cadena larga) se transforman en hidrocarburos de menor masa molar por reacciones de cracking. Los hidrocarburos insaturados se producen a partir de alcanos por reacciones de reforming catalítico, cuyo subproducto en el hidrógeno. Las reacciones de isomerización no modifican ni la masa molar de la molécula ni su fórmula molecular, solamente cambian la estructura, por ejemplo, la posición de una insaturación.

Figura 3.11. Reacción de hidrocracking. Producciópn de n-butano a partir de n-octano.

Figura 3.12. Reacción de reforming. Producción de 2-buteno a partir de butano.

Figura 3.13. Reacción de isomerización. Producción de 1-buteno a partir de 2-buteno.

Otra fuente de hidrocarburos, menos importante, es la síntesis por medio de la reacción de Fischer-Tropsch, aunque actualmente muy pocas industrias usen esta tecnología. De manera simplificada el proceso consiste en la síntesis de hidrocarburos a partir de hidrógeno y monóxido de carbono, el que proviene de fuentes abundantes como el carbón o el gas natural.

Unos pocos hidrocarburos se pueden obtener de fuentes alternativas, por ejemplo, el pristano se encuentra en el aceite de hígado de tiburón, el limoneno se encuentra abundantemente en el aceite de la cáscara de algunas frutas cítricas, el heptano está presente en la resina que se extrae del pino de Jeffrey. Algunos alquenos bicíclicos conocidos como terpenos (básicamente α y β pineno) se obtienen por destilación de la resina de algunas especies de coníferas; la mezcla de terpenos se conoce como aceite de pino o terebintina.

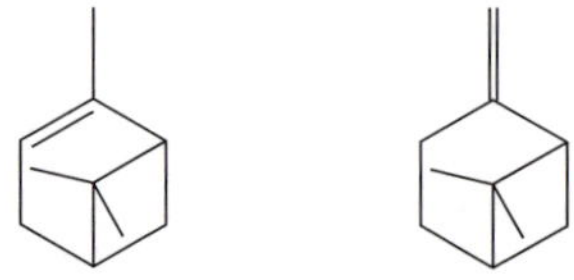

Figura 3.14. α-pineno e β-pineno.

3.2. Solventes aromáticos

3.2.1. Definición

Los hidrocarburos aromáticos y alifáticos están formados exclusivamente por carbono e hidrógeno, pero los aromáticos tienen una estructura especial, el anillo aromático llamado también anillo bencénico.

En esta estructura plana los electrones que forman las uniones ϖ están desplazados sobre las seis uniones σ del anillo y le confieren a la molécula una estabilidad adicional. Esta característica también se conoce como resonancia. La distancia entre los seis átomos de carbono que forman el anillo es la misma y tiene un valor intermedio entre la distancia equivalente a una ligadura simple y una doble, lo que demuestra que no se trata de ligaduras simples y dobles distintas. Por este motivo el anillo bencénico también se representa por medio de un hexágono con un círculo concéntrico, que representa las tres uniones π desplazadas.

Figura 3.15. Representaciones del anillo bencénico.

3.2.2. Características y reatividad

Los hidrocarburos aromáticos también están constituidos exclusivamente por carbono e hidrógeno; no tienen enlaces fuertemente polares, lo que les confiere propiedades físicas semejantes a las de los demás hidrocarburos.

También son prácticamente inmiscibles en agua, por lo tanto cuando se mezcla un hidrocarburo aromático con agua se forman dos fases, de las cuales la superior es orgánica y la inferior, acuosa. Los hidrocarburos aromáticos tienden a ser solubles entre sí y con los demás hidrocarburos en cualquier relación y tienden a solubilizar otros compuestos apolares. Todos los compuestos con estructura de anillo bencénico tienen por lo menos seis átomos de carbono y por consiguiente son líquidos o sólidos à temperatura y presión ambiente.

La reactividad de los hidrocarburos aromáticos se encuentra entre la de los alcanos y la de los alquenos. Los compuestos aromáticos, a pesar de que tienen dobles ligaduras como los alquenos, no tienen la misma reactividad. Los hidrocarburos aromáticos que no tienen ninguna otra función en la molécula son más resistentes a la reducción y la oxidación que los alquenos, no sufren reacciones de adición tan fácilmente como los alquenos y prácticamente no intervienen en reacciones de polimerización. Son resistentes a las bases, incluso las fuertes.

La reacción más común de este tipo de compuestos es la sustitución electrofílica, en la que se sustituye uno de los átomos de hidrógeno del anillo aromático y se forma una función química; por eso las moléculas que tienen un anillo aromático son relativamente sensibles a la presencia de un ácido fuerte. Esta reacción ocurre más comúnmente en presencia de ácidos inorgánicos concentrados como ácido sulfúrico y ácido nítrico.

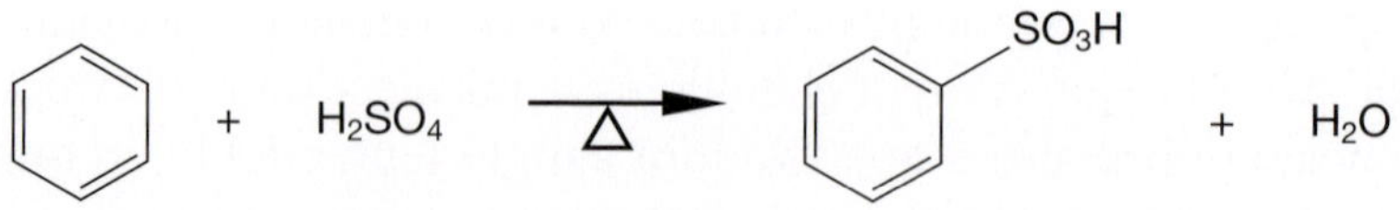

Figura 3.16. Producción de ácido benzenosulfónico por substituición eletrofílica del benceno en presencia de ácido sulfúrico.

Otras reacciones como la acilación o la adición de un halógeno, bastante conocidas, normalmente requieren condiciones especiales, como la presencia de un catalizador ácido de Lewis y medio anhidro.

Hay otros compuestos que, además del anillo, tienen otras funciones químicas, que influyen en su reactividad.

3.2.3. Principales vías de producción

La gran fuente de hidrocarburos aromáticos y alifáticos es el petróleo. El camino de síntesis más común es el reforming catalítico, por ejemplo, del n-heptano o del metilciclohexano, que dan como producto tolueno e hidrógeno. Se puede producir benceno a partir del tolueno por la reacción de hidrodealquilación, en que se consume hidrógeno y se obtiene metano como subproducto. También se puede obtener una mezcla de benceno y xilenos (mezcla de isómeros) por desproporcionación del tolueno. El benceno se puede producir directamente por reforming catalítico a partir del n-hexano o del ciclohexano por ejemplo. Estas reacciones son típicas de la industria petroquímica y generalmente ocurren a temperaturas superiores a 500 °C y en presencia de catalizadores específicos.

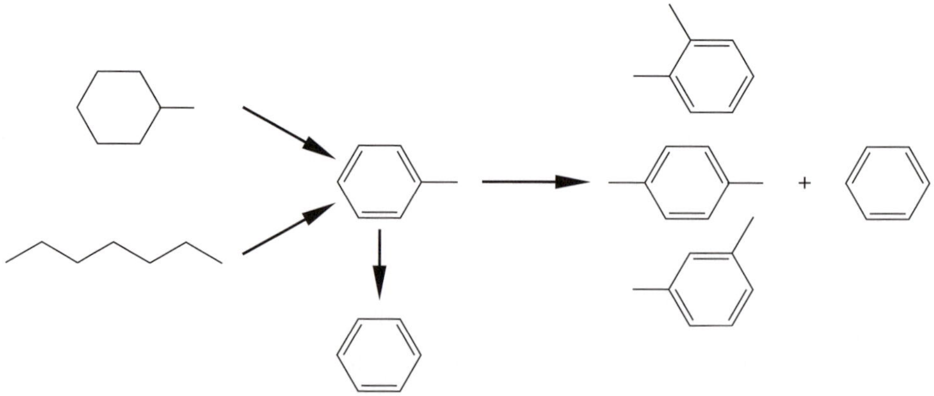

Figura 3.17. Producción de tolueno a partir del metilciclohexano o heptano y posterior producción de benzeno y xileno a partir del tolueno.

3.3. Solventes oxigenados

3.3.1. Definición

Se consideran compuestos oxigenados a aquellos formados por carbono e hidrógeno, pero que en su molécula contienen por lo menos un átomo de oxígeno. Esta clasificación bastante general engloba una serie de funciones químicas que difieren entre sí por la forma en que el átomo de oxígeno está unido a la estructura de la molécula. Más adelante se tratará de las moléculas que tienen otros elementos además de carbono, hidrógeno y oxígeno. Con relación a la estructura carbonada se puede adoptar la misma clasificación utilizada para los alcanos, es decir, un compuesto puede ser alifático o aromático, y siendo alifático puede ser ramificado o lineal, cíclico o acíclico y saturado o insaturado.

La presencia de un átomo de electronegatividad elevada (oxígeno) deja la molécula más susceptible a las interacciones del tipo dipolo-dipolo inducido y dipolo-dipolo, incluso enlaces por puente de hidrógeno; este efecto no se observa en los hidrocarburos. Las propiedades químicas, como la reactividad de la molécula, están determinadas básicamente por la función a la que pertenece la molécula. Por otro lado, las características físico-químicas, como la miscibilidad y la polaridad, están determinadas, por la función química a la que pertenece la molécula y también por la relación entre el número de grupos funcionales presentes y el tamaño de la cadena carbonada. A grandes rasgos se puede decir que las características físico-químicas de las moléculas que tienen masa molar elevada pero pocos átomos de oxígeno son parecidas a las de los hidrocarburos.

3.3.2. Características y reatividad

La forma de unión del oxígeno con la cadena carbonada determina la función a la que pertenece la molécula y cuales serán sus características químicas. Un átomo de oxígeno forma dos tipos de enlace químico, es decir, que se puede unir simultáneamente a dos átomos de carbono, a un único átomo de carbono por medio de una doble ligadura, o a un átomo de carbono y cualquier otro átomo que puede ser, por ejemplo, el hidrógeno.

3.3.2.1. Alcoholes, éteres y acetales

Los alcoholes son compuestos que tienen un hidroxilo unido a una cadena carbonada alifática, es decir, que en la molécula hay un oxígeno unido a un átomo de hidrógeno y a un átomo de carbono que pertenece a la cadena alifática. Dependiendo del carbono al que se está unido el hidroxilo los alcoholes se clasifican en primarios, secundarios y terciarios. Los alcoholes que tienen dos hidroxilos unidos a la cadena alifática se denominan dioles o más comúnmente glicoles.

Debido a la polaridad de la unión O-H las fuerzas intermoleculares del tipo dipolo-dipolo son tan intensas que se forman enlaces por puente de hidrógeno, por eso todos los alcoholes son líquidos o sólidos; incluso el metanol, cuya masa molar es 32, es líquido a temperatura y presión ambiente.

Los alcoholes de masa molar más baja, como el metanol y el etanol, son miscibles en agua en cualquier relación. Los monoalcoholes (que sólo tienen un hidroxilo) de masa molar elevada no son completamente solubles en agua ya que sus propiedades físico-químicas se asemejan más a las de los compuestos apolares.

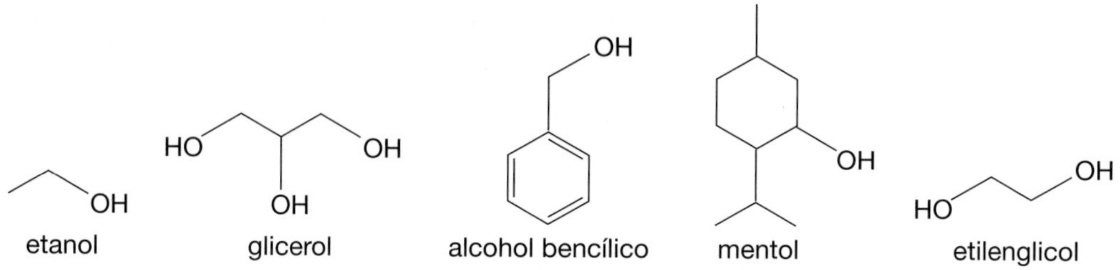

Figura 3.18. Ejemplos de alcoholes.

Los alcoholes son resistentes a las bases y los agentes reductores. Solamente algunos agentes reductores muy fuertes, como los hidruros de los metales alcalinos, reaccionan con los alcoholes liberando hidrógeno. Por otro lado, los alcoholes son relativamente sensibles a los agentes oxidantes fuertes y a los ácidos fuertes. Los alcoholes se pueden oxidar a aldehídos, ácidos carboxílicos o cetonas, por ejemplo, en presencia de oxidantes fuertes como el permanganato de potasio. Los ácidos fuertes pueden catalizar la deshidratación de los alcoholes, de los que se pueden obtener alquenos o éteres, dependiendo de las condiciones y de la estructura del alcohol en cuestión. Los alcoholes primarios, como el metanol y el etanol, son más resistentes a la deshidratación que los alcoholes secundarios (isopropanol) y los terciarios (ter-butanol). Los alcoholes no reaccionan con el agua a temperatura y presión ambiente.

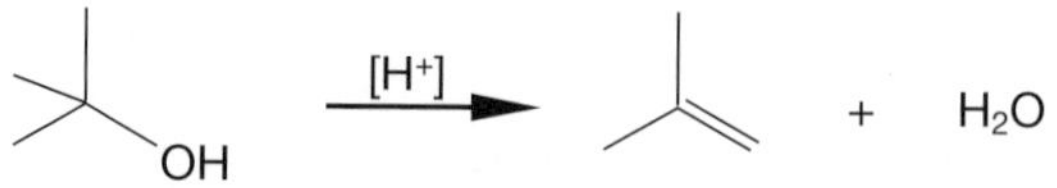

Figura 3.19. Producción de metilpropeno por deshidratación del terbutanol.

Los éteres tienen un átomo de oxígeno unido a dos átomos de carbono diferentes; como en su molécula no tienen la unión O–H tienden a ser bastante apolares. La miscibilidad de los éteres en agua es baja, incluso para los de cadena corta, y el punto de fusión es más bajo que el de los alcoholes de la misma masa molar.

Los éteres son mucho menos reactivos que los alcoholes; no reaccionan con agua y no son sensibles a los ácidos ni las bases fuertes, también son resistentes a los oxidantes y los reductores. Se podría decir que entre los compuestos oxigenados los éteres son los que más se asemejan a los alcanos. De manera análoga a los alcanos sólo son reactivos los éteres cíclicos que tienen una elevada tensión en el anillo, como el óxido de etileno.

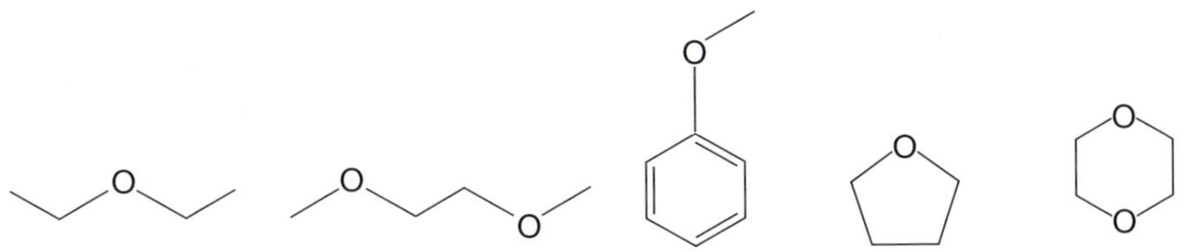

Figura 3.20. Ejemplos de éteres.

Los acetales son moléculas que tienen dos átomos de oxígeno unidos a un mismo átomo de carbono por una unión simple. Cada átomo de oxígeno puede estar unido a otro átomo de carbono o a un hidrógeno, en este caso la molécula se llama hemiacetal.

Los acetales, del mismo modo de los éteres, no tienen la capacidad de formar enlaces por puente de hidrógeno, en consecuencia su miscibilidad en agua es más baja que la de los alcoholes de la misma masa molar. Los acetales son líquidos a temperatura y presión ambiente; si la masa molar es elevada pueden ser sólidos.

En lo que se refiere a la reactividad, los acetales son resistentes a los agentes reductores y oxidantes, también son resistentes a las bases, incluso las fuertes. La reacción más común de los acetales es la hidrólisis en medio ácido. Los acetales reaccionan con el agua en presencia de ácido, aunque éste se encuentre en cantidades catalíticas. Por esa reacción se produce alcohol y aldehído o cetona.

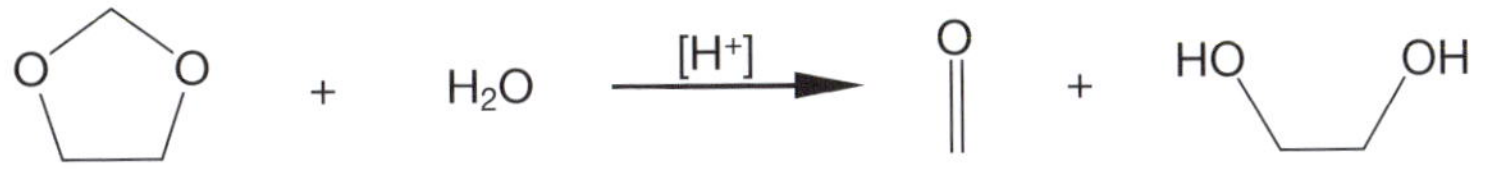

Figura 3.21. Producción de formaldehído y etilenglicol por hidrólisis de 1,3-dioxolano en medio ácido.

3.3.2.2. Principales vías de producción

Los alcoholes que más se usan como solventes son metanol, etanol e isopropanol. En menor escala se utilizan n-butanol, iso-butanol, ciclo-hexanol y hexilenglicol.

El metanol se produce a partir del gas de síntesis. El metano produce monóxido de carbono e hidrógeno por reforming, y estos dos compuestos reaccionan entre sí en condiciones adecuadas y producen metanol.

Para la síntesis de alcoholes como isopropanol (hidratación del propeno) y 2-butanol (hidratación del 2-buteno) se usa el proceso de hidratación de olefinas. El 1-butanol se obtiene a partir de la hidroformilación (carbonilación) del propeno y posterior hidrogenación en una única etapa. El etanol, excepcionalmente, se produce a partir de procesos fermentativos de fuentes renovables, fundamentalmente del almidón de maíz y la sacarosa de la caña de azúcar. El proceso de obtención de etanol por hidratación del eteno se ha dejado de lado para usar los procesos a partir de biomasa, que actualmente es la vía de producción más importante.

$$CO + 2H_2 \longrightarrow MeOH$$

Figura 3.22. Síntesis del metanol a partir de CO e H_2.

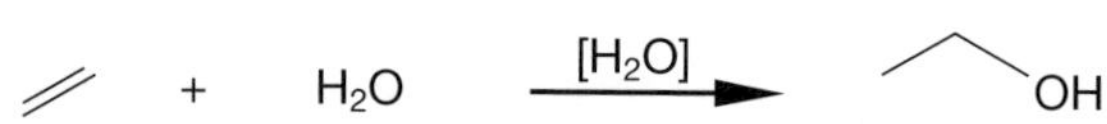

Figura 3.23. Síntesis del etanol a partir de la hidratación del eteno.

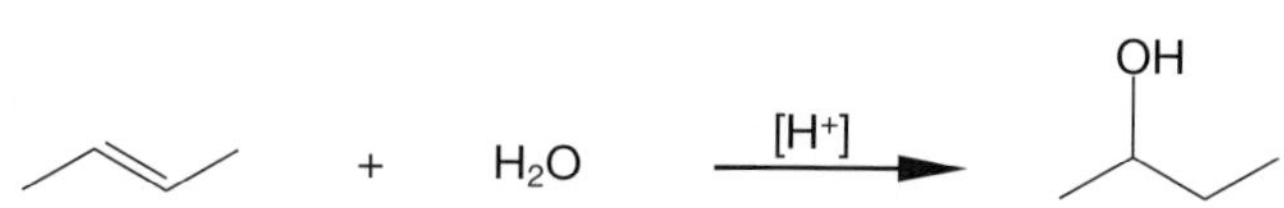

Figura 3.24. Síntesis del 2-butanol (sec-butanol) a partir de la hidratación del 2-buteno.

Figura 3.25. Síntesis del n-butanol a partir del propeno.

Los glicoles más usados son etilenglicol (MEG) y dietilenglicol (DEG) que, además de los hidroxilos, tienen una función éter. El etilenglicol se produce por hidratación del óxido de etileno y éste, por oxidación selectiva del eteno. El dietilenglicol se obtiene por reacción entre el etilenglicol y el óxido de etileno, pero también se puede obtener como subproducto de la producción de etilenglicol.

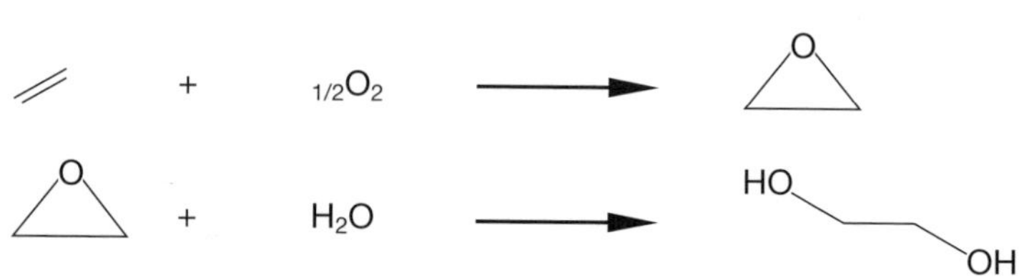

Figura 3.26. Síntesis de óxido de etileno y posterior hidratación y síntesis de etilenglicol.

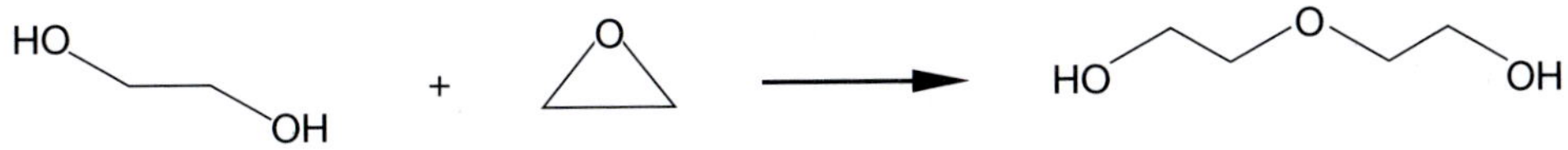

Figura 3.27. Síntesis del dietilenglicol a partir del etilenglicol y óxido de etileno.

La producción de éter etílico ya ha sido importante, sin embargo se lo está sustituyendo como solvente; actualmente el tetra-hidrofurano o THF (un éter cíclico) y el dioxano ocupan un cierto espacio en el mercado de solventes. El éter etílico se obtiene como subproducto de la hidratación del eteno para producir etanol; también se obtiene por deshidratación del etanol sobre alúmina en condiciones controladas. El THF se obtiene por hidrogenación del furano, y el dioxano, por deshidratación del dietilenglicol en medio ácido.

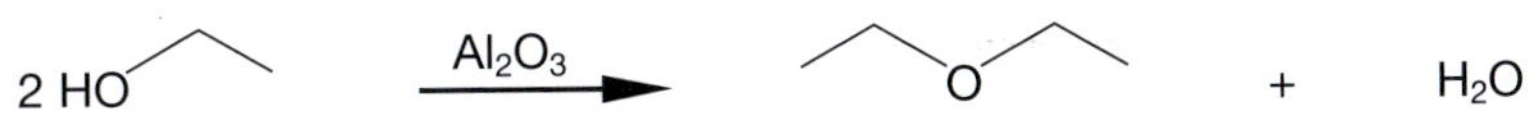

Figura 3.28. Producción de éter etílico por deshidratación del etanol.

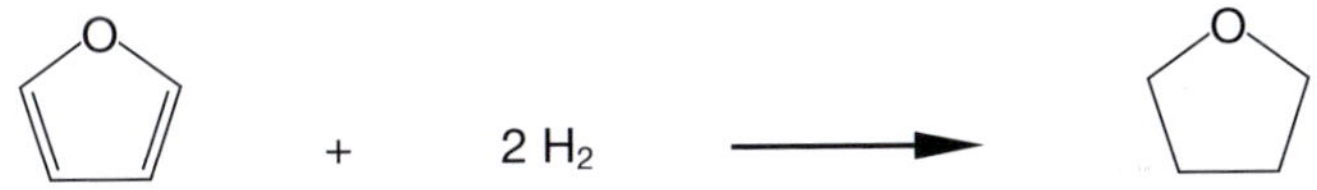

Figura 3.29. Producción de tetra-hidrofurano por hidrogenación del furano.

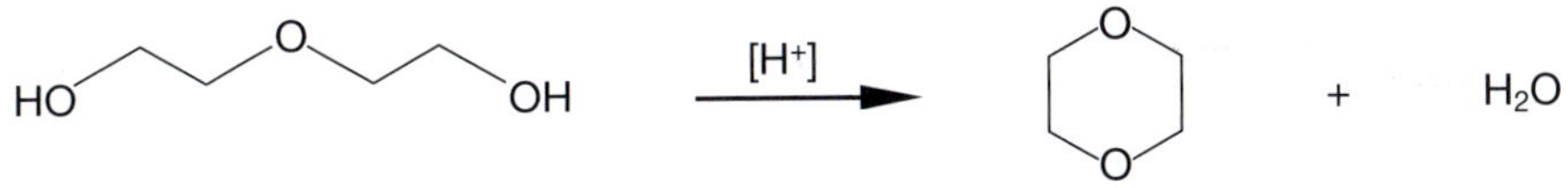

Figura 3.30. Producción de dioxano por deshidratación del dietilenglicol.

3.3.2.3. Compuestos carbonílicos

Las moléculas que tienen por lo menos un átomo de oxígeno unido a un átomo de carbono por medio de una doble ligadura se denominan compuestos carbonílicos. La estructura C=O se denomina carbonilo. Hay varias funciones químicas que tienen el grupo carbonilo, entre ellas podemos citar algunas de las más comunes como cetonas, aldehídos, ésteres, ácidos carboxílicos y anhidridos.

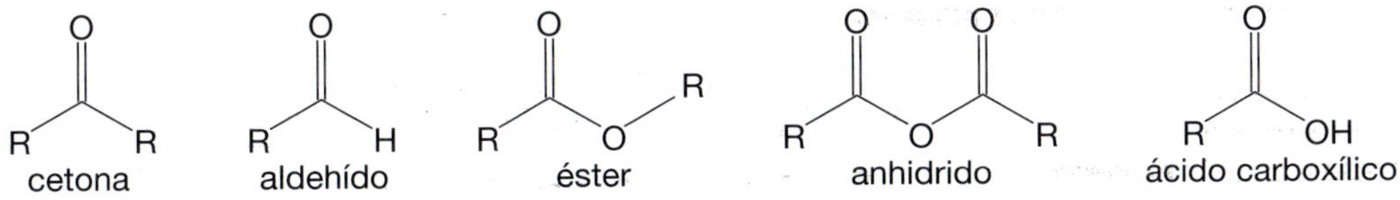

Figura 3.31. Ejemplos de compuestos carbonílicos.

Algunos compuestos carbonílicos son bastante sensibles al medio en que se encuentran y por lo tanto no se pueden usar como solventes. Por ejemplo los anhidridos se hidrolizan en agua dando ácidos carboxílicos. La reacción es exotérmica y ocurre hasta por la presencia de la humedad ambiente, por eso los anhidridos se deben guardar en recipientes herméticamente cerrados. Los ácidos carboxílicos también presentan una elevada reactividad, especialmente con las bases. Además, los ácidos carboxílicos de cadena corta presentan como característica un olor bastante pronunciado.

Los aldehídos no son utilizados como solvente debido a su alta reactividad. Los aldehídos son sensibles tanto a agentes oxidantes y reductores como a ácidos y bases; también pueden sufrir reacciones de polimerización durante su almacenamiento y modificar sus características originales.

Entre los compuestos carbonílicos más utilizados como solventes se destacan los ésteres y las cetonas. La cetona más simple es la propanona, conocida como acetona. La acetona es líquida a temperatura y presión ambiente, al contrario del hidrocarburo de la misma masa molar (butano) que es un gas. Esto se debe a que la molécula es polar y puede sufrir interacciones del tipo dipolo-dipolo. La acetona es miscible en agua en cualquier proporción. La solubilidad en agua de las monocetonas, que tienen solamente un carbonilo, disminuye con el aumento del número de átomos de carbono.

Las cetonas son compuestos relativamente sensibles a los agentes reductores, pero son bastante resistentes a los agentes oxidantes, incluso el permanganato de potasio. Las cetonas prácticamente no reaccionan con el agua. La formación de un hemiacetal entre una cetona y agua es reversible; en esta reacción el equilibrio está desplazado hacia los reactivos. Las cetonas son sensibles a los ácidos y las bases, incluso en cantidades catalíticas, porque sufren la reacción de adición aldólica. La reacción es reversible, pero la deshidratación que puede ocurrir después de la adición aldólica produce enonas y, en este caso, el equilibrio se desplaza hacia los productos.

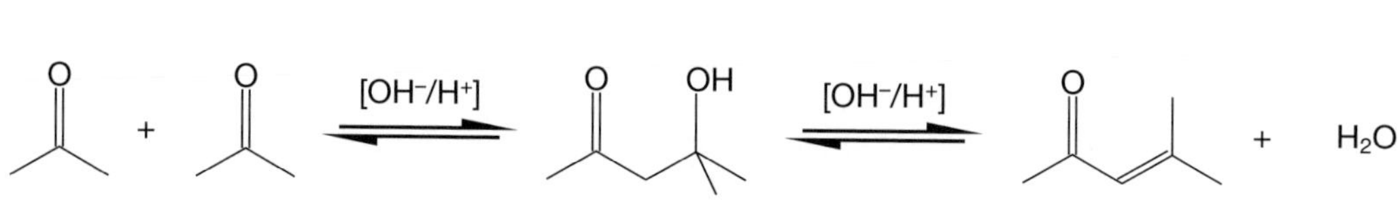

Figura 3.32. Ejemplo de adición aldólica y posterior deshidratación. Formación de diacetona alcohol a partir de la acetona y posterior deshidratación con formación de óxido de mesitilo.

Los ésteres también se usan ampliamente como solvente. Ninguno de los ésteres simples es completamente miscible en agua a temperatura ambiente, ni el metanoato de metilo (formiato de metilo) que corresponde al éster de masa molar más baja. El formiato de metilo, a pesar de su bajo punto de ebullición, es líquido a temperatura y presión ambiente; o sea que todos los ésteres son líquidos o sólidos. La inmiscibilidad de los ésteres en agua aumenta a medida que aumenta la cadena carbonada asociada.

Los ésteres son bastante resistentes a los agentes reductores y a los oxidantes, pero son relativamente sensibles al agua; se hidrolizan dando ácido carboxílico y alcohol (la reacción de formación del éster a partir de estos componentes es reversible). La hidrólisis está catalizada principalmente por ácidos fuertes. Los ésteres son sensibles a las bases fuertes en presencia de las que se saponifican.

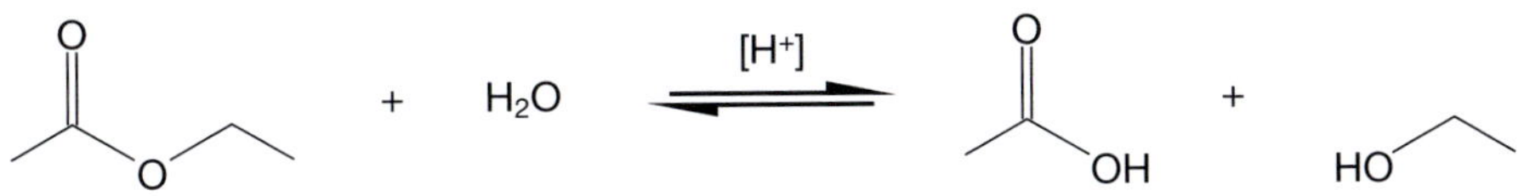

Figura 3.33. Producción de ácido acético y etanol por hidrólisis de acetato de etilo catalizada por un ácido. La reacción es reversible y la composición de la mezcla tiende a alcanzar el equilibrio termodinámico.

3.3.2.4. Principales vías de producción

Entre las cetonas más usadas como solvente se pueden citar la acetona, metilisobutilcetona (MIBK), metiletilcetona (MEK) y, en menor escala, la diacetona alcohol (que tiene también una función alcohol), el óxido de mesitilo (enona) y la diisobutilcetona.

La materia prima principal para la obtención de cetonas es el petróleo. La acetona se obtiene básicamente como co-producto de la fabricación del fenol. La síntesis industrial del fenol comienza con la producción de cumeno a partir de benceno y propeno. El cumeno se oxida a hidroperóxido de cumeno y por clivaje en medio ácido produce fenol y acetona. La acetona, por su vez, es la materia prima para producir diacetona alcohol por condensación aldólica. Por deshidratación de la diacetona alcohol se obtiene óxido de mesitilo, y por hidrogenación selectiva de éste se obtiene metilisobutilcetona. La metiletilcetona se produce generalmente a partir de la deshidrogenación del 2-butanol, que se produce a partir de la hidratación del 2-buteno. A continuación se presenta un esquema de estas reacciones.

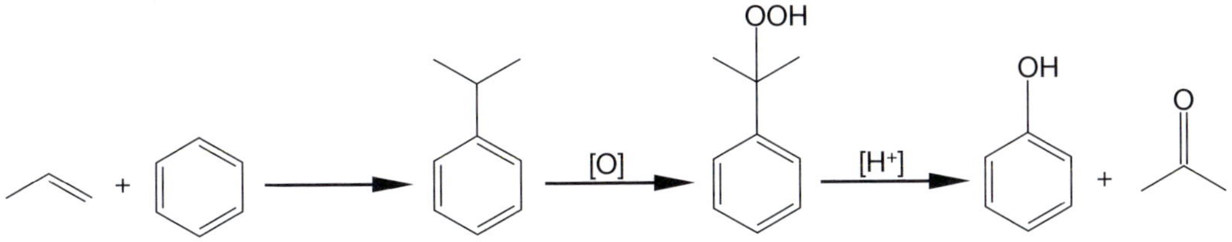

Figura 3.34. Reacciones de la producción de acetona y fenol a partir de propeno y benceno.

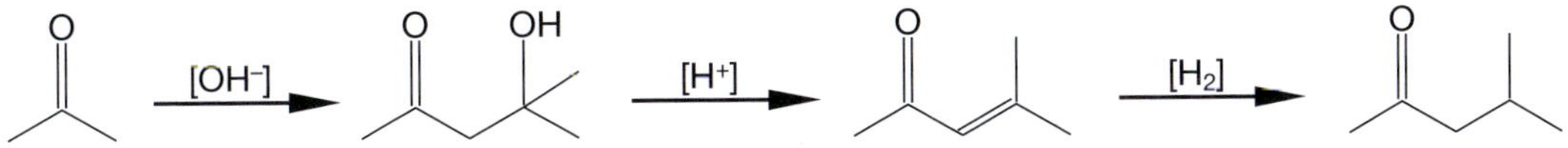

Figura 3.35. Reacciones de la producción de diacetona alcohol, óxido de mesitilo y metilisobutilcetona a partir de acetona.

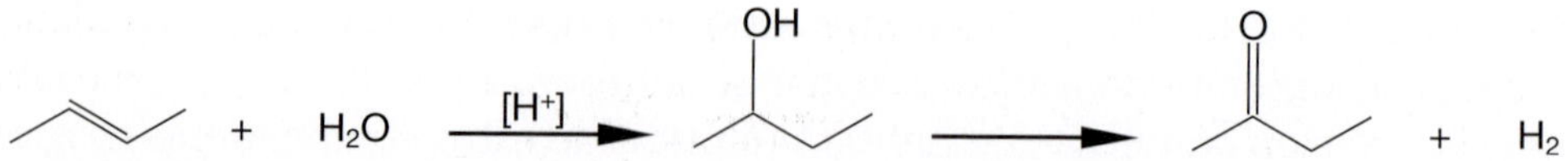

Figura 3.36. Reacciones de producción de metiletilcetona a partir de 2-buteno.

Los acetatos son los ésteres más utilizados como solvente. Los acetatos se obtienen por esterificación de diferentes alcoholes con ácido acético. La reacción es reversible y en ella se produce agua. El ácido acético para la producción de acetatos se obtiene fundamentalmente de la carbonilación del metanol. La reacción está catalizada por complejos de rodio o iridio y ocurre en presencia de iodometano. En Brasil, debido a la disponibilidad del etanol producido a partir de la caña de azúcar, se utiliza esta materia prima para la producción ácido acético por reacción de oxidación en dos etapas. Los acetatos más utilizados son acetato de etilo y acetato de n-butilo.

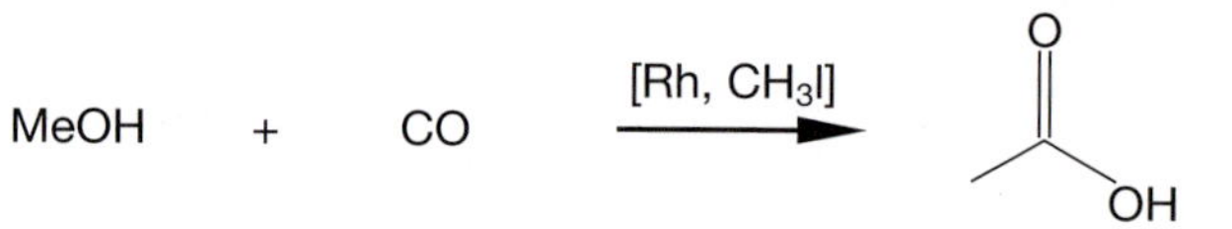

Figura 3.37. Carbonilación del metanol y producción de ácido acético.

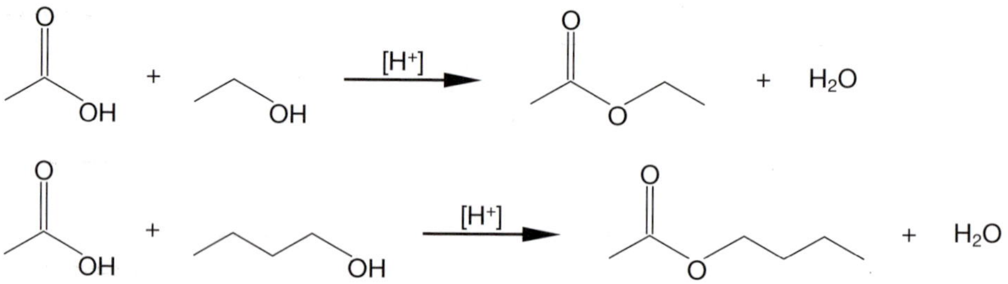

Figura 3.38. Producción de acetato de etilo y acetato de butilo a partir del ácido acético.

3.4. Solventes halogenados

Los compuestos órgano-halogenados están constituidos por carbono, hidrógeno y por lo menos un átomo de un halógeno unido a la cadena carbonada. A pesar de que poseen elementos bastante electronegativos no presentan uniones entre el hidrógeno y el halógeno y, por consiguiente, no se forman enlaces por puente de hidrógeno. Las interacciones moleculares son del tipo dipolo-dipolo, excepto en las moléculas completamente simétricas como el tetracloruro de carbono.

Los compuestos organohalogenados de baja masa molar son gases, por ejemplo, algunos CFCs (clorofluorocarbonos); los de masa molar más alta son líquidos, generalmente muy poco miscibles en agua. Al mezclar órgano-halogenados líquidos y agua se forman dos fases, la inferior orgánica y la superior acuosa, ya que estos compuestos son más densos que el agua.

La reactividad de los órgano-halogenados depende básicamente del halógeno unido a la cadena carbonada. Los organoiodados y los organobromados son bastante reactivos y se usan con frecuencia como intermediarios en síntesis orgánica; raramente se usan como solvente.

Los organofluorados, por el contrario, son extremamente inertes. Desde el punto de vista de la reactividad química, en condiciones normales de temperatura y presión, los organofluorados tienen un comportamiento semejante al de los alcanos.

Los organoclorados también son relativamente inertes; son relativamente resistentes a agentes oxidantes y ácidos, pero son bastante sensibles a agentes reductores y principalmente bases.

Una característica de los organohalogenados totalmente sustituidos (sin hidrógeno en la molécula), como el tetracloruro de carbono o el tetracloroetileno, es la resistencia a la combustión. Es más, algunos compuestos como el bromotrifluorometano o el bromoclorodifluorometano actúan como extintores de llamas.

3.4.1. Principales vías de producción

Actualmente los solventes órgano-halogenados más consumidos son los organoclorados, más específicamente, diclorometano, tetracloroetileno y tricloroetileno. El diclorometano se produce por halogenación del metano con cloro en fase gaseosa. La reacción ocurre a altas temperaturas (más de 400°C) en presencia de catalizadores; como coproductos se obtienen tetracloruro de carbono, triclorometano (cloroformo) y clorometano y como subproduto, ácido clorhídrico.

El tetracloroetileno y el tricloroetileno se producen por halogenación del dicloroetano (también a altas temperaturas) y éste, por halogenación del eteno.

$$CH_4 + Cl_2 \longrightarrow HCl + CCl_4 \quad CHCl_3 \quad CH_2Cl_2 \quad CH_3Cl$$

Figura 3.39. Producción de una mezcla de tetracloruro de carbono, triclorometano (cloroformo), diclorometano y clorometano por halogenación del metano con cloro en fase gaesosa.

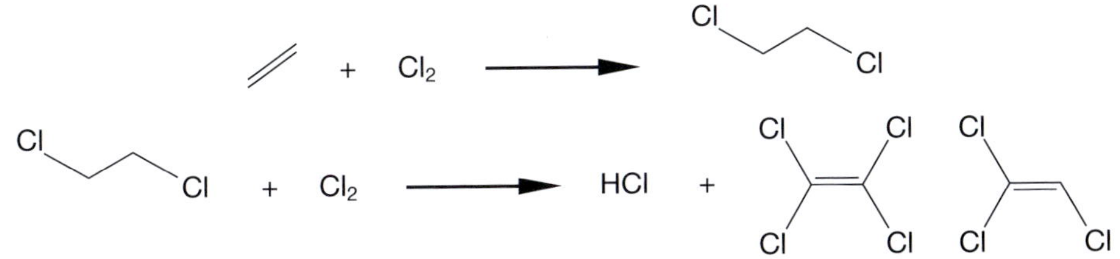

Figura 3.40. Producción de dicloroetano por halogenación del eteno y posterior producción de tetracloroetileno y tricloroetileno por halogenación del dicloroetano.

3.5. Solventes nitrogenados y sulfurados

El uso como solvente de compuestos nitrogenados (que contienen nitrógeno en su molécula) y azufrados (que contiene azufre) es mucho más restricto que el de los hidrocarburos y los compuestos oxigenados, por ello aquí se van a describir apenas los compuestos que puedan tener un uso significativo como solvente.

Los compuestos nitrogenados que se pueden utilizar como solvente son aminas, amidas, nitrilos y nitrocompuestos. Las aminas tienen por los menos un átomo de nitrógeno unido a un átomo de carbono saturado. En las amidas el nitrógeno está unido a un grupo carbonilo. Los nitrilos tienen por lo menos un átomo de nitrógeno unido a un átomo de carbono por una triple ligadura. Los nitroalcanos tienen un átomo de nitrógeno unido a un átomo de carbono y a dos átomos de oxígeno.

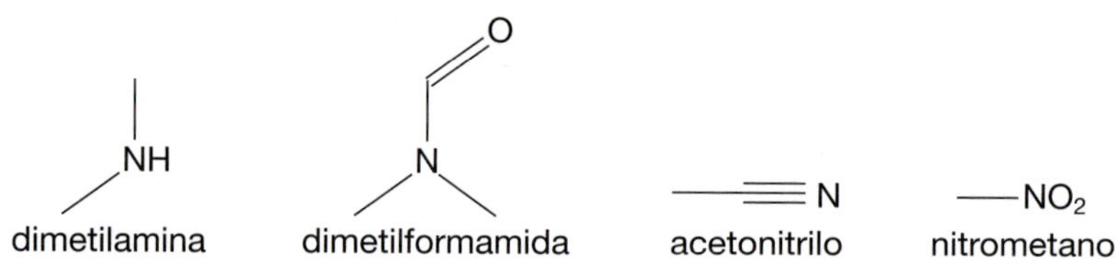

Figura 3.40. Ejemplo de amina, amida, nitrilo y nitroalcano.

Entre los compuestos sulfurados utilizados como solventes se pueden mencionar los sulfóxidos (específicamente el dimetilsulfóxido) y las sulfonas (específicamente el sulfolano). La molécula de los sulfóxidos tiene un átomo de azufre unido a dos átomos de carbono distintos y a un átomo de oxígeno por una doble ligadura. La molécula de las sulfonas tiene la misma estructura con un oxígeno más unido al azufre por una doble ligadura.

Figura 3.41. Ejemplo de sulfona y sulfóxido.

Los compuestos nitrogenados y los sulfurados en general no son muy reactivos, es decir que su uso como solvente queda restricto a algunas aplicaciones específicas que requieren propiedades especiales. El dimetilsulfóxido, el sulfolano, la dimetilformamida y la dimetilacetamida son solventes polares apróticos.

Las aminas son resistentes a las bases y los agentes reductores, pero son sensibles a los ácidos, los agentes oxidantes y el agua. Las aminas primarias son sensibles al aire porque se carbonatan en presencia de CO_2. Los nitrilos son sensibles a ácidos, bases, agentes reductores y oxidantes y se hidrolizan en presencia de ácidos o bases.

Los nitroalcanos son sensibles a bases y relativamente sensibles a ácidos, agentes reductores y oxidantes, y también se pueden hidrolizar. Las amidas son sensibles a ácidos y bases y relativamente sensibles a agentes reductores; se pueden hidrolizar en medio ácido o básico.

Los sulfóxidos son relativamente resistentes a agentes oxidantes y reductores y relativamente sensibles a las bases. Las sulfonas resisten a los agentes oxidantes, pero son relativamente sensibles a los reductores y sensibles a las bases fuertes.

3.5.1. Principales vías de producción

El uso de las aminas como solventes está prácticamente restricto a la dimetilamina y la metilamina. Ambas se obtienen a partir de la reacción del metanol con el amoníaco en condiciones específicas; en esta reacción se produce una mezcla que se separa posteriormente. Se sigue el mismo procedimiento para producir nitrocompuestos. Se producen simultáneamente en el mismo reactor nitrometano, nitroetano, 1-nitropropano y 2-nitropropano por reacción entre el ácido nítrico y el propano. La mezcla se separa para ser comercializada.

La dimetilformamida y la dimetilacetamida son las amidas que más se usan como solvente. La dimetilformamida se produce por reacción entre la dimetilamina y el monóxido de carbono, y la dimetilacetamida, a partir de la dimetilamina y el ácido acético.

El nitrilo que más se usa como solvente es el acetonitrilo, que se obtiene fundamentalmente como subproducto de la producción de acrilonitrilo (materia prima para la producción de polímeros) por reacción entre propeno, amoníaco y oxígeno.

El sulfóxido que más se usa como solvente es el dimetil sulfóxido, que se obtiene por oxidación de dimetilsulfuro, producto de la reacción del metanol y el ácido sulfhídrico. La sulfona que más se usa como solvente es el sulfolano que ser obtiene por reacción del butadieno con el dióxido de azufre y posterior reducción.

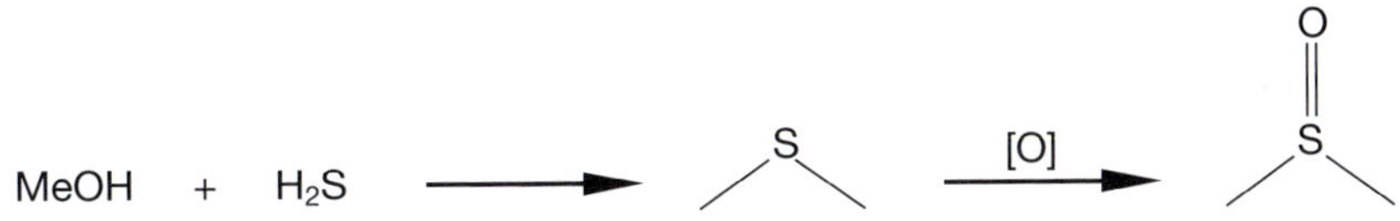

Figura 3.42. Producción de dimetilsulfóxido a partir de metanol y ácido sulfhídrico.

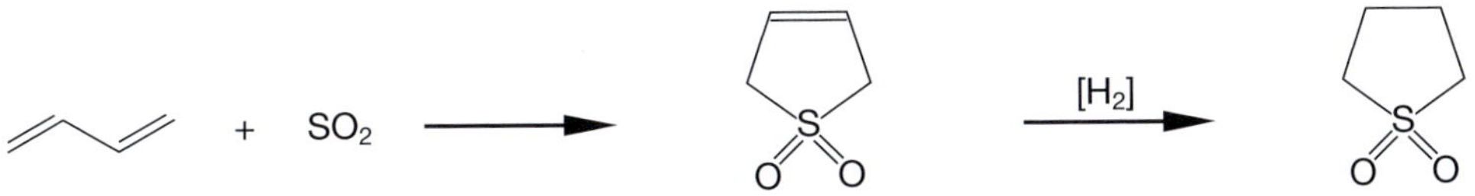

Figura 3.43. Producción de sulfolano a partir de butadieno y dióxido de azufre.

Tabla de incompatibilidades

La siguiente tabla muestra las principales incompatibilidades, en lo que se refiere a la reactividad, para algunas de las clases de solventes citados. Esta tabla no es una guía definitiva de la reactividad química de dichos compuestos; en la práctica se debe analizar cada caso en forma individual, porque hay factores estéricos y electrónicos particulares de cada molécula que determinan las propiedades de la sustancia en cuestión. Por otro lado no se han tenido en consideración las reacciones ni las interacciones entre los grupos funcionales, que modifican significativamente el resultado de la formulación final.

Tabla 3.1. Incompatibilidades

Función Química	agua	ácidos	bases	oxidantes	reductores
hidrocarburos saturados	azul oscuro	azul oscuro	azul oscuro	azul oscuro	azul oscuro
hidrocarburos insaturados	gris	azul claro	azul oscuro	azul claro	azul claro
hidrocarburos aromáticos	azul oscuro	azul claro	azul oscuro	gris	gris
alcoholes	azul oscuro	gris	azul oscuro	azul claro	azul oscuro
éteres	azul oscuro	azul oscuro	azul oscuro	azul oscuro	azul oscuro
acetales	gris	azul claro	azul oscuro	azul oscuro	azul oscuro
cetonas	azul oscuro	azul claro	azul claro	azul oscuro	azul claro
ésteres	gris	gris	azul claro	azul oscuro	azul oscuro
organoclorados	azul oscuro	azul oscuro	azul claro	azul oscuro	azul claro
organofluorados	azul oscuro	azul oscuro	azul oscuro	azul oscuro	azul oscuro
aminas	azul claro	azul claro	azul oscuro	azul claro	azul oscuro
amidas	gris	azul claro	azul claro	azul oscuro	gris
nitroalcanos	gris	gris	azul claro	gris	gris
nitrilas	gris	azul claro	azul claro	gris	azul claro
sulfóxidos	azul oscuro	gris	gris	gris	gris
sulfonas	azul oscuro	gris	gris	azul oscuro	gris

Legenda:

- (azul oscuro) La reacción química ocurre en condiciones severas o muy lentamente
- (gris) Es probable que ocurra una reacción química
- (azul claro) Muy probablemente va a ocurrir una reacción química

Referencias bibliográficas

Grayson, M. Eds.; Kirk-Othmer Encyclopedia of Chemical Technology. 3rd ed., John Wiley and Sons, New York, 1983.

Wolfgang, G. Eds.; Ullmann's Encyclopedia of Industrial Chemistry, 4th ed., Wiley-VCH, Weinheim, 1985.

March, J.; Smith, M. Advanced Organic Chemistry: reactions, mechanisms and structure, 5th ed., John Wiley and Sons, New York, 2001.

Carey, F.; Sundberg, R. J. Advanced Organic Chemistry, 4th ed., Kluwer Academic/ Plenum Publishers, New York, 2000.

Morrison, R. T.; Boyde, R. N. Química Orgânica, 5 ed., Fundação Calouste Gulbenkian, Lisboa, 1996.

Solomons, T. W. G. Fundamentals of Organic Chemistry, 6th ed., Jonh Wiley and Sons, New York, 1996.

Weast, R. C. Eds.; CRC Handbook of Chemistry and Physics, 61th ed., CRC Press, Boca Raton, 1980.

4 Green Solvents

(Green Chemistry – a sustainable solution
Rainer Hofer)

El objetivo de este capítulo es definir principios para clasificar los solventes en el concepto "verde", considerando principalmente su desempeño de aplicación, su toxicidad y su impacto en el medio ambiente.

Sérgio Martins

4.1. Introducción

El siglo XX se caracterizó por el gran crecimiento de la economía global y la continua mejora del standard de vida de los países industrializados. Sin embargo, a partir de la mitad del último siglo:

- El consumo de agua se triplicó;
- La demanda de madera como material de construcción se duplicó, principalmente en los Estados Unidos de América (EUA);
- La demanda de pulpa de madera como materia prima para producir papel aumentó seis veces;
- La pesca y el consumo de los peces de los mares aumentaron cinco veces.

La historia presenta varios ejemplos de explotación del medio ambiente que, por haber sido realizada de modo no sustentable, ocasionó como consecuencia un serio impacto ambiental. Por ejemplo, la agricultura intensiva del Imperio Romano, unida a una fuerte demanda de la sociedad de la época- aficionada a los baños de vapor- la forja de metales y armas, la demanda de madera para calentar las casas o para la construcción de embarcaciones, están consideradas como uno de los primeros desastres ecológicos conocidos. Las deforestaciones en la región de los Apeninos, en Italia, y posteriormente de las costas del Mar Mediterráneo erosionaron el suelo, que se empobreció en humus y secaron algunos ríos durante un tiempo

En la naturaleza se pueden observar otros ejemplos, que sólo en los últimos años vienen de despertando la atención y generando aprensión de gobernantes y de la sociedad en general. Entre los ejemplos más comunes se pueden mencionar:

- El calentamiento, que está provocando el derretimiento de los casquetes polares;
- El aumento de la neblina principalmente en los grandes centros urbanos;
- La destrucción de la capa de ozono de la estratósfera;
- A desertificación de florestas, como por ejemplo, en algunos países de África.

En otras palabras, el crecimiento de la economía y el aumento del standard de vida de las personas tienen su precio:

- Las fuentes naturales de explotación están llegando a su límite;
- Está aumentando la contaminación del medio ambiente.

Todo esto demuestra que es imprescindible adoptar políticas de desarrollo sostenible para lograr mejores condiciones ambientales, económicas y sociales, y quienes deben tomar conciencia de ello son los gobernantes, las industria y la sociedad como un todo.

Desde el punto de vista comercial el desarrollo sostenible abarca tres áreas independientes:

- Económica: administración eficiente de los recursos;
- Ambiental: prohibición de emisión de contaminantes a la ecosfera y manutención de las bases para la vida;
- Social: el ser humano está en el centro de todas las preocupaciones.

La industria química en particular, al desarrollar continuamente nuevos productos, desempeña un papel importante en la mejora de la calidad de vida de los seres humanos. Su contribución con el desarrollo sostenible está asociada a la constante creación de nuevos productos que atiendan a las necesidades de los clientes y de procesos de manufactura que reduzcan los riesgos a la salud y al medio ambiente. Los principales conceptos sobre los que se basa para alcanzar tal sustentabilidad son:

- Orientación consistente para productos, tecnologías y soluciones que tengan buenas perspectivas para el futuro;
- Desarrollo de nuevas tecnologías ambientales integradas en el proceso de producción;
- Estrecha cooperación con los clientes;
- Adaptación a las condiciones de competición global;
- Rápida colocación en el mercado de los nuevos productos concebidos teniendo en cuenta el concepto de desarrollo sostenible;
- Mejora continua del desarrollo de procesos;
- Esfuerzos continuos en investigación y desarrollo de nuevas fuentes de materias primas con el objetivo de usar principalmente las provenientes de fuentes renovables.

Actualmente se observa una creciente necesidad de contar con procesos químicos industriales compatibles con la preservación del medio ambiente. Esta tendencia se conoce con la denominación de Química Verde (Green Chemistry) o Tecnología Sostenible, es decir que para aplicarla es necesario cambiar los conceptos tradicionales sobre eficiencia del proceso.

La industria química usa grandes cantidades de solventes. En las industrias de química fina y de productos farmacéuticos, por ejemplo, se usan grandes cantidades de solvente por masa de producto final. En estos casos el solvente desempeña el rol principal en lo que se refiere al impacto ambiental del proceso, e influye en el costo, la seguridad y la salud ocupacional.

Se puede definir un solvente como "cualquier sustancia que disuelve otra y da como resultado una solución homogénea". El criterio que se sigue para elegir un solvente para una determinada aplicación se basa en sus propiedades físico-químicas:

- Solubilidad;
- Polaridad;
- Viscosidad;
- Volatilidad.

Actualmente a los criterios físico-químicos se han añadido los relacionados con el carácter toxicológico y el medio ambiente:

- Toxicidad inherente;
- Inflamabilidad;
- Explosividad;
- Decomposición de ozono en la estratósfera;
- Produción de ozono en la atmósfera;
- Contribución potencial al calentamiento global.

El movimiento de la Green Chemistry preconiza el uso de solventes que no agredan la salud ni el medio ambiente. El concepto de Solvente Verde (Green Solvent) expresa el objetivo de minimizar el impacto sobre el medio ambiente y la salud humana sin perder el desempeño exigido para sus diversas aplicaciones.

Como no hay una definición universal de lo que es un Solvente Verde, el objetivo de este capítulo es presentar los principales conceptos que se deben tener presentes al elegir un solvente y/o un sistema de solventes con características más "verdes" para sustituir los que se están utilizando actualmente o para desarrollar nuevos productos.

4.2. Solventes verdes *(green solvents)*

Los criterios globales intrínsecos al concepto de Solvente Verde se basan en cuatro pilares:

- Buen desempeño de aplicación;
- Minimización de la toxicidad a la salud humana;
- Minimización de la toxicidad al medio ambiente;
- Minimización de los impactos ambientales.

Es decir que, de acuerdo con el concepto de Solventes Verdes, al elegir un solvente se debe considerar como elemento primordial, además de su desempeño, su toxicidad y el impacto ambiental que pueda causar, y preferir aquél que afecte menos a la salud humana y al medio ambiente.

Cuando se estudia la posibilidad de sustituir un solvente o un sistema solvente en uso para una determinada aplicación o proceso químico con el objetivo de conferirle una característica "más verde" se deben plantear las siguientes cuestiones.

- La posibilidad de modificar la naturaleza química del solvente por medio de una síntesis;
- Identificación de formulaciones alternativas que pertenezcan a otras clases de compuestos y atiendan a la finalidad de la aplicación, y sustitución de los tradicionalmente utilizados en una solución solvente o proceso químico;
- La posibilidad de reducción o eliminación del solvente para la aplicación en cuestión.

Cuando se tiene por finalidad desarrollar un nuevo producto se deben incluir en la planificación los conceptos fundamentales de la Química Verde (Green Chemistry). A continuación se presentan los doce conceptos principales de la Química Verde.

4.2.1. Química verde *(green chemistry)*

Teniendo en cuenta solamente los solventes, la química verde puede ser considerada como una variedad de técnicas para crear nuevos solventes, sistemas solventes y nuevas formas de utilizarlos para reducir o eliminar los peligros intrínsecos relacionados.

En algunos casos se están creando y desarrollando nuevas sustancias para ser usadas como solvente, en otros, se está estudiando la posibilidad de usar como solvente sustancias conocidas pero con otras aplicaciones.

Varios autores han descrito algunos de los atributos de la Química Verde. En el libro Green Chemistry: Theory and Practices, se enumeran doce principios de la Química Verde:

1. **Prevención**: es mejor prevenir la formación de efluentes que tratarlos o limpiarlos después de producidos;
2. **Economía atómica**: los métodos sintéticos se deberían proyectar nuevamente para maximizar la incorporación al producto final de todos los materiales usados en el proceso, tratando de disminuir la cantidad de subproductos;
3. **Reacciones químicas menos peligrosas**: siempre que fuera posible se deberían proyectar métodos sintéticos que empleasen y produjesen sustancias atóxicas o de baja toxicidad para el ser humano y el medio ambiente;
4. **Productos más seguros**: los productos químicos sintetizados se deberían proyectar teniendo como objetivo el mejor desempeño de su función aliado a la menor toxicidad posible;

5. **Solventes y auxiliares más seguros**: se deben proyectar caminos de síntesis en los que no sea necesario emplear sustancias auxiliares, como solventes, agentes de separación, etc., y cuando éstos fueren necesarios, no deben representar riesgos;
6. **Procesos de mayor eficiencia energética**: se debe tener en cuenta, y reducir lo máximo posible, la demanda energética de los procesos químicos por causa del impacto ambiental y el económico. Dentro de lo posible, los procesos de síntesis se deben realizar a temperatura y presión ambiente;
7. **Uso de materias primas renovables**: se deben usar materias primas renovables cuando sea viable técnica y económicamente;
8. **Reducción de derivados**: se debe evitar o reducir al mínimo posible el uso de derivados como: grupos de bloqueo, de protección, de desprotección o procesos químicos/físicos de modificación temporaria, porque en estas etapas se requieren reactivos adicionales, que pueden dar origen a efluentes.
9. **Catálisis**: se deben usar los catalizadores más selectivos posibles para asegurarse de que las reacciones sean estequiométricas;
10. **Autodegradación**: los productos químicos se deberían desarrollar para que al final de su utilización, cuando no desempeñasen ninguna función, se autodegradasen dando productos inocuos que no permanecieran en el medio ambiente;
11. **Análisis en tiempo real para prevenir la contaminación**: se necesitarían desarrollar metodologías analíticas para monitorear y controlar el proceso en tiempo real, impidiendo así la formación de sustancias peligrosas;
12. **La química más segura para prevenir accidentes**: en un proceso químico las sustancias y las formas en que se encuentran se deben elegir de forma tal de minimizar el potencial de accidentes químicos, como liberación de sustancias peligrosas, explosiones y fuego.

4.2.2. Conceptos fundamentales

Una de las características que debería tener un solvente o un sistema solvente para que pudiese ser considerado "verde" es el buen desempeño en una determinada aplicación.

En el Capítulo 8 se presenta una serie de aplicaciones y cuales son los solventes o las clases de solventes más adecuados para cada una. Resulta evidente que para que un solvente o sistema solvente sea considerado verde debe, ante todo, tener un desempeño adecuado en la aplicación en que se lo utiliza.

En el Capítulo 10 se abordan los conceptos referentes a la toxicidad a la salud humana y el medio ambiente.

4.2.3. Impacto ambiental

La utilización de determinadas sustancias puede ocasionar modificaciones en el medio ambiente, y dichos efectos ya se están notando, un ejemplo es la lluvia ácida. Como es ampliamente conocido muchos de los coproductos de los procesos de combustión, como óxidos de nitrógeno y azufre, se "lavan" en la atmósfera, lo que produce la precipitación pluviométrica en forma ácida, que ocasiona la muerte de especies acuáticas animales y vegetales.

Otros de los efectos negativos sobre el medio ambiente terrestre son:

- Destrucción de la capa de ozono en la estratosfera;
- Formación de ozono por reacciones fotoquímicas en la troposfera.

4.2.3.1. Destrucción de la capa de ozono

En septiembre de 1987 los Estados Unidos y otros veintiséis países firmaron un tratado con el objetivo de inicialmente limitar y posteriormente, por medio de estudios más profundos dejar de producir, las sustancias que causan la destrucción de la capa de ozono.

Este tratado fue el resultado del estudio de varios investigadores que verificaron el aumento de la radiación solar que llega a la superficie de la Tierra debido al agotamiento de la capa protectora de ozono de la estratosfera, y lo atribuyeron al efecto de compuestos halogenados, en especial los clorofluorcarbonos (CFC). Este tratado se conoce como Protocolo de Montreal para Sustancias que Agotan la Capa de Ozono.

Estos compuestos eran bastante utilizados en varias aplicaciones, principalmente las relacionadas con operaciones de transferencia de calor como:

- Fluidos refrigerantes para refrigeradores y freezers
- Fluidos enfriadores para aire condicionado
- Espumas sintéticas
- Propelentes para aerosoles
- Solventes de limpieza

Como se observa en la Figura 4.1 la atmósfera de la Tierra está compuesta por cuatro capas que, desde la más cercana hasta la más lejana a la superficie de la Tierra son:

- Troposfera
- Estratosfera
- Mesosfera
- Termosfera

La temperatura de cada una de las capas es constante, lo que no favorece que se mezclen. Sin embargo, como en la troposfera la temperatura disminuye a medida que aumenta la distancia de la superficie terrestre, hay turbulencia.

Esta turbulencia e inestabilidad provocan el movimiento de corrientes de aire que pueden cargar sustancias que destruyen la capa de ozono. El ozono que se encuentra en la troposfera es el componente principal de la neblina, que forma parte del aire que respiramos. Esta capa de ozono cercana a la superficie de la Tierra puede ser perjudicial a los pulmones, los árboles y vegetales en general; por ello se realizan grandes esfuerzos para reducirla. El ozono se forma por reacción de ciertos compuestos orgánicos volátiles (VOC) con óxidos nitrosos catalizados por la luz del sol (fotoquímica). En el siguiente ítem se explica detalladamente el concepto de VOC.

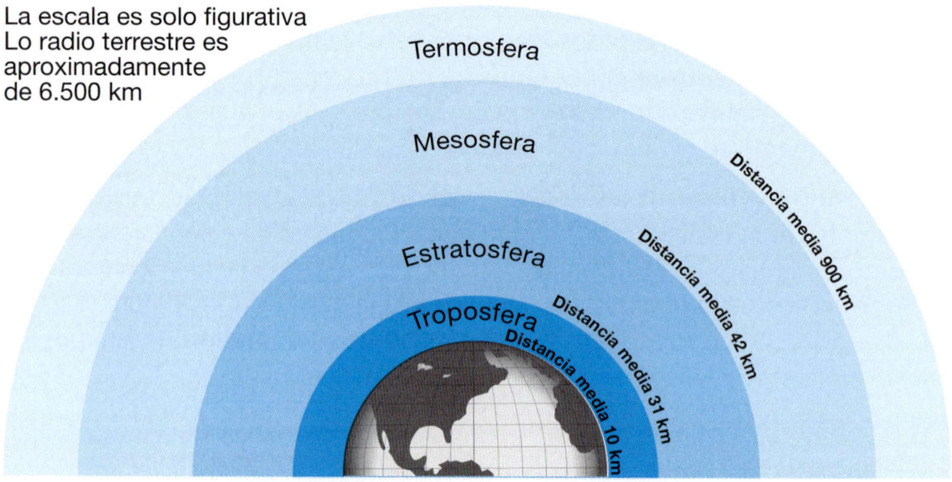

Figura 4.1. Capas en que está dividida la atmósfera de la Tierra.

La capa siguiente a la troposfera es la estratosfera, mucho más estable y ejerce poca influencia en el clima. En la estratosfera hay elevadas concentraciones de ozono, lo que se conoce como capa de ozono, que absorbe la radiación ultravioleta, incluyendo la del tipo B. Este tipo de radiación solar produce cáncer de piel, problemas oculares y en el sistema inmunológico e impactos en varios ecosistemas marinos y terrestres.

En las dos capas siguientes la concentración de ozono y de otros componentes atmosféricos, y por este motivo son poco eficaces para filtrar la radiación ultravioleta.

En nuestra atmósfera las moléculas de ozono se crean y destruyen continuamente manteniendo un equilibrio constante entre oxígeno (O_2) y ozono (O_3).

A continuación se presenta un esquema del mecanismo de la acción de la radiación ultravioleta sobre el equilibrio entre el oxígeno y el ozono. En la estratosfera el ozono se produce por el siguiente mecanismo:

$$O_2 + \text{radiación UV} \rightarrow 2\ O^\bullet \quad (4.1)$$

La radiación ultravioleta provoca la ruptura homolítica de la molécula de oxígeno (O_2) presente en el aire, de la que resultan dos átomos de oxígeno $O^\bullet$. A continuación

$$O^\bullet + O_2 \rightarrow O_3 \quad (4.2)$$

los átomos de oxígeno libres reaccionan con moléculas de oxígeno (O_2) para formar el ozono (O_3).

La destrucción natural del ozono en la estratosfera se produce por el siguiente mecanismo:

$$O_3 + \text{radiación UV} \rightarrow O_2 + O^\bullet \quad (4.3)$$

El ozono absorbe luz ultravioleta en la región de 290-320 nanometros, y se separa en una molécula de oxígeno y un átomo de oxígeno. En esta etapa se filtran los rayos ultravioletas emitidos por el sol.

$$O^\bullet + O_3 \rightarrow 2\ O_2 \quad (4.4)$$

Los átomos libres de oxígeno reaccionan con una molécula de ozono para dar dos nuevas moléculas de oxígeno.

La destrucción de la capa de ozono causada por sustancias sintetizadas por el hombre sigue el siguiente mecanismo:

$$CFCl_3 + \text{radiación UV} \rightarrow CFCl_2^\bullet + Cl^\bullet \quad (4.5)$$

La radiación ultravioleta divide la molécula de CFC (CFCl3), liberando un átomo de cloro, que es sumamente reactivo.

$$Cl^\bullet + O_3 \rightarrow OCl + O_2 \quad (4.6)$$

Los átomos de cloro reaccionan con una molécula de ozono para formar monóxido de cloro y oxígeno molecular.

$$O^\bullet + OCl \rightarrow O_2 + Cl^\bullet \quad (4.7)$$

Cuando un átomo de oxígeno reacciona con una molécula de monóxido de cloro se forma una molécula de oxígeno y se libera un átomo de cloro que va a reaccionar con más ozono. Como se puede observar en el mecanismo de destrucción de ozono por el CFC, ese ozono no se regenera y se da lugar a la formación de los llamados agujeros en la capa de ozono, cuya consecuencia principal es la disminución de la filtración de la radiación solar, en especial los rayos ultravioleta-B.

Otro aspecto importante es que esas sustancias no sólo destruyen una molécula de ozono sino que provocan una reacción en cadena.

4.2.3.2. Formación de la neblina fotoquímica

El ozono que se encuentra cerca de la superficie de la tierra es el principal componente de la neblina urbana, representada por un empañado amarillento que se puede observar en muchas áreas urbanas, principalmente durante el verano. Se forma en la atmósfera por la reacción fotoquímica de compuestos orgánicos volátiles (VOC) con óxidos nitrosos (NOx).

Este problema se agrava en las grandes concentraciones urbanas debido a la emisión de elevadas cantidades de hidrocarburos, proveniente de los automóviles por ejemplo, que van a la atmósfera; en los días soleados y de temperaturas elevadas se dan las condiciones para que se forme dicha neblina.

Hay varias fuentes importantes de emisión de VOC:

- Fuentes naturales o biogénicas, como árboles y vegetación en general; esta fuente contribuye con casi el 80% del total de neblina formada;
- Emisiones de vehículos;
- Refinación del petróleo;
- Fuentes de combustión.

Los ensayos en las cámaras neblina demuestran que algunos solventes son más reactivos que otros y contribuyen en diferentes proporciones para la formación de ozono.

A lo largo de estos últimos años se han creado leyes para promover la protección de la capa de ozono y preservar la calidad del aire.

A) Legislación dos Estados Unidos

A1) Clean Air ACT (CAA)

La continua degradación de la calidad del aire y la preocupación por el ritmo acelerado de dicho proceso el gobierno federal comenzó a promulgar una serie de decretos. En 1970 el congreso decretó el Clean Air Act (CAA) por el cual se creó la Agencia de Protección Ambiental (EPA), para que en cada estado se trabajase de acuerdo con las normas de calidad establecidas para el aire de la atmósfera.

En 1977 el Congreso Americano agregó al CAA algunas normas por las que se restringió la cantidad de compuestos orgánicos volátiles (VOC) que podían ser emitidos por muchas industrias, particularmente de pinturas. Se define VOC como cualquier compuesto que reacciona fotoquímicamente en la atmósfera. Entre estos compuestos se encuentra la mayoría de los solventes.

La EPA ha publicado una serie de guías de técnicas de control (CTG) proveo tecnologias para el controle del RACT para muchas industrias que usaban grandes cantidades de solvente. Por medio de los RACT se establecieron niveles máximos de emisión para las tecnologías más utilizadas destinadas a modificar procesos o sustituir materiales. Las normas de los RACT se han aplicado con buenos resultados en la industria para desarrollar tintas, adhesivos y tecnologías que permiten reducir la emisión de solventes, así como tecnologías que permiten captar y eliminar solventes.

A2) Título I — Reglamentación VOC

EPA estableció nuevos standards de RACT para ayudar las subsidiarias reguladoras a encontrar el nivel de ozonos requeridos, por ejemplo, el uso obligatorio de gasolina reformulada en ciertas áreas metropolitanas, lo que produjo el aumento de la utilización de metil ter-butil éter. Se establecieron standards de RACT para otras fuentes importantes de VOC, incluyendo las que usan solventes, como las pinturas.

Varios estados, como el de California, han establecido standards más restrictos de VOC, especialmente para pinturas y barnices. En 2002 se comenzó a exigir el cumplimiento de estos, que tuvieron un carácter más restrictivo a partir de 2006.

EPA viene recibiendo solicitaciones de reclasificación de compuestos orgánicos como no VOC. Desde 1977 ya se han reclasificado como no VOC cincuenta y tres compuestos, entre los que están incluidos acetona, acetato de metilo, cloruro de metileno, metil siloxanos volátiles y paraclorotrifluorbenzeno (PCBTF). En su mayoría no son buenos solventes debido a su olor, costo, toxicidad, presión de vapor elevada y/o inflamabilidad.

A3) Título III — Contaminantes del aire peligrosos (HAP – Hazardous Air Pollutants)

El CAA original regulaba algunos pocos productos tóxicos presentes en la atmósfera, pero a partir de 1990 aumentó su esfera de acción gracias a ciertas modificaciones de la legislación y actualmente regula 189 compuestos o clases de compuestos. Se incluyeron solventes comunes, como benceno, mezclas de cresoles, dimetilformamida, etilenglicol, éteres derivados de etilenglicol, n-hexano, isoforona, metanol, tolueno, mezclas de xileno, etc.

No todos los HAP son de elevada toxicidad; algunos fueron incluidos por su importante contribución a la formación de neblina.

La función de EPA ha sido establecer reglamentaciones que se puedan aplicar a las principales fuentes de emisión de HAP. Se define fuente principal a la institución que tiene la capacidad de emitir en una base anual, 10 o más toneladas de un HAP individual o 25 toneladas de varios HAPs combinados. Esas reglamentaciones reciben el nombre de MACT, que significa Control Tecnológico Máximo Alcanzable.

EPA ha establecido standards nacionales para emisión de HAP (NESHAP llamados las reglas MACT), y en algunos casos, standards nacionales de VOC incluyendo técnicas de control, para un gran número de industrias contempladas en la sección 183(e) del CAA de 1990. A partir de mediados del 2006 las implementaciones de las reglamentaciones por industria son como sigue:

Tabla 4.1. Implementación por industria de las Reglamentaciones NESHAP (reglas MACT) y VOC (sección 183(e) de CAA)

Indústria	NESHAPs (reglas MACT)	VOC (Sección 183(e))
Manufactura y pintura de automóviles y camiones de carga leve	Implementado	Implementado
Manufactura de barcos	Implementado	Implementado
Teñido, impresión y pintura de telas	Implementado	No implementado todavia
Productos de construcción de madera	Implementado	Implementado
Aparatos grandes	Implementado	Implementado
Metal Can	Implementado	No implementado todavia
Metal Coil	Implementado	No implementado todavia
Muebles Metálicos	Implementado	Implementado
Productos y partes metálicas	Implementado	Implementado
Papel y otros (película y hojas)	Implementado	implementado
Productos y partes plásticas	Implementado	Implementado
Plásticos reforzados (compósitos)	Implementado	No implementado todavia
Pinturas aeroespaciales	Implementado	Implementado
Reparación automotores	No implementado todavia	Implementado
Construcción de navios	Implementado	Implementado
Pinturas para muebles de madera	Implementado	Implementado

La mayor parte de las aplicaciones está destinada fundamentalmente al segmento de pinturas, pero sin dejar de lado aquellas en las que también se utilizan solventes y otras sustancias volátiles, por ejemplos adhesivos y selladores, además de la cantidad de HAP permitida en ciertas resinas.

Las reglas MACT no prohíben el uso de los solventes HAP, pero controlan la cantidad de HAP que se puede emitir a la atmósfera. Por este motivo se pueden instalar equipos de control de emisión, dentro de las cantidades permitidas. En los casos en que no se puede realizar este tipo de control, por cuestiones técnicas o económicas, las reglas establecen un límite de la cantidad de solventes HAP que puede contener una determinada solución solvente.

EPA reconoce que en algunos casos el uso de solventes HAP puede ayudar a reducir la emisión de VOC. Por ejemplo, el caso del técnico de un astillero que en la formulación de una pintura utilizó solventes HAP para reducir la cantidad de VOC de la solución solvente. Para este caso EPA estableció límites idénticos de VOC y HAP. El objetivo de esta medida es incentivar el uso de solventes más eficientes.

EPA tiene autoridad para agregar o retirar compuestos químicos de la lista de CAA HAP y cualquier persona o empresa puede pedir que se saque de la lista alguna sustancia. En los últimos años algunos solventes fueron reclasificados como no HAPs, por ejemplo, etilenglicol y monobutil éter. Esta reclasificación significa que dichos solventes no están sujetos a lo que solicita MACT, pero todavía están considerados como VOC y reglados por el Título I de CAA.

A4) Otras legislaciones de los Estados Unidos

Muitas clases de compostos orgânicos voláteis (VOCs) são emitidas na atmosfera, sendo que cada um deles apresenta reatividades diferentes para a formação de ozônio, relacionadas principalmente:

- A la atmósfera se emiten muchos tipos de compuestos orgánicos volátiles (VOC), que presentan diferente reactividad para formar ozono relacionada principalmente con;
- Las diferentes cinéticas de reacción de cada compuesto químico.

Las características particulares de cada compuesto químico que compone los VOC, específicamente su reactividad, determinan las diferentes cantidades de ozono que se forman.

Teniendo en cuenta esto se puede disminuir eficientemente la producción de ozono haciendo un control de emisión de VOC con base en la reactividad de cada compuesto para la dicha reacción, disminuyendo la emisión de los compuestos más reactivos. Se considera que esta manera es más eficiente que suponer que todos los VOC contribuyen igualmente a la formación de ozono en la capa troposférica.

La estrategia de control sobre la base de la reactividad ya ha sido implantada por organismos del Estado de California, en los Estados Unidos; ejemplo de ello son las reglamentaciones de California Clean Fuel/Low Emission Vehicle (CF/LV) y de California Air Resources Board (CARB), que desarrolló una opción para pinturas con una cantidad mayor de VOC, con tanto que la reactividad fotoquímica total de los productos no superase una reactividad específica relativa. En junio de 2002 CARB adoptó el concepto de la Reactividad Incremental Máxima (MIR) para pinturas en aerosol tintas y en junio de 2005 EPA lo aprobó como parte del Plan de Implementación Estadual. EPA y CARB están estudiando el concepto de MIR para usarlo en futuras reglamentaciones para otros tipos de coatings.

Los factores principales que determinan la reactividad de un VOC son:

- La velocidad de reacción de formación de ozono;
- La cantidad de moléculas de NO oxidadas por molécula de VOC;
- La cantidad de radicales formados por molécula de VOC que podrían intervenir en la formación de ozono por otros VOC;
- Efecto en la tasa de remoción de NOx de la atmósfera, porque la formación de ozono disminuye cuando disminuye la concentración de NOx;
- Reactividad de los principales productos de oxidación de VOC.

Una medida del efecto de un VOC en la formación de ozono es su reactividad incremental, que se puede obtener por medio de la siguiente ecuación:

$$\begin{bmatrix} \text{Reatividade} \\ \text{Incremental} \\ \text{VOC} \\ \text{Situación} \\ \text{Contaminación del aire} \end{bmatrix} = \lim[\text{VOC} \rightarrow 0] \frac{\begin{bmatrix} \text{gramas} \\ \text{O}_3 \text{ formado} \\ \text{del VOC} \end{bmatrix} - \begin{bmatrix} \text{gramas} \\ \text{O}_3 \text{ formado} \\ \text{sin VOC} \end{bmatrix}}{\begin{bmatrix} \text{gramas} \\ \text{VOC adicionado} \end{bmatrix}}$$

Esta reactividad se puede medir experimentalmente en cámaras de neblina específicas, que simulan las condiciones atmosféricas, o calcular por medio de modelos de mecanismos de reacción específicos.

Los factores principales que determinan la reactividad incremental son:

Disponibilidad de NOx

- Es el factor de mayor peso porque cuando la cantidad de NOx es alta la presencia de VOC muy importante para producir O_3. Cuando no hay NOx no se forma O_3.

Naturaleza de otros VOCs presentes

- Los VOC que son una fuente de formación de radicales disminuyen la importancia de otras fuentes.

Cantidad de luz del sol y temperatura

- Afectan la velocidad de reacción (cinética).

La escala de Reactividad Máxima Incremental (MIR) representa un promedio de las Reactividades Incrementales en situaciones en las que los niveles de NOx disponibles se ajustan para obtener un rendimiento máximo de formación de ozono. En la siguiente tabla se presentan las MIR para solventes comunes:

Tabla 4.2. Reactividad Máxima Incremental (MIR) de vários solventes

Solvente	MIR (gramos de ozono formado/ gramos de VOC)
m-Xileno	10,61
o-Xileno	7,49
Xilenos	7,37
p-Xileno	4,25
1,2,4-Trimetil benceno	7,18
Metil isobutil cetona	4,31
Tolueno	3,97
Acetato de Vinilo	3,26
Acetato de metil propilo	3,07
Metil amil cetona	2,80
Etil benceno	2,79
Metil isoamil cetona	2,10
Acetato de propilen glicol metil éter	1,71
Etanol	1,69
Acetato 2-etoxietilo	1,50
Metil etil cetona	1,49
Acetato de isoamilo	1,18
Acetato de n-butilo	0,89
Texanol TM	0,89
Acetato de propilo	0,87
Diacetona alcohol	0,68
Acetato de isobutilo	0,67
Acetato de etilo	0,64
Acetona	0,40
Acetato de t-butilo	0,20
4-clorotrifluorobenceno (PCBTF)	0,11
Acetato de metilo	0,07
Cloruro de metilo	0,07
Percloroetileno	0,04
Metano	0,01
1,1,1-Tricloroetano	0,00

Un ejemplo de utilización de los valores da MIR para reducir la formación de ozono troposférico es la reglamentación adoptada por CARB para revestimientos productos para revestimientos en aerosol. Los límites de emisión para las categorías clasificadas como genéricas entraron en vigor a principios de 2002, y los de las categorías clasificadas como específicas, en 2003. Con la finalidad de establecer límites equivalentes se realizó el cálculo de la reducción de formación de ozono por la reducción de la masa de VOC, y sobre estas base se propusieron los límites de reactividad y con ese calculo se proponeran los limites de reactividade que pueden asegurar el beneficios para la calidad del aire. Estos cambios permitieron elaborar mejores formulaciones de pinturas y revestimientos, en lo que se refiere a la formación de ozono por acción de los VOC.

La sección 94522(a)(3) de la reglamentación de CARB para revestimientos base aerosoles contiene los límites de emisión sobre la base de la reactividad de los componentes. La reactividad total de una solución solvente está dada por la suma de la MIR de cada componente multiplicada por su fracción de masa en la fórmula. En la siguiente tabla se presentan los límites de reactividad para los varios segmentos del mercado comprendidos por la reglamentación.

Tabla 4.3. Reatividades-limite para segmentos de mercado específicos

	Segmentos	Reactividad Media Límite (g O_3/g produto)
Genéricos	Barnices	1,54
	Revestimientos Fluorescentes	1,77
	Revestimientos Metálicos	1,93
	Pinturas	1,40
	Primers	1,11
Especializados	Selladores	1,80
	Primers para Aeronaves y Embarcaciones	1,98
	Revestimientos resistentes a la corrosión	1,78
	Revestimientos para vidrios	1,42
	Revestimientos viários	1,18
	Revestimientos resistentes a altas temperaturas	1,83
	Barnices embarcaciones	0,87
	Revestimientos Fotográficos	0,99
	Primers para acabado de aeronaves	1,05
	Barnices para aeronaves	0,59
	Revestimientos para cuero, tejidos, policarbonatos	1,54
	Revestimientos para madera	1,38
	Revestimientos para restauración de madera	1,49

De la Tabla 4.3 se deduce que la suma de la media ponderada de las MIR para cada componente de los barnices para automóviles no puede ser mayor que 1,54.

B) Legislación europea

En Europa desde finales de la década de 1979 la contaminación atmosférica se ha constituido en un problema político. En las décadas de 1980 y 1990 la mayoría de los países comenzó a establecer reglas para las industrias de pinturas y otras que utilizan solventes. En el Reino Unido se han fijado límites para la emisión de VOC, así como objetivos de VOC para los próximos años.

Como resultado de esta y otras medidas en la Unión Europea (UE) se viene observando una reducción de emisión de VOC precursores de ozono y también de óxidos nitrosos (NOx). Entre 1990 y 2000 en los estados miembros de la UE las emisiones de VOC se redujeron en un 30%. Gracias a ello en Europa se redujeron los niveles de pico de ozono.

B1) Ley IPPC

La Ley de Prevención y Control Integrados de la Contaminación (IPPC) de 1996 estableció reglas para autorizar la operación de 50.000 instalaciones industriales europeas que, juntas, emiten una considerable carga de contaminación compuesta por:

- Gases que causan el efecto invernadero;
- Substancias acidificantes;
- Efluentes acuosos;
- Residuos.

Las nuevas instalaciones y las ya existentes están sujetas a "modificaciones sustanciales" que se exigen para atender a lo establecido en las Directrices IPPC del 30 de octubre de 1999.

El IPPC ha sido creado para controlar todos los aspectos del desempenho ambiental de las empresas, por ejemplo:

- Efluentes gaseosos;
- Contaminación de ríos y capas freáticas;
- Contaminación de suelos;
- Generación de residuos;
- Optimización del uso de materias primas;
- Eficiencia energética;
- Emisión de ruidos;
- Prevención de accidentes;
- Manutención de las industrias.

Para obtener la autorización de funcionamiento una empresa precisa adoptar las mejores técnicas disponibles (BAT), de acuerdo con lo determinado por los especialistas de los estados miembros, de la industria y de las organizaciones ambientales de la UE. Al evaluar las empresas hay una cierta flexibilidad cuando se tienen en cuenta las características técnicas de la instalación, su ubicación geográfica y las condiciones ambientales locales.

B2) Directriz de emisión de solventes (SED) – VOC

La VOC SED de 1999 estableció normas para ciertas actividades e instalaciones con el objetivo de reducir las emisiones de VOC en 2007 en un 67% con respecto a las de 1990. Esta directriz se extiende a varios sectores industriales y procesos que utilizan solventes, como de pinturas, productos farmacéuticos, procesamiento del caucho, impresión, limpieza, etc.

Las principales directrices de SED son:

- Limita la emisión de solventes pero no limita su uso;
- Especifica los niveles de VOC que pueden emitir las industrias;
- Admite que las mismas instalaciones determinen la técnica para reducir las emisiones provenientes de sus procesos.

Los límites de emisión varían de acuerdo con:

- El tipo de operación que realiza la empresa;
- El tamaño de la empresa;
- El tipo de solvente utilizado.

En la UE no existe exencion de VOC para solventes individuales, como en los Estados Unidos. En realidad, se considera VOC a cualquier solvente que tenga presión de vapor igual o superior a 0,01 kPa a 20 °C.

B3) Directriz Nacional de Emisión Máxima

La Directriz de Emisión Nacional Máxima (NEC) de 2001 (2001/81/EC) establece los límites superiores de los siguientes compuestos que en 2010 podrá emitir cada estado miembro:

- VOCs;
- SO_2;
- NOx;
- Amoníaco.

Los estados miembros tienen la obligación de informar a la Comisión Europea y a la Agencia Ambiental Europea los valores de su emisión nacional anual y las proyecciones para 2010, y deben presentar programas que demuestren la viabilidad para alcanzar los límites determinados por la NEC.

B4) Third Daughter Directive em Ozônio

Esta directriz determina objetivos de largo plazo, equivalentes a los de la Organización Mundial de la Salud, con los valores máximos de concentración de ozono en el ambiente a los que se debe llegar hasta 2010.

En 2010 no se admitirá una concentración de ozono superior a 60 ppb más que 25 días por año. En el caso de que algún estado miembro no cumpla esta prescripción deberá presentarle a la comisión proyectos y programas de reducción que, a su vez, serán divulgados públicamente.

A continuación se describen los mecanismos de formación de ozono en la troposfera, con y sin la presencia de VOC.

C) Camino de la producción y la destrucción "natural" del ozono en la troposfera

El ozono se forma en la troposfera, cerca de la superficie de la tierra, por una reacción de homólisis catalizada por la luz del sol a partir del dióxido de nitrógeno (NO_2) es la fuente primária de la producción de átomos de oxígeno.

i) Etapas de la producción de ozono

Por reacción homolítica provocada por la luz del sol el NO2 se descompone en óxido nítrico (NO) y un átomo de oxígeno.

$$NO_2 + \text{luz del sol} \rightarrow NO + O^{\bullet} \tag{4.8}$$

El átomo de oxígeno reacciona con la molécula de oxígeno para producir ozono.

$$O^{\bullet} + O_2 \rightarrow O_3 \tag{4.9}$$

ii) Etapa de la destrucción del ozono

El ozono que se forma en la etapa anterior reacciona rápidamente con el óxido nítrico (NO) y produce nuevamente NO_2 y O_2.

$$NO + O_3 \rightarrow NO_2 + O_2 \tag{4.10}$$

Por el proceso descrito se verifica que aumenta la concentración de ozono.

C1) Vía de producción de ozono en la troposfera

En 1950 se descubrieron otros dos constituyentes químicos de la troposfera que también producen ozono: NOx y VOC.

Es decir que para que se forme ozono en la troposfera es necesario que haya NOx y VOC. A continuación presentamos una manera muy simplificada de esta reacción.

$$\text{NOx} + \text{VOC} + \text{luz del sol} \rightarrow O_3 + \text{otros coproductos} \qquad (4.11)$$

La ecuación anterior representa de forma simplificada las varias reacciones químicas que ocurren en serie y en paralelo, y producen el aumento de la concentración de ozono, y son:

- Oxidación de VOCs;
- Óxido-reducción de NOx;
- Catálisis por grupos hidroxílicos (reacción clave para varias etapas);
- Una serie de otras reacciones.

Como resultado de estas reacciones se forma:

- Ozono;
- NO_2 – que permitirá la formación de más ozono;
- La regeneración de grupos hidroxilo, que por su vez van a catalizar la producción de más ozono.

C2) Camino de producción de ozono a partir de VOC y NOx en la troposfera — ejemplo del metano

La producción de ozono provocada por el metano constituye un ejemplo del esquema general que sigue la mayoría de las reacciones químicas; sin embargo, la mayoría del ozono que se encuentra en la troposfera es producido por otros hidrocarburos (non-methane hydrocarbons). El mecanismo de formación de ozono por otras clases de compuestos orgánicos es como el del metano, como mostramos a continuación, pero de una manera más compleja.

i) Via 1 – Destrucción y producción de O3 a partir de NOx y VOC

Esta vía está constituida por cinco etapas.

a) Etapa 1

Por acción de la luz del sol el ozono se divide en oxígeno molecular y un átomo de oxígeno ($O^{\bullet}$).

$$O_3 + \text{luz del sol} \rightarrow O_2 + O^{\bullet} \quad (4.12)$$

El átomo de oxígeno excitado electrónicamente reacciona con vapor de agua y se producen radicales hidroxílicos. El oxígeno y el agua abundan en la troposfera y actúan en el proceso de formación de ozono.

$$O^{\bullet} + H_2O \rightarrow OH^- + OH^- \quad (4.13)$$

b) Etapa 2

Los radicales hidroxilo ($OH\bullet$) reaccionan rápidamente con otros compuestos químicos y comienza otra secuencia de reacciones. Una de esas reacciones es con el metano (CH_4), y se produce agua y un radical metilo ($CH_3^{\bullet}$).

$$CH_4 + OH^{\bullet} \rightarrow CH_3^{\bullet} + H_2O \quad (4.14)$$

c) Etapa 3

Los radicales metílicos reaccionan con el oxígeno y producen radicales peroximetilos ($CH_3O_2^{\bullet}$).

$$CH_3^{\bullet} + O_2 \rightarrow CH_3O_2^{\bullet} \quad (4.15)$$

d) Etapa 4

Los radicales peroximetilos reaccionan con el óxido nítrico (NO), proveniente por ejemplo de la combustión de combustibles fósiles, y producen el radical metiloxi ($CH_3O^{\bullet}$) y dióxido de nitrógeno (NO_2).

$$CH_3O_2^{\bullet} + NO \rightarrow CH_3O^{\bullet} + NO_2 \quad (4.16)$$

e) Etapa 5

Por acción de la luz del sol el dióxido de nitrógeno se divide en óxido nítrico y oxígeno atómico, que por su vez reacciona con oxígeno molecular y forma ozono, según se observa en las ecuaciones (8) y (9).

$$NO_2 + \text{luz del sol} \rightarrow NO + O^{\bullet} \quad (4.8)$$

El átomo de oxígeno reacciona con la molécula de oxígeno y produce ozono:

$$O^{\bullet} + O_2 \rightarrow O_3 \quad (4.9)$$

Además de esta vía, hay otras dos.

ii) Vía 2 – Producción de O_3 "líquido" por VOC y NOx

Los radicales metiloxi que se forman en la "etapa 4" pueden intervenir en otras reacciones, que también van a dar como resultado una mayor producción de dióxido de nitrógeno y, en consecuencia, mayor producción de ozono. Esta segunda vía es la reacción de los radicales metiloxi con oxígeno con producción de formaldehído y un radical hiperoxi ($HO_2^\bullet$).

$$CH_3O^\bullet + O_2 \rightarrow CH_2O + HO_2^\bullet \tag{4.17}$$

El radical hiperoxi reacciona con óxido nítrico y produce un radical hidroxilo y dióxido de nitrógeno.

$$HO_2^\bullet + NO \rightarrow OH^\bullet + NO_2 \tag{4.18}$$

Ocurre una nueva etapa de formación de ozono a partir de la degradación de dióxido de nitrógeno por acción de la luz del sol, según las reacciones (8) y (9).

$$NO_2 + \text{luz del sol} \rightarrow NO + O^\bullet \tag{4.8}$$

$$O^\bullet + O_2 \rightarrow O_3 \tag{4.9}$$

iii) Vía 3 – Producción de O3 "líquido" por VOC y NOx

La tercera vía de formación de ozono es a partir del propio formaldehído producido en la reacción (17), que provoca el aumento de la concentración de dióxido de nitrógeno y, consecuentemente, de ozono. Esta secuencia de reacciones representa la degradación del formaldehído por acción de la luz del sol y la producción de un radical formilo y un hidrógeno atómico.

$$CH_2O + \text{luz del sol} \rightarrow HCO^\bullet + H^\bullet \tag{4.19}$$

Estas dos especies son sumamente reactivas y por lo tanto tienen un tiempo de vida muy corto; reaccionan casi instantáneamente con el oxígeno molecular formando radicales hiperoxi.

$$HCO^\bullet + O_2 \rightarrow CO + HO_2^\bullet \tag{4.20}$$

$$H^\bullet + O_2 \rightarrow HO_2^\bullet \tag{4.21}$$

Los radicales hiperoxi reaccionan con óxido nítrico y forman radicales hidroxilo y dióxido de nitrógeno, a partir de los que nuevamente se forma ozono por acción de la luz del sol.

$$HO_2^\bullet + NO \rightarrow OH^\bullet + NO_2 \tag{4.22}$$

$$NO_2 + \text{luz del sol} \rightarrow NO + O^\bullet \tag{4.8}$$

$$O^\bullet + O_2 \rightarrow O_3 \tag{4.9}$$

4.3. Criterios de evaluación de solventes verdes

Sobre la base de los conceptos anteriores para que un solvente fuese considerado "verde" debería atender plenamente la finalidad de su utilización y afectar lo mínimo posible al ser humano y el medio ambiente y no contaminarlo.

Según los siguientes criterios, es importante que el solvente o el sistema solvente que se están evaluando sean lo más eficientes en la función asignada, teniendo en consideración la tecnología disponible; los principales aspectos que se deberían tener en cuenta al evaluar solventes o sistemas solventes son:

i. Desempeño en la aplicación;
ii. Toxicidad para los seres humanos;
iii. Carcinogénesis y toxinas reproductivas;
iv. Irritación de la piel y los ojos;
v. Toxicidad para el medio ambiente;
vi. Biodegradabilidad;
vii. Producción de neblina por una reacción fotoquímica;
viii. Destrucción de la capa de ozono;
ix. Fuentes renovables de las materias primas: impacto en el calentamiento global;
x. Disposición.

Los tópicos relacionados a la toxicidad para el ser humano, carcinogénesis, irritación de la piel y de los ojos, toxicidad para el medio ambiente y biodegradabilidad serán abordados con más detalles en el Capítulo 10 de este libro.

4.3.1. Desempeño en la aplicación

En el Capítulo 8 se discutirá este tópico de manera más detallada. Sin embargo, es importante observar que se exigirá un conocimiento profundo de la aplicación en el caso de que exista la posibilidad de sustituir por formulaciones alternativas los solventes o los sistemas solventes que no atiendan algunos de los criterios. Se presenta un ejemplo de sustitución.

En muchos sectores de la industria, como electrónica, metalúrgica, textil, se usan solventes para limpieza. Históricamente los preferidos para estas aplicaciones han sido los solventes clorados porque no son inflamables, importante requisito en los procesos de limpieza a altas temperaturas, como el desengrase por vapor. El más utilizado ha sido el tricloroetano (TCA), así como CFC-113 (1,1,2-tricloro-1,2,2-trifluoretano), tricloetileno (TCE), percloroetileno (PERC) y cloruro de metileno. Sin embargo, debido a lo estipulado en el Protocolo de Montreal y la CAA, se han impuesto restricciones para la mayoría de estos solventes y se han desarrollado procesos para sustituirlos por otros menos perjudiciales al medio ambiente. Como resultado han surgido varias alternativas en la forma de hidroclorofluorcarbonos (HCFCs), hidrofluorcarbonos (HFCs), solventes oxigenados y fluidos supercríticos.

Otro ejemplo de lo que viene aumentando su participación en el mercado es la sustitución del tolueno, presente en las formulaciones de adhesivos, por solventes constituidos por solventes oxigenados y alifáticos, que son menos tóxicos para el ser humano. En Chile está prohibido por ley incluir tolueno en la formulación de los adhesivos de contacto destinados al mercado minorista. Las empresas lo sustituyen empleando una mezcla de solventes oxigenados y alifáticos.

4.3.2. Neblina fotoquímica y producción de oxidante

Los solventes no pueden contribuir significativamente para producir la neblina que resulta de la producción fotoquímica de ozono en la troposfera. La utilización del concepto de reactividad fotoquímica sería importante para definir cuales son los sistemas solventes que menos contribuyen con la formación de ozono.

4.3.3. Destrucción de la capa de ozono

El sistema solvente no puede contener productos que destruyan la capa de ozono. Los compuestos que agotan la capa de ozono son aquellos cuyo potencial sea superior a 0,01 (CFC 11 = 1,0).

Como se explicó en el item 2.2.3.1, que trata sobre la destrucción de la capa de ozono, los CFC son estables en la troposfera y pueden llegar a la estratosfera; en esta capa sufren clivaje catalizado por las radiaciones UV y producen radicales de monóxido de cloro, que interfieren en el ciclo catalítico de formación y agotamiento de ozono. Por este motivo los CFC se están sustituyendo por hidrofluorcarbonos (HFCs) e hidroclorofluorcarbonos (HCFC).

4.3.4. Fuentes renovables de materias primas: impacto en el calentamiento global

Con el propósito de evaluar un sistema "verde" es importante considerar el origen de la materia prima de los solventes utilizados. Según su origen las materias primas se pueden clasificar como:

- Renovables
- No renovables

El CO_2 es un gas que contribuye al calentamiento global. Con la quema de sustancias orgánicas se libera CO_2, que va a la atmósfera, pero también es utilizado por las plantas como una fuente de carbono.

Las fuentes renovables son las que utilizan el CO_2 de la atmósfera para producir la materia prima con que se fabrica el solvente. Cuando el solvente se degrada o se quema, se vuelve a generar CO_2; el resultado de este ciclo es que no hay una producción adicional de CO_2 en la atmósfera. Este es el caso de las materias primas que provienen de las plantas, por ejemplo, el etanol proveniente de la caña de azúcar.

Las fuentes no renovables son aquellas que, a pesar de que utilizan, directa o indirectamente, CO_2 para producir materia prima, el tiempo para consumirlo es muy grande, pudiendo llegar a miles de años. En estos casos se considera que cuando la sustancia se degrada prácticamente no se consume CO_2, solamente se produce y aumenta su concentración en la atmósfera contribuyendo, consecuentemente, al aumento del calentamiento global. Un ejemplo de dichas sustancias lo constituyen las materias primas provenientes del petróleo.

Si se adoptase un criterio "verde" para evaluar sistemas solventes, se debería optar por aquellos que tengan mayor número de solventes provenientes de fuentes renovables.

4.3.5. Disposición final

Las formas más usadas de disposición final de los solventes son la incineración y el tratamiento biológico. Es muy importante conocer las propiedades de los solventes para decidir la forma de su disposición final. Si se van a incinerar es importante tener en cuenta:

- Calor de combustión que tiene influencia directa en el consumo de energía para la incineración;
- Emisión durante la incineración, especialmente HCl, dioxinas y NOx;
- Solubilidad en agua.

Un ejemplo de la influencia de una propiedad en otra es suponer un solvente proveniente de una fuente renovable, pero con bajo calor de combustión. En este caso se necesita una mayor cantidad de energía para incinerarlo, y como normalmente la fuente de energía es un combustible fósil, el equilibrio de la reacción se desplaza en el sentido de producción de más CO_2.

Si se van a someter a un tratamiento biológico, es importante tener en cuenta:

- Tratabilidad de la cuenca de aeración;
- Emisión del solvente al aire por "stripping";
- Solubilidad en agua.

4.4. Ejemplos de clases de solventes verdes

El objetivo principal de este capítulo es despertar la conciencia de la necesidad de cuestionar los sistemas solventes utilizados si actualmente, y verificar hay alternativas de trabajar con sistemas que tengan características más "verdes".

A continuación se presentan algunos criterios que se siguen, con la finalidad de contar con un sistema más "verde":

- Sustitución de solventes o sistemas solventes que presentan riesgos por otros que tengan propiedades mejores en cuanto a seguridad, salud ocupacional y medio ambiente. Ejemplo: utilización de solventes de mayor biodegradabilidad y disminución del potencial de destrucción de la capa de ozono.
- Utilización de sistemas base agua, es decir, sistemas que utilizan el agua como solvente. Sin embargo, es importante se destacar que, incluso en estos sistemas es necesario agregar un solvente orgánico para conseguir el desempeño deseado.
- Sustitución de solventes orgánicos por otros fluidos, como los fluidos supercríticos. Un ejemplo es, en el procesamiento de polímeros, la utilización de CO_2 en vez de clorofluorcarbonos (CFC) que agotan el ozono de la estratosfera.
- Utilización de líquidos iónicos que, debido a su baja presión de vapor, disminuyen la emisión atmosférica. Los líquidos iónicos son compuestos organometálicos que se encuentran en forma líquida a temperatura ambiente. Se hacen investigaciones para determinar si estos compuestos presentan alguna toxicidad para el ser humano y el medio ambiente. Como ejemplo se puede citar 1-etil-3-metil imidazolina cloruro de aluminio (III), que es líquido a temperaturas superiores a – 90 °C. Es un solvente no volátil con poder de solvatación en un gran número de reacciones orgánicas como oligomerizaciones, polimerizaciones, alquilaciones y acilaciones.
- La eliminación completa de un solvente, que implica la eliminación de cualquier riesgo de contaminación que pudiera causar. Por ejemplo, la industria de pinturas tiene sistemas sin solvente, como las pinturas en polvo. Sin embargo es necesario tener cuidado con este tipo de acciones porque la remoción del solvente puede llevar aparejada la necesidad de desarrollar tecnologías más rigurosas para separar los efluentes creados en función del nuevo procedimiento.

4.4.1. Ejemplo de clasificación de un solvente como solvente verde (*Green Solvent*)

Según GHS, los peligros de una determinada sustancia química están relacionados con su capacidad de causar daños a la salud humana y al medio ambiente, por ejemplo, interferir en los procesos biológicos normales, provocar quemaduras, inflamarse o provocar daños al medio ambiente. Hay un riesgo o una probabilidad de que ocurra un efecto dañino cuando se consideran en conjunto la exposición y los peligros de la sustancia. La fórmula usada para el análisis de riesgo es:

$$\text{Riesgo} = \text{Peligro} \times \text{Exposición}$$

De lo que se infiere que si se minimizan los peligros o la exposición, se minimizan el riesgo o la probabilidad de que ocurra un efecto dañino.

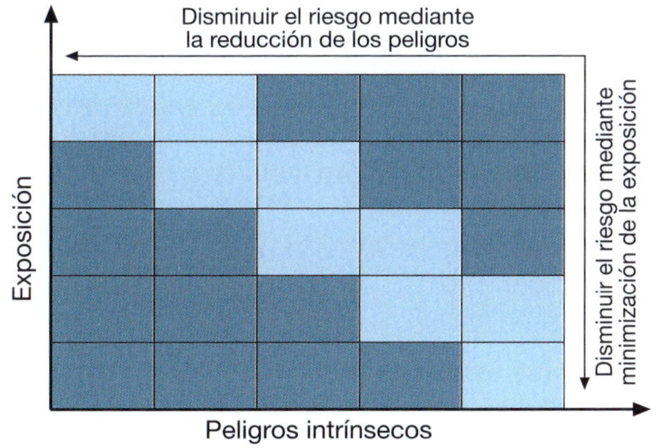

Figura 4.2. Peligros intrínsecos.

La propuesta de clasificar un solvente como Solvente Verde, que se presenta en este capítulo, se basa en criterios de comparación para una determinada aplicación; de modo que si se comprara el solvente alternativo con el que está en uso y se observa una disminución del impacto sobre la salud humana y el medio ambiente, tal solvente alternativo se puede clasificar como Solvente Verde

En la práctica, como es muy difícil encontrar solventes substitutos de performance técnica equivalente y que al mismo tiempo presenten peligros menores en todos los parámetros que se evalúan, considerar una disminución del impacto sobre la salud humana y/o el medio ambiente permite crear un círculo virtuoso de mejora continua para reducir los peligros en una dada aplicación.

Si se hace una comparación para un mismo producto final y no existe la posibilidad de utilizar dos sistemas solventes diferentes, es decir que se puede despreciar el factor de exposición a la salud y el medio ambiente porque es constante, se podrán avaluar los peligros intrínsecos de cada sistema solvente sobre la base de los parámetros descritos en las siguientes tablas.

- **Peligros físicos**: el punto de inflamación y el punto de ebullición del solvente B son más altos que los del solvente A. Ambos se clasifican como inflamables y los peligros no disminuyen si se sustituye uno por otro.
- **Peligros para el medio ambiente**: (nota 1) – la presión de vapor del solvente A es aproximadamente 5 veces mayor que la del solvente B, pero la reactividad fotoquímica de éste es aproximadamente 10 veces menor. Si ambos solventes se usan en cantidades equivalentes en la formulación, puede resultar benéfico para el medio ambiente porque a pesar de que la presión de vapor del solvente A es mayor (es más volátil) que la del solvente B, su reactividad fotoquímica.

Se puede concluir que para una dada formulación, en la que los solventes A y B se usan en proporciones equivalentes, el solvente A es más ventajoso para reducir los peligros a la salud y al medio ambiente.

Tabla 4.4. Parámetros de los peligros intrínsecos

	Parámetro	¿Por qué?
Peligros Físicos	Punto de inflamación	Se necesitan los valores del punto de inflamación y de ebullición para clasificar la inflamabilidad de las sustancias y las mezclas.
	Punto de ebullición	
	Presión de vapor	En varias reglamentaciones se usa el valor de la presión de vapor como criterio de clasificación de VOC (*Volatile Organic Compounds*).
Peligros a la Salud	Toxicidad aguda	Efectos sistémicos de corto o largo plazo en función de la exposición del producto a las vías respiratorias o a la dermis.
	Irritación	Efectos locales de corto o largo plazo en función de la exposición a líquidos y vapores.
	CMR	En varias reglamentaciones se restringe o prohíbe el uso de sustancias clasificadas como CMR (carcinogénicas, mutagénicas o tóxicas a la reproducción o reprotóxicas).
	TOST	*Según el Sistema Globalmente Armonizado, GHS, los efectos nocivos o tóxicos al Sistema Nervioso Central (transitorios o irreversibles) se clasifican como TOST Specific Target Organ Systemic Toxicity*).
Peligros al Medio Ambiente	Toxicidad acuática	Identificación del potencial de degradabilidad (biótica o abiótica) de la sustancia o de la mezcla en el ambiente.
	Degradabilidad	Identificación del potencial de degradabilidad (biótica o abiótica) de la sustancia o de la mezcla en el ambiente.
	Bioacumulación	Potencial de acumulación en el ambiente.
	Reactividad fotoquímica	Generalmente el contenido de VOC total está limitado a la base de porcentaje en masa sin tener en consideración las diferencias de reactividad entre los VOC. Muchas reglamentaciones todavía establecen este criterio para controlar la emisión de VOC, a pesar de que se ha probado que el principio científico de la reactividad fotoquímica es más efectivo porque permite establecer metas para reducción de VOC que tengan un impacto potencial mayor en la formación de ozono. Se espera que en el futuro se modifique la legislación y se sustituyan los criterios que basan en la masa por los basados en la reactividad fotoquímica.

Ejemplo:

	Parámetro	Solvente A	Solvente B
Peligros Físicos	Punto de inflamación	– 22 °C	4,4 °C
	Punto de ebullición	55,6 °C	114,1 °C
	Presión de vapor	188 mm Hg (20 °C)	38 mm Hg (20 °C)
Peligros para la Salud	Toxicidad aguda (respiratoria)	50.100 mg/m^3	10.640 mg/m^3
	Irritación (respiratoria)	Negativo	Negativo
	CMR	Negativo	Negativo
	TOST	Positivo – daños transitórios	Positivo – daños permanentes
Peligros al Medio Ambiente	Toxicidad acuática	CE50 (daphnia): 6.400 mg/L	CE50 (daphnia): 39,2 mg/L
	Degradabilidad	Facilmente biodegradable	Facilmente biodegradable
	Bioacumulación	No bioacumulable	No bioacumulable
	Reatividad fotoquímica (MIR)	0,40	3,97

Si se aplican los criterios de clasificación GHS para los datos anteriores resulta:

	Parámetro	Solvente A	Solvente B
Peligros Físicos	Punto de inflamación	Inflamable Categoria 1	Inflamable Categoria 2
	Punto de ebullición		
	Presión de vapor	Nota 1	Nota 1
Peligros para la Salud	Toxicidad aguda (respiratoria)	Categoría 5	Categoría 4
	Irritación (respiratoria)	No-clasificado	No-clasificado
	CMR	No-clasificado	No-clasificado
	TOST	TOST – categoría 2	TOST – categoría 1
Peligros al Medio Ambiente	Toxicidad acuática	No-clasificado	Toxicidad Aguda 3
	Degradabilidad		
	Bioacumulación		
	Reatividad fotoquímica (MIR)	Nota 1	Nota 1

Referencias bibliográficas

Air Quality: Revision to definition of volatile organic compounds – exclusion of acetone; junho 1995. Disponível em: www.epa.gov/EPA-AIR/1995/june/day-16/pr-752.html.

Anastas, P. T.; Warner, J. C.; Green chemistry: theory and practice, New York: Oxford University Press, 2000.

Archer, W. L.; Industrial solvents handbook, New York: Marcel Dekker, 1996.

Capello, C; Fischer, U; Hungerbühler, K; What is a green solvent? A comprehensive framework for the environmental assessment of solvents, Green Chemistry, 2007, 9, 927-934.

Clark, J. H.; Green chemistry: challenges and opportunities, Green Chemistry, 1999, 1, 2.

Clark, J. H.; Green chemistry: today (and tomorrow), Green Chemistry, 2006, 8, 17-21.

Curzons, A. D.; Constable, D. C.; Cunninghan, V. L.; Solvent selection guide: a guide to the integration of environmental, health and safety criteria into the selection of solvents. Clean Products and processes, 1999, 82-90.

Höfer, R.; Bigorra, J; Green chemistry – a sustainable solution for industrial specia-ties applications, Green Chemistry, 2007, 9, 203-212.

Linak, E; Global solvent report: the green impact, Specialty chemicals - Sri Consulting, 2006.

Nelson, W. M.; Green solvents for chemistry: perspectives and practice, New York: Oxford University Press, 2003.

Pianofort, K; Low and Zero VOC coatings, maio 2007. Disponível em: www.coatingsworld.com.

Sherldon, R. A.; Green solvents for sustainable organic synthesis: state of the art, Green Chemistry, 2005, 7, 267-278.

Shermann, J; Chin, B; Huibers, P. D. T.; Garcias-Valls, Ricard; Hatton, T. A.; Solvent Replacement for Green Processing; EHP, 1997.

Stratospheric Ozone Depletion: a focus on EPA'S research, Washington, EPA, março 1995.

Tess, R. W.; Solvents Theory and Practiice, Washington: American Chemical Society, 1971.

5 Propiedades físico-químicas de los solventes

En este capítulo se presentan los aspectos físico-químicos de los distintos tipos de energía, su relación con los enlaces covalentes y la polaridad de los enlaces, y también las interacciones moleculares existentes, que tienen influencia sobre el punto de fusión y de ebullición, la viscosidad, la tensión superficial, la constante dieléctrica y otras propiedades.

Alessandro Rizzato
Léo Santos

En el principio de este se presenta un panorama general del mercado de solventes industriales y de qué manera Rhodia se encuadra en ese contexto. En la continuación se abordan los aspectos generales y las definiciones de las principales clases de solventes, sus características y reactividad y los conocimientos más actualizados sobre los solventes verdes.

En este capítulo discutiremos los aspectos físico-químicos relacionados con los distintos tipos de energía, con los enlaces covalentes y la polaridad de los enlaces, así como las interacciones moleculares existentes, antes de abordar específicamente las propiedades de los solventes, como punto de fusión y de ebullición, viscosidad, tensión superficial, constante dieléctrica y otras. Nuestra idea es exponer resumidamente algunos conceptos importantes para comprender los aspectos físico-químicos de los sistemas solventes.

Tomamos como punto de partida de cualquier trabajo experimental la observación del estado en que se encuentran las sustancias, es decir estado sólido, líquido o gaseoso. Esas informaciones se encuentran fácilmente en diversos libros y publicaciones científicas y permiten que logre optimizar el desempeño de las formulaciones lo que se refleja en la formación de películas, en la dispersión de cargas o en la solubilización de determinados solutos.

5.1. Energías existentes

En las páginas anteriores encontramos importantes definiciones de las características y la reactividad de las principales clases de solventes, sin embargo poco se ha discutido sobre las variaciones de energía que existen en esos sistemas.

Se define la energía propiamente dicha como la capacidad de realizar trabajo. Hay dos tipos fundamentales de energía: la energía cinética y la energía potencial. Energía cinética es la que posee un objeto al estar en movimiento y es igual a la mitad de su masa multiplicada por el cuadrado de su velocidad, esto es, $1/2\ \mathrm{m} \cdot v^2$. La energía potencial es la almacenada por un objeto que está en reposo o en la inminencia de iniciar un movimiento; existe apenas cuando hay fuerzas de atracción y de repulsión entre dos objetos. La energía potencial de un sistema constituido por dos objetos unidos por un resorte aumenta cuando el resorte se estira o comprime. Cuando se lo estira se crea una fuerza de atracción, mientras que cuando se lo comprime surge una fuerza de repulsión. Si estiramos o comprimimos el resorte la energía potencial almacenada se convierte en energía cinética cuando lo soltamos.

La energía química es una manera de denominar a la energía potencial. Existe porque hay fuerzas de atracción y repulsión entre átomos y moléculas. La fuerza de repulsión existe cuando hay interacción entre dos núcleos o entre dos electrones. Por otro lado, cuando hay interacción entre un núcleo y un electrón la fuerza existente es la de atracción. Es prácticamente imposible describir la cantidad absoluta de energía potencial existente en una sustancia; por eso pensamos usualmente en términos de la energía potencial relativa, y así como podemos decir que un sistema posee más o menos energía potencial que otro.

Otro término comúnmente utilizado por los químicos es la **estabilidad** o la **estabilidad relativa**. La estabilidad química de un sistema es inversamente proporcional a su energía potencial relativa. Cuanto mayor es su energía potencial, menos estable es el sistema.

5.2. Energía potencial y enlace covalente

La energía potencial o, en ese caso la energía química, se puede liberar en forma de calor cuando reaccionan los átomos y las moléculas. Como el calor está asociado al movimiento molecular, la liberación de calor es el resultado de la transformación de la energía potencial en cinética.

Considerando los enlaces covalentes el estado de mayor energía potencial se manifiesta cuando los átomos están libres, o sea, cuando no están unidos. Esto se debe a que la formación de un enlace químico está siempre asociada a una disminución de la energía potencial de los átomos.

Una manera conveniente de representar la energía potencial de las moléculas es considerar su entalpía relativa, H. La diferencia entre la entalpía relativa de los reactivos y de los productos se llama entalpía de reacción, que se representa por $\Delta H°$. El superíndice ° indica que la medición se ha realizado en condiciones standard (25 °C y 1 atm).

Por convención el símbolo $\Delta H°$ para las reacciones exotérmicas (aquellas que liberan calor) es negativo y para las endotérmicas (aquellas que absorben calor) es $\Delta H°$ positivo. El calor de reacción, $\Delta H°$, representa la variación de entalpía de los átomos de los reactivos cuando se convierten en productos. En el caso de una reacción exotérmica la entalpía de los átomos de los productos es menor que la entalpía de los átomos de los reactivos, mientras que en el caso de una reacción endotérmica ocurre lo contrario.

5.3. Polaridad de los enlaces

La mayoría de las moléculas utilizadas como solventes están formadas por átomos que forman los enlaces covalentes debido a que los elementos químicos que las forman tienen una propiedad llamada polaridad. Dos átomos unidos por un enlace covalente comparten electrones entre sí; los núcleos de esos átomos se encuentran rodeados por la misma nube electrónica. Si esos átomos son iguales y la molécula es simétrica, la nube electrónica se encuentra distribuida uniformemente en el enlace.

Sin embargo, en la mayoría de los casos los dos núcleos no comparten igualmente los electrones, así la nube electrónica es más densa en la proximidad de un determinado átomo que de otro. Por este motivo una de las extremidades del enlace se presenta eléctricamente negativa, y la otra, eléctricamente positiva, es decir que hay un polo negativo y otro positivo. En esas condiciones se dice que el enlace posee polaridad o que el enlace es polar. Se puede indicar la polaridad mediante la utilización de los símbolos δ^+ y δ^-, que representan cargas parciales positivas o negativas. En la figura 5.1 está representada la molécula de agua con la indicación de las respectivas polaridades.

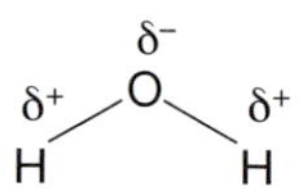

Figura 5.1. Representación esquemática de la polaridad existente en la molécula de agua.

Consecuentemente, es de esperar que un enlace posea polaridad cuando un átomo con diferentes tendencias para atraer electrones, o sea átomos de diferente electronegatividad. La polaridad del enlace será mayor cuanto mayor sea la diferencia de electronegatividad de los dos átomos.

Los elementos de mayor electronegatividad son los que están en la lateral superior derecha de la tabla periódica de elementos, excepto los gases nobles que constituyen el grupo 18. Entre los elementos más frecuentes en las moléculas de solventes se encuentran el flúor, que es el más electronegativo, y en orden decreciente, oxígeno, nitrógeno, cloro, bromo y finalmente el carbono. El hidrógeno no difiere de manera considerable del carbono en electronegatividad.

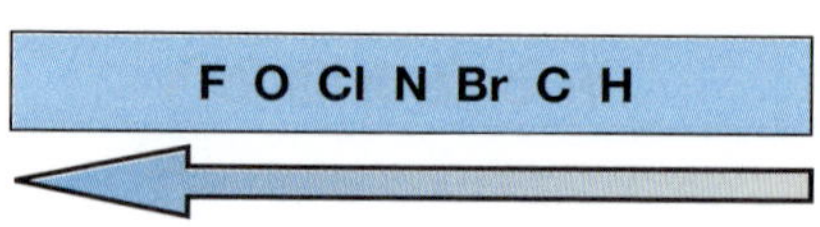

La polaridad de los enlaces está estrechamente relacionada con las propiedades físicas y químicas, y ejerce influencia sobre el punto de fusión y ebullición, así como sobre la solubilidad, la constante dieléctrica y la tensión superficial entre otras.

5.4. Polaridad de las moléculas

Entre las moléculas también existe una polaridad en función de los diferentes átomos que constituyen sus enlaces covalentes. Consideramos centros de cargas a los átomos que constituyen un enlace covalente, cuya diferencia de electronegatividad es significativa. Así, una molécula será polar si el centro de cargas negativas no coincide con el centro de cargas positivas. Una molécula en esas condiciones constituye un dipolo: dos cargas iguales y de signo contrario, separadas en el espacio. El momento de dipolo, p_e, és definido como el producto de la carga en la extremidad negativa, Q, por la distancia l entre los centros de carga.

$$p_e = Q \cdot l \qquad (5.1)$$

La unidad del momento dipolar en el Sistema Internacional es el Coulomb-metro, C · m, sin embargo se usa mucho el debye, una unidad que corresponde a $3{,}33 \cdot 10^{-30}$C · m.

5.5. Fuerzas intermoleculares

Existen dos fuerzas intermoleculares que mantienen las moléculas neutras unidas entre sí: las interacciones entre dipolos y las fuerzas de van der Waals.

La interacción dipolar observada en moléculas polares resulta de la atracción mutua entre la extremidad positiva de una molécula y la extremidad negativa de otra. En el ácido clorhídrico, por ejemplo, el hidrógeno relativamente positivo de una molécula es atraído por el cloro relativamente negativo de otra. Como consecuencia de la interacción dipolo-dipolo las moléculas polares están más fuertemente unidas entre sí que las moléculas apolares, considerando masas moleculares similares. Esta diferencia de intensidad de las fuerzas intermoleculares se refleja en las propiedades físicas de las respectivas sustancias.

Un tipo relativamente fuerte de interacción dipolo-dipolo es el enlace por puente de hidrógeno; en este caso un átomo de hidrógeno sirve de puente entre dos átomos electronegativos uniéndose a uno de ellos por un enlace covalente y al otro por fuerzas puramente electroestáticas. Cuando un átomo de hidrógeno se une a un átomo altamente electronegativo la nube electrónica se desplaza considerablemente hacia el átomo más electronegativo, disminuyendo la densidad electrónica sobre el núcleo del átomo de hidrógeno. La carga positiva del núcleo de hidrógeno está fuertemente atraída por la carga negativa del átomo electronegativo de una segunda molécula. Esta atracción tiene una energía de cerca de 21 KJ · mol^{-1} y, por lo tanto, es mucho más débil que el enlace covalente, que es de cerca de 210 a 420 KJ · mol^{-1}, pero mucho más fuerte que las otras interacciones dipolo-dipolo. Para que el efecto de los enlaces de hidrógeno sea importante los átomos electronegativos deben pertenecer al grupo del flúor, oxígeno y nitrógeno.

La otra fuerza intermolecular que puede existir en moléculas apolares es la interacción de van der Waals. De manera similar a lo que ocurre con las interacciones dipolo-dipolo la distribución media de cargas en una molécula que sufre interacciones del tipo van der Waals es simétrica, y el momento de dipolo resultante es nulo. Pero como los electrones se mueven es muy probable que en un determinado instante la distribución de cargas se deforme con relación a la distribución media simétrica. En ese instante se produce un pequeño dipolo eléctrico, cuya existencia momentánea afecta la distribución electrónica de otra molécula del compuesto que se encuentra cerca. El polo negativo del dipolo tiende a repeler los electrones, mientras que el polo positivo tiende a atraerlos, por lo que el dipolo de la primera molécula induce un dipolo de orientación opuesta en la segunda. A pesar de que los dipolos momentáneos y los inducidos varían constantemente, el resultado final es la existencia de cierta atracción mutua entre las dos moléculas. Esas interacciones de van der Waals tienen un radio de acción muy corto y actúan únicamente entre regiones muy próximas unas de otras, o sea, actúan apenas entre las superficies de las moléculas. De este modo la relación entre la intensidad de las interacciones de van der Waals y la área superficial de las moléculas nos ayuda a conocer la dependencia que hay entre las propiedades físicas del compuesto y el tamaño y forma de la molécula.

En la continuación abordaremos los aspectos termodinámicos fundamentales que definen los estados físicos de las sustancias así como su relación con propiedades físico-químicas importantes, tales como el punto de ebullición, el de fusión, la constante dieléctrica y la viscosidad, entre otras.

5.6. Estabilidad de las fases

Se define fase de una sustancia como la forma de la materia cuya composición química y estado físico son uniformes en todos los puntos de un determinado sistema. Existen tres formas bien definidas de fases de la materia: sólida, líquida y gaseosa. Una transición de fase es la conversión espontánea de una fase en otra, y ocurre a una temperatura y presión bien definida y exclusiva para cada sustancia. Por ejemplo, a 1 atm de presión y temperatura de 0 °C el hielo es la fase estable del agua. A una dada presión, la temperatura de transición es aquella en la que dos fases están en equilibrio.

5.7. Límite de una fase

El diagrama de fases de una sustancia pura muestra las regiones de presión y temperatura en que las fases de esta sustancia son estables termodinámicamente (Figura 5.2). Las líneas que separan las diferentes regiones del diagrama, conocidas como límite de fase, muestran los valores de presión y temperatura en que dos fases pueden coexistir simultáneamente en equilibrio. Las líneas dividen el diagrama en tres regiones distintas denominadas sólido, líquido y gaseoso. Si tomamos un punto representativo del sistema situado en la región de la fase sólida podemos afirmar que la sustancia se encuentra en estado sólido. Si el punto estuviera situado en la región de la fase líquida, la sustancia se encontraría en estado líquido. En el caso de situarse justamente en el límite entre las dos fases, o sea en la línea de separación de las regiones de las fases, decimos que la sustancia en cuestión presenta dos fases que coexisten en equilibrio.

Si consideramos la forma líquida de un solvente puro en un recipiente cerrado, la presión del vapor en equilibrio con el líquido se denomina presión de vapor de un solvente (Figura 5.3). La presión de vapor es característica de cada sustancia y su comportamiento se puede prever por medio de la curva de límite de fase en el diagrama de fases representado en la Figura 5.2. A medida que la temperatura aumenta las moléculas adquieren energía suficiente para superar la fuerza de las interaccio-

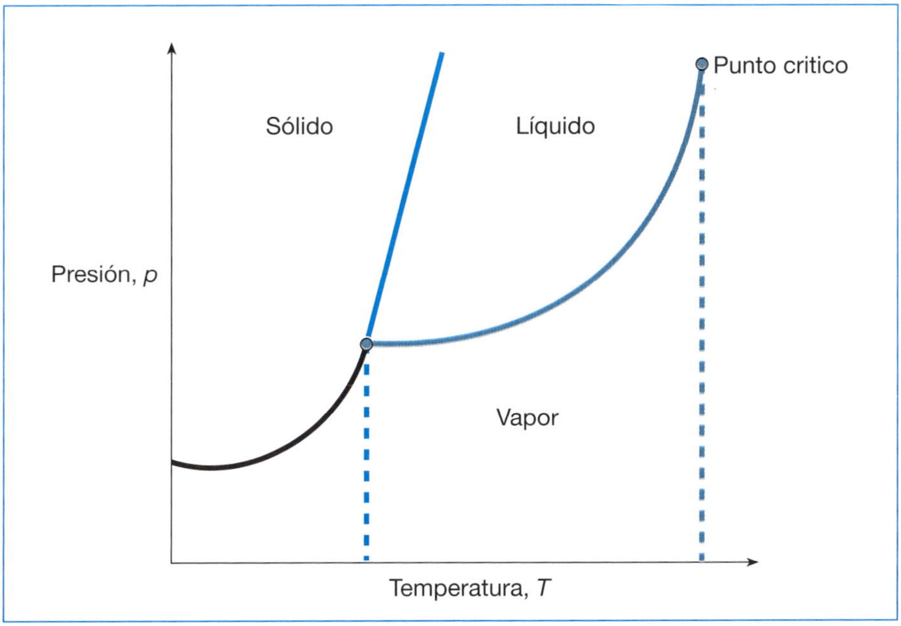

Figura 5.2. Representación esquemática del diagrama de fases de una sustancia pura en la que se muestran las regiones en que existen las fases sólida, líquida y gaseosa en función de la temperatura y la presión.

nes que existen entre ellas. Si la sustancia se encuentra en estado líquido sufre una transformación de fase y pasa al estado gaseoso en el que las interacciones molécula-molécula son menos intensas.

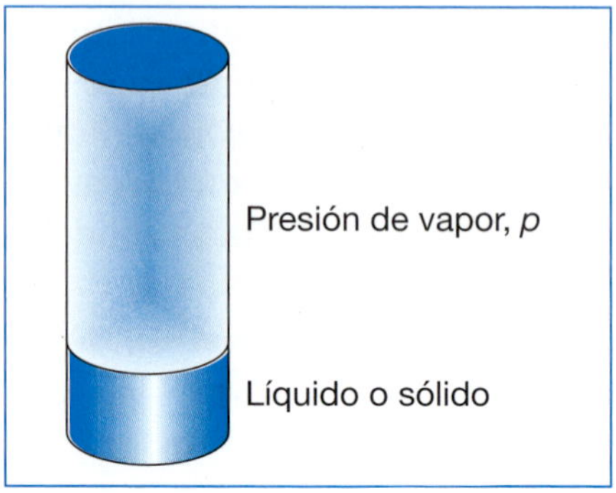

Figura 5.3. Representación esquemática de la presión de vapor de un líquido o de un sólido en un recipiente cerrado.

5.8. Punto crítico y punto de ebullición

Cuando un solvente en estado líquido se calienta en un recipiente abierto se vaporiza a partir de su superficie. La vaporización puede ocurrir a partir de la solución a la temperatura en la que la presión de vapor es igual a la presión externa o atmosférica y, de este modo, el vapor se expande libremente. La condición de vaporización libre de todo líquido presente en un recipiente abierto se llama ebullición. La temperatura a la cual la presión de vapor del líquido es igual a la presión externa se denomina temperatura de ebullición. En el caso de que la presión externa sea de 1 atm la temperatura de ebullición recibe la denominación de punto de ebullición.

Por otro lado, si un líquido se calienta en un recipiente cerrado (Figura 5.4) no entra en ebullición y la presión aumenta continuamente con la temperatura del sistema. Simultáneamente disminuye la densidad del líquido y desaparece el límite entre las fases líquida y gaseosa. La temperatura a la cual desaparece el límite entre las fases se denomina temperatura crítica (T_c). De manera semejante, cuando la presión de vapor se encuentra a la temperatura crítica se define como presión crítica (p_c). Por arriba de ese punto sólo existe una única fase denominada fluido supercrítico.

El punto de ebullición de un líquido es la temperatura a la cual su presión de vapor es igual a la presión atmosférica. Por esta razón el punto de ebullición depende de la presión ejercida sobre el medio en cuestión; generalmente se determina a 1 atm. Una sustancia que entra en ebullición a 150 °C a 1 atm va a entrar en ebullición a una temperatura sensiblemente más baja si se recude la presión.

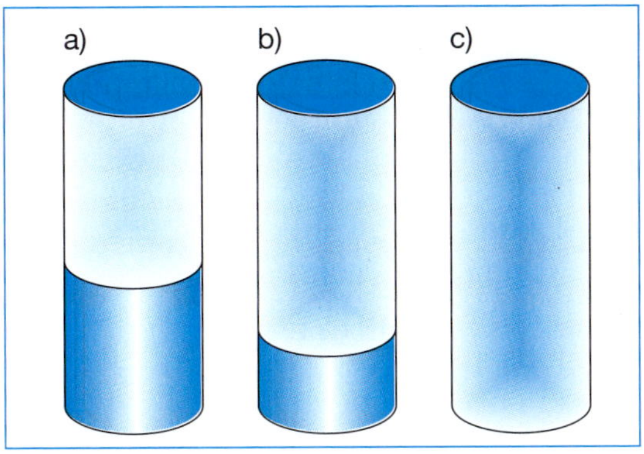

Figura 5.4. (a) Líquido en equilibrio con el vapor; (b) cuando se calienta un líquido en un recipiente cerrado la densidad del vapor aumenta y la del líquido disminuye ligeramente hasta que alcanza el estado (c) en el que las densidades de las dos fases son iguales y la interfase entre los dos fluidos desaparece.

La transformación de una molécula (o iones) del estado líquido al estado gaseoso los separa considerablemente, por este motivo muchos compuestos orgánicos frecuentemente se descomponen antes de entrar en ebullición. La energía térmica necesaria para separar completamente los iones es tan grande que ocurren reacciones químicas como la descomposición antes que la sustancia se volatilice.

Los compuestos apolares, en los que las fuerzas intermoleculares son más débiles, entran en ebullición a bajas temperaturas, incluso a presión ambiente. Sin embargo, esto no siempre ocurre porque el peso molecular y el tamaño de la molécula tienen gran influencia. Las moléculas muy pesadas necesitan una gran energía térmica para adquirir velocidad suficiente para salir de la superficie del líquido. Además, como la superficie total de estas moléculas es bastante grande las fuerzas de atracción intermolecular del tipo van der Waals también son muy fuertes y el valor del punto de ebullición, elevado.

En la continuación, discutiremos aspectos más específicos de los parámetros que afectan la temperatura de ebullición de algunas clases de compuestos orgánicos. El punto de ebullición de los alcanos lineares, por ejemplo, aumenta regularmente con el aumento del peso molecular. A temperatura ambiente (25 °C) y 1 atm de presión los cuatro primeros miembros de la serie homóloga de los alcanos son gases. Los que tienen una cadena carbónica de 5 a 17 átomos de carbono se encuentran en estado líquido, y los de más de 18 carbonos son sólidos.

Por otro lado, la presencia de ramificaciones en la cadena carbónica de los alcanos, en la mayoría de los casos, disminuye el punto de ebullición. Parte de la explicación para estos efectos está relacionada con las interacciones de van der Waals pero se debe recordar que las moléculas con ramificaciones son más compactas y la área de la superfície és menor. Siendo asi, las interacciones intermoleculares de van der Waals son mas débiles la temperatura de ebullición de esos compuestos es más baja.

En el caso de los alcoholes podemos comprender las propiedades físicas de una manera más simple si se piensa que un alcohol, estructuralmente, está formado por una porción semejante a la de un alcano y otra semejante a la del agua. El grupo semejante al alcano (C_nH_{2n}) es lipofílico (tiene afinidad por las moléculas apolares), mientras que el grupo hidroxilo (—OH) es hidrofílico (tiene afinidad por el agua). El grupo (—OH) es el que confiere las propiedades físicas de los alcoholes, mientras que el grupo alquilo modifica esas propiedades según el tamaño de su cadena carbónica. El grupo (—OH) es altamente polar y, sobre todo, capaz de formar enlaces hidrógeno con otras moléculas del mismo alcohol, con otras moléculas neutras y con aniones.

El punto de ebullición de los éteres es comparable al de los hidrocarburos de igual peso molecular. Por ejemplo, el punto de ebullición del éter dietílico es de 34.6 °C y el del pentano es de 36 °C (Peso Molecular igual a 74 y 72, respectivamente). Por otro lado, los alcoholes tienen un punto de ebullición superior al de los éteres y hidrocarburos. Hay fuertes fuerzas de atracción del tipo dipolo-dipolo entre los átomos de hidrógeno y átomos muy electronegativos (O, N o F) y con cualquier par de electrones no enlazados a algún otro átomo electronegativo. El enlace por puente del hidrógeno (energía de disociación del enlace entre 4 y 36 $kJ \cdot mol^{-1}$) es más débil que un enlace covalente, pero mucho más fuerte que la interacción dipolo-dipolo que ocurre en las cetonas. Generalmente se atribuye a los enlaces de hidrógeno el hecho de que el alcohol etílico presente un punto de ebullición mucho mayor (78.5 °C) que el del éter dimetílico (–24.9 °C), que posee el mismo peso molecular. Las moléculas de alcohol etílico tienen átomos de hidrógeno unidos en forma covalente a átomos de oxígeno, que forman enlaces de hidrógeno bastante fuertes con átomos de hidrógeno de una molécula vecina. En las moléculas de éter dimetílico no hay átomos de hidrógeno unidos a átomos muy electronegativos, entonces no se pueden formar enlaces de hidrógeno, solamente apenas fuerzas intermoleculares débiles del tipo dipolo-dipolo.

Los compuestos carbonílicos – aldehídos y cetonas – como el propio nombre lo dice, en su cadena tienen un grupo carbonilo que les confiere polaridad porque el átomo de oxígeno es más electronegativo que el del carbono. Debido al grupo polar el punto de ebullición de estas moléculas es superior al de los hidrocarburos de igual peso molecular. Sin embargo, como los aldehídos y las cetonas no forman enlaces por puente de hidrógeno fuertes tienen un punto de ebullición inferior al de los alcoholes de igual peso molecular.

El ioduro de metilo (por ej. = 42 °C) es el único monohalometano que es líquido a 1 atm y 25 °C. El bromuro (por ej. = 38 °C) así como el ioduro de etilo (por ej. = 72 °C) son líquidos, pero el cloruro de etilo (por ej. = 13 °C) es un gas. Excepto en los casos citados, los solventes halogenados – cloruros, bromuros e ioduros de alquilo – generalmente son líquidos a presión y temperatura ambiente y tienden a presentar puntos de ebullición cercano al de los alcanos de peso molecular semejante. Sin embargo los valores de punto de ebullición de los polifluoroalcanos no son muy convencionales. El hexafluoretano tiene un peso molecular de 138 y entra en ebullición a –79 °C, mientras que el decano, cuyo peso molecular es de 144, entra en ebullición a 174 °C.

5.9. Punto de fusión y punto triple

En un sólido cristalino las partículas, iones o moléculas que constituyen las unidades estructurales se disponen de manera absolutamente regular y simétrica. Esta orden corresponde a la repetición periódica de una celda geométrica unitaria. La fusión representa el pasaje de este estado altamente ordenado, caracterizado por la existencia de una red cristalina, a un estado en que la disposición de las moléculas se presenta de forma menos ordenada, o sea, el estado líquido. Se produce fusión cuando se alcanza la temperatura a la cual la energía térmica de las moléculas supera la acción de las fuerzas intracristalinas que las mantienen en posición.

Las unidades estructurales en los cristales de los compuestos iónicos son los iones. El cloruro de sodio, por ejemplo, está formado por iones de sodio positivos y por iones cloruro negativos dispuestos alternadamente de modo absolutamente regular. Alrededor de cada ion positivo de esta sustancia se encuentran seis iones negativos equidistantes. De manera análoga, alrededor de todos los iones negativos se encuentran seis iones positivos. La estructura rígida, extremadamente resistente del cristal, se explica por la elevada intensidad de las fuerzas electrostáticas que mantienen los iones en posición. Para vencer estas intensas fuerzas interiónicas es necesario elevar considerablemente la temperatura; el punto de fusión del cloruro de sodio es de 801 °C.

En los cristales de los compuestos en que los átomos se encuentran unidos por enlaces covalentes, o compuestos no-iónicos como es el caso de los solventes, las unidades estructurales son las moléculas. Las fuerzas que se deben vencer para alcanzar la fusión de esos cristales son las que mantienen las moléculas unidas. Estas fuerzas intermoleculares en general son bastante más débiles que las fuerzas interiónicas.

Para efectuar la fusión del cloruro de sodio hay que proporcionar energía suficiente para la destrucción de los enlaces iónicos entre los iones Na^+ y Cl^-. Sin embargo para efectuar la fusión del etanol, por ejemplo, no es necesario utilizar energía suficiente para destruir los enlaces covalentes de las moléculas, basta apenas proporcionar energía suficiente para separar las moléculas entre sí. En el extremo contrario al del cloruro de sodio se puede citar el etanol, que funde a –115 °C.

Se ha visto que las fuerzas que mantienen unidas las moléculas (interacciones de van der Waals) son débiles y de corto alcance, y actúan apenas entre las partes de las moléculas que se encuentran en contacto, o sea entre la superficie de las moléculas. Por lo que debe se esperar que dentro de una familia de compuestos cuanto mayor sea la molécula y consecuentemente su área, mayores serán las fuerzas que actúen sobre ella, lo que se reflejará en el aumento del punto de fusión. Además del tamaño de las moléculas debemos tener en cuenta la manera en que se ajustan a la red cristalina.

Desde el punto de vista de la termodinámica la temperatura de fusión es aquella que permite la coexistencia de la fase líquida y de la fase sólida de una sustancia pura a determinada presión. Como una sustancia se funde exactamente a la misma temperatura en que se congela, tanto la temperatura de fusión como la temperatura de congelamiento son las mismas. La temperatura de congelamiento, cuando la presión del sistema es de 1 atmósfera, se llama punto normal de congelamiento, o punto de fusión normal.

Existe un conjunto de determinadas condiciones en las que las fases sólida, líquida y gaseosa, coexisten en equilibrio. Este conjunto de condiciones se define como punto triple. Geométricamente el punto triple se localiza en la intersección de las tres líneas que definen el límite de existencia de las fases del diagrama de fases. Sólo existe un punto cuya temperatura y presión permiten que se forme el punto triple, y esa propiedad es una característica intrínseca de cada sustancia. El punto triple del agua es de 273,16 K a 611 Pa y las tres fases del agua (hielo, agua líquida y vapor de agua) coexisten en equilibrio; en ninguna otra condición de temperatura y presión eso es posible. Es interesante destacar que el punto triple define la presión más baja en la cual puede existir la fase líquida.

De manera general, podemos decir que el diagrama de fases de una sustancia, y aquí podemos hacer extensivas estas observaciones a los solventes, nos permite determinar con precisión la temperatura y presión que caracterizan las transiciones de fase. Como estas propiedades son características intrínsecas de cada sustancia concluimos que están estrechamente relacionadas con la intensidad de la polaridad de los enlaces, así como de las interacciones intermoleculares.

5.10. Constante dieléctrica

Cuando dos cargas q_1 y q_2 están separadas por una distancia r en el vacío, la energía potencial de esas interacciones es

$$V = \frac{q_1 \cdot q_2}{4 \cdot \pi \cdot \varepsilon_0 \cdot r} \tag{5.2}$$

Cuando estas mismas dos cargas están sumergidas en un medio líquido o gaseoso su energía potencial queda reducida a

$$V = \frac{q_1 \cdot q_2}{4 \cdot \pi \cdot \varepsilon \cdot r} \tag{5.3}$$

donde ε es la permisividad del medio. La permisividad normalmente se expresa en términos dimensionales de permisividad relativa, ε_r, o constante dieléctrica del medio.

$$\varepsilon_r = \frac{\varepsilon}{\varepsilon_0} \tag{5.4}$$

La constante dieléctrica de una sustancia es grande si las moléculas son polares o altamente polarizables. La relación cuantitativa entre la constante dieléctrica y las propiedades eléctricas de las moléculas se obtiene considerando la polaridad del medio, y se expresa por la ecuación de Debye:

$$\frac{\varepsilon_r - 1}{\varepsilon_r + 2} = \frac{\rho \cdot P_m}{M} \tag{5.5}$$

Donde ρ es la densidad de las muestras, M la masa molar de las moléculas y P_m la polarización:

$$P_m = \frac{N_A}{3 \cdot \varepsilon_0}\left(\alpha + \frac{\mu^2}{3 \cdot k \cdot T}\right) \tag{5.6}$$

El término $\mu^2/3 \cdot k \cdot T$ corresponde a la agitación térmica de los momentos de dipolos eléctricos en presencia de un campo aplicado.

Podemos entonces definir la constante dieléctrica (ε) como la relación entre la capacitancia de un condensador lleno de un líquido standard y la capacitancia del mismo condensador en el vacío. Como es una constante relativa, es adimensional y se mide a 20 °C o a 25 °C. La constante dieléctrica de los solventes apolares disminuye linealmente con el aumento de la temperatura principalmente por causa de la disminución de la densidad. En el caso de los solventes polares es no linear debido a la disminución de la densidad y el aumento del movimiento térmico de las moléculas. En la práctica, el conocimiento de la constante dieléctrica está estrechamente relacionado con la capacidad de un solvente o mezcla de solventes de disolver o diluir un determinado sólido o otro líquido.

Para vencer a las fuerzas electrostáticas que mantienen la red iónica de los sólidos iónicos o las interacciones intermoleculares de los compuestos moleculares de enlaces covalentes es necesaria una cantidad de energía considerable. Apenas el agua o otros solventes polares son capaces de disolver/diluir las moléculas polares. Existen, en consecuencia, atracciones entre las regiones positivas y negativas de una molécula polar con las partes positivas o negativas del solvente. Estas atracciones se denominan enlaces ion-dipolo. Los enlaces ion-dipolo a pesar de que individualmente son relativamente débiles, en conjunto proporcionan energía suficiente para vencer a las fuerzas interiónicas existentes en los sólidos cristalinos y en los compuestos moleculares.

En las soluciones cada ion o molécula del soluto se encuentra rodeado por diversas moléculas del solvente; decimos por ese motivo que los iones o las moléculas están solvatados. En el caso particular de que el solvente sea agua decimos que el ion o molécula están hidratados. De manera general consideramos que un compuesto iónico se va a disolver sólo si el solvente utilizado tiene una constante dieléctrica capaz de reducir o impedir la atracción entre los iones de cargas opuestas por medio de la solvatación. En la Figura 5.5 se representa esquemáticamente el efecto de solvatación de los iones por acción de las moléculas polares del solvente.

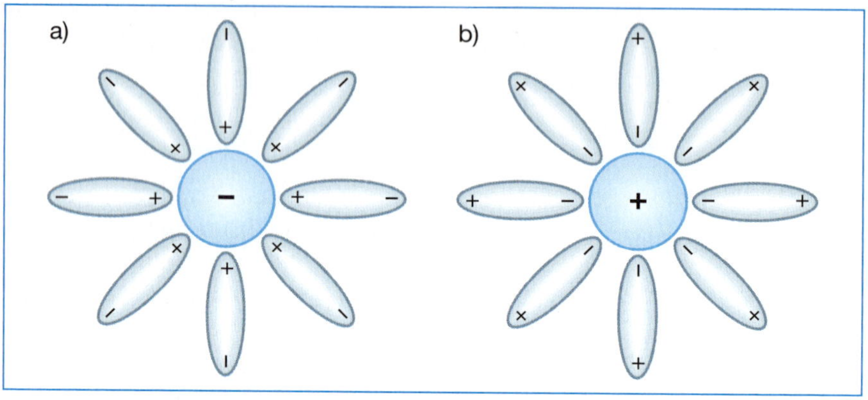

Figura 5.5. Interacciones ion-dipolo: iones negativos (a) y positivos (b) solvatados por moléculas de solventes polares.

La superioridad del agua como solvente para sustancias iónicas se debe en parte a la polaridad de ambas y a la alta constante dieléctrica. Sin embargo, se debe aclarar que existen otros solventes con momentos de dipolo elevados y constantes dieléctricas altas, pero inadecuados para solubilizar compuestos iónicos. En ese caso lo que se necesita el poder de solvatación. Usamos el agua como ejemplo para estudiar más profundamente la estructura de los solventes y los factores que determinan el poder de solvatación de las sustancias.

Los iones positivos o las partes positivas de compuestos moleculares son atraídos por el polo negativo del solvente polar. En el agua el polo negativo es sin duda el oxígeno, que es un elemento altamente electronegativo; además, tiene pares de electrones no compartidos y apenas dos átomos de hidrógeno unidos a él. A su vez, los iones negativos o regiones negativas de compuestos moleculares son atraídos por el polo positivo de una molécula polar, que en el caso del agua están sin duda en el hidrógeno. Los enlaces ion-dipolo que unen los iones negativos al agua son enlaces de hidrógeno. Los solventes como el agua se denominan solventes próticos, es decir, solventes que contienen átomos de hidrógeno unidos a oxígeno o nitrógeno. Este grupo de sustancias solvatan iones o moléculas del mismo modo que lo hace el agua: iones positivos o partes positivas de compuestos moleculares por medio de pares de electrones no compartidos, y iones negativos o partes negativas de compuestos moleculares por medio de enlaces de hidrógeno.

En los últimos años se ha verificado el desarrollo de solventes apróticos, es decir, solventes polares cuya constante dieléctrica es moderadamente elevadas, pero que no contienen hidrógeno. En este tipo de solventes el polo negativo está sobre el átomo de oxígeno más expuesto en relación al resto de la molécula, y los iones positivos o las regiones positivas de las moléculas son solvatados por medio de los pares electrónicos no compartidos. El polo positivo, por otro lado, está oculto en el interior de la molécula, en consecuencia los iones cargados negativamente o las regiones negativas de las moléculas son solvatadas débilmente. O sea que los solventes apróticos disuelven o diluyen compuestos iónicos sobretodo por solvatación de los iones cargados positivamente.

5.11. Viscosidad

La capacidad de un líquido para fluir se mide a través de su viscosidad; podemos decir que cuanto mayor sea la viscosidad, menor debe ser la capacidad de un líquido para mojar una superficie, término conocido como movilidad del líquido. El vidrio, así como los polímeros fundidos, son muy viscosos porque sus moléculas se entrelazan e impiden la fluidez. El agua es más viscosa que el benceno porque sus moléculas interactúan con más fuerza y dificultan la fluidez. El aumento de la temperatura generalmente disminuye la viscosidad porque hace que las moléculas se muevan con más energía y estén más libres de la interacción con las moléculas vecinas. Cuando una molécula cambia de posición se quiebran las débiles fuerzas de interacción del tipo van der Waals; la cantidad de moléculas con energía suficiente para moverse sigue una distribución de Boltzmann. Esto sugiere que la capacidad que un líquido tiene para fluir se puede describir según la ecuación:

$$\text{Fluidez } \propto e^{-\Delta E/RT} \tag{5.7}$$

donde E es la energía que se necesita vencer para que el líquido fluya, R es una constante y T la temperatura. La viscosidad es la inversa de la fluidez.

$$\text{Viscosidad } \propto e^{\Delta E/RT} \tag{5.8}$$

Las observaciones experimentales demuestran que las viscosidades varían de forma exponencial en un intervalo limitado de temperaturas y el valor ΔE es similar a la energía de la interacción o del enlace molecular (algunos $kJ \cdot mol^{-1}$, por ejemplo, 11 $kJ \cdot mol^{-1}$ para el benceno y 3 $kJ \cdot mol^{-1}$ para el metano).

5.12. Índice de refracción

Primero vamos a aclarar el fenómeno de la refracción que ocurre cuando la luz atraviesa un dado medio. Para visualizar ese efecto basta colocar una varilla de vidrio, madera o plástico dentro de un vaso con agua. (Figura 5.6). Si la varilla se coloca perpendicularmente dentro del vaso se observa que permanecerá en posición vertical dentro del agua. Pero si se la inclina ligeramente se observa por el costado del vaso que parece que está rota. Esto ocurre porque el haz de luz incidente sufre un

Figura 5.6. Representación esquemática del fenómeno de la refracción de la luz.

desvío al atravesar la superficie del líquido debido a la velocidad de desplazamiento del haz de luz en un medio diferente de otro. Este desvío que sufre la luz se llama refracción.

El desvío de la luz cuando atraviesa dos medios distintos, depende de la velocidad de la luz en ambos medios. El índice de refracción relativo (n_{21}) es la propiedad física que relaciona las velocidades en los dos medios. Se define como el cociente entre la velocidad de la luz en el primer medio (v_1) y la velocidad en el segundo medio (v_2).

$$n_{21} = \frac{v_1}{v_2} \tag{5.9}$$

Cuando el primer medio es el vacío v_1 es igual a la velocidad de la luz en el vacío (c). La relación entre la velocidad de la luz en el vacío con cualquier otro medio se denomina índice de refracción absoluto (n).

$$n = \frac{c}{v} \tag{5.10}$$

Como la velocidad de la luz en el vacío es siempre mayor que en cualquier otro medio el valor del índice de refracción en cualquier medio siempre va a ser mayor que la unidad. Por ejemplo, la velocidad de la luz en el vidrio es de 200.000 km · s^{-1}, así el índice de refracción en el vidrio será igual a 1,5, o sea, 300.000 km · s^{-1} dividido por 200.000 km · s^{-1}.

La Ley de Refracción fue formulada por Snell en 1621 y comprobada en 1637 por Descartes. Por ese motivo también recibe el nombre de Ley de Snell-Descartes. Esta ley relaciona los ángulos de incidencia y de refracción con los índices de refracción:

$$n_1 \operatorname{sen}(\theta_1) = n_2 \operatorname{sen}(\theta_2) \tag{5.11}$$

donde n_1 e n_2 son respectivamente los índices de refracción en los medios 1 y 2, θ_1 es el ángulo de incidencia y θ_2 el ángulo de refracción.

El índice de refracción (n) es uno de los parámetros más usados para identificar los solventes orgánicos. Apenas en ciertas condiciones el índice de refracción se mide a temperaturas diferentes de 20 o 25 °C. La anotación más usada para designar la temperatura de medición es el superíndice después del símbolo (por ej. n^{20}). Para asegurarse de que los datos sean exactos hasta la cuarta posición decimal se debe mantener la temperatura constante, con una tolerancia de ± 0,2 °C. Además, el índice de refracción depende bastante de la longitud de onda de la luz utilizada en la medición, cuando la longitud de onda aumenta el índice de refracción disminuye (y viceversa). El índice de refracción normalmente se determina de un modo simple y rápido usando un refractómetro de Abbe o refractómetros digitales más modernos. La refractometría, nombre dado a la técnica de medición del índice de refracción, es bastante común y utilizada por diversos laboratorios de control de calidad.

5.13. Tensión superficial

Es ampliamente conocido que las fuerzas de atracción de van der Waals de corto alcance entre las moléculas permiten la existencia del estado líquido, y permiten explicar los fenómenos de tensión superficial y de tensión interfacial. Las moléculas situadas en el interior de un líquido están sujetas a fuerzas de atracción iguales en todas las direcciones, mientras que las de la superficie de separación líquido-aire sufren la acción de fuerzas de atracción no balanceadas, de lo que resulta una fuerza que tiende a llevar las moléculas hacia el interior del líquido (Figura 5.7). Debido a la atracción de esas fuerzas no balanceadas el mayor número posible de moléculas tenderá a desplazarse de la superficie hacia el interior del líquido; por ese motivo la superficie tenderá a contraerse espontáneamente. Ese fenómeno también explica el hecho de que las gotículas tiendan a adquirir forma esférica.

La tensión superficial ejerce un papel importantísimo en la físico-química de superficies. La tensión superficial de un determinado líquido se define muchas veces como la fuerza que actúa ortogonalmente a cualquier segmento unitario imaginario en la superficie del líquido. Sin embargo, esa definición es más adecuada para el caso de las películas líquidas. Es más conveniente definir la tensión superficial (γ) y a la energía libre superficial como el trabajo (w) necesario para aumentar la superficie en una unidad de área (A_{sup}), por medio de un proceso isotérmico y reversible. Las mismas consideraciones son válidas para la superficie de separación entre dos líquidos inmiscibles. En este caso también tendremos fuerzas intermoleculares desbalanceadas, pero, de menor intensidad.

$$w = \gamma \cdot A_{\text{sup}} \tag{5.12}$$

El modelo descrito considera que el líquido permanece en condiciones estáticas. Pero es necesario destacar que en el nivel molecular una superficie líquida aparentemente en reposo se encuentra en realidad en estado de gran turbulencia, resultado del movimiento browniano de las moléculas entre el interior y la superficie y entre la superficie y la atmósfera. Apenas para tener un número en mente, la permanencia de una molécula en la superficie de un líquido es del orden del 10^{-6} s.

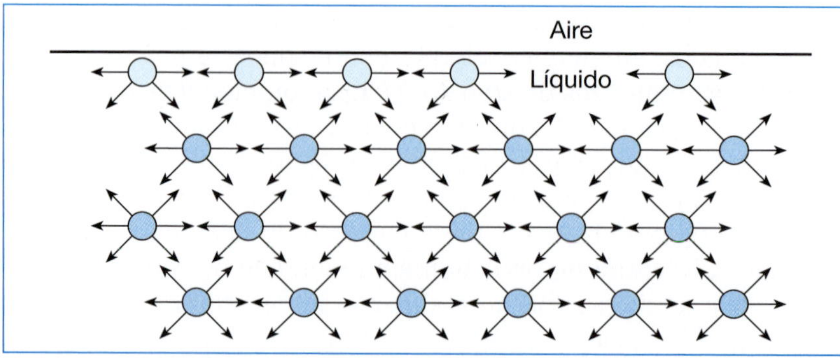

Figura 5.7. Fuerzas de atracción entre las moléculas de un líquido.

5.14. Densidad

La densidad absoluta de una sustancia está definida como relación entre la masa de esa sustancia y el volumen que ocupa:

$$\rho = {}^{m}\!/_{V} \tag{5.13}$$

donde ρ es la densidad, m es la masa de la sustancia y V el volumen. Siendo así, la densidad de cualquier líquido se puede determinar pesando cuidadosamente una cantidad de la sustancia y midiendo en seguida su volumen. Además es muy importante controlar la temperatura a la que efectúa la medición porque cualquier variación de temperatura puede modificar considerablemente la densidad. A pesar de que en el Sistema Internacional la unidad de densidad es el kilogramo por metro cúbico ($kg \cdot m^{-3}$), la unidad más conocida es el gramo por mililitro ($g \cdot ml^{-1}$).

La densidad sufre la influencia de las fuerzas intermoleculares descritas anteriormente para explicar las demás propiedades físico-químicas de las sustancias. A medida que la intensidad de las interacciones aumenta también aumenta la tendencia de las moléculas de atraerse, o sea que la cantidad de moléculas por unidad de volumen aumenta y produce el aumento de la densidad de la sustancia. Por otro lado, a medida que la intensidad de las fuerzas intermoleculares disminuye, menor será la cantidad de moléculas por unidad de volumen, lo que causa la disminución de la densidad de la sustancia.

También podemos definir la densidad relativa, que es el cociente entre la densidad absoluta y la densidad absoluta de un standard. Como la densidad relativa es el cociente entre esos dos valores de densidades absolutas, su valor es un número adimensional.

$$d = {}^{\rho}\!/_{\rho^{o}} \tag{5.14}$$

La densidad relativa es una propiedad física característica de una sustancia que puede ser utilizada para determinar el grado de pureza de un líquido. Como su valor es el resultado de interacciones existentes entre moléculas de una misma sustancia, si dicha sustancia está contaminada, las interacciones resultantes entre las moléculas serán distintas de aquellas que ocurren en la sustancia pura. La presencia de impurezas modifica la cantidad de moléculas de la sustancia por unidad de volumen, modificando el valor de la densidad. Por eso la densidad es una medida bastante utilizada en los laboratorios de control de calidad para verificar si los solventes no están adulterados.

En la continuación se presentan las diversas tablas con las propiedades físico-químicas de las clases de solventes más utilizadas en las industrias, que se han abordado este capítulo. A pesar de que se pueden encontrar en las publicaciones técnicas, hemos tenido la idea de agrupar algunas informaciones para que se puedan consultar fácilmente, ya que pueden ser útiles para elegir el solvente más apropiado para las más diversas aplicaciones.

Tabla 5.1. Propiedades físico-química de los solventes							
Unidad	**Mol $g \cdot mol^{-1}$**	**Estructura**	**p.e. (°C)**	**p.f (°C)**	**p (mmHg)**	**ρ $g \cdot cm^{-3}$ (20 °C)**	**n_d^{20}**
ALCOHOLES							
Metanol	32,04	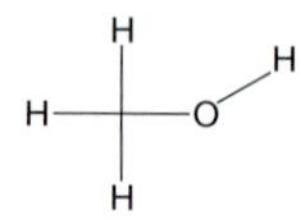	64,5	–97,8	100 (21 °C)	0,791	1,326
Etanol	46,07	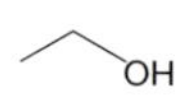	78,3	–114,1	40 (19 °C)	0,790	1,359
N-Propanol	60,09	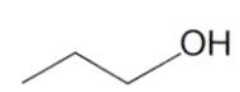	97,2	–127,0	20,8 (25 °C)	0,803	1,383
Isopropanol	60,11	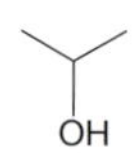	82,5	–88,9	44,0 (25 °C)	0,785	1,375
N-Butanol	74,12	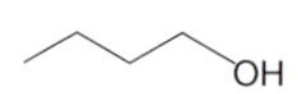	117,7	–89,0	5,5	0,809	1,397
Isobutanol	74,12	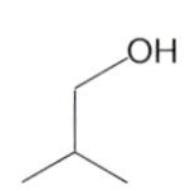	107,8	–108,0	10,0 (22 °C)	0,806	1,394
Metil isobutil carbinol	102,18	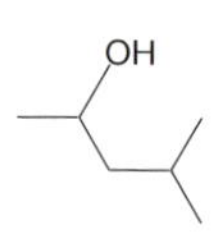	131,8	–90,0	2,8	0,808	1,409
2-etil-Hexanol	130,23	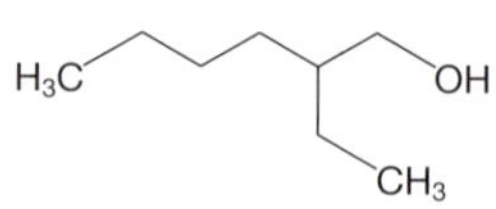	184,8	–76,0	30,0 (98 °C)	0,830	1,429
Ciclohexanol	100,16	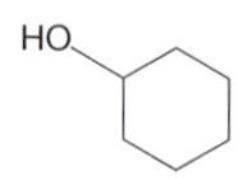	161,0	24,0	80,0 (25 °C)	0,968	1,464

η cP (20 °C)	γ dina·cm^{-1} (20°C)	Punto de inflamación crisol abierto (°C)	Punto de inflamación crisol cerrado (°C)	Solubilidad del solvente en agua % masa (20 °C)	Solubilidad del agua en el solvente % masa (20 °C)	Temperatura de autoignición (°C)	Índice de evaporación Acetato de butilo = 100	Rango de destilación (°C)
0,58	22,5	15,6	11,1	completa	completa	464,0	181	64,0-65,0
1,20	22,39	15,6	8,9	completa	completa	423,0	150	78,3-78,5
2,26	23,71	29,4	15,0	completa	completa	412,0	89	96,0-98,0
2,41	21,32	21,0	12,0	completa	completa	399,0	135	81,5-83,0
3,0	24,52	37,2	35,0	7,9	20,1	365,0	46	116,5-118,5
4,0	23,0	31,1	27,8	9,5	16,9	415,0	62	106,9-108,9
5,2	22,8	55,0	41,1	1,64	6,35	–	29	130,0-133,0
9,8	26,7	–	77,3	0,1	2,6	231,0	1,9	183,0-185,0
41,07 (30 °C)	33,4	67,8	67,7	0,13	11,78	300,0	5,8	160,0-162,0

Continúa...

Tabla 5.1. (continuación)

Unidad	Mol $g \cdot mol^{-1}$	Estructura	p.e. (°C)	p.f (°C)	p (mmHg)	ρ $g \cdot cm^{-3}$ (20 °C)	n_d^{20}
CETONAS							
Acetona	58,08	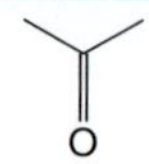	56,2	–94,6	184,5 (20 ºC)	0,790	1,359
Etil metil cetona	72,11	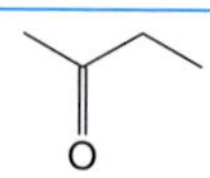	79,6	–86,7	90,96 (25 °C)	0,805	1,379
Metil isobutil cetona	100,18	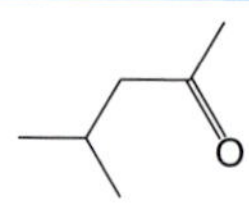	115,9	–83,9	15,7 (20 °C)	0,800	1,396
Diisobutil cetona	142,24	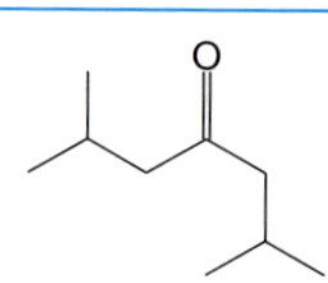	169,3	–41,5	4,0 (30 °C)	0,810	1,413
Diacetona álcool	116,16	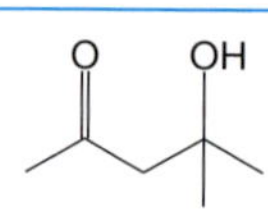	167,9	–42,8	1,23 (20 °C)	0,940	1,415
Isofosforona	138,20	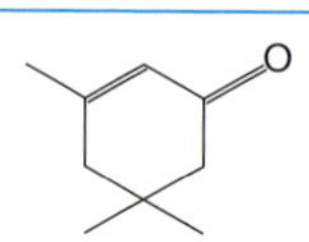	215,2	–8,1	0,43 (25 °C)	0,923	1,476
Ciclohexanona	98,14	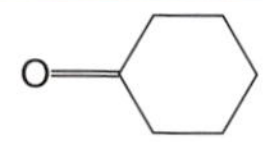	156,7	–47,0	4,6 (25 °C)	0,948	1,450
Metil n-amil cetona	114,18	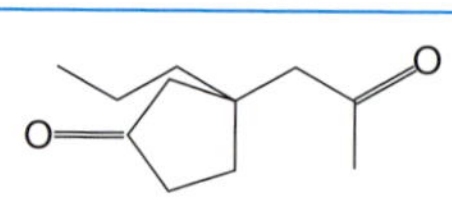	151,4	–26,9	7,0 (30 °C)	–	1.408
Metil n-propil cetona	86,13	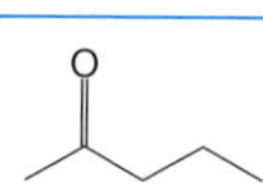	102,3	–77,5	16,0 (25 °C)	0,809	1,391
Metil isoamil cetona	114,18	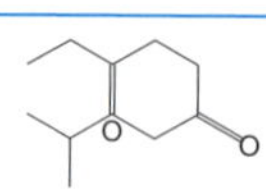	144,9	–73,9	4,5 (20 °C)	0,812	1,407
Acetofenona	120,15	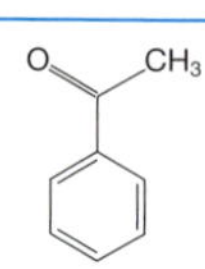	201,6	19,7	0,28 (20 °C)	1,03	1,532

η cP (20 °C)	γ dina·cm^{-1} (20 °C)	Punto de inflamación crisol abierto (°C)	Punto de inflamación crisol cerrado (°C)	Solubilidad del solvente en agua % masa (20 °C)	Solubilidad del agua en el solvente % masa (20 °C)	Temperatura de autoignición (°C)	Índice de evaporación Acetato de butilo = 100	Rango de destilación (°C)
0,33	23,38 (22 °C)	–15,5	–18,0	completa	completa	538,0	520	55,6-56,6
0,4	24,49 (25 °C)	–5,6	–3,3	27,0	12,5	516,0	340	78,0-81.0
0,59	23,6 (20 °C)	23,0	13,3	1,7	1,9	460,0	155	114,0-117,0
1	23,92 (22 °C)	48,9	48,9	0,05	0,75	396,0	21	163,0-173,0
3,2	24,6 (20 °C)	62,2	54,0	completa	completa	602,0	12	155,0-175,0
2,6	32,2 (20 °C)	96,1	84,4	1,2	4,3	460,0	2,5	215,0-220,0
2,2	32,32 (20 °C)	54,4	46,7	2,3	8,0	420,0	31	153,2-157,2
0,7	26,17 (25 °C)	48,8	47,2	0,43	1,5	393,0	40	150,0-154,0
0,5	23,26 (25 °C)	14,4	12,2	3,1	4,2	504,0	88	101,0-105,0
0,8	25,03 (28 °C)	42,2	41,1	0,5	1,2	191,0	53	141,0-148,0
1,8	39,5 (20 °C)	93,3	82,2	0,55	1,65	465,0	3	196,0-202,0

Continúa...

Tabla 5.1. (continuación)

Unidad	Mol $g \cdot mol^{-1}$	Estructura	p.e. (°C)	p.f (°C)	p (mmHg)	ρ $g \cdot cm^{-3}$ (20 °C)	n_d^{20}
ÉSTERES							
Acetato de etilo	88,12	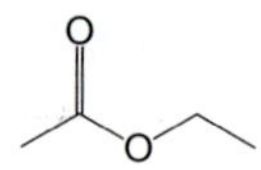	77,0	–83,6	100,0 (27 °C)	0,901	1,370
Acetato de n-butilo	116,18	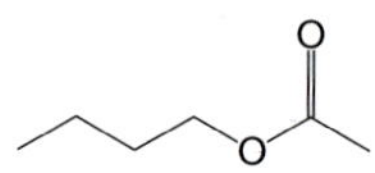	126,5	–76,8	15,0 (25 °C)	0,883	1,392
Acetato de n-propilo	102,13	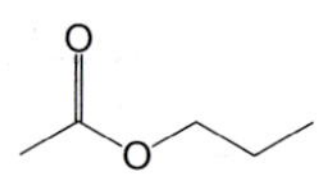	101,6	–92,5	25,21 (20 °C)	0,888	1,383
Acetato de isopropilo	102,13	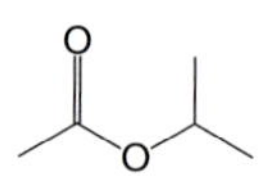	88,7	–73,1	60,59 (25 °C)	0,870	1,375
Acetato de isobutilo	116,16	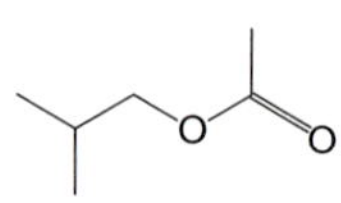	117,2	–99,8	13,0 (20 °C)	0,871	1,390
Acetato de pentilo	130,19	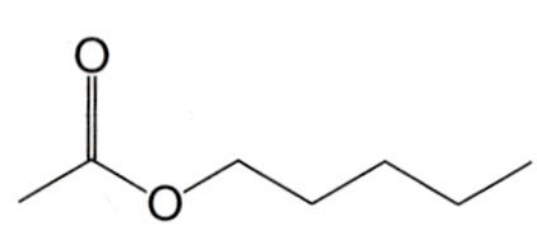	146,0	–100,0	28,5 (20 °C)	0,875	1,401
Acetato de metilo	74,08	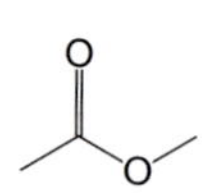	57,1	–98,1	400,0 (40 °C)	0,933	1,358
Acetato de 2-etil hexilo	172,27	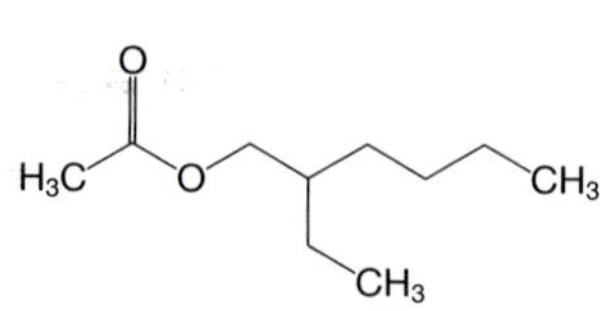	199,0	–80,0	0,4 (20 °C)	0,871	1,417

η cP (20 °C)	γ dina·cm^{-1} (20 °C)	Punto de inflamación crisol abierto (°C)	Punto de inflamación crisol cerrado (°C)	Solubilidad del solvente en agua % masa (20 °C)	Solubilidad del agua en el solvente % masa (20 °C)	Temperatura de autoignición (°C)	Índice de evaporación Acetato de butilo = 100	Rango de destilación (°C)
0,45	23,9 (20 °C)	13,3	–3,3	8,7	3,3	427,0	430	76,0-78,0
0,73	14,5 (25 °C)	32,2	22,2	0,7	1,6	421,0	100	124,0-127,0
0,59	24,28 (20 °C)	18,3	–	2,3	2,6	450,0	226	99,0-103,0
0,6	21,12 (20 °C)	16,6	5,5	2,9	1,8	460,0	355	84,0-90,0
0,700	23,70 (20 °C)	28,3	25,0	0,75	1,64	423,0	145	116,0-119,0
0,45	4,0 (20 °C)	41,1	25	0,2	0,9	–	45	140,0-150,0
–	25,37 (20 °C)	–5,56	–1,11	–9,5	8,2	502,0	660	53,0-59,0
1,500	26,91 (25 °C)	87,8	–	0,03	0,55	268,0	3,7	192,0-205,0

Continúa...

Tabla 5.1. (continuación)

Unidad	Mol $g \cdot mol^{-1}$	Estructura	p.e. (°C)	p.f (°C)	p (mmHg)	ρ $g \cdot cm^{-3}$ (20 °C)	n_d^{20}
Acetato de ciclohexilo	142,19	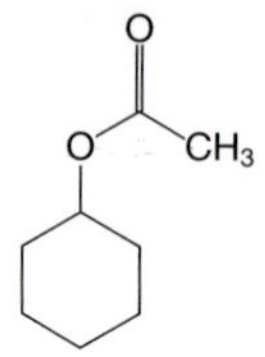	177,0	–65,0	7,0 (30 °C)	0,969	1,439
Acetato de EMMPG	132,16	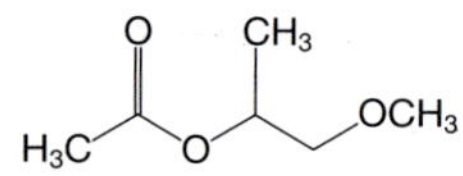	145,8	<–67,0	27,4 (20 °C)	0,966	1,399
Acetato de butil glicol	160,22	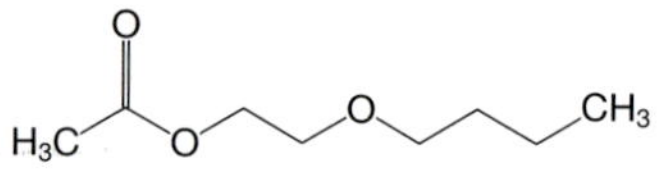	191,6	–64,6	0,35 (20 °C)	0,940	1,413
Acetato de etil glicol	132,16	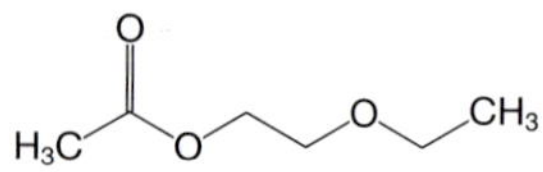	156,3	–61,7	2,0 (20 °C)	0,974	1,402
Acetato de butil diglicol	204,27	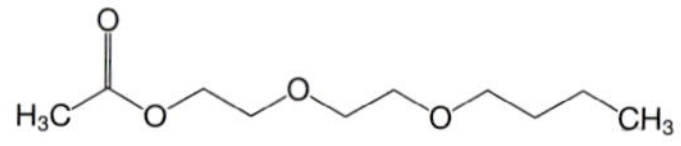	246,0	–32,2	–	0,985	1,423
Acetato de etil diglicol	176,22	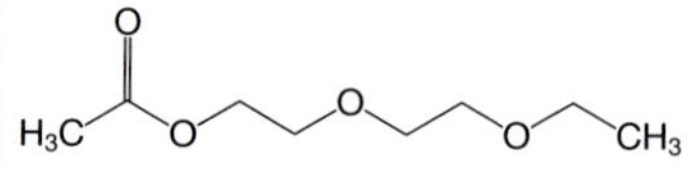	217,4	–25,0	0,10 (20 °C)	1,	1,423
Lactato de etilo	118,14	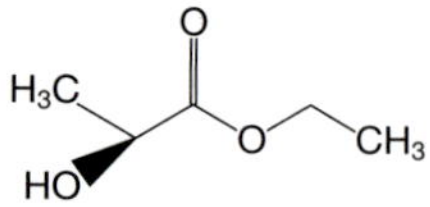	154,0	–25,0	1,03	50,0 (100 °C)	1,412

η cP (20 °C)	γ dina·cm^{-1} (20 °C)	Punto de inflamación crisol abierto (°C)	Punto de inflamación crisol cerrado (°C)	Solubilidad del solvente en agua % masa (20 °C)	Solubilidad del agua en el solvente % masa (20 °C)	Temperatura de autoignición (°C)	Índice de evaporación	Rango de destilación (°C)
							Acetato de butilo = 100	
3,000	31,31 (20 °C)	64,00	57,80	1,44	0,20	334,0	15	174,0-178,0
1,140	3,7 (20 °C)	49,40	–	19,80	3,21	–	35	140,0-150,0
1,800	–	87,80	76,10	1,50	1,70	340,0	3,7	188,0-192,0
1,300	31,8 (25 °C)	55,00	–	23,80	6,50	379,0	20	150,0-160,0
3,600	–	115,60	112,70	6,50	3,70	–	0,14	235,0-250,0
2,800	29,31 (40 °C)	110,00	95,00	completa	completa	360,0	0,63	214,0-221,0
2,610	29,2 (20 °C)	54,40	–	completa	completa	400,00	21	140,0-163,0

Continúa...

Tabla 5.1. (continuación)

Unidad	Mol g · mol^{-1}	Estructura	p.e. (°C)	p.f (°C)	p (mmHg)	ρ g · cm^{-3} (20 °C)	n_d^{20}
GLICÓIS							
Dietilenglicol	106,1	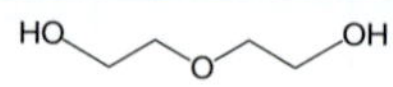	245,8	–7,8	1,0 (92 °C)	1,118	1,446
Propilenglicol	76,1	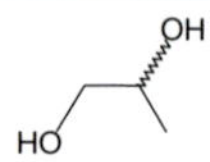	187,3	–60,0	0,07 (20 °C)	1,038	1,432
Monoetilenglicol	62,1	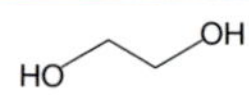	197,6	–12,7	0,06 (20 °C)	1,115	1,430
Hexilenglicol	118,2	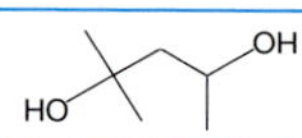	197,0	–40,0	0,05 (20 °C)	0,922	1,426
Dipropilenglicol	134,2	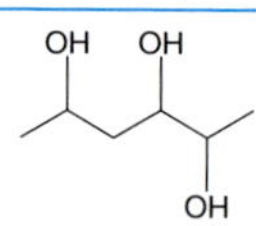	232,8	–4,4	0,01 (20 °C)	1,023	1,440
ÉTERES DE GLICOL							
Butilglicol	118,2	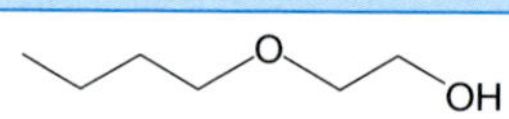	171,2	–70,0	0,76 (20 °C)	0,901	1,418
Etilglicol	90,1	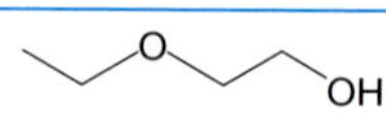	135,1	–76,0	5,29 (25 °C)	0,931	1,405
Metilglicol	76,1		124,5	–85,1	6,2 (20 °C)	0,966	1,400
Butildiglicol	162,2	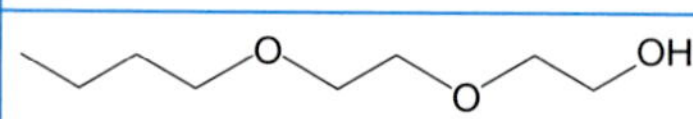	230,6	–68,1	0,02 (20 °C)	0,955	1,423
Etildiglicol	134,2	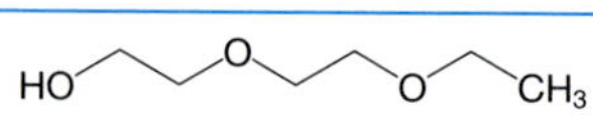	202,7	–76,0	0,13 (25 °C)	0,989	1,425
Metildiglicol	120,2	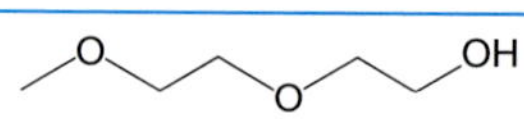	194,2	–85,0	0,25 (25 °C)	1,021	1,424
Isobutilglicol	118,2	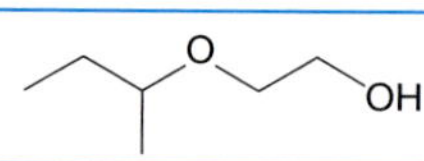	160,5	–87,0	26,0 (71 °C)	0,893	1,416
EMMPG	90,1	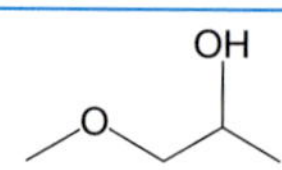	120,1	–96,6	11,8 (25 °C)	0,919	1,402
EMMDPG	148,2	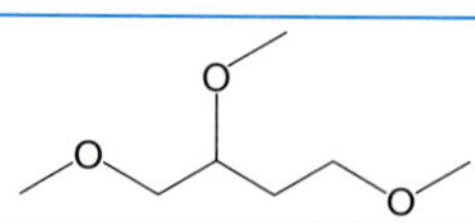	188,3	–82,0	0,40 (26 °C)	0,951	1,422
EMMTPG	206,6	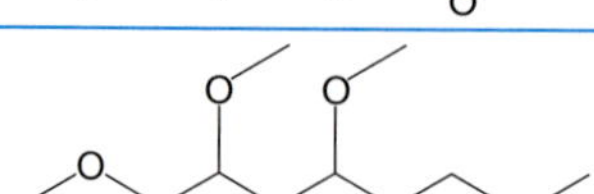	242,4	–78,9	2,0 (100 °C)	0,965	1,427

η cP (20 °C)	γ dina·cm⁻¹ (20 °C)	Punto de inflamación crisol abierto (°C)	Punto de inflamación crisol cerrado (°C)	Solubilidad del solvente en agua % masa (20 °C)	Solubilidad del agua en el solvente % masa (20 °C)	Temperatura de autoignición (°C)	Índice de evaporación Acetato de butilo = 100	Rango de destilación (°C)
36,000	48,43 (20 °C)	143,0	143,0	completa	completa	229,0	<0,1	242,0-250,0
60,500	35,46 (30 °C)	–	124,0	completa	completa	427,0	<1	185,0-189,0
21,000	48,43 (20 °C)	115,5	112,7	completa	completa	400,0	<1	193,0-201,5
34,400	33,1 (20 °C)	102,0	93,8	completa	completa	270,0	<1	196,0-199,0
107,000	32,8 (25 °C)	137,7	–	completa	completa	–	<0,1	228,0-236,0
6,400	27,4 (25 °C)	73,9	60	completa	completa	238,0	6,8	169,0-173,0
2,100	28,2 (25 °C)	54,4	48,4	completa	completa	235,0	39	132,0-136,0
1,700	33,0 (20 °C)	46,1	41,6	completa	completa	285,0	58	124,0-125,0
6,500	34,0 (20 °C)	115,6	100	completa	completa	228,0	0,35	220,0-235,0
4,500	31,18 (25 °C)	96,1	95,1	completa	completa	204,0	1,3	198,0-204,0
3,900	34,84 (101 °C)	93,3	83,1	completa	completa	193,0	2	188,0-198,0
5,500	–	59,4	–	completa	completa	–	11	157,0-162,0
1,700	27,7 (20 °C)	37,7	33,9	completa	completa	–	71	117,0-125,0
3,400	28,8 (20 °C)	85	74,4	completa	completa	–	3	184,0-193,0
5,600	30,0 (25 °C)	126,6	112,7	completa	completa	–	<1	236,0-251,0

Continúa...

Tabla 5.1. (continuación)

Unidad	Mol $g \cdot mol^{-1}$	Estructura	p.e. (°C)	p.f (°C)	p (mmHg)	ρ $g \cdot cm^{-3}$ (20 °C)	n_d^{20}
HALOGENADOS							
Tricloroetileno	131,4	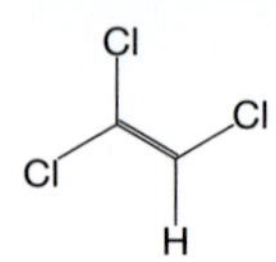	86,7	–	57,8 (20 °C)	1,464	1,475
Cloruro de Metileno	84,9	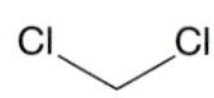	40,4	–	400,0 (21 °C)	1,326	1,421
1,1,1 tricloroetano	113,4	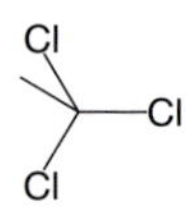	74,0	–	100,0 (25 °C)	1,338	1,431
Percloroetileno	165,8	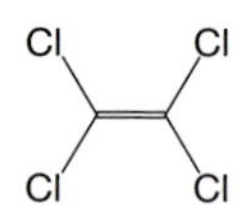	121,2	–22,3	184,7 (25 °C)	1,622	1,505
HIDROCARBONETOS AROMÁTICOS							
Tolueno	92,1	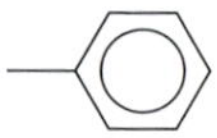	110,5	–95,1	36,7 (30 °C)	0,870	1,493
Xileno	106,2	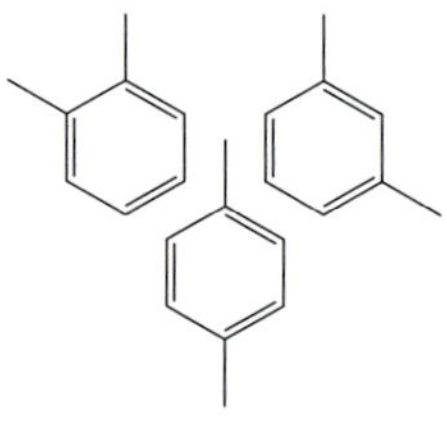	140,0	-45,0	6,72 (21 °C)	0,870	1,497
HIDROCARBONETOS ALIFÁTICOS							
Hexano	86,2		68,7	–	150,0 (20 °C)	0,659	1,372
Heptano	100,2		98,4	–	40,0 (22 °C)	0,684	1,385
Ciclohexano	84,2		80,7	–	10,0 (61 °C)	0,779	1,423

η cP (20 °C)	γ dina·cm^{-1} (20 °C)	Punto de inflamación crisol abierto (°C)	Punto de inflamación crisol cerrado (°C)	Solubilidad del solvente en agua % masa (20 °C)	Solubilidad del agua en el solvente % masa (20 °C)	Temperatura de autoignición (°C)	Índice de evaporación	Rango de destilación (°C)
							Acetato de butilo = 100	
0,580	29,5 (20 °C)	–	–	0,11	0,033	410,0	450	86,0-87,0
0,425	28,10 (20 °C)	–	–	1,3	0,198	615,0	990	39,0-40,0
0,725 (30 ºC)	26,4 (25 °C)	–	–	0,44	0,034	537,0	530	74,0-76,0
0,880	32,22 (20 °C)	–	–	0,015	0,01	–	–	120,0-122,0
0,600	28,52 (20 °C)	8,9	4,4	0,06	0,05	536,0	190	109,0-110,0
0,800	29,48 (20 °C)	31,6	–	0,04	0,05	–	60	136,0-144,0
0,298	18,4 (20 °C)	–	–23,3	0,011	0,001	234,0	620	—
0,396	20,14 (20 °C)	–1,0	–1,1	0,009	0,000	223,0	290	—
0,398	24,6 (20 °C)	–	–18,3	0,006	0,01	260,0	440	—

Referencias bibliográficas

Morrison, R. D. e Boyd, R. N.; Química Orgânica; Fundação Calouste Gulbekian — Lisboa, 1986, 8.ª edição.

Atkins, Physical Chemistry, Oxford University Press, 1998, 6.ª edição.

Verneret, H. Solventes industriais – propriedades e aplicações, Toledo Assessoria Técnica e Editorial, 1984.

Solomons, T. W. G, Química Orgânica. Vol. 1 e 2, 6.ª edição, 1996.

Shaw, D. J., Introdução à química de colóides e de superfície, Edgard Blucher, 1975.

Sedivec V. and Flek, J., Handbook of analysis of organic solvents, John Wiley & Sons INC, 1976.

Behring, J. L., Lucas, M., Machado, C., Barcellos, I. O., Adaptation of the drop-weight method for the quantification of surface tension: a simplified apparatus for the CMC determination in the chemistry classroom. Quím. Nova, 2004, vol. 27, n. 3, p. 492-495.

Gregory W. Kauffman and Peter C. Jurs, Prediction of Surface Tension, Viscosity, and Thermal Conductivity for Common Organic Solvents Using Quantitative Structure-Property Relationships. J. Chem. Inf. Comput. Sci., 2001, 41 (2), p. 408-418.

6 Parámetro de solubilidad

El presente capítulo trata sobre los tipos de energía presentes en la interacción solvente/polímero y los diferentes métodos de cuantificación: parámetros de solubilidad Hildebrand, Prausnitz and Blanks y Hansen.

Denílson José Vincentim
Sérgio Martins

Para seleccionar un “buen” solvente o una “buena” mezcla de solvente/cosolvente para un determinado polímero se requiere un método de cuantificación del tipo y la magnitud de las interacciones intermoleculares presentes. Si las fuerzas y los tipos de interacciones que ocurren entre el solvente y polímero puede ser igualadas a continuación, las condiciones termodinámicas pueden ser adaptados para ofrecer favorable interacciones (atractivas) entre ellos.

El método más utilizado para cuantificar las interacciones intermoleculares en sistemas condensados (líquido y sólido) es el parámetro de solubilidad.

El parámetro de solubilidad se obtiene por aproximación de la densidad de energía cohesiva (CED: *Cohesive Energy Density*) de un sistema, que está íntimamente asociada al concepto termodinámico de presión interna.

6.1. Densidad de energía cohesiva y presión interna

El concepto de parámetro de solubilidad relacionado con la energía interna de las soluciones y solutos fue propuesto por primera vez, en 1916, por Hildebrand, y formalizado por Hildebrand & Scout en 1950.

La presión interna es la energía que se necesita para evaporar 1 cm^3 de una sustancia. Hildebrand propuso que las moléculas que tenían presión interna similar se atraerían e interactuarían entre sí.

La Densidad de Energía cohesiva (CED) describe esta presión interna y se puede calcular a partir de algunas propiedades físicas. La Teoría de la solubilidad predice que un soluto se va a disolver en un solvente o en un sistema de solventes que tengan valores de CED similares.

La primera ley de la termodinámica para un sistema que cambia de estado es

$$U_2 - U_1 = \Delta U = {}_1Q_2 - {}_1W_2 \tag{6.1}$$

donde U_1 y U_2 son los valores de la energía total U inicial y final del sistema, ${}_1Q_2$ es el calor trasferido para el sistema durante el cambio del estado 1 al estado 2, y ${}_1W_2$ es el trabajo hecho por el sistema durante el cambio de estado. La ecuación 1 se puede como una diferencial:

$$dU = \delta Q - \delta W \tag{6.2}$$

La propiedad U representa *toda* la energía del sistema en un determinado estado. Esta energía puede estar presente de diversas formas, como energía cinética o energía potencial del uno sistema que son agregadas y resultan en la relación de los ejes de coordenadas escogidas.

Esa energía está asociada con:

- el movimiento y la posición de las moléculas;
- con la configuración electrónica de los átomos.

Se puede citar como ejemplos:

- la energía química – como la almacenada en baterías;
- la energía que se encuentra en un condensador cargado; etc.

Es conveniente separar la energía cinética (KE) de la energía potencial (PE) contenida en un sistema como un todo y entonces, considerar toda la energía remanente del sistema en una propiedad única llamada de energía interna (E).

La energía total de un sistema está compuesta por su energía cinética (KE), su energía potencial (PE), y su energía interna(E),

$$E + KE + PE = U \tag{6.3}$$

Entonces se puede expresar la primera ley del cambio de estado de un sistema como:

$$dE + d(KE) + d(PE) = \delta Q - \delta W \tag{6.4}$$

Suponiendo que la energía cinética y la energía potencia del sistema se mantengan constantes, y que el trabajo hecho por el sistema durante el proceso sea solamente de expansión contra el medio, se tiene que

$$dE = \delta Q - PdV \tag{6.5}$$

donde $PdV = \delta W$.

Otra propiedad importante que se debe definir es la entropía, designada con la letra S. Se define la entropía de una sustancia como la relación

$$dS = \frac{\delta Q}{T}_{\text{rev}} \tag{6.6}$$

Entonces,

$$\delta Q = TdS \tag{6.7}$$

para un proceso reversible; lo que permite establecer una importante relación termodinámica para una sustancia simple compresible,

$$dE = TdS - PdV \tag{6.8}$$

Diferenciando la ecuación 8 con respecto a V a T constante, se tiene que

$$\left(\frac{\partial E}{\partial V}\right)_T = T\left(\frac{\partial S}{\partial V}\right)_T - P\left(\frac{\partial V}{\partial V}\right)_T \tag{6.9}$$

y usando la relación de Maxwell,

$$\left(\frac{\partial S}{\partial V}\right)_T = \left(\frac{\partial P}{\partial T}\right)_V \tag{6.10}$$

se obtiene la "ecuación de estado termodinámico", que se expresa como

$$\left(\frac{\partial E}{\partial V}\right)_T = T\left(\frac{\partial P}{\partial T}\right)_V - P \tag{6.11}$$

Los términos individuales de la ecuación 11 se definen definidos como

$$\begin{aligned} \left(\frac{\partial E}{\partial V}\right)_T &= \text{Presión interna} \\ T\left(\frac{\partial P}{\partial T}\right)_V &= \text{Presión térmica} \\ P &= \text{Presión externa} \end{aligned} \tag{6.12}$$

La ecuación 11, desarrollada por Hildebrand & Scout, representa la base de la densidad de la energía cohesiva (CED). A continuación se discute resumidamente este trabajo.

En general, una relación funcional entre cualquiera de las tres propiedades de un sistema, considerando un sistema de un componente, podría ser llamada de ecuación de estado. Sin embargo, por uso común, la expresión de la ecuación de estado generalmente se refiere a la relación entre la presión, la temperatura y el volumen específico.

Se pueden identificar tres clasificaciones generales para las ecuaciones de estado: generalizada, empírica y teórica. La ecuación de estado generalizada, conocida como ecuación de Van der Waals, es la más antigua y de la cual se tiene un mejor conocimiento. Esa ecuación se presentó en 1873 como un perfeccionamiento semi teórico de la ecuación de gas ideal y está dada por

$$P + \frac{a}{V^2} = \frac{RT}{V-b} \tag{6.13}$$

donde a y b se denominan parámetros de atracción y repulsión respectivamente; generalmente se supone que son constantes para una determinada sustancia.

Diferenciando a la ecuación de Van der Waals con relación a T, a V constante, se tiene

$$\left(\frac{\partial P}{\partial T}\right)_V = \frac{R}{V-b} \tag{6.14}$$

Sustituyendo el resultado de la ecuación 14 en la ecuación 13 y comparando con la

$$\left(\frac{\partial E}{\partial V}\right)_T = \frac{a}{V^2} \tag{6.15}$$

Scott reformuló la ecuación 15 considerando que para una media de volúmenes pequeños E podría ser representado en forma funcional

$$E = -\frac{a}{V^n} \tag{6.16}$$

Entonces, por la diferenciación de la ecuación 16 con relación al volumen a temperatura constante, $(\partial E/\partial V)_T$ se puede expresar como

$$\left(\frac{\partial E}{\partial V}\right)_T = \frac{na}{V^{n+1}} = -\frac{nE}{V} \tag{6.17}$$

Además, Scott consideró que para la mayoría de los propósitos prácticos la energía cohesiva por mol, E, puede ser sustituida por $-\Delta E$, lo que permite escribir la ecuación 18 como

$$\left(\frac{\partial E}{\partial V}\right)_T = \frac{n\ E}{V} \tag{6.18}$$

De esta forma los parámetros $(\Delta E/V)$ e $(\partial E/\partial V)_T$, denominados por Hildebrand densidad de energía cohesiva y presión interna respectivamente, están relacionados por la cantidad n. Se puede demostrar que para que un líquido se cumple la ecuación de estado de Van der Waals (13), con $n = 1$, la densidad de energía cohesiva es igual a la presión interna.

Además, Hildebrand y coautores encontraron que para líquidos apolares/no asociados, en los cuales las interacciones intermoleculares son débiles, el valor de n no es muy diferente de 1. Sin embargo, para líquidos polares asociados o líquidos que no estén muy expandidos en relación a su estructura de empaque en que las fuerzas repulsivas desempeñan una función importante (tales como el mercurio a temperatura ambiente), la presión interna no es equivalente a la densidad de la energía cohesiva.

En la Tabla 6.1 se presentan los valores de la densidad de energía cohesiva y la presión interna para sólidos y líquidos evaluados por Hildebrand & Scout.

Tabla 6.1. Valores de *n* para líquidos puros orgánicos e inorgánicos

Líquido	μ (*D*) momento de dipolo	$V^2 \left(\frac{E}{V}\right)_T$ (kcal L)	$V\Delta E^V$ (kcal L)	*n*
n-Heptano	0,0	13,14	12,01	1,09
Tetracloruro de silicio	0,0	8,23	7,56	1,09
Tetracloruro de carbono	0,0	7,56	7,04	1,07
Benceno	0,0	7,07	6,70	1,05
Tetrabromuro de silicio	0,0	12,90	12,40	1,04
Cloruro estánico	0,0	10,95	10,55	1,04
Tetracloruro de titanio	0,0	10,15	9,98	1,02
Cloroformo	1,1	5,76	5,67	1,02
Éter etílico	1,3	6,58	6,49	1,01
Acetona	2,9	4,33	4,86	0,89
Disulfuro de carbono	0,0	3,27	3,67	0,89
Metanol	1,7	1,16	3,46	0,34
Mercurio	–	0,69	2,11	0,33

A partir del trabajo de Hildebrand se realizaron otros estudios sobre un grupo de solventes para determinar la presión interna y la densidad de la energía cohesiva. La Tabla 6.2. los valores de $(\partial E/\partial V)_T$ y $(\Delta E/V)$, con los correspondientes de n.

Los datos adicionales de la Tabla 6.2 permiten observar que el valor de n está cerca de 1 para líquidos apolares y también para polares, en los que el momento dipolar es menos que 2D, y las interacciones específicas (particularmente enlaces de hidrógeno) están ausentes. Además, hasta que en la literatura no se encuentre ninguna evaluación directa del valor n, por comparación entre los valores de las Tablas 6.1 y 6.2 se puede suponer que el valor de n para CO_2 sea muy cercano a 1 y, en consecuencia, la presión interna y la densidad de energía cohesiva sean aproximadamente iguales. En el resto de este trabajo se partirá de la suposición que la presión interna y de la densidad de energía cohesiva son equivalentes, por lo menos para el CO_2.

Sin embargo, en presencia de una fuerte auto asociación (primeramente los enlaces de hidrógeno), n es significativamente menor que 1. La diferencia entre la presión interna y la densidad de energía cohesiva cuando hay fuertes interacciones específicas se puede entender analizando el significado físico de $(\Delta E/V)$ y $(\partial E/\partial V)_T$.

Tabla 6.2. Valores de presión interna, densidad de energía cohesiva y *n* para líquidos puros (clasificación decreciente con respecto al valor de *n*)

Solvente	$\left(\frac{E}{V}\right)_T$ (J/cm³)	$\frac{DE}{V}$ (J/cm³)	μ (D) momento de dipolo	n
1,4-dioxano	493,7	396,2	0,45	1,2
Ciclo-hexano	321,8	282,3	0	1,14
Metil-ciclo-hexano	296,7	260,2	0	1,14
Benceno	368,2	350,6	0	1,1
Tetracloruro de carbono	338,9	307,9	0	1,1
Octano	266,1	242,3	0	1,1
Nonano	276,1	249,0	0	1,1
Decano	280,3	253,1	0	1,1
Disulfuro de carbono	445,8	420,6	0	1,06
Hexano	238,9	225,1	0	1,06
Pentano	220,5	210,0	0	1,05
Tolueno	354,8	337,2	0,36	1,05
Éter dietílico	263,6	250,6	1,2	1,05
O-xileno	356,1	341,8	0,50	1,04
Acetato de etilo	355,6	341,8	1,88	1,04
Triclorometano	269,5	361,9	1,1	1,02
Acetato de metilo	372,4	374,0	1,61	0,99
Diclorometano	407,9	414,2	1,9	0,98
Etil-metilcetona	341,8	382,8	2,76	0,89
Acetona	330,5	394,6	2,88	0,84
Dimetilformamida	479,5	582,4	3,82	0,82
Dimetilsulfóxido	520,9	705,4	4,49	0,74
Alcohol t-butílico	338,9	473,8	1,67	0,72
Carbonato de propileno	543,5	762,7	4,94	0,71
Acetonitrilo	394,6	582,4	3,84	0,68
Butanol	300,0	485,4	1,66	0,62
Etilenoglicol	502,1	892,0	2,31	0,56
Propanol	287,9	606,7	1,68	0,47
Etanol	292,9	674,9	1,68	0,43
Formamida	554,4	1.574,9	3,37	0,35
Metanol	293,0	860,1	1,66	0,34
Agua	150,6	2.302,0	1,84	0,07

La densidad de energía cohesiva es una medida de la cohesión molecular total, o sea la suma total de las interacciones por unidad de volumen cuando se quebraron todos los enlaces intermoleculares asociados con aquel volumen (es decir, evaporados cuando se trata de un gas ideal)

La presión interna, por otro lado, es una medida del cambio de energía interna de 1 mol de solvente cuando sufre una pequeña expansión isotérmica. Esta pequeña expansión no necesariamente rompe todas las interacciones intermoleculares en 1 mol del solvente. El mayor aporte para la presión interna proviene de estas interacciones, las cuales varían más rápidamente con la proximidad de la separación molecular de equilibrio del solvente.

Todas las interacciones de dispersión, repulsión y dipolo-dipolo varían rápidamente con la separación entre las moleculas; entonces se puede esperar que la presión interna refleje principalmente estas interacciones. Esto ocurre porque, como está indicado en las Tablas 6.1 y 6.2, los valores de presión interna son parecidos a los de densidad de energía cohesiva para solventes apolares y para líquidos, en los cuales el momento dipolar es menor que 2D, ya que existen solamente interacciones de dispersión, repulsión y polares débiles (o sea, ninguna interacción específica). Es decir que la pequeña expansión de volumen asociada a la presión interna rompe las interacciones de dispersión, repulsión y las polares débiles de forma tan efectivamente como la vaporización completa.

6.2. Modelos empíricos de parámetros de solubilidad

A continuación se presenta un esquema de la evolución de los modelos de determinación de los parámetros de solubilidad.

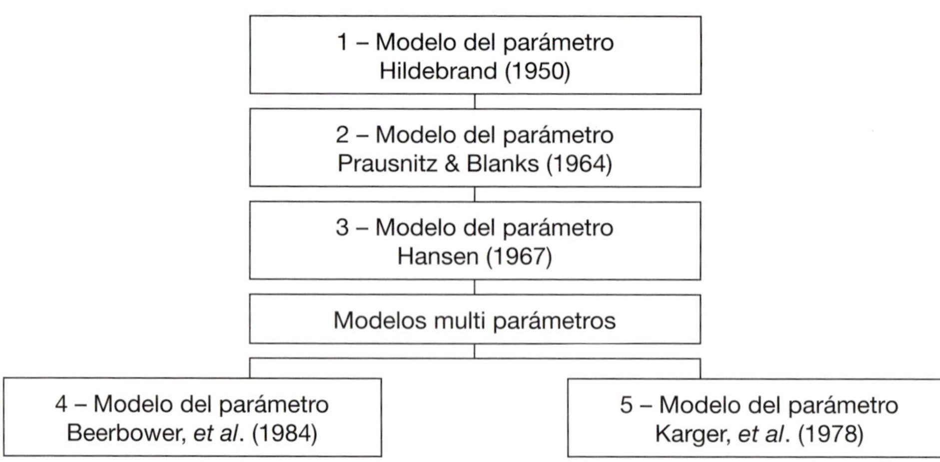

Figura 6.1. Evolución cronológica de los modelos empíricos del parámetro de solubilidad.

6.2.1. Modelo del parámetro - Hildebrand

Lo parámetro de solubilidad de Hildebrand se basa en la fuerza total de Van der Waals que se refleja en un valor de solubilidad. Este parámetro está representado por un valor numérico que indica el comportamiento de la poder de solubilización de una sustancia específica y por medio de la correlación entre la vaporización, la solubilidad y las fuerzas de Van der Waals.

El criterio termodinámico de solubilidad se basa en el concepto de energía libre de Gibbs de la mezcla, $\Delta_m G$. Dos sustancias son solubles entre sí, si $\Delta_m G$ for negativa. Por definición,

$$\Delta G = \Delta_m H - T\Delta_m S \tag{6.19}$$

donde $\Delta_m H$ y $\Delta_m S$ son respectivamente la entalpía y la entropía de la mezcla, y T es la temperatura.

Cuando la variación de entropía de la mezcla de un proceso, $\Delta_m S$, es positiva, $\Delta_m H$ debe ser negativa para que $\Delta_m G \leq 0$. De esta forma, la miscibilidad de los dos compuestos depende de la magnitud de $\Delta_m H$.

En 1916 Hildebrand intentó correlacionar la solubilidad con las propiedades cohesivas de los solventes. En 1949 propuso la ecuación de Scatchard-Hildebrand para calcular la entalpía de la mezcla de dos líquidos.

$$\frac{{}_{m}H}{V} = \left[\left(\frac{E_1}{V_1}\right)^{1/2} - \left(\frac{E_2}{V_2}\right)^{1/2}\right]^2 \phi_1\phi_2 \tag{6.20}$$

donde: V es el volumen molar total de la mezcla,
E_i es la energía potencial o energía de atracción de las especies 1 y 2 respectivamente,
V_1 y V_2 son los volúmenes molares de las especies 1 y 2 respectivamente,
ϕ_1 y ϕ_2 son la fracción en volumen de las especies 1 y 2 respectivamente.

Hildebrand denominó densidad de energía cohesiva al cociente entre la energía de atracción, E, y el volumen molar condensado, ecuación 18, y es la base de la definición original de Hildebrand & Scott, generalmente llamada *Parámetro de Solubilidad de Hildebrand*, δ.

En esta ecuación se relaciona la energía de atracción E con la energía de vaporización isotérmica para un gas a presión cero ΔE (esto es, separación infinita de las moléculas). Y el parámetro de solubilidad de Hildebrand, definido como la raíz cuadrada de la densidad de energía cohesiva, se expresa como

$$\delta = \left(\frac{E}{V}\right)^{1/2} \tag{6.21}$$

La ecuación de Scatchard-Hildebrand también se puede reescribir como

$$\frac{{}_{m}H}{V} = \delta_1 - \delta_2 \;^{2}\; \phi_1\phi_2 \tag{6.22}$$

Un análisis de la ecuación 19 muestra que la solubilidad es maximizada cuando $\Delta_m H$ es minimizada; de la ecuación 22 se infiere que esto ocurre cuando los parámetros de solubilidad son iguales o cuando la diferencia entre ellos es pequeña.

Ese raciocinio está de acuerdo con la regla general de que la similitud química y estructural favorece la solubilidad, o "semejante disuelve semejante".

Al desarrollar una aproximación del parámetro de solubilidad de Hildebrand se despreció la existencia de interacciones polares y de interacciones específicas tales como enlaces de hidrógeno asumiéndose que $n = 1$.

De esa forma, el parámetro de Hildebrand se limita a sistemas apolares o débilmente polares, en los que no se espera encontrar interacciones específicas como en soluciones regulares.

Hildebrand define el término solución regular como "una solución que en la que no hay cambio de entropía cuando se le agrega una pequeña cantidad de uno de sus componentes, que proveniente de una solución ideal de igual composición, y el volumen es constante".

También es necesario enfatizar que el parámetro de Hildebrand es, fundamentalmente, una propiedad del estado líquido. Cuando las sustancias son gases (A los gases) se los considera como solutos líquidos hipotéticos a presión atmosférica, y a las sustancias sólidas a temperaturas normales, como líquidos superfundidos.

6.2.2. Modelo del parámetro – (Prausnitz & Blanks)

Una limitación del trabajo inicial del parámetro de solubilidad de Hildebrand es que la aproximación está limitada a soluciones de componentes que interactúan débilmente, como definido por Hildebrand & Scott, y tiene en cuenta la asociación entre las moléculas como ocurre en las soluciones, en que las interacciones polares y enlaces de hidrógeno están presentes.

El primer perfeccionamiento del cálculo del parámetro de solubilidad fue elaborado para sistemas que contienen compuestos con dipolos permanentes. Van Arkel, Small y Prausnitz y coautores, consideran las interacciones polares por la división del parámetro de solubilidad total en dos componentes, definiendo un parámetro de cohesión apolar (δ_λ) y un parámetro polar (δ_τ). La división de la energía de vaporización de un compuesto polar en las partes polar y apolar, conduce a las siguientes definiciones,

$$\text{Parámetro de solubilidad apolar: } \delta_\lambda = \left(\frac{E_{(np)}}{V}\right)^{1/2} \tag{6.23}$$

$$\text{Parámetro de solubilidad polar: } \delta_\tau = \left(\frac{E_{(p)}}{V}\right)^{1/2} \tag{6.24}$$

donde $\Delta E_{(np)}$ y $\Delta E_{(p)}$ son contribuciones apolares y polares para la energía de vaporización, y

$$\Delta E_{(\text{total})} = \Delta E_{(np)} + \Delta E_{(p)} \tag{6.25}$$

La energía de vaporización de un compuesto polar fue entonces dividida en contribuciones polares y apolares usando el método del homomorfismo de Brown. Este método postula que el homomorfo de una molécula polar es una molécula apolar que tiene aproximadamente el mismo tamaño y la misma forma de la molécula polar. Este concepto es relativamente fácil de aplicar porque la energía de vaporización de la molécula apolar es la diferencia entre la energía de vaporización total determinada experimentalmente y la energía de vaporización de la molécula homomórfica a la misma temperatura reducida. Blanks & Prausnitz elaboraron un gráfico de la energía de vaporización comparando cadenas no ramificadas de hidrocarburos. De la misma forma, Weimer & Prausnitz construyeron gráficos de presión cohesiva por el volumen molar a varias temperaturas reducidas para alcanos, cicloalcanos e hidrocarburos aromáticos.

6.2.3. Modelo del parámetro – (Hansen)

En 1967 Hansen propuso una extensión del modelo del parámetro de Prausnitz & Blanks a través de la separación de la contribución polar de la densidad de energía cohesiva total, en dos contribuciones distintas: polar y enlace por puente de hidrógeno. Así, la base del Parámetro de Solubilidad de Hansen (PSH) es una suposición de que la energía total cohesiva (E) está constituida por la suma de las contribuciones de interacciones apolares (dispersivas) (E_d), interacciones polares (dipolo-dipolo y dipolo-dipolo inducido) (E_p) y enlace de hidrógeno o otras interacciones de asociación específicas (incluyendo interacciones ácido-base de Lewis) (E_h):

$$E = E_d + E_p + E_h \tag{6.26}$$

Si se divide cada contribución por el volumen molar se obtiene como resultado el cuadrado del parámetro de solubilidad total que se expresa como la suma de los cuadrados de los parámetros de Hansen: dispersión (δ_d), polar (δ_p) y enlace de hidrógeno (δ_h).

$$\frac{E}{V} = \frac{E_d}{V} + \frac{E_p}{V} + \frac{E_h}{V} \tag{6.27}$$

Entonces,

$$\delta_T^2 = \delta_d^2 + \delta_p^2 + \delta_h^2 \tag{6.28}$$

donde

$$\delta_d^2 = \frac{E_d}{V}; \quad \delta_p^2 = \frac{E_p}{V}; \quad \delta_h^2 = \frac{E_h}{V} \tag{6.29}$$

El parámetro de solubilidad total de Hansen, δ_T, debe ser igual al parámetro de solubilidad de Hildebrand; cuando esas interacciones se determinan por métodos diferentes las dos magnitudes pueden diferir para materiales con interacciones específicas.

El desarrollo de la metodología de PSH de Hansen está relacionado con la idea de que los materiales que tienen PSH similares también tienen una alta afinidad entre sí, y el grado de similitud en una determinada situación determinará la extensión (favorable) de la interacción.

No se puede hacer el mismo raciocinio para el parámetro de solubilidad de Hildebrand. El metanol y el nitrometano, por ejemplo, tienen parámetros de solubilidad similares (26,1 vs. 25,1 $MPa^{1/2}$), pero son completamente diferentes en términos de afinidad. El metanol es soluble en agua mientras que el nitrometano, no. Hansen aplicó la aproximación de PSH con éxito en la previsión de la solubilidad de polímeros que no podrían haber sido previstos por los parámetros de Hildebrand.

Por medio de la adición de los valores de PSH's Hansen consiguió prever que mezclas de nitroparafinas y alcoholes, que en forma aislada no disuelven determinado polímero, dan origen a una mezcla sinérgica que experimentalmente lo disolverá.

Varios autores han presentado numerosos ejemplos de que la aproximación del parámetro de Hansen representa una mejora significativa para describir el comportamiento de la solubilidad de los fluidos reales. En relación a los estudios de solubilidad de polímeros (entumecimiento), el PSH ha sido aplicado para materiales biológicos, propiedades de barrera de polímeros, tan bien como para la caracterización de superficies, pigmentos, cargas y fibras.

Además de permitir caracterizar sólidos orgánicos e inorgánicos, líquidos y gases, el modelo del parámetro de Hansen también permite interpretar situaciones de solubilidad mutua y compatibilidad de materiales.

El parámetro de solubilidad δ_t de un material es el punto tridimensional en el espacio donde se encuentran los vectores de los tres parámetros de solubilidad. La distancia en el espacio entre dos conjuntos de parámetros de solventes y resinas, o sea, la distancia a que se encuentran, se puede representar por su radio de interacción ${}^{ij}R$.

$$^{ij}R = [4(^{i}\delta_d - ^{j}\delta_d) + (^{i}\delta_p - ^{j}\delta_p) + (^{i}\delta_h - ^{j}\delta_h)]^{1/2} \tag{6.30}$$

En la ecuación 31 los términos i corresponden a los parámetros de la resina, y los términos j a los del solvente. Los valores del radio de interacción para una serie de solventes y resinas se pueden calcular con ayuda de una computadora. Los parámetros de solubilidad de un gran número de solventes y resinas se encuentran descritos en la literatura.

Los parámetros de solubilidad originales se expresan en unidades de $(cal/cm^3)^{1/2}$ denominadas Hildebrand (H); pero de acuerdo con el Sistema Internacional de Unidades (SI) se recomienda usar $J^{1/2}\ cm^{3/2}$ o $Mpa^{1/2}\ cm^3$, donde:

$$1\ cal/cm^{3/2} = 2{,}05\ J^{1/2}\ cm^{3/2}\ \text{ou}\ 2{,}05\ Mpa^{1/2}\ cm^3$$

La estructura molecular de un solvente o de una resina polimérica determina su polaridad y los puentes de hidrógeno que se puede formar. La pequeña asociación o interacción entre las moléculas de hidrocarburos (ej. hexano) se refleja en un valor elevado del parámetro de solubilidad.

El comportamiento polar de una molécula como la acetona se debe al dipolo parcial del grupo carbonilo (C═O) presente en la estructura. Esta separación de carga parcial le confiere polaridad a la molécula. Además, la acetona también presentará algunas características en la formación de puentes de hidrógeno.

Los alcoholes y los éteres de glicoles presentan una fuerte interacción debida a la formación de enlaces por puentes de hidrógeno intermoleculares. El aumento del número de átomos de carbono presentes en la cadena disminuye la posibilidad de formar puentes de hidrógeno.

Resumiendo, el hexano es un solvente compuesto solamente por átomos de carbono e hidrógeno y presenta un 100% de característica no polar, por lo tanto el valor de la fuerza de dispersión es elevado: $\delta_d = 14{,}9$.

La acetona tiene átomos de carbono, hidrógeno y un grupo carbonilo que confiere polaridad a su estructura, sus parámetros son los siguientes:

- $\delta_d = 15{,}5$;
- $\delta_p = 10{,}4$;
- $\delta_h = 7{,}0$.

El metanol tiene átomos de carbono e hidrógeno, además de un grupo hidroxilo (OH), que le confiere la polaridad y la posibilidad de formación de enlaces por puentes de hidrógeno. Sus parámetros de solubilidad son:

- $\delta_d = 15{,}1$;
- $\delta_p = 12{,}3$;
- $\delta_h = 22{,}3$.

El porcentaje de cada valor de δ en el parámetro total de solubilidad para esos tres solventes se muestra en la siguiente tabla:

Tabla 6.3. Porcentaje del parámetro total de solubilidad

Solvente	Parámetro de solubilidad		
	Não-polar (dispersión) (%)	Polar (%)	Puente de hidrógeno (%)
Hexano	100	0	0
Acetona	47	32	21
Metanol	30	22	48

Como los parámetros de solubilidad se conocen para un gran número de solventes se pueden calcular los valores respectivos de una mezcla de solventes, de acuerdo con la siguiente ecuación:

$$\delta_{\text{mistura}} = \Phi_1\delta_1 + \Phi_2\delta_2 + \Phi_3\delta_3 + \ldots \quad (6.31)$$

Φ_i = fracción volumétrica de cada solvente presente en la mezcla.

Los valores de los parámetros dispersión polar y enlace de hidrógeno para la mezcla de solventes se calculan por medio de tres ecuaciones independientes usando los respectivos parámetros de solubilidad de cada solvente.

La mezcla de dos o tres solventes con diferentes parámetros de solubilidad puede dar una mezcla con valores intermediarios, que puede ser ideal para una resina. Por ejemplo, dos no solventes que no disuelven una resina individualmente pueden dar una mezcla que la disuelve.

La medida del grado de semejanza de los parámetros de solubilidad de un solvente y una resina está dada por el radio de interacción de la ecuación 31, en la que los términos i corresponden a los parámetros de la resina, y los términos j a los del solvente.

$$^{ij}R = [4(^{i}\delta_d - {}^{j}\delta_d) + (^{i}\delta_p - {}^{j}\delta_p) + (^{i}\delta_h - {}^{j}\delta_h)]^{1/2} \quad (6.30)$$

Esta ecuación mide la distancia en el espacio tridimensional entre los parámetros de solubilidad del solvente y de la resina. El parámetro total de solubilidad δ_t es un punto en el espacio en que se encuentran los tres vectores respectivos a cada parámetro de solubilidad.

Si el radio de interacción (^{ij}R) de la combinación del solvente y de la resina es menor que el radio de la esfera de solubilidad de la resina, el solvente probablemente disolverá a la resina y el punto de solubilidad del solvente se encontrará dentro de la esfera de la resina, como se muestra en la siguiente figura. Por otro lado, un solvente que presente un punto de solubilidad fuera de la esfera de la resina no la disolverá.

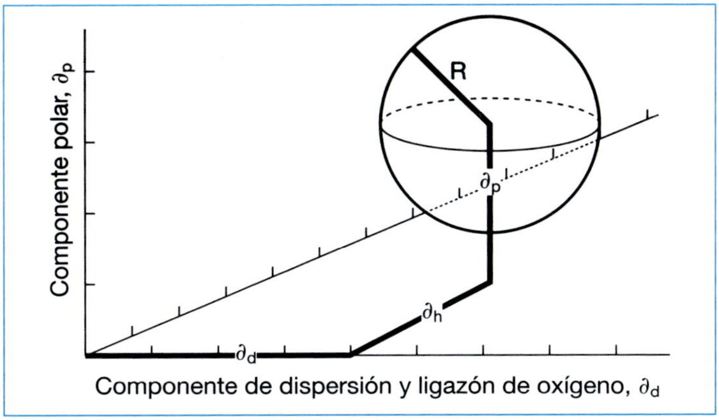

Figura 6.2. Superficie de solubilidad esférica de una resina. El parámetro de solubilidad total (δ_t) del solvente es un punto en el espacio tridimensional donde se encuentran los tres vectores respectivos a cada parámetro de solubilidad.

Cada eje representado en la figura corresponde a un parámetro de solubilidad: dispersión (δ_p), polaridad (δ_p) y enlace de hidrógeno (δ_h).

Sigue un ejemplo que demuestra la utilidad del método de Hansen. Ni el xileno y ni el metanol son buenos solventes para la resina Epoxi NOVOLAC 438 DEN. Sin embargo, los cálculos demuestran que una mezcla de xileno y metanol en la proporción 50:50 (en volumen) debería disolverla. A continuación se muestran los cálculos para determinar los parámetros de solubilidad de la mezcla xileno/metanol:

$$^{j}\delta_d = 0{,}5(17{,}6) + 0{,}5(15{,}1) = 16{,}35$$
$$^{j}\delta_p = 0{,}5(1{,}0) + 0{,}5(12{,}3) = 6{,}65$$
$$^{j}\delta_h = 0{,}5(3{,}1) + 0{,}5(22{,}3) = 12{,}7$$

Las coordenadas del punto central y el radio de solubilidad determinados para la resina epoxi son:

$$^{i}\delta_d = 20{,}3$$
$$^{i}\delta_p = 15{,}4$$
$$^{i}\delta_h = 5{,}3$$

radio de la esfera = 15,1.

Por sustitución de los valores de los parámetros de solubilidad de la resina y de la mezcla de solventes en la ecuación 31 se obtiene un valor de ^{ij}R de 13,9. Si la distancia calculada entre las coordenadas del punto central de la resina y de la mezcla de solventes es menor que el radio de la esfera de la resina, cuyo valor es 15,1, la mezcla de solventes debe disolver la resina epoxi porque el parámetro de solubilidad total está dentro de la esfera de solubilidad de la resina.

Cuando se realizaron ensayos de laboratorio se confirmó que una mezcla de xileno/metanol era un buen solvente para la resina epoxi.

6.2.4. Modelos multi-parámetros

Se propusieron otras definiciones del parámetro de solubilidad con multi componentes. Beerbower, Martin y Wu desarrollaron un modelo de cuatro componentes; otros investigadores usaron uno de cinco componentes. En el modelo de cinco parámetros, el parámetro de solubilidad total consiste en separar términos por las interacciones dispersivas (dipolo inducido-dipolo inducido) (δ_d), interacciones de orientación (dipolo-dipolo) (δ_o), interacciones de inducción (dipolo-dipolo inducido) (δ_i), interacciones de ácido (δ_a) y de base (δ_b) de Lewis. El parámetro de solubilidad total de Hildebrand está relacionado con estos componentes por

$$\delta^2 = \delta_d^2 + \delta_o^2 + 2\delta_i\,\delta_d + 2\delta_a\delta_b \qquad (6.32)$$

En el modelo de cuatro componentes se desprecia la interacción de la inducción con fundamento en el hecho de incluirla no mejora significativamente las previsiones de solubilidad; entonces la ecuación 30 queda reducida a

$$\delta^2 = \delta_d^2 + \delta_o^2 + 2\delta_a\delta_b \qquad (6.33)$$

Identificando δ_o con δ_p e δ_h^2 con $2\delta_a\delta_b$, el modelo del parámetro de cuatro componentes queda reducido al modelo del parámetro de Hansen.

La Tabla 6.4 permite comparar los valores de los parámetros obtenidos a partir de los varios modelos.

Como se puede observar en la Tabla 6.4 los modelos de tres, cuatro y cinco componentes generalmente dan valores similares para el parámetro de solubilidad total.

Sin embargo, de todos los modelos de parámetro de solubilidad el más ampliamente utilizado es el modelo de tres componentes propuesto por Hansen. Como resultado, hay un gran número de datos de PSH registrados, medidos y calculados para un gran número de compuestos.

El modelo de cuatro componentes se puede considerar como un perfeccionamiento aceptable del modelo de tres componentes, ya que tiene en cuenta la naturaleza asimétrica de las interacciones ácido-base de Lewis. La ecuación de cinco componentes, que fue desarrollada por la optimización de la cromatografía líquida, mostró ser inapropiada para la difusión de su uso.

Tabla 6.4. Valores del parámetro de solubilidad — modelos empíricos

Compuesto	Modelos				
	Un componente (Hildebrand)	**Dos componentes**	**Tres componentes (Hansen)**	**Cuatro componentes**	**Cinco componentes**
Cloroformo, $CHCl_3$	δ = 19,0	δ_λ = 14,9	δ_d = 17,8	δ_d = 17,8	δ_d = 16,6
		δ_τ = 10,0	δ_p = 3,1	δ_o = 3,1	δ_o = 6,1
		δ_T = 17,9	δ_h = 5,7	δ_a = 6,1	δ_i = 1,0
			δ_T = 18,9	δ_b = 2,7	δ_a = 13,3
				δ_T = 18,9	δ_b = 1,0
					δ_T = 19,3
Clorobenceno, C_6H_5Cl	δ = 19,4	δ_λ = 18,9	δ_d = 19,0	δ_d = 19,0	δ_d = 18,8
		δ_τ = 6,0	δ_p = 4,3	δ_o = 4,3	δ_o = 3,9
		δ_T = 19,8	δ_h = 2,0	δ_a = 2,0	δ_i = 0,6
			δ_T = 19,6	δ_b = 1,0	δ_a = –
				δ_T = 19,6	δ_b = 2,1
					δ_T = 19,9
Dimetilformamida, C_3H_7NO	δ = 24,8	δ_λ = 17,0	δ_d = 17,4	δ_d = 17,4	δ_d = 16,2
		δ_τ = 16,5	δ_p = 13,7	δ_o = 13,7	δ_o = 12,7
		δ_T = 23,7	δ_h = 11,3	δ_a = 7,0	δ_i = 4,9
			δ_T = 24,9	δ_b = 9,0	δ_a = –
				δ_T = 24,8	δ_b = 9,4
					δ_T = 24,1
Dimetilsulfóxido, C_2H_6OS	δ = 24,5	δ_λ = 17,5	δ_d = 18,4	δ_d = 18,4	δ_d = 17,2
		δ_τ = 19,4	δ_p = 16,4	δ_o = 16,4	δ_o = 12,5
		δ_T = 26,1	δ_h = 10,2	δ_a = 4,5	δ_i = 4,3
			δ_T = 26,7	δ_b = 11,7	δ_a = –
				δ_T = 26,7	δ_b = 10,6
					δ_T = 24,9
Acetona, C_3H_6O	δ = 20,2	δ_λ = 15,7	δ_d = 15,5	δ_d = 15,5	δ_d = 13,9
		δ_τ = 12,6	δ_p = 10,4	δ_o = 10,4	δ_o = 10,4
		δ_T = 20,1	δ_h = 7,0	δ_a = 4,9	δ_i = 3,1
			δ_T = 20,0	δ_b = 4,9	δ_a = –
				δ_T = 20,0	δ_b = 6,1
					δ_T = 19,6
1,4-Dioxano, $C_4H_8O_2$	δ = 20,5	δ_λ = 17,5	δ_d = 19,0	δ_d = 19,0	δ_d = 16,0
		δ_τ = 9,5	δ_p = 1,8	δ_o = 1,8	δ_o = 10,6
		δ_T = 19,9	δ_h = 7,4	δ_a = 2,1	δ_i = 2,0
			δ_T = 20,5	δ_b = 13,3	δ_a = –
				δ_T = 20,5	δ_b = 9,4
					δ_T = 20,7

Tabla 6.5. Parámetros de solubilidad

Solventes	Parámetro de solubilidad $(J/cm^3)^{1/2}$		
	δD	δP	δH
Alcoholes			
Metanol	15,1	12,3	22,3
Etanol	15,7	8,,8	19,4
n-Propanol	15,9	6,7	17,4
Isopropanol	15,7	6,1	16,4
n-Butanol	15,9	5,7	15,7
Sec-butanol	15,8	5,7	14,5
Isobutanol	15,1	5,7	15,9
Metilisobutilcarbinol	13,0	7,5	10,4
Ciclo-hexanol	17,4	4,1	13,5
Alcohol bencílico	18,4	6,3	13,7
1-pentanol	16,0	4,5	13,9
t-butanol	15,2	5,7	15,2
Cetonas			
Acetona	15,5	10,4	7,0
Metietilcetona	15,9	9,0	5,1
Metilisobutilcetona	15,3	6,1	4,1
Diisobutilcetona	15,9	3,7	4,1
Diacetona alcohol	15,7	8,2	10,8
Oxido de mesitilo	16,4	6,1	6,1
Isoforona	16,6	8,2	7,4
Ciclo-hexanona	17,8	6,3	5,1
Metil-n-amil-cetona	15,1	7,5	7,1
Metil-n-propilcetona	14,5	8,7	6,9
Acetofenona	19,6	8,6	3,7
Dietilcetona	15,8	7,6	4,7
Isobutil-heptilcetona	14,8	5,9	3,7
Metilisoamilcetona	15,9	5,7	4,1

Continúa...

Tabla 6.5. (continuación)

Solventes	Parámetro de solubilidad $(J/cm^3)^{1/2}$		
	δD	δP	δH
Ésteres			
Acetato de etilo	15,7	5,3	7,2
Acetato de n-butilo	15,7	3,7	6,3
Acetato de n-propilo	15,7	4,3	6,7
Acetato de isopropilo	15,3	3,1	7,0
Acetato de isobutilo	15,1	3,7	6,3
Acetato de pentilo	15,3	3,3	6,9
Acetato de metilo	15,5	7,2	7,6
Acetato de t-butilo	15,7	3,7	12,8
Acetato de 2-etilhexilo	14,7	6,3	5,3
Acetato de ciclo-hexilo	16,8	9,8	8,2
Acetato de E.M.M.P.G. (1)	14,9	4,7	6,1
Acetato de butilglicol	14,0	8,2	8,6
Acetato de etilglicol	15,9	4,7	10,6
Acetato de butildiglicol	14,0	8,2	8,6
Acetato de etildiglicol	14,3	9,0	9,4
Lactato de etilo	15,9	7,5	12,4
Glicoles			
Dietilenolglicol	16,2	14,7	20,4
Propilenglicol	11,8	13,3	24,9
Monoetilenglicol	17,0	11,0	26,0
Trietilenglicol	16,0	12,5	18,6
Dipropilenglicol	12,2	10,2	17,3
Hexilenglicol	15,7	8,4	17,8

Continúa...

Tabela 6.5. (continuación)

Solventes	Parámetro de solubilidad $(J/cm^3)^{1/2}$		
	δD	δP	δH
Halogenados			
Tricloroetileno	18,0	3,1	5,3
Cloreto de metileno	18,2	6,3	6,1
1,1,1-Tricloroetano	17,0	4,3	2,0
Percloroetileno	19,0	0,0	0,0
Hidrocarburps aromáticos			
Tolueno	18,0	1,4	2,0
Xileno	17,8	1,0	3,1
o-Xileno	17,8	1,0	3,1
p-Xileno	17,6	1,0	3,1
Etil benceno	17,8	0,6	1,4
1,3,5-Trimetilbenceno	18,0	0,0	0,6
Hidrocarburos alifático y cicloalifático			
Pentano	14,6	0,0	0,0
Hexano	14,9	0,0	0,0
Heptano	15,3	0,0	0,0
Ciclohexano	16,8	0,0	0,2
Éteres de glicol			
Butilglicol	15,9	5,1	12,3
Etilglicol	16,2	9,2	14,3
Metilglicol	16,2	9,2	16,4
Butildiglicol	15,9	7,0	10,6
Etildiglicol	16,2	9,2	12,3
Metildiglicol	16,2	7,8	12,7
Isobutilglicol	15,5	6,1	16,7
E.M.M.P.G.(2)	15,3	7,9	13,9
E.M.M.D.P.G.(3)	15,9	7,8	11,2
E.M.M.T.P.G.(4)	15,9	7,5	9,2

(1) Acetato do éter monometílico do monopropilenglicol
(2) Éter monometílico do monopropilenglicol
(3) Éter monometílico do dipropilenglicol
(4) Éter monometílico do tripropilenglicol

Referencias bibliográficas

Archer, W. L. Industrial solvents handbook, New York: Marcel Dekker, 1996.

Gharagheizi, F., Angaji, M. T. A New improved method for estimating Hansen solubility parameters of polymers, Jounarl of Macromolecular Science, parte B, Vol. 45, 285-290, 2006.

Lindving, T., Michelsen, M. L., Kontogeorgis, G. M. A Flory-Huggins model based on the Hansen solubility parameters. Elsevier – Fluid Phase Equilibria, 247-260, 2002.

Rogosié, M., Gusié, I., Pintaric, B., Mencer, H. J. The ellipsoidal model of the solubility volume. Elsevier – Journal of molecular liquids, 135-150, 2003.

Hansen, C. M. Aspects os solubility, surfaces and difusion in polymers. Elsevier – Progress in Organic Coating, 55-66, 2004.

Lindving, T., Economou, I. G., Danner, R. P., Michelsen, M. L., Kontogeorgis, G. M., Modeling of multicomponent vapor-liquid equilibria for polymer-solvent systems. Elsevier – Fluid Phase Equilibria, 11-20, 2004.

scrub.lanl.gov/pdf/williams/04_chapter_04.pdf

7 Principales criterios de elección de un solvente

Este capítulo aborda los principales criterios utilizados para la elección de un solvente o un sistema solvente – Poder solvente, Velocidad de Evaporación y Seguridad, Salud y Medio Ambiente.

Denílson José Vincentim
Sérgio Martins

Las resinas tienen el papel más importante en el desempeño de un sistema, pero si los solventes no están adecuadamente elegidos lo pueden afectar significativamente. Se puede decir que gran parte de las propiedades de aplicabilidad de las pinturas depende de los solventes porque influyen sobre la nivelación, el escurrimiento, el grado de reticulación e incluso la dureza de la película

7.1. Poder solvente

Para solubilizar un sustrato se debe contar con dos informaciones esenciales:

- El poder solvente consiste en la evaluación de la eficacia del solvente con respecto al soluto. El formulador debe contar con la posibilidad de comparar cualitativamente varios solventes;
- La evaluación para saber si existe un solvente verdadero de una determinada sustancia, o si se necesita una mezcla de solventes para disolverla.

El problema es más complicado cuando se necesita usar mezclas de dos, tres o varios solventes y diluyentes. Se pueden realizar ensayos por medio de tentativas sucesivas, pero este procedimiento causa pérdida de tiempo y no garantiza la optimización de los resultados obtenidos.

Hay un método teórico basado en cálculos matemáticos que permite saber cuales son los solventes que se pueden usar en una formulación determinada. Este método, que representó un progreso considerable principalmente gracias a las investigaciones de Charles M. Hansen, se basa en los parámetros de solubilidad del conjunto polímero/solvente, y fue discutido detalladamente en el Capítulo 6 – Parámetro de solubilidad.

Por aplicación del método de los parámetros de solubilidad se elige el solvente (o mezcla) más apropiado para la aplicación deseada teniendo en cuenta la viscosidad de las soluciones.

La evaluación relativa del poder solvente se torna necesaria, y el estudio de la viscosidad de las soluciones es el método normalmente utilizado porque por medio de éste se obtienen los resultados más representativos.

Existen otros métodos de determinación del poder solvente, que son:

- Tasa de dilución;
- Índice de kauributanol;
- Punto de anilina.

Las definiciones y los principales métodos de evaluación de la viscosidad de las soluciones, así como las otras dos formas de medir la viscosidad, se presentan a continuación:

Se admite que el poder solvente es inversamente proporcional a la viscosidad de una solución de extracto seco constante.

La teoría de los parámetros de solubilidad muestra que la solución de una resina en un solvente es termodinámicamente más estable, cuanto menor es la distancia del punto representativo del solvente al centro de la esfera de solubilidad de la resina.

En resumen, un solvente de baja viscosidad, pero que se encuentra lejos del centro de la esfera, puede dar al momento de la preparación, una solución muy fluida que, en algunos casos, puede llegar a transformarse en un gel del tipo termo-reversible.

La noción del poder solvente basada en las medidas de viscosidad es muy útil, pero se debe completar con la observación de la evolución de esa viscosidad en función del tiempo.

En este caso, a una determinada viscosidad, el poder solvente de un líquido es mayor cuando la cantidad de resina en solución es mayor.

A continuación se presenta una lista de las propiedades que se deben tener en cuenta para elegir un buen solvente:

- Poder de disolución;
- Índice de evaporación;
- Punto de inflamación;
- Estabilidad química;
- Tensión superficial;
- Color;
- Olor;
- Toxicidad;
- Biodegradabilidad;
- Evaluación costo-beneficio.

7.1.1. Viscosidad

7.1.1.1. Viscosidad dinámica

La viscosidad de un fluido, representa la resistencia que oponen las moléculas al desplazamiento con respecto a otras de su misma especie. Esto se puede imaginar como si el líquido estuviese constituido por capas superpuestas de moléculas

Al aplicar cierta fuerza τ, llamada *tensión de cizallamiento*, tangencialmente al sentido del desplazamiento, esta presión provocará una perturbación que se propaga de capa en capa, y se atenúa a medida que la distancia aumenta. Se produce un arrastre de capas sucesivas por fricción intermolecular.

El desplazamiento se efectúa a una velocidad V, variable en función de la distancia.

A una distancia $x + dx$, las moléculas se desplazan a una velocidad $V + dV$.

La relación diferencial $D = dx/dV$ se denomina gradiente de velocidad.

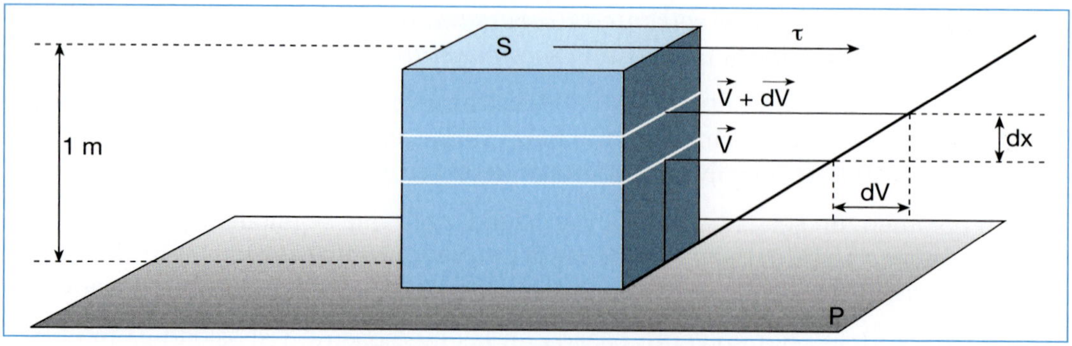

Figura 7.1. Viscosidad dinámica.

Cuando la tensión de cizallamiento τ aumenta en forma proporcional al gradiente de velocidad D se dice que el fluido es *newtoniano*.

$$\tau = \eta D$$

El factor de proporcionalidad η es la viscosidad dinámica, que en el sistema internacional de unidades (S.I.) se expresa en pascal-segundo (Pa.s)

En esta relación:

τ = Fuerza (F), en Newton, que se aplica sobre la unidad de superficie (S), en metros cuadrados.

$$\tau = \frac{F}{S}$$

D = Relación de una velocidad (V) en una distancia (L), en metros.

V = Distancia (L), en metros, recorrida por unidad de tiempo (s), en segundos.

Donde:

$$\eta = \frac{\tau}{D} \therefore \eta = \frac{F}{S} \times \frac{L}{V} = \frac{F}{S} \times \frac{Ls}{L} = \frac{F}{S} \cdot s$$

La relación F/S indica una presión y se expresa en pascal, aunque, en rigor las fuerzas se aplican tangencialmente y no perpendicularmente a la unidad de superficie.

La absoluta viscosidad de un fluido es la constante de proporcionalidad que relaciona la tensión perfil de cizalla y la velocidad de un fluido sometido a esta tensión.

Relación entre el pascal-segundo y el poise: En la relación η = F/S · s, si la fuerza es en dinas y la superficie en centímetros cuadrados (cm^2), la viscosidad se expresa en poise (P).

$$1 \text{ Pa} \cdot \text{s} = 10 \text{ P}$$
$$1 \text{ mPa} \cdot \text{s} = 1 \text{ Cp}$$

7.1.1.2. Viscosidad cinemática

Con instrumentos de medida sujetos a la fuerza de gravedad no es directamente accesibles determinar el valor de la viscosidad dinámica.

Se utiliza en este caso la viscosidad cinemática υ, que se expresa en metro cuadrado por segundo (m^2/s) en el sistema internacional (S.I.), o en stoke (St) y en centistoke (cSt) en el sistema CGS.

$$1 \text{ m}^2/\text{s} = 10.000 \text{ St}$$
$$1 \text{ mm}^2/\text{s} = 1 \text{ cSt}$$

La relación entre la viscosidad dinámica y la cinemática está dada por la siguiente fórmula:

$$\nu = \frac{\eta}{\rho}$$

En la que:

ρ, es la masa volumétrica del fluido a la temperatura de la medición;
υ, la viscosidad cinemática; y
η, la viscosidad dinámica

Sin entrar en detalles, se puede decir entonces que si la viscosidad cinemática de un fluido es de 1 metro cuadrado por segundo (m^2/s), su viscosidad dinámica será de 1 pascal-segundo (ps · s) y su masa volumétrica, de 1 kilogramo por metro cúbico (kg/m^3).

Los sistemas pueden comportarse reológicamente como un Fluido Newtoniano o Fluido Pseudoplástico.

7.1.1.3. Reologia

El agua, muchas pinturas y muchos barnices de baja viscosidad, son clasificados como Fluidos Newtonianos en las condiciones normales de medida. La viscosidad es independiente del gradiente de la velocidad.

$$\frac{\tau}{D} = \eta = \text{constante}$$

O sea, cuando se utiliza un viscosímetro rotativo la viscosidad es constante cualquiera que sea la velocidad de rotación del equipo de medición.

$$\eta = \frac{\tau}{D} = \cot g\alpha = \text{constante}$$

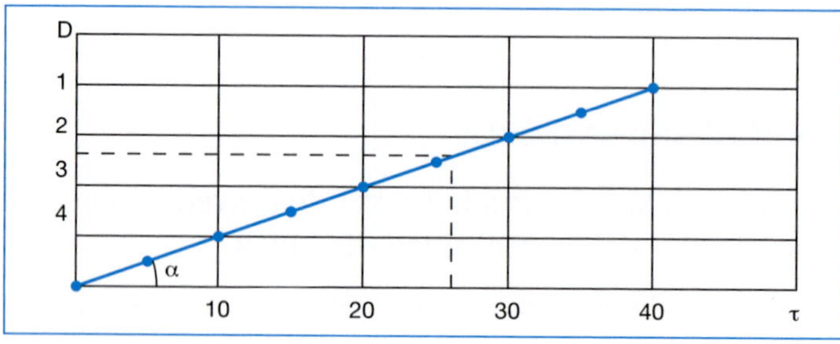

Figura 7.2. Comportamiento reológico - Fluido Newtoniano.

Varias pinturas y barnices concentrados a base de macromoléculas filiformes y de polímeros en estado fundido presentan un comportamiento de Fluido Pseudoplástico.

La viscosidad disminuye con el aumento del gradiente de velocidad D y viceversa. Consecuentemente, para una determinada velocidad de escurrimiento, la viscosidad es constante y no depende del tiempo.

Las cadenas moleculares están arrolladas en forma de espiral cuando se encuentran en reposo. Cuando el líquido se escurre las cadenas se desenrollan y se orientan paralelamente al sentido del fluido. Las fuerzas de fricción disminuyen hasta alcanzar un valor límite, que corresponde al estado en que todas las moléculas están alineadas.

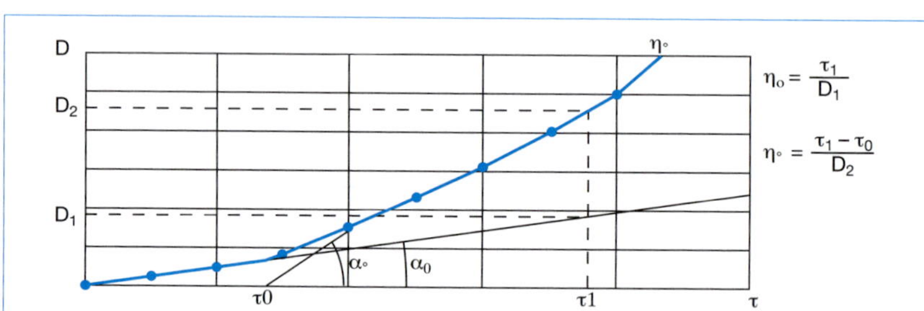

Figura 7.3. Comportamiento reológico - Fluido Pseudoplástico.

Este comportamiento es reversible. Las macromoléculas se comportan como resortes que vuelven a su posición inicial después que dejan de ser sometidas a las fuerzas de tracción.

$$\eta o = \frac{\tau_1}{D_1}$$

$$\eta^\circ = \frac{\tau_1 - \tau_0}{D_2}$$

donde τ_0 = tensión cizallamiento 0
τ_1 = tensión cizallamiento 1
D_1 = velocidad 1
D_2 = velocidad 2
η = viscosidad

Las formulaciones de pinturas, cuando tienen un elevado tenor de partículas sólidas, entran frecuentemente en la categoría de **Fluido Tixotrópico**.

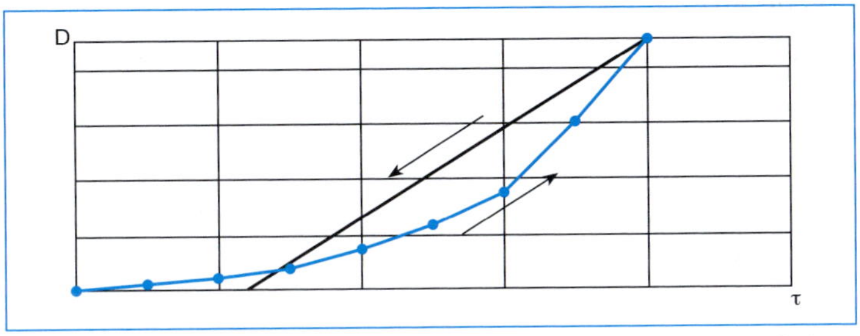

Figura 7.4. Comportamiento reológico – Fluido Tixotrópico.

A velocidad constante la viscosidad disminuye en función del tiempo, pero decrece del mismo modo cuando aumenta el gradiente de velocidad.

Este tipo de comportamiento reológico es mucho más complejo que los precedentes pero se presenta frecuentemente.

La viscosidad puede ser medida usando vaso consistométrico, viscosímetros de caída de esfera, viscosímetros capilares y viscosímetros rotativos.

7.1.1.4. Medidas

Los vasos consistométricos son muy utilizados en la industria debido a su simplicidad y rapidez de empleo.

Son simples recipientes cilíndricos cuyo fondo cónico es un orificio de diámetro normalizado, son compactos y de fácil limpieza.

Los modelos de vasos más utilizados son:

Ford n.04 (Norma ASTM D-1200)
Diámetro del embudo: 4,115 mm
Volumen interior: 102,5 cm^3 a 20 °C

AFNOR n.04 (Norma NFT30-014)
Diámetro del embudo: 4,00 mm
Volumen interior: 102 cm^3 a 20 °C

ISO (Norma ISO R2431), más reciente y todavía poco difundida, se ha estudiado para permitir la utilización de un instrumento standard

Diámetro del embudo: 4,00 mm
Volumen interior: 108 cm^3 a 20 °C

Los vasos consistométricos son de fácil manejo pero poco precisos, sirven apenas para hacer medidas comparativas. Las medidas que se obtienen son poco precisas por causa de las turbulencias que ocurren cerca del orificio y sólo son válidas cuando se trata de fluidos newtonianos.

Los viscosímetros de caída de esferas son aparatos mucho más precisos que los anteriores; contienen una esfera calibrada que cae por la acción de la gravedad en un tubo cilíndrico normalizado. El tiempo de caída aumenta con la viscosidad del medio en el cual la esfera se desplaza.

Hoppler creó un tipo de aparato con un tubo cilíndrico inclinado algunos grados en la vertical (de 80° a 100°), por cuyas paredes rodaba una esfera. Su precisión era mejor por motivos físicos.

Esos aparatos permiten medir la viscosidad absoluta sólo en el caso de fluidos newtonianos; pero para obtener medidas precisas se necesita hace ensayos durante largos períodos, por eso se utilizan poco.

Uno de los modelos de fácil manejo es el viscosímetro construido de acuerdo con la norma DIN 53015; no se tiene control de la temperatura, pero su simplicidad explica su uso frecuente.

Los fabricantes de nitrocelulosa utilizan esta metodología para clasificar las resinas.

Primero se hace una clasificación asignando las letras A y E (solubles en los alcoholes y en los ésteres respectivamente). Cada tipo se caracteriza en función del tiempo que necesita una esfera de acero de 7,95 mm de diámetro, que pesa 2,043 g, para hundirse desde una altura de 254 mm en una solución al 12,2% en peso de nitrocelulosa en una mezcla standard constituida por 25% de etanol a 95° GL, 55% de tolueno y 20% de acetato de etilo.

La solución a 25 °C está en un tubo de 1 pulgada de diámetro (25,4mm) y 350 mm de longitud. Ese es el origen de la clasificación en nitrocelulosa como 5 s, 1/2s, 1/4 de segundo, etc.

Los **viscosímetros capilares** son sin duda los más exactos; presentan desvíos de pocos milésimos, pero son frágiles, difíciles de limpiar y se demora mucho tiempo para hacer una medición; además, para medir la viscosidad absoluta sólo se pueden usar líquidos newtonianos.

El principio consiste en determinar el tiempo de escurrimiento entre dos marcas de un determinado volumen de líquido en un tubo capilar.

Existen muchos modelos, siendo el de Ubbelohde, al mismo tiempo, el más preciso y el más simple de manipular para líquidos transparentes.

Conociéndose el coeficiente K, que depende de cada viscosímetro, la viscosidad de los líquidos en milímetros cuadrados por segundo (o en centistokes) es una función de tiempo.

$$\nu = kt$$

En el caso de los líquidos opacos se utiliza el viscosímetro de Cannon-Fenske con escurrimiento invertido (Norma NFT60100).

Los viscosímetros rotativos se emplean para medir la viscosidad de fluidos no newtonianos como pinturas, colas, polímeros en solución, emulsiones, líquidos biológicos, etc.

Ese tipo de viscosímetro permite realizar un estudio exacto del comportamiento reológico de las sustancias y a partir de éste deducir la viscosidad absoluta η.

Así, para el caso de un comportamiento reológico clásico la viscosidad dinámica se define como la relación entre la tensión de cizallamiento, τ, y el gradiente de velocidad, D:

$$\eta = \frac{\tau}{D}$$

Esta relación ya no es tan simple con los fluidos no newtonianos, pero de todas maneras se necesita conocer los valores de τ y de D para calcular su viscosidad absoluta.

El principio más comúnmente adoptado se basa en la rotación de un cuerpo cilíndrico de radio Ri, que se sumerge en un líquido que se encuentra en un cilindro coaxial de radio Re.

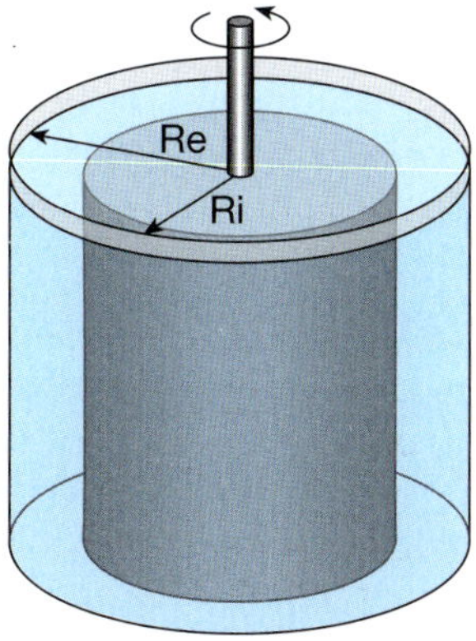

Figura 7.5. Cilindro coaxial.

La relación Re/Ri debe permanecer lo más cerca de 1, preferentemente inferior a 1,1, y en ninguna circunstancia debe sobrepasar 1,5 (Norma ISO 3219).

El cilindro está suspendido por un hilo cuya torsión aumenta con la viscosidad del líquido. El grado de torsión se lee en una escala arbitraria, cuyos valores permiten calcular la tensión de cizallamiento τ para el sistema considerado. El gradiente de velocidad D depende de las características del sistema de medición y de la velocidad de rotación del aparato, pero es independiente de la sustancia estudiada. A partir de esos valores se deduce la viscosidad absoluta η en las condiciones dadas.

7.1.1.5. Otros métodos de determinación del poder solvente

Tasa de dilución

A ciertas formulaciones se pueden agregar cantidades significativas de diluyente, otras de lo contrario se enturbian rápidamente y hay otras que se precipitan el polímero o resina. Se llega así a la noción de la tasa de dilución, otro modo de expresar el poder solvente.

La tasa de dilución es la relación de los volúmenes de diluyente y de solvente en el momento en que aparece una turbiedad.

Se cree que cuanto más elevada es la tasa de dilución mayor será el poder solvente.

La norma americana ASTM D-1720 lo define, por ejemplo en el caso de la nitrocelulosa, como el número máximo de unidades de volumen de diluyente que se puede agregar a una unidad de volumen de solvente para producir la primera heterogeneidad persistente en una solución de 8 g de nitrato de celulosa en 100 ml de un sistema de solvente y diluyente a 25 °C.

Los diluyentes (más frecuentemente hidrocarburos) contribuyen a veces, para bajar el costo del producto. La determinación de la viscosidad y la medida de la tasa de dilución dan con frecuencia, resultados concordantes.

Índice Kauri-butanol (Norma ASTM D-1133)

También es una tasa de dilución porque indica el volumen del solvente, en mililitros, que es preciso agregar a 20 g de una solución de goma natural kauri en butanol a 25 °C para que se enturbie. El poder solvente aumenta cuando el índice kauri-butanol aumenta.

Punto de anilina (Norma ASTM D-611)

El punto de anilina raramente se determina para productos que no pertenecen al grupo de los solventes petrolíferos. Es otro método que permite evaluar el poder solvente en función del tenor en hidrocarburos aromáticos y, en principio, específico para este tipo de solventes.

El punto de anilina es la temperatura más baja a la cual se detecta turbidez en una solución miscible de volúmenes iguales de anilina y solvente, se manifiesta a la ruptura de miscibilidad aparición de una clara turbidez.

El poder solvente de los hidrocarburos es mayor cuanto más bajo es el punto de anilina y mayor el tenor de aromáticos.

7.2. Velocidad de evaporación

La velocidad de evaporación es tan importante como el poder solvente; es esencial para desarrollar una fórmula equilibrada y adaptada a las condiciones de la aplicación.

El conocimiento exacto de la velocidad de evaporación de los componentes de una formulación es muy importante cuando se trata de equilibrar bien el secado de la película de pinturas y barnices, o de obtener una película seca en un intervalo de tiempo limitado, como es el caso de aplicaciones en rotograbado y flexografía.

Un solvente se debe evaporar con relativa rapidez al inicio del secado para evitar escurrimientos, sin embargo precisa evaporarse suficientemente despacio para nivelar y permitir que la película se adhiera al sustrato.

El proceso de evaporación tiene lugar por acción del intercambio de calor de los solventes con el medio, lo que conlleva al enfriamiento del ambiente de su entorno, incluyendo el sustrato sobre el cual la pintura se aplica.

En el caso de los solventes más volátiles el enfriamiento es todavía más pronunciado, llegándose a temperaturas por debajo del punto de rocío, lo que puede provocar la condensación de humedad en la superficie de la película. A este fenómeno los pintores los denominan *blushing* (emblanquecimiento de la superficie) y normalmente se debe a la absorción de agua.

A continuación se da el significado preciso de algunas palabras que traducen los fenómenos varias veces estudiados u observados, pero cuyo sentido no siempre se tiene muy claro.

7.2.1. Vaporización

Término general relativo al pasaje del estado líquido al estado gaseoso y que engloba a los siguientes fenómenos físico-químicos.

- *Evaporación*: Lenta transformación de un líquido en vapor en la interfase gas/líquido, siendo la temperatura del líquido inferior a su temperatura de ebullición. Sin aporte de energía externa;
- *Ebullición*: Gran producción de vapor con formación de burbujas gaseosas dentro de un líquido a una presión igual o inferior a su presión de vapor. Por medio del aporte de energía externa;
- *Calefacción*: Evaporación de un líquido que, colocado en una superficie cuya temperatura es superior a la temperatura de ebullición del líquido, se mantiene bajo la forma de gotas esféricas sustentadas por el vapor que ellas producen.

7.2.2. Clasificación de los solventes según su punto de ebullición

Los solventes se clasifican también en función de su temperatura de ebullición con el fin de tener una medida aproximada de su volatilidad.

- Solventes leves: cuya temperatura de ebullición es inferior a 100 °C.
- Solventes medianos: cuya temperatura de ebullición está entre 100 °C y 150 °C.
- Solventes pesados: cuya temperatura de ebullición es superior a 150 °C.

Esta clasificación sirve apenas para orientar, pues no hay una relación simple entre la temperatura de ebullición de un solvente y su velocidad de evaporación.

La fórmula de Heen es más satisfactoria, y establece que la calidad del líquido evaporado es proporcional al producto de la presión de vapor por la masa molecular del líquido.

$$\text{Velocidad de evaporación} = T_v \; x \; M \; x \; K$$

T_v = Presión de vapor a la temperatura de medición.
M = Masa molar del solvente.
K = Factor de proporcionalidad, dependiendo de las condiciones de los ensayos.

Sin embargo, se observan grandes diferencias, sobre todo con el agua y los alcoholes, cuyas velocidades de evaporación calculadas resultan ser más fuertes que las medidas.

Solamente se puede llegar a una solución válida por medio de mediciones experimentales. La AFNOR propone dos métodos; uno es simple y rápido, pero sus resultados son aproximados (índice de volatilidad), mientras el otro que necesita el uso de equipos más especializados, conduce a valores más rigurosos.

7.2.2.1. Determinación del índice de volatilidad de un solvente (Norma AFNOR NFT -30301)

El método consiste en determinar el índice de volatilidad de un solvente con respecto a un solvente de referencia, realizando la evaporación de pequeñas cantidades de los dos productos en un soporte de papel de filtro.

El índice de volatilidad (V_e) es el cociente entre el tiempo de evaporación del acetato de n-butilo y el tiempo de evaporación del solvente estudiado; dichos tiempos se miden en condiciones precisas.

Metodología

El material utilizado y el proceso de operación están descritos detalladamente en la Norma NFT-30301.

Por medio de dos micropipetas se colocan primero 0,5 ml del solvente a ser medido y en seguida 0,5 ml de acetato de n-butilo en el centro de dos discos de papel de filtro que se deben mantener en posición horizontal.

Los dos discos se colocan simultáneamente en posición vertical y en ese momento se disparan dos cronómetros.

Cuando los papeles de filtro se secan se detienen los cronómetros. Se efectúan cinco determinaciones.

Expresión de los resultados

Se calcula la media aritmética de los tiempos de evaporación de las cinco mediciones realizadas y se expresan los índices de volatilidad de acuerdo con la fórmula indicada anteriormente.

Deficiencias de la metodología

La propia norma observa las numerosas causas de errores que pueden afectar las mediciones.

- Con los solventes más pesados el final de la evaporación se determina con una precisión bastante baja;
- La evaporación rápida de los solventes leves provoca un enfriamiento intenso, que ocasiona errores sistemáticos en los resultados;
- Las diferencias de viscosidad y de tensión superficial entre solventes son las causan de variaciones de velocidad de difusión en las fibras de papel, o sea, variaciones en la superficie de evaporación.

7.2.2.2. Determinación de la curva de evaporación de un solvente (Norma AFNOR NFT -30302)

Consiste en medir la cantidad evaporada de una muestra de solvente o de una mezcla de solventes en función del tiempo, en una estufa ventilada mantenida a temperatura constante. La curva de evaporación representa la relación entre la duración de la evaporación y la cantidad del solvente restante.

La "curva" de evaporación de los solventes puros es casi siempre una recta, lo que casi nunca ocurre con las mezclas de solventes..

$$V_e = \frac{\text{Tiempo de evaporación del acetato n-butilo}}{\text{Tiempo de evaporación del solvente estudado}}$$

La velocidad de evaporación del solvente se define como la inclinación de la tangente a la curva de evaporación cuando se ha evaporado el 50% del producto.

Metodología

El material utilizado y el proceso están descritos detalladamente en la norma.

El solvente cuyas condiciones de evaporación se quiere determinar se coloca en un recipiente tarado, que se encuentra dentro de una estufa ventilada. El recipiente de acero inoxidable se suspende de la extremidad del fiel de una balanza, con una amplitud de 0 a 5 g, graduada en 0,05 g.

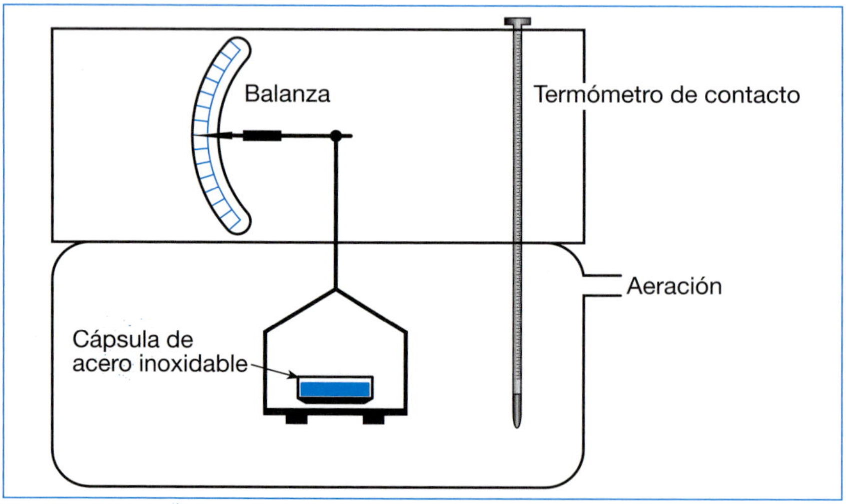

Figura 7.6. Esquema de estufa para evaporación de solventes.

Se deben distinguir dos casos:

1. Los solventes más leves que el acetato de butilo.
   - Se deposita en el fondo del recipiente, previamente limpiado con alcohol, un círculo de papel de filtro;
   - El recipiente se coloca en una estufa ajustada a 30 °C;
   - Se introducen 5 g del solvente a ser estudiado;
   - Se anota el peso minuto a minuto, hasta la evaporación completa del solvente.

2. Los solventes más pesados que el acetato de butilo.
   - El modo de operación es idéntico, pero la temperatura de la estufa se mantiene en 80 °C;
   - Se pesa la muestra cada 2 minutos durante los 10 primeros minutos del ensayo; después cada 5 minutos hasta la evaporación completa del solvente.

7.2.3. Balance de los solventes em formulaciones

La preparación de pinturas y barnices exige un equilibrio cuidadoso entre solventes leves, medianos y pesados, que se denomina comúnmente balance de solventes.

Los solventes leves se evaporan muy rápidamente y no se pueden usar solos debido un enfriamiento intenso que ocurre en superficie de la película de la pintura o el barniz.

A temperatura ambiente el agua se condensa provocando la precipitación de la resina y la aparición de una opalescencia en la superficie, que se denomina blush. Si se usa aire caliente para secar se puede evitar este fenómeno.

Los solventes medianos no tienen los inconvenientes de los solventes leves y son esenciales en las formulaciones. Su velocidad de evaporación es lo suficientemente rápida como para que el tiempo de secado sea aceptable.

Los solventes pesados se usan, sobre todo, por la cualidad de brillo y de resistencia que le confieren a la película. Sólo se pueden agregar en pequeñas cantidades para evitar que se formen películas pegajosas o moles por un secado muy lento, o retención de solvente elevada en la espesura de la pelicula.

Es evidente que estos deben ser solventes verdaderos de las resinas y coadyuvante de la formulación.

Además de su papel estético, los solventes pesados permiten conservar la película abierta el mayor tiempo posible y evitar la precipitación de la resina.

En las formulaciones siempre se incluyen diluyentes y cosolventes debido a su bajo costo. La velocidad de evaporación de estos debe ser lo suficientemente elevada para que se evaporen de la película antes o al mismo tiempo que los otros solventes.

La velocidad de evaporación de las mezclas de solventes que se encuentran en las pinturas, los barnices y las colas se estudian usando dos métodos complementarios.

El primero deriva del método ya descrito (velocidad de evaporación en termobalanza, Norma AFNOR NFT - 30302), y consiste en trazar la curva de secado de una película húmeda de 1 mm de espesor durante el lapso de tiempo comprendido entre la aplicación de la muestra líquida y el momento en que la película está prácticamente seca.

El modo operatorio es el siguiente:

1. La balanza se estabiliza a una determinada temperatura (30 °C en general);
2. El fiel de la balanza debe indicar el cero con el recipiente vacío, sin papel de filtro y con la ventilación apagada;
3. Retirar el recipiente y permitir que llegue a la temperatura ambiente;
4. Pesar en la balanza con exactitud aproximadamente 5 g de la formulación y disparar el cronómetro;
5. Esparcir el producto en todo el fondo del recipiente con un movimiento circular y colocarlo de nuevo en el soporte de la balanza. Esta operación no debe durar más de 30 s después de disparar el cronómetro.

El segundo método usa la cromatografía en la fase gaseosa, que permite analizar los fenómenos de retención de solventes después del secado completo de las películas. Los detalles de ese método serán comentados en el Capítulo 9 – Métodos para el Análisis de Solventes.

Tabla 7.1. Propiedades físicas de los solventes

Solventes	Índice de evaporación (AC. de butilo = 100)	Punto de ebullición a 760 mmHg (ºC)	Presión de vapor mmHg	ºC
Cetonas				
Acetona	520,0	56,2	184,50	20
Acetofenona	3,0	201,6	0,28	20
Ciclo-hexanona	31,0	156,7	4,60	25
Diisobutilcetona	21,0	169,3	4,00	30
Diacetona alcohol	12,0	167,9	1,23	20
Isoforona	2,5	215,2	0,43	25
Metil-n-amil-cetona	40,0	151,4	7,00	30
metiletilcetona	340,0	79,6	90,96	25
metilisoamilcetona	53,0	144,9	4,50	20
metilisobutilcetona	155,0	115,9	15,70	20
metil-n-propilcetona	88,0	102,3	16,00	25
Óxido de mesitila	–	130,0	8,00	20
Alcoholes				
n-butanol	46,0	117,7	5,50	20
Cicloexanol	5,8	161,0	80,00	25
Etanol	150,0	78,3	40,00	19
2-etil hexanol	1,9	184,8	30,00	98
Isobutanol	62,0	107,8	10,00	22
Isopropanol	135,0	82,5	44,00	25
Metaol	181,0	64,5	100,00	21
Metilisobutilcarbinol	29,0	131,8	2,80	20
n-propanol	89,0	97,2	20,80	25

Continúa...

Tabla 7.1. (continuación)				
Solventes	Índice de evaporación (AC. de butilo = 100)	Punto de ebullición a 760 mmHg (ºC)	Presión de vapor mmHg	ºC
Ésteres				
Acetato de pentilo	45,00	146,0	28,50	20
Acetato de cicloexilo	15,00	177,0	7,00	30
Acetato de etilo	430,00	77,0	100,00	27
Acetato de E.M.M.P.G.	35,00	145,8	27,40	20
Acetato de 2-etilhexilo	3,70	199,0	0,40	20
Acetato de butilglicol	3,70	191,6	0,35	20
Acetato de metilo	660,00	57,1	400,00	40
Acetato de etilglicol	20,00	156,3	2,00	20
Acetato de t-butilo	280,00	96,0	30,50	20
Acetato de butildiglicol	0,14	246,0	–	—
Acetato de etildiglicol	0,63	217,4	0,10	20
Acetato de isobutilo	145,00	117,2	13,00	20
Acetao de isopropilo	355,00	88,7	60,59	25
Acetato de n-propilo	226,00	101,6	25,10	20
Lactato de etilo	21,00	154,0	50,00	100
Éteres de glicol				
Butilglicol	6,80	171,2	0,76	20
Etilglicol	39,00	135,1	5,29	25
Metilglicol	58,00	124,5	6,20	20
Butildiglicol	0,35	230,6	0,02	20
Eildiglicol	1,30	202,7	0,13	25
Metildiglicol	2,00	194,2	0,25	25
Iisobutilglicol	11,00	160,5	26,00	71
E.M.M.P.G.(1)	71,00	120,1	11,80	25
E.M.M.D.P.G.(2)	3,00	188,3	0,40	26
E.M.M.T.P.G.(3)	< 1,00	242,4	2,00	100

Continúa...

Tabla 7.1. (continuación)

Solventes	Índice de evaporación (AC. de butilo = 100)	Punto de ebullición a 760 mmHg (°C)	Presión de vapor mmHg	°C
Glicoles				
Etilenglicol	< 1,0	197,6	0,06	20,0
Dietilenglicol	< 0,1	245,8	1,00	91,8
Propilenglicol	< 1,0	187,3	0,07	20,0
Dipropilenglicol	< 0,1	232,8	0,01	20,0
Hexilenglicol	< 1,0	197,0	0,05	20,0
Halogenados				
Percloroetileno	–	121,2	1,847,00	25,0
Cloreto metileno	990,0	40,4	400,00	21,0
Tricloro etileno	450,0	86,7	57,80	20,0
Tricloro 1,1,1, etano	530,0	74,0	100,00	25,0
Hidrocarburos aromáticos				
Tolueno	190,0	110,5	36,70	30,0
Xileno	60,0	140,0	6,72	21,0
O-xileno	54,0	144,0	4,90	20,0
P-xielno	72,0	138,0	6,50	20,0
Etil benceno	84,0	136,0	7,10	20,0
1,3,5 Ttimetil benceno	22,0	163,0	1,80	20,0
Hidrocarburos alifáticos				
Pentano	1.046,0	36,0	422,00	20,0
Hexano	620,0	68,7	150,00	25,0
Heptano	290,0	98,4	40,00	22,0
Ciclo-hexano	440,0	80,7	10,00	61,0

(1) Éter monometílico do monopropilenglicol
(2) Éter monometílico do dipropilenglicol
(3) Éter monometílico do tripropilenglicol

7.3. Otros criterios para elegir un solvente

Las propiedades más importantes que se esperan de un solvente son: capacidad para producir soluciones concentradas, estables y fluidas, y velocidad de evaporación que se adapte a un problema específico. Sin embargo, además de las consideraciones económicas, el formulador debe tener en cuenta también, en función de la aplicación a la que se destina, cierto número de otros factores que no se pueden dejar de lado por motivos técnicos o de seguridad.

Factores técnicos

- Retención de los solventes e higroscopicidad

Factores de seguridad

- Toxicidad, inflamabilidad y explosividad

7.3.1. Factores técnicos

7.3.1.1. Retención de solventes

La retención de los solventes corresponde a la fase final de su evaporación, cuando todavía están retenidos en película o en película en formación. Se observa que, generalmente, la emanación de vapores de los solventes es mucho más rápida durante la fase inicial que durante la fase de evaporación final, o sea, la fase de retención.

Si se conoce la velocidad de evaporación teórica de cada uno de los solventes se puede hacer una buena previsión de los fenómenos, a pesar de que la presencia de azeótropos modifique las observaciones prácticas.

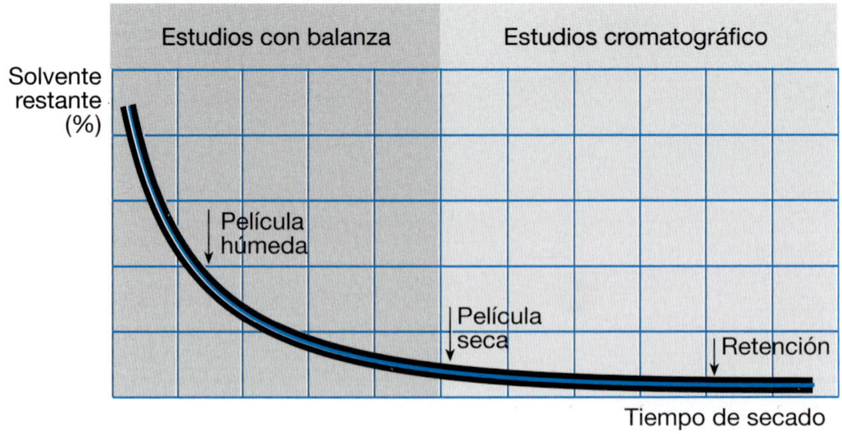

Figura 7.7. Curva de secado de la película.

Se puede seguir la evaporación por medio de una termobalanza, pero cuando el contenido de solventes es bajo hay que usar otro método. Con la cromatografía en la fase gaseosa se obtienen mejores resultados porque se puede determinar la cantidad de solvente restante y también la composición porcentual de cada uno de los solventes utilizados.

En determinadas condiciones de secado cuanto más alta es la velocidad de difusión a través de los elementos constituyentes del película menor es la retención de los solventes. Esta velocidad depende de numerosos factores, entre los cuales los más importantes son:

- La geometría molecular de los solventes;
- Las interacciones físico-químicas que pueden existir entre solventes, resinas o macromoléculas que constituyen la película;
- La propia estructura de las películas, ya que su aspecto está relacionado con su permeabilidad. Se la puede imaginar como un tejido de fibras más o menos apretadas de acuerdo con los enlaces inter-macromoleculares.

Es indispensable que el formulador conozca el grado de retención de los solventes y todas sus particularidades, pues no existe una relación simple entre la velocidad de evaporación de un solvente y su velocidad de difusión, incluso para un mismo componente. Pueden ocurrir inversiones de volatilidad imposibles de prever por las leyes generales.

Se sabe que tales inversiones de volatilidad pueden producir la precipitación de uno o de varios polímeros o resinas durante el secado debido al enriquecimiento de la mezcla residual en sustancias denominadas no solventes y provocar graves defectos en la película.

A fin de evitar que ocurra alguna precipitación durante la evaporación es preciso mantener siempre el volumen de solubilidad común a los diferentes polímeros utilizados y estudiar los fenómenos de secado por medio de un método preciso.

La cromatografía en la fase gaseosa es el mejor método para estudiar las retenciones, pues permite realizar simultáneamente la separación y la dosificación de pequeñas cantidades de solventes.

Los detalles de ese método serán comentados en el Capítulo 9 - Métodos para el análisis de solventes.

7.3.1.2. Higroscopicidad

La presencia de agua en los solventes casi siempre es perjudicial pues ocasiona problemas al diluir los preparados o cuando las películas se secan.

Si los solventes son poco o casi nada higroscópicos, incluso en una atmósfera húmeda, las gotículas de agua formadas por la disminución de la temperatura, que se depositan en la superficie de una película que está secando, no penetran profundamente y no presentan inconvenientes.

En el caso contrario, el agua es absorbida por los solventes y puede provocar una precipitación parcial de la resina u originar una opalescencia tanto más acentuada cuando se toma en cuenta que la velocidad de evaporación es grande y que hay menos solvente pesado para atenuar este defecto.

Por otro lado, ciertos tipos de pintura o de barniz que se endurecen por reacción química (los poliuretanos a base de poliésteres o de poliéteres y de poliisocianatos) no pueden contener agua, ni aún en pequeñas cantidades, porque existe el riesgo de que se modifiquen las propiedades mecánicas de las películas, o se provoque la formación de burbujas por desprendimiento de gas carbónico.

Consecuentemente, la producción de ciertas lacas requiere solventes que cumplan dos condiciones: que tengan un bajo tenor de agua y estén deshidratados por un aditivo apropiado, y que sean poco higroscópicos.

En la Tabla 7.2 están clasificados por orden de higroscopicidad creciente algunos de los solventes más comunes. La absorción de agua fue medida por cromatografía en la fase gaseosa, en condiciones idénticas de humedad, después de 1, 3 y 10 días. La columna de la derecha indica la solubilidad límite del agua en esos mismos solventes.

De manera general, la higroscopicidad de los solventes parece depender directamente del límite de solubilidad del agua en estos mismos solventes. Se observa que los solventes totalmente miscibles en agua presentan una mayor higroscopicidad.

Tabla 7.2. Higroscopicidad de los solventes (% en masa)

Solvente	Cantidad de agua inicial	Absorción de agua después de			Solubilidad máxima a 20 °C
		1 dia	3 dias	10 dias	
Acetato de isobutilo	0,02	1,05	1,14	1,18	1,64
Acetato de butilo	0,01	1,03	1,12	1,18	1,86
Metilisobutilcetona	0,01	1,02	1,28	1,46	2,00
Acetato de isopropilo	0,07	1,25	1,62	1,66	1,80
Acetato de etilo	0,01	1,58	2,29	2,80	3,30
Acetato de etilglicol	0,86	1,86	2,81	4,60	6,50
Cicloexanona	0,01	1,64	3,45	4,89	8,00
Metiletilcetona	0,01	1,98	3,60	6,40	10,00
Butanol	0,03	2,47	4,48	8,72	20,10
Isobutanol	0,02	2,49	4,54	8,87	16,9 (25°C)
Isopropanol	0,03	2,97	7,12	18,19	Total
Metil-glicol	0,10	2,95	6,40	18,78	Total
Etanol	0,03	5,48	10,75	25,80	Total
Acetona	0,01	2,84	7,22	41,00	Total

Higroscopicidad de los solventes

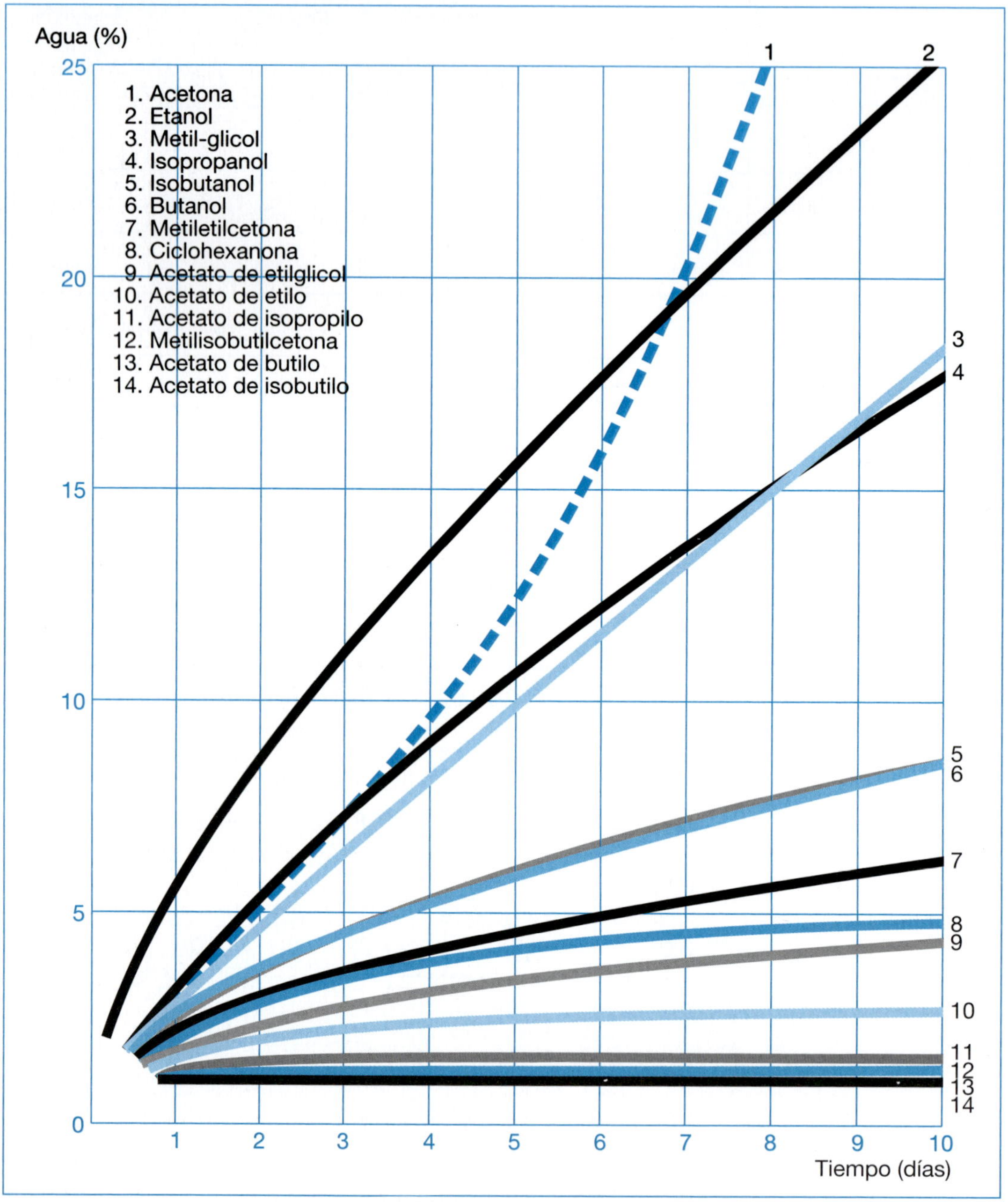

Figura 7.9. Higroscopicidad de los solventes.

7.4. Seguridad, salud y medio ambiente

Uno de los criterios importantes que se deben tener en consideración para elegir un solvente es la adecuación a las reglamentaciones ambientales, que son cada vez más estrictas. El tema VOC adquiere cada vez más relevancia importancia y se discute en el Capítulo 4 – Solventes Verdes.

Los asuntos relacionados a la seguridad de los productos también son importantes al evaluar un solvente o sistema de solventes; sobre eso se trata en el Capítulo 10 – Higiene, Seguridad y Medio Ambiente.

7.5. Ejemplo de selección de solventes en procesos de separación

El proceso de separación significa la remoción de una o más partes del constituyente de una mezcla. El solvente que constituye una solución generalmente está presente en una concentración más elevada que el soluto. Este soluto puede ser un sólido, un líquido o un gas, ya el solvente puede ser un único compuesto o una mezcla de compuestos.

Cuando es difícil o inviable remover un soluto de una mezcla usando técnicas de separación tradicionales, como por ejemplo, en una destilación, se deben usar técnicas de separación vía solvente

La técnica conocida como extracción líquido-líquido consiste en agregar un solvente a un sistema monofásico y transformarlo en un sistema de dos fases con diferentes solubilidades.

La técnica conocida como destilación extractiva consiste en la adición de un solvente que causa la coexistencia de las fases vapor y líquido con diferentes propiedades.

Las siguientes figuras muestran como cambian las propiedades como resultado de la adición de un solvente al sistema.

En la Figura 7.10 se observa la diferencia entre las propiedades del líquido y del vapor en la mezcla binaria azeotrópica de etanol y agua con y sin adición de solventes. Cuando se agrega un solvente si elimina la barrera de la condición azeótropica.

La Figura 7.11 presenta el diagrama ternario en que por agregado del solvente se forma un sistema binario totalmente miscible (componentes A y B) de dos fases líquidas, siendo una de ellas rica en uno de los dos componentes (A o B).

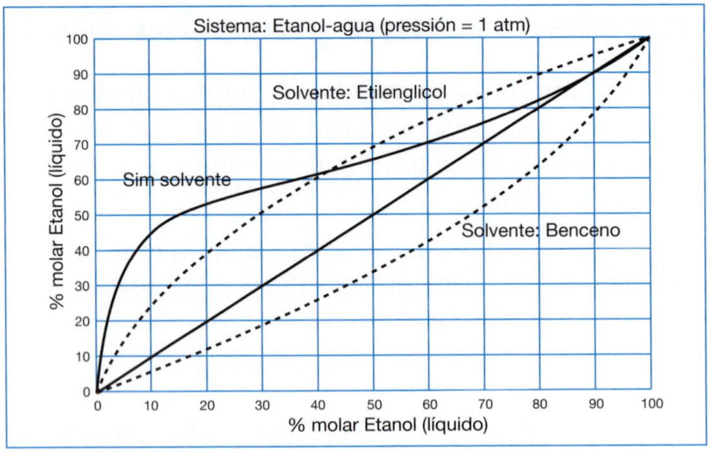

Figura 7.10. Diagrama de fases de equilibrio líquido-vapor para un sistema etanol-agua con y sin solvente.

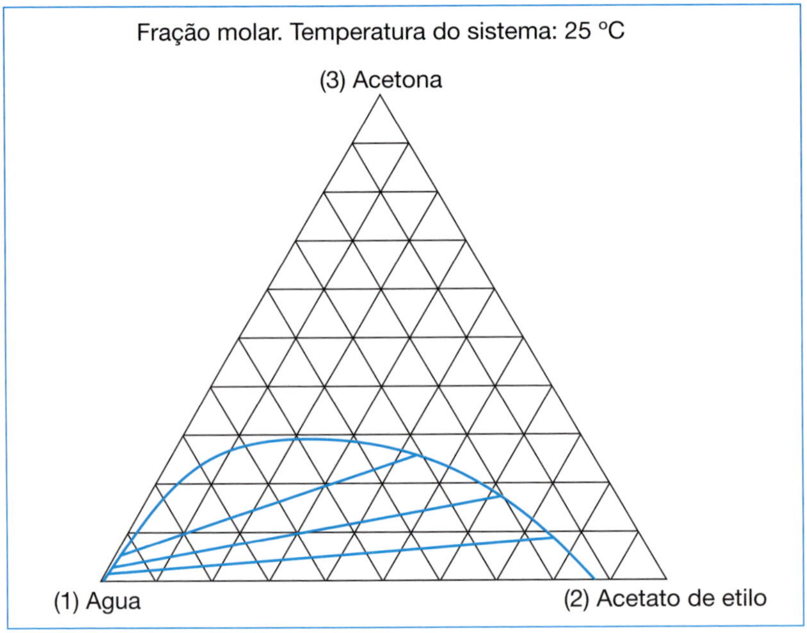

Figura 7.11. Diagrama ternario para el sistema acetona-agua-acetato de etilo.

Siendo así, la selección del solvente es de fundamental importancia para lograr una separación adecuada, englobándose otras consideraciones como costo de operación, eficiencia de separación e impacto ambiental.

El criterio para clasificar solventes sobre la base de las técnicas de separación es el número y la característica de las fases coexistentes y la función del solvente. En la Tabla 7.3 se presentan dichas características y además el trabajo de separación realizado y la técnica utilizada.

Tabla 7.3. Clasificación de técnicas importantes de separación basada en solventes

Técnica de Separación	Propiedad del Soluto	Número y Característica de las fases	Barrera para la Separación	Fenómeno de Separación	Función del Solvente
Extracción Líquido-Líquido	Solutos totalmente miscibles	Dos fases líquidas	Miscibilidad total	Diferencias de propiedades de las fases líquidas	Adición del solvente promueve la separación de fases
Destilación Extractiva	Solutos forman azeótropo o tienen punto de ebullición parecido	Fase vapor y líquida	Azeotropía o volatilidades relativas	Diferencias de pro piedades de las fases líquido y vapor	Agregado del solvente evita la formación del azeótropo pero no causa separación de la fase líquida
Destilación Azeotrópica	Solutos forman azeótropos o tienen punto de ebullición parecido	Dos fases líquidas y una fase vapor	Azeotropía o volatilidades relativas	Diferenças de propriedades das duas fases líquido e vapor	Agregado del solvente evita la formación del azeótropo y también causa separación de la fase líquida
Absorción	Gases absorbidos en un líquido	Fases vapor y líquida	Solubilidad de gases en los líquidos	Diferencia de solubilidad	Solvente necesita disolver bien el soluto (gas)
Stripping	Arrastre de líquidos en gases	Fases vapor y líquida	Solubilidad de líquidos	Diferencias de solubilidad	Solvente necesita disolver el soluto (líquido)
Lixiviación	Partículas sólidas	Fases sólida y líquida	Solubilidad de sólidos	Diferencias de solubilidad	Solvente necesita disolver el soluto (sólido)

Las propiedades del solvente seleccionado definen el desempeño de la técnica de separación adoptada. Un ejemplo de eso es la mezcla azeotrópica etanol-agua y los solventes benceno y etilenglicol. Si se usa benceno como solvente el proceso de separación adoptado es llamado destilación azeotrópica porque la mezcla etanol-agua-benceno forma un sistema azeotrópico heterogéneo como se presenta en la Figura 7.12.

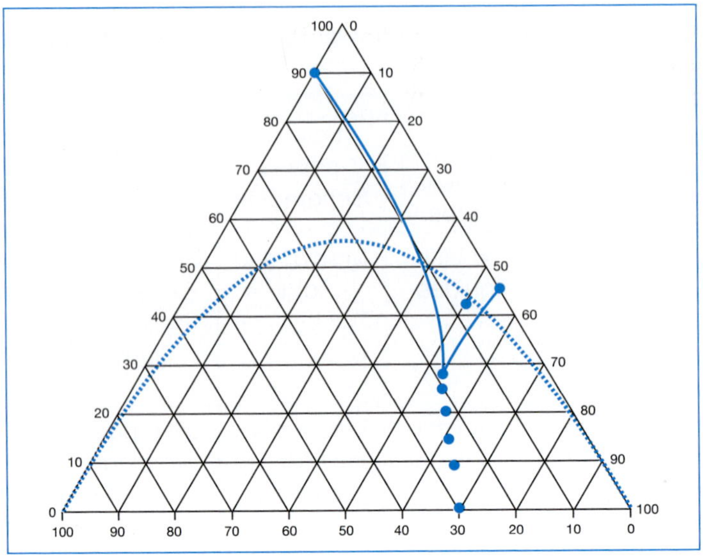

Figura 7.12. Diagrama vapor-líquido-líquido para la mezcla ternaria etanol-agua-benceno.

Por otro lado, si usa etilenglicol como solvente la técnica de separación debe ser la destilación extractiva porque el sistema etanol-agua-etilenglicol forma un azeótropo homogéneo, como se presenta en la Figura 7.13.

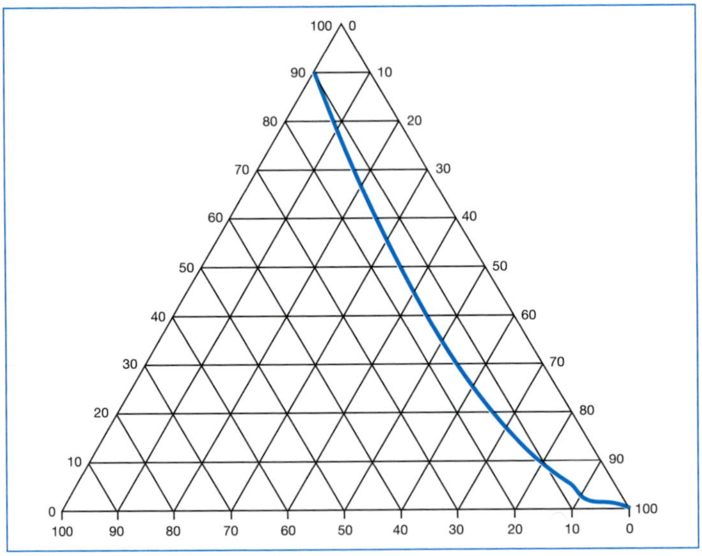

Figura 7.13. Diagrama ternario homogéneo líquido-vapor para la mezcla etanol-agua-etilenglicol.

La Tabla 7.4 presenta una lista de propiedades que se deben tener en cuenta para cada aplicación al elegir un solvente. En esta tabla dichas propiedades se clasifican para el componente puro, para la mezcla y se consideran los impactos ambientales.

Las propiedades físico-químicas y ambientales están disponibles en la literatura para un gran número componentes puros, pero las propiedades de la mezcla necesitan ser estimadas por métodos de predicción.

Tabla 7.4. Propiedades para la selección de solventes

Propiedades		Proceso de Separación				
		Extracción Líquido-Líquido	Destilación Extractiva	Destilación Azeotrópica	Separación de Sólidos	Absorción de Gases
Puro	Parámetro solubilidad					
	Tensión superficial	*				*
	Viscosidade	*				
	Punto de ebullición	*	*	*		
	Punto de fusión	*	*	*	*	*
	Densidade	*				
	Presión de vapor		*	*		*
	Calor de fusión				*	
Mezcla	Seletividad	*	*	*	*	*
	Pérdida de solvente	*				
	Poder de disolución	*	*	*	*	*
	Coeficiente de distribución	*				
	División de fases	*		*		
	Azeotropia	*	*	*		
	Viscosidad da mezcla	*				
	Constante de la lei Henry					
Ambiental		*	*	*	*	*

Desde el punto de vista de la higiene, la salud y medio ambiente, es importante tener en cuenta las siguientes propiedades, como será discutido en el Capítulo 10.

Tabla 7.5. Propiedades relevantes para la selección de solventes en lo que se refiere a seguridad, salud y medio ambiente

Propiedades	Salud	Seguridad	Medio Ambiente
Toxicidad	*		*
Persistencia biológica			*
Estabilidad química		*	
Reactividade fotoquímica	*	*	
Biodegradabilidad			*
Presión de vapor	*	*	*
Constante de Henry en agua			*
Log P	*		*
Solubilidad en agua			*
Punto de inflamación		*	
Demanda química de oxígeno (DQO)			*
Densidad de vapor	*	*	
Índice de evaporación	*	*	
LD50	*		*
Potencial de destrucción de la capa de ozono			*

A continuación se presenta otro ejemplo práctico de utilización de estas propiedades para la elección de un solvente.

El proceso de separación presentado en la Figura 7.14 fue diseñado para el tratamiento de un efluente acuoso de un proceso industrial con un contenido de 7%(m/m) de fenol, que necesita ser removido por extracción líquido-líquido.

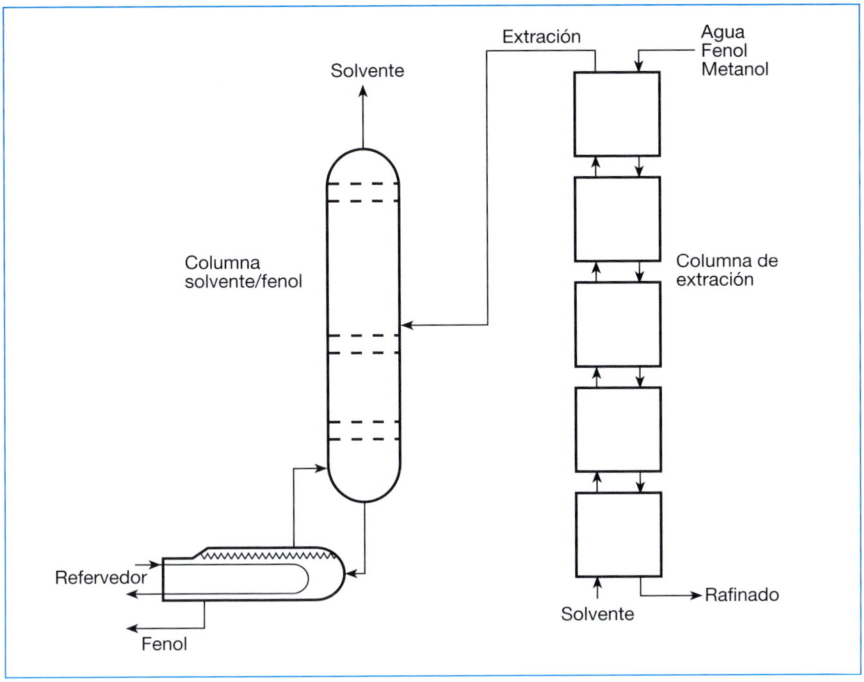

Figura 7.14. Esquema del proceso de separación del fenol presente en un efluente acuoso.

El solvente que se elija para este proceso debe atender a los siguientes requisitos:

- Debe ser inmiscible en agua para que se formen dos fases líquidas, el se fenol concentre preferentemente en la fase solvente y la fase acuosa debe tener poco fenol y solvente en la fase.
- El fenol se debe separar fácilmente, de la fase solvente; para ello no puede formar azeótropo con el solvente. Además el punto de ebullición y la presión de vapor del solvente debe ser bastante diferente del del fenol.
- La densidad del solvente debe ser menor y bastante diferente de la del agua para que el flujo acuoso no arrastre solvente dentro de la columna de extracción;
- Si el solvente causa algún impacto ambiental negativo se debe evitar que se deseche en el efluente acuoso, por tal motivo es preferible que sea poco miscible en agua;
- El punto de inflamación del solvente debe ser lo más elevado posible para minimizar el riego de explosión.

La siguiente tabla presenta las especificaciones necesarias para este proceso.

Tabla 7.6. Especificaciones del solvente para separar el fenol del efluente acuoso	
Propiedades	Especificación
Coeficiente de partición (log P)	> 1,5
Pérdida de Solvente	< 0,0015
Densidad del líquido à 25°C	< 0,95
Punto de ebullición	> 177°C
Presión de vapor à 87°C	> 0,03 bar
Punto de inflamación	> 27°C
Seletividad	> 8
Capacidad	> 2
Factor de separación	> 80
Otras propiedades	No puede formar azeótropo con el fenol
HSE	Propiedades ambientales aceptables

Esos parámetros sirven como base para seleccionar el solvente más adecuado para esta aplicación.

Referencias bibliográficas

Wesley, L. Archer. Industrial Solventes Handbook. New York: software Included, 315 p. 1996.

George, Kakabadse. Solvent Problems in Industry. Londres: Elsevier Applied Science Publishers, 251 p.1983.

Verneret, Hubert. Solventes industriais: Propriedades e aplicações. São Paulo: Toledo, 145 p. 1984.

Fazenda, J. M. R. coordenador. Tintas e Vernizes. São Paulo: Edgard Blucher, 1043 p. 2005.

Paul, S. Surface Coating: Science & Technology. 2.ª edição. New York: John Willey & Sons, 1997.

Payne, H. F. Organic Coating Technology: Oil, Resins, Varnishes and Polymers. 1.ª edição. New York: John Willey & Sons. Vol. 1.

Kakabadse, G. Solvent problems in industry. New York: Elsevier apllied science publishers, 1984.

Mellan, I. Industrial Solvents Handbook. 2.ª edição. New Jersey: Noyes Data Corporation, 1977.

Durkee, J. B. How About Solvent Cleaning? Products Finishing, 58-65, 1994.

Formulating Fundamentals for Coating and Cleaners, American Solvents Council, 2005.

Jones, M., Concepcion, J. G., Powell, L. A modern approach to solvent selection: although chemists and engineers intuition is still important, powerful tools are becoming available to reduce the effort needed to select the right solvent. Chemical Engineering, 2006.

Gani, R. Harper, P. M., Hostrup, M. Solvent Based Separation: Solvent Selection. Disponível em www.cape.kt.dtu.dk/documents/courses/master/notes-lecture4.pdf

Solventes Rhodia. São Paulo: Rhodia – Indústria Química e Têxtil S.A.

8 Los solventes y sus aplicaciones

Este capítulo está dedicado a presentar la función de los solventes en sus principales aplicaciones, fundamentalmente las pinturas industriales, las tintas de impresión, los barnices y los adhesivos.

Denílson José Vincentim
Edson Leme Rodrigues
Sérgio Martins

8.1. Pinturas y barnices

Los solventes son componentes de muchos sistemas de pinturas y tienen un papel importante la formulación de éstas y en las propiedades de la película. En realidad, la influencia de los solventes se demuestra en la aplicación y en las propiedades de la pintura, lo que comprende:

- solubilidad y miscibilidad de las resinas
- estabilidad de la dispersión
- viscosidad al aplicarlas
- tiempo de secado
- nivelación de la película

Muchos de los defectos del aspecto relacionados con la película, como cráteres y apariencia de cáscara de naranja, generalmente son el resultado de un balance inadecuado de los solventes en la formulación de las pinturas. Como un sistema solvente puede afectar muchas propiedades, cualquier modificación de la formulación con el propósito de mejorar alguna de esas propiedades se debe realizar con bastante criterio, para evitar efectos no deseados en las otras.

Por ejemplo, si se introduce una modificación en el sistema solvente para mejorar la solubilidad de una de las resinas se puede disminuir la viscosidad de la pintura, o aumentar o disminuir el tiempo de secado, lo que ocasionará que al final del proceso la película presente imperfecciones.

El objetivo de esta sección es dar informaciones a los técnicos en formulación para que puedan definir sistemas solventes para pinturas en función de la composición.

8.1.1. Principios para formular sistemas solventes para pinturas

8.1.1.1. Solubilidad de las resinas

La elección de una mezcla de solventes para disolver o mejorar la solubilidad y la miscibilidad de resinas poliméricas durante la síntesis de polímeros, dispersión de los pigmentos, acabado, aplicación de la pintura y la formación de la película es una tarea crítica.

Si en cualquiera de las etapas se separan las fases se puede tener como resultado una pintura de mala calidad, difícil de aplicar y una película de baja calidad y mal aspecto.

La solubilidad de la mayoría de los polímeros se debe determinar experimentalmente, a pesar de que en el caso de algunos sistemas simples solvente-polímero se puede predecir el equilibrio de las fases, utilizando modelos termodinámicos de la solución. Se presentan en esta sección de forma simplificada algunos principios sobre el equilibrio de fases que, junto con los parámetros de Hansen presentados en el Capítulo 6, brindan una buena base teórica para entender los conceptos de solubilidad y miscibilidad.

Una de las herramientas más útiles para formular sistemas solventes para pinturas lo constituyen los parámetros de solubilidad porque tienen las siguientes ventajas:

- Sirven muy bien para la gran mayoría de los sistemas.
- Son fáciles de usar y visualizar cuando se trata de la formulación de sistemas solventes para la disolución de polímeros o mezclas de polímeros.
- No se necesitan datos experimentales de equilibrio de fases.
- La superficie de solubilidad se puede determinar experimentalmente.

8.1.1.2. Comportamiento de las fases de una solución polimérica

En la Figura 8.1 se presenta un diagrama de fases típico de una solución polimérica con la composición de cada una de las fases en función de la temperatura.

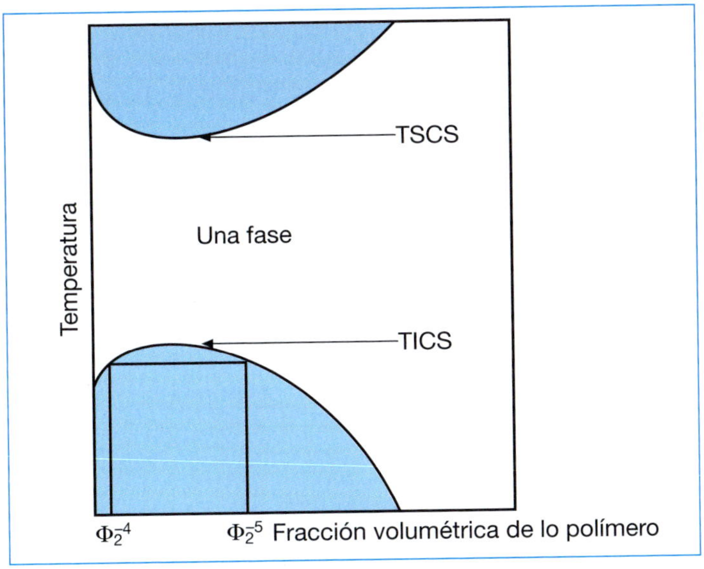

Figura 8.1. Diagrama de fases para um polímero.

A temperaturas inferiores a la crítica, denominada temperatura superior crítica de solución (TSCS) están presentes dos fases de las fracciones volumétricas de los polímeros ϕ_2^A y ϕ_2^B. La TSCS varía en función de la composición del sistema solvente y del polímero.

Por arriba de la TSCS el polímero se solubiliza completamente, hasta que se alcanza la temperatura inferior crítica de solución (TICS). Esta segunda región de comportamento de duas fases ocorre próxima à temperatura crítica del solvente, que es demasiado alta como para ser considerada cuando se formula la mayoría de las pinturas.

Es decir que para que la resina se solubilice completamente en el sistema de la pintura la TSCS del sistema polímero-solvente de la formulación de la pintura debe ser mucho menor que la temperatura ambiente o la temperatura de aplicación.

El comportamiento del equilibrio de fases de una solución polimérica se puede describir por medio de la ecuación de energía libre de Gibbs de la solución. Si se desea tener miscibilidad y solubilidad completas la energía libre de la solución debe ser negativa.

$$\Delta G_m = \Delta H_m - T\Delta S_m < 0$$

Donde ΔH_m es la entalpía de la solución y ΔS_m es la entropía de la solución.

De acuerdo con la termodinámica básica la entropía de una solución es positiva y, por lo tanto, el término $(-T\Delta S_m)$ aumenta el valor negativo de la energía libre de Gibbs y se favorece la solubilidad del polímero en el solvente.

La entalpía de una solución generalmente es positiva y en este caso se deben balancear correctamente la entalpía y la entropía para que la energía libre tenga un valor negativo y el polímero se solubilice completamente en el solvente.

El valor de la entropía de las soluciones con polímeros generalmente es muy bajo porque el tamaño de las moléculas del polímero es mucho mayor que el de las moléculas del solvente; o sea que la solubilidad del polímero queda determinada por la entalpía de la solución, cuyo valor debe ser lo menor posible, o incluso negativo, por medio de una correcta elección del solvente.

En la Figura 8.2 se presentan varios valores posibles de la energía libre de Gibbs en función de la concentración del polímero.

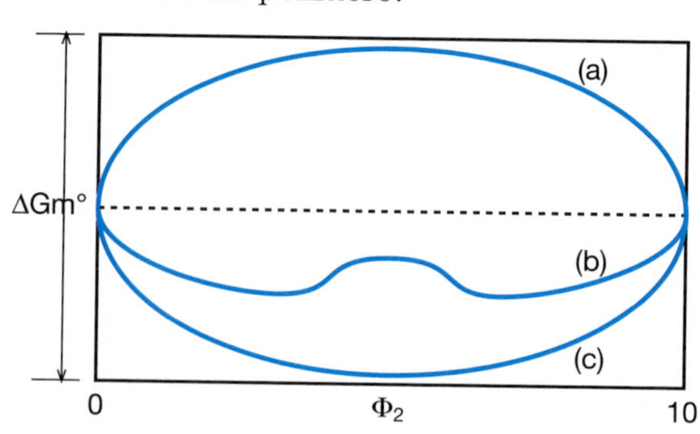

Figura 8.2. Energía libre de la solución y estabilidad de la fase: (a) completamente inmiscible, (b) completamente miscible y (c) parcialmente miscible.

En la figura la curva (a) representa el caso en que la energía libre de Gibbs es positiva. En este caso la entalpía de la solución es positiva y mayor que la entropía, en consecuencia el polímero no es soluble en el solvente.

La curva (b) representa el caso en que el valor de la entalpía de la solución es pequeño con respecto a la entropía o es negativo. La energía libre de Gibbs que resulta es negativa y, en consecuencia, el polímero es completamente soluble en el no solvente.

8.1.1.3. Mecanismo de formación de la película

La transformación de un material en solución en un revestimiento adherente y durable está estrechamente relacionada con el proceso de formación de la película, que consta básicamente de tres etapas principales: aplicación, fijación y secado.

En todas las etapas el solvente desempeña un papel esencial. El solvente, o la mezcla de solventes, le confiere a la solución de la resina una viscosidad que determina el tipo de aplicación. Durante la fijación, que es una etapa de estabilización de la pintura sobre la superficie, el papel del solvente es asegurar que la resina se adhiera correctamente a la superficie y se forme una capa uniforme. Una buena adherencia depende, entre otros factores, de la índice de evaporación del solvente. En el proceso de secado, independientemente del tipo, física ou química, el solvente, además de evaporarse en cada capa que se aplica, debe salir del sistema después de haber solubilizado la resina para que las cadenas poliméricas se entrelacen y formen una capa homogénea, uniforme y duradera.

El proceso físico de la formación de la película de resinas en base solvente ocurre cuando el solvente orgánico se evapora, y se puede dividir en tres etapas:

- Primero se produce una rápida la evaporación del solvente de la superficie, lo que provoca el aumento de la concentración del polímero y la formación de gotas en las superficies de evaporación. En esta etapa en la superficie de la película la índice de evaporación está controlada por fenómenos de superficie; algunos factores importantes son la humedad relativa del aire, el calor latente de evaporación y la tensión superficial de la solución.
- A continuación se evapora más solvente por difusión a través de las capas de polímero concentrado, y así continúa aumentando la concentración del polímero y las macromoléculas presentes se van inmovilizando. Hay varias teorías para explicar la evaporación del solvente en esta etapa; una de ellas plantea que la formación de la película depende de procesos de difusión y de parámetros de solubilidad, mientras que otras destacan la importancia de la actividad y la concentración del solvente.
- Finalmente se eliminan por difusión los últimos trazos de solvente presente y se forma una película de polímero uniforme y homogénea.

Pero en la película siempre permanece una cierta cantidad de solvente lo que puede modificar algunas propiedades de naturaleza mecánica, química, térmica u otra del polímero.

Un solvente o una mezcla de solventes para usar en pinturas o tintas de impresión se elige sobre la base de una serie de características como viscosidad, solubilidad, toxicidad, punto de inflamación y costo, que van a definir sus características de desempeño y aplicación; por este motivo se debe tener mucho cuidado al elegir.

Usualmente primero se elige en función de la capacidad de disolver la resina y después, de su índice de evaporación. Hay programas de computador que indican cual es el mejor solvente o mezcla de solventes para la formulación de una pintura. Los programas consideran las propiedades no lineales de la mezcla de solventes, un método que reemplaza el de acierto y error para seleccionar un solvente o una mezcla de solventes. También hay otras técnicas para estudiar el proceso de evaporación del solvente la etapa de secado como gravimetría, cromatografía gaseosa e infrarrojo.

El parámetro de solubilidad de Hildebrand también es una herramienta valiosa para seleccionar solventes o mezclas para una resina ya que permite correlacionar y prever la solubilidad y la compatibilidad de resinas.

En un sistema solvente-resina compuesto por una mezcla de solventes leves, medios y pesados generalmente el componente ligero se a evaporar primero, entonces el polímero tiene que ser soluble en los solventes medio y pesado para evitar que el material polimérico precipite. Por otro lado, la solubilidad no puede ser muy elevada porque de lo contrario el polímero va a escurrir por la superficie, pero debe solubilizar la resina hasta un punto que permita que las moléculas de polímeros tengan movilidad y se entrelacen. Lo mismo pasa con la evaporación del solvente medio, y sólo permanece el solvente pesado el tiempo suficiente para que el polímero forme una película homogénea después que se han evaporado los tres tipos de solvente de la mezcla.

Queda claro así, que el proceso de formación de la película depende especialmente del proceso de evaporación del solvente, y pode en evidencia la importancia del solvente en la formación de películas de polímeros.

8.2. Evaporación del solvente

Una de las tareas más difíciles de la formulación de sistemas solventes es determinar de qué manera la composición del sistema solvente y las propiedades de la película se modifican durante la evaporación..

La composición del solvente determina las características de solvencia, que a su vez tienen influencia sobre muchas propiedades de la pintura como solubilidad, inestabilidad del pigmento y varias imperfecciones de la película.

Como la mayoría de las mezclas de solventes presentan un comportamiento no ideal resulta difícil prever la composición del solvente durante la evaporación, especialmente cuando hay muchos solventes en la mezcla. El área superficial disponible para la evaporación, así como la transferencia de masa y de calor tienen una fuerte influencia sobre la índice de evaporación. Generalmente se necesitan modelos informáticos para resolver con precisión ecuaciones para describir correctamente las variaciones de la composición del sistema solvente durante la evaporación.

Lo índice de evaporación del solvente se debe ajustar correctamente al método de aplicación de la pintura, si es en *spray*, con cepillo o por *dipping*. También hay que tener en cuenta las condiciones atmosféricas, como temperatura y humedad y el tiempo de curado requerido.

Ese ajuste preciso se debe a que la índice de evaporación determina la cantidad de solvente que sale de la pintura después de la aplicación y, consecuentemente, la composición del sistema solvente que permanece en la pintura durante la evaporación; es decir que en última instancia determina su viscosidad y su tensión superficial. Por su vez, estas dos propiedades, determinan las características del flujo de la pintura y de la película formada.

Por ejemplo, si se quiere que la viscosidad de la pintura aumente rápidamente después de la aplicación, para que no se escurra, se necesita que el solvente se evapore también rápidamente; pero si esta evaporación es muy rápida puede provocar que se formen burbujas de aire que no se eliminan y la película de la pintura quede con defectos.

Además la composición del sistema solvente afecta la solubilidad del polímero y la miscibilidad de las mezclas de polímeros, de lo que depende la integridad y las propiedades mecánicas de la película. Por eso generalmente se usa una mezcla de solventes para conseguir un equilibrio entre las propiedades durante la evaporación.

Las pinturas generalmente se secan en dos etapas. En la primera la eliminación de solvente de la película es función de la presión parcial de los solventes. En esta etapa la resistencia a la evaporación se debe a la difusión de las moléculas de solvente a través de una fina capa de aire que se encuentra por arriba de la superficie de la pintura.

Durante la segunda etapa la índice de evaporación está depende de la controlada pela tasa de difusión de las moléculas del solvente a través de la película de pintura hasta llegar a la superficie. Generalmente esta etapa es más lenta que la primera y sólo se alcanza cuando se ha evaporado del 20 al 30 % del solvente.

En la Figura 8.3A se muestra la transición de la primera a la segunda etapa con el ejemplo de la evaporación de un solvente puro, el metilciclohexano, en una mezcla con una resina alquídica.

En el caso de un solvente puro, la evaporación es función de la presión de vapor del solvente; pero cuando hay una resina se observa una clara transición hacia la segunda etapa. Es muy difícil calcular los coeficientes de difusión para esta etapa, por eso los en los modelos de evaporación, en una primera aproximación, se desprecia la etapa.

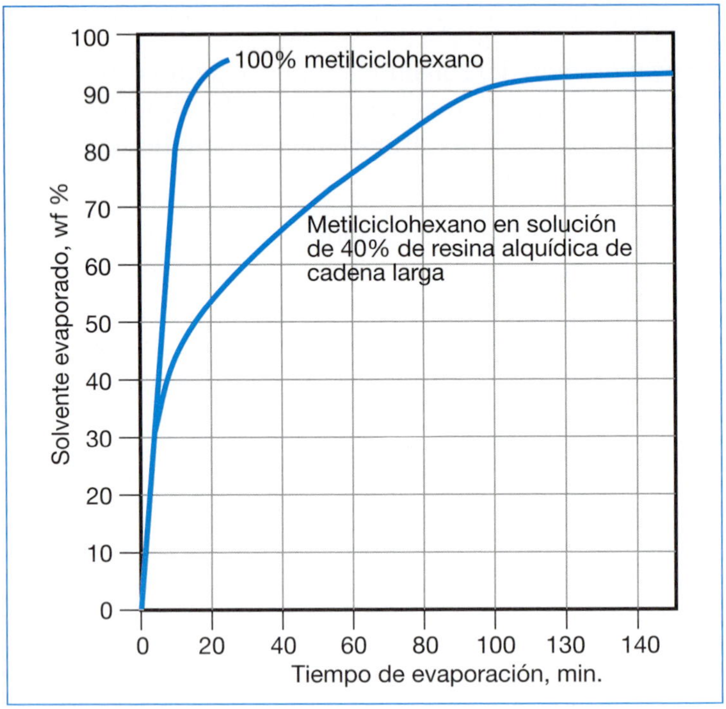

Figura 8.3. Transición de la etapa de evaporación.

Para predecir el índice de evaporación del solvente durante la aplicación se precisa conocer el área disponible para la evaporación, que depende del método de aplicación y es muy difícil estimar. Se puede caracterizar la evaporación de un solvente por medio del modelo de un evaporador de una película fina. Se deposita el solvente en un papel de filtro, y se mide la pérdida de masa del papel en función del tiempo. Se pueden ajustar algunos parámetros, como temperatura, humedad y flujo de aire, para simular las condiciones de aplicación de la pintura.

Para caracterizar la evaporación del sistema solvente, lo que más les interesa a los técnicos en formulación es el tiempo necesario para que se evapore completamente y el cambio de la composición del sistema solvente durante la evaporación. Se pueden hacer modelos de la índice de evaporación del solvente utilizando la presión parcial de los solventes como *driven force*: fuerza de empuje

$$R_i = k_G(P_i - P_i^a) \tag{8.1}$$

Donde P_i es la presión parcial del solvente en la película de la pintura, P_i^a es la presión de vapor del solvente en la atmósfera y k_G es el coeficiente de transferencia de masa, relacionado a la tasa de difusión a través de una fina película de aire por encima de la superficie de la pintura.

En la siguiente ecuación se muestra el cambio de masa y composición de los solventes en la pintura:

$$\frac{dW_i}{dt} = AR_i \tag{8.2}$$

Donde W_i es la masa de solvente. La integral de esta ecuación se debe hacer usando una computadora y permite calcular el porcentaje de solvente evaporado y el cambio de la composición del solvente en función del tiempo.

Los coeficientes de transferencia de masa para la evaporación de solvente en el modelo del evaporador sobre una película fina se pueden predecir usando la ecuación (1) con los datos de evaporación del solvente puro. P_i^a es igual a cero cuando hay humedad, excepto para el agua. La presión parcial del solvente en la pintura se calcula por medio de la ecuación:

$$P_i = x_i \gamma_i P_i^0 \tag{8.3}$$

Donde x_i es la fracción molar, γ_i es el coeficiente de actividad y P_i^0 es la presión de vapor del componente puro saturado. Se utilizan los coeficientes de actividad para cuantificar el comportamiento no ideal de los sistemas solventes. Cuanto más se aleja del comportamiento ideal la solución de una mezcla de solventes, mayor será el aumento de la índice de evaporación. El grado de no idealidad está dado por los coeficientes de actividad.

El cambio de otras propiedades durante la evaporación es de una importancia fundamental para el desempeño de las pinturas. En la Figura 8.4 se presenta un sistema solvente que inicialmente está dentro de la superficie de solubilidad de una resina polimérica.

Durante la evaporación, como la composición del sistema solvente cambia, también cambian los parámetros de solubilidad del sistema que permanece en contacto con la resina polimérica, y en el caso del ejemplo anterior, este cambio de composición del solvente lo retira de la región de solubilidad. Dependiendo de la velocidad con que ocurra esta evaporación se puede producir una separación de fases con los consiguientes defectos en la película que se forme. Por eso en la formulación de un sistema solvente se debe considerar que durante la evaporación el sistema permanezca dentro de la superficie de solubilidad durante todo el proceso.

En la evaporación de un sistema solvente es importante tener en cuenta la humedad, principalmente en sistemas que contienen agua o que contienen solventes higroscópicos. Si la humedad es lo suficientemente alta las propiedades de algunas películas pueden modificarse drásticamente debido a la retención de agua. Además, como hay varios solventes orgánicos que forman azeótropos con el agua la humedad puede aumentar las tasas de evaporación.

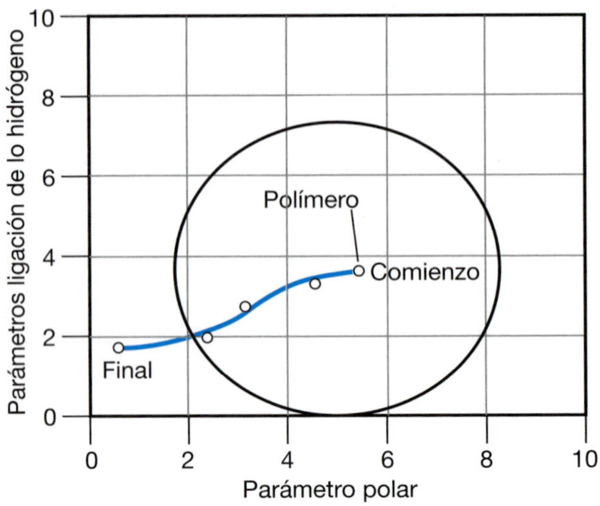

Figura 8.4. Cambio de los parámetros de solubilidad durante la evaporación.

8.2.1. Tensión superficial

Las características de flujo de una pintura determinan la calidad que puede tener el aspecto de la película en determinadas condiciones de aplicación, como temperatura y humedad. El flujo depende de la relación entre la tensión superficial y la viscosidad de la pintura.

El flujo está dado por los gradientes de tensión superficial a través de la superficie de la película, que pueden dar como resultando una ligera nivelación de la superficie de la película o la formación de defectos, como pequeños cráteres.

Las fuerzas debidas a la viscosidad de la pintura crean una resistencia al flujo y si están correctamente equilibradas con la tensión superficial van a ayudar a obtener una película de excelente calidad.

8.2.2. Viscosidad

Es muy difícil predecir el comportamiento del flujo de una pintura, debido a la influencia de una gran cantidad de complejos fenómenos como:

- El volumen, la forma y la distribución de partículas dispersas en las fases, como los pigmentos;
- La extensión de la interacción de las partículas en la fase dispersa;
- Las fuerzas de cizalla;
- La viscosidad de la fase continúa.

Estos factores dependen de la composición del polímero, de su peso molecular, de su grado de interacción con los solventes y la viscosidad del sistema solvente.

8.2.3. Metodología de formulación

Según se ha explicado, generalmente no se pueden predecir las propiedades de una pintura debido a la complejidad de las interacciones entre los componentes. Sin embargo, se pueden obtener buenos resultados por medio de los cálculos de la formulación de los solventes, que permiten simplificar el problema de formulación de la pintura ya que la composición del sistema solvente afecta muchas de sus propiedades.

Generalmente se pueden estimar satisfactoriamente las variaciones de las propiedades en función de las variaciones de la composición del solvente. Presentamos a continuación una metodología que sirve de orientación para formular sistemas solventes para pinturas.

8.2.3.1. Establecer la solubilidad del polímero y la miscibilidad de la formulación

Ante todo es necesario determinar los parámetros y la o las superficie(s) de solubilidad del polímero o del sistema de polímeros cuando en la formulación hay varios.

Cuando en una formulación hay varios polímeros la región de miscibilidad entre ellos se debe determinar en la intersección de las superficies de solubilidad de los polímeros de manera individual.

A verificación experimental da miscibilidad é necesária em función de algumas interaciones complexas entre alguns polímeros, que dependem da sua composición e de sua distribuición de peso molecular.

Frecuentemente en las pinturas se pueden usar polímeros que son inmiscibles debido al efecto de compatibilización de los sistemas solventes formulados en la región de intersección. En este caso es necesario verificar si existe la posibilidad de que durante a evaporación del sistema solvente se separen las fases, principalmente en la región en que hay un aumento de viscosidad, para garantizar la calidad de la película que se forma. Esto se puede conseguir por medio de la formulación de sistemas solventes que permanezcan en la región de intersección de las superficies de solubilidad durante toda la evaporación.

8.2.3.2. Especificar el perfil de la evaporación y las otras propiedades del sistema solvente

Determinar el perfil de evaporación del sistema solvente debido a los impactos presentados en el ítem anterior Además, es necesario determinar otras propiedades, como viscosidad y tensión superficial.

En general se necesita que la viscosidad sea lo suficientemente baja para que se pueda usar la pintura con facilidad, pero lo suficientemente alta para evitar que se escurra mientras se la aplica. Paralelamente se precisa ajustar la tensión superficial para permitir que la película de pintura tenga un mismo nivel y no presente imperfecciones.

8.2.3.3. Formular sistemas solventes que permitan buena solubilidad del polímero

Hay muchas metodologías para obtener estas informaciones relacionadas anteriormente, por ejemplo por medio de métodos empíricos para evaluar una gran cantidad de sistemas solventes. El inconveniente es que se gasta mucho tiempo para llegar a un resultado, sin que esto signifique que el sistema está optimizado.

El uso de cálculos por medios informáticos en los que se tienen en cuenta simultáneamente los modelos de evaporación de los solventes y sus respectivos parámetros de solubilidad tienen la ventaja de representar una expresiva economía de tiempo y ofrecer más seguridad de obtener un sistema optimizado en lo que se refiere a costo y desempeño. Rhodia utiliza el sistema SOLSYS®, que es uma herramienta que puede realizar este tipo de función.

8.2.3.4. Hacer ensayos con las formulaciones para confirmar los resultados previstos

Una vez que se ha determinado el sistema solvente se deben confirmar los resultados experimentalmente.

8.3. Formulaciones de sistemas solventes para segmentos de mercados específicos de pinturas

8.3.1. Determinación de los parámetros de solubilidad y definición del concepto de distancia normalizada

8.3.1.1. Medidas para obtener el parámetro de solubilidad

La técnica de obtención de los parámetros de solubilidad consiste en determinar la solubilidad o la miscibilidad da sustancia en cuestión en una serie de solventes puros, que representan diferentes grupos químicos. Por ejemplo: hidrocarburos, cetonas, ésteres, alcoholes y glicoles.

En la Figura 8.5 se da el ejemplo de un ensayo realizado para determinar los parámetros de solubilidad de una resina. Cuando una resina interactúa con un sistema solvente puede ser soluble, parcialmente soluble o insoluble; y esas informaciones se utilizan para determinar los parámetros de solubilidad de la resina.

En general, para solubilizar una resina o un sistema de resinas se utiliza más de un solvente por una cuestión de desempeño y principalmente de costo. La manera más común de determinar el sistema solvente es por medio de ensayos de laboratorio.

La teoría de los parámetros de solubilidad de Hansen, por medio de cálculos termodinámicos, permite encontrar cual es el solvente o el sistema solvente más adecuado para una determinada resina. Esta teoría se basa fundamentalmente en la acción de tres fuerzas:

- δD: fuerzas de dispersión de London
- δP: fuerza de atracción/repulsión debidas a la polaridad de las moléculas
- δH: fuerza del enlace de hidrógeno

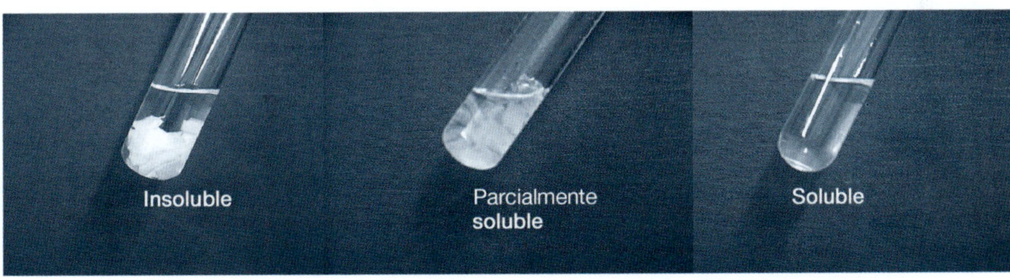

Figura 8.5. Ejemplo de ensayo de determinación de los parámetros de solubilidad de una resina en un determinado solvente; puede ser soluble, parcialmente soluble o insoluble.

Rhodia cuenta con un simulador, SOLSYS®, que permite determinar los Parámetros de Solubilidad de una resina o de un sistema de resinas y también determinar el mejor sistema solvente para el caso en cuestión.

8.3.1.2. Definición del concepto de distancia normalizada

Las evaluaciones se realizarán por medio del radio del volumen de solubilidad utilizando el concepto de distancia normalizada – distancia al centro.

El volumen de solubilidad se representa gráficamente por una figura tridimensional.

Para el tratamiento de los datos se procede a la normalización de las distancias:

- al centro de la figura tridimensional se le atribuye el valor 0,0.

- às bordas da figura é atribuído o valor 1,0.

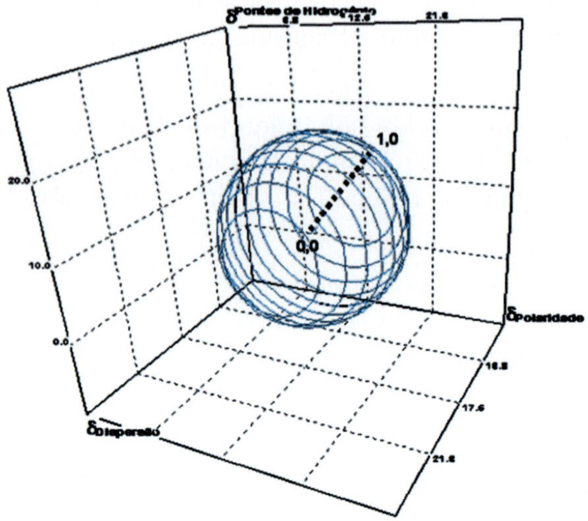

En la simulación anterior, para un dado polímero, um sistema solvente dacomo resultado un valor de distancia normalizada:

- valores entre 0,0 y 1,0: sistema solvente eficiente para solubilizar el polímero;
- valores superiores a 1,0: baja solubilidad del polímero en el sistema considerado.

8.3.2. Pintura original (OEM – *Original Equipment Manufacturer*)

Las principales características que deben tener las pinturas que se utilizan en este mercado son:

- Apariencia: brillo y distinción de la imagen
- Durabilidad: retención de color y brillo
- Propiedades mecánicas y resistencia al *stone chip*
- Adhesión
- Buen desempeño ante la corrosión y la humedad
- Resistencia al petróleo y los solventes
- Resistencia química a los ácidos
- Dureza y resistencia a la brisa del mar
- Propiedades que permitan su reparación

Antes de aplicar las pinturas para vehículos es necesario limpiar y tratar la superficie de los sustratos metálicos. A continuación se presentan las capas de las que está compuesto el revestimiento de un automóvil. La Figura 8.6 representa la composición de las capas de los revestimientos de una pintura original.

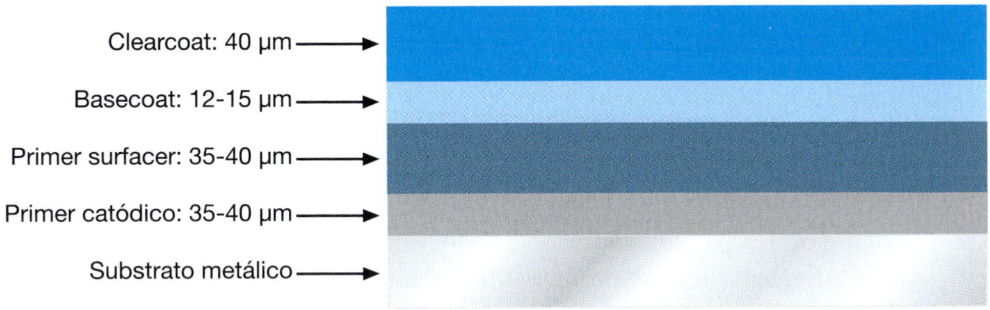

Figura 8.6. Revestimientos de una pintura original con sus respectivos espesores.

a) Capa de fosfato

b) Revestimiento anticorrosivo o *primers* catódico

Primero se realiza un pretratamiento con agentes fosfatizantes y después se aplicar un *primer* con la finalidad principal de impedir la corrosión. El sistema de resinas de este *primer* contiene pigmentos anticorrosivos, que mejoran sus propiedades mecánicas y anticorrosivas. Se aplica por inmersión del chasis del vehículo en una pintura *base agua* que contiene un sistema de resinas anódicas o catódicas.

Como los *primers* anódicos presentaban los problemas de disminución de la adhesión de la capa fosfato y baja resistencia a la saponificación se sustituyeron por los catódicos. Estos *primers* están compuestos principalmente por sistemas amino-epoxi estabilizados en agua por neutralización con varios ácidos. En su estructura contienen elementos de *cross-linking* y presentan excelentes propiedades de formación de película; se curan en estufa a temperaturas entre 165 y 180 °C.

c) *Primer surfacer*

La capa que sigue al revestimiento catódico es la del *primer surfacer*, que tiene la función de nivelar y preparar la superficie química y mecánicamente a superficie para las capas siguientes, ya que aumente la resistencia a los golpes producidos por piedras y actúa como un filtro o barrera evitando el deterioro que provoca la luz ultravioleta en el revestimiento catódico.

Los *primers* que se utilizan mundialmente en la industria automovilística están constituimos, esencialmente, por sistemas poliméricos hidroxilados, en general poliésteres saturados, curados con resinas melamina/formaldehído.

d) *Baseacoat*

El sistema de *basecoat* se desarrolló para mejorar el aspecto de los nuevos colores metálicos y aumentar la protección de la película pigmentada. En los *basecoats* metálicos que contienen partículas de aluminio es necesario que estas partículas estén con una orientación adecuada, en forma de lamelas paralelas al sustrato y a la superficie para que la luz se refleje en la pintura y se consiga el aspecto de un espejo. Para ello es necesario que tengan lugar los siguientes procesos:

- Flujo adecuado de las partículas de aluminio, que está promovido por la baja viscosidad de la película en su etapa inicial de formación, y se debe al bajo contenido de sólidos de los agentes ligantes que forman la película.
- Fijación de las partículas lamelares de aluminio después de que estén orientadas adecuadamente por acción del componente cera en la formulación do *basecoat*.
- Fijación final de las partículas lamelares en la matriz de la película debido al rápido aumento de la viscosidad provocado por la evaporación de los solventes.
- Disminución del volumen de la película de la pintura que presiona las partículas hacia su orientación paralela final.
- La capacidad de la película *basecoat* para resistir el ataque de solventes, que contiene el *clearcoat*, permite que las partículas de aluminio se mantengan en su posición adecuada cuando se aplica el *clearcoat* nuevamente.

Las resinas que se utilizan en *basecoats* generalmente son poliésteres o resinas acrílicas modificadas con acetato butirato de celulosa (CAB), lo que permite que el producto se seque más rápido. El tenor de sólidos de estas formulaciones es inferior al 20%, y el espesor de la película de aproximadamente 15 μm. Estas resinas generalmente se curan con resinas base melamina.

e) *Topcoat* o *Clearcoat*

El *clearcoat* se puede aplicar junto (húmedo/húmedo) con el *basecoat* o por un proceso de secado previo del *basecoat* denominado "flash off". Las principales ventajas del uso del *clearcoat* son:

a) Mejor apariencia – el uso *clearcoat* confiere excelentes propiedades de brillo y nivela la superficie de la película de pintura.

b) Mayor durabilidad – confiere una protección adicional a la película de *basecoat*, mejorando la retención del brillo y protegiendo las partículas de aluminio del ataque químico.

Los *clearcoats* están compuestos por resinas acrílicas reticuladas con resinas melamínicas. También se usan sistemas 2K (bicomponentes) acrílico/uretanos como *clearcoats* en pinturas originales, principalmente para las aplicaciones en que se debe trabajar en estufa a bajas temperaturas. Las resinas acrílicas con hidroxilos funcionales se usan con poliisocianatos como agentes de reticulación. A continuación se resumen las propiedades que se desean que tengan los sistemas poliuretánicos en la pintura original:

- Curado rápido a temperatura ambiente o a baja temperaturas en la estufa.
- Altos niveles de durabilidad exterior, especialmente de retención de color y brillo.
- Excelente dureza, flexibilidad y resistencia a la abrasión.
- Buena adhesión al basecoat y a varios otros sustratos.
- Buena transparencia.
- Capacidad para formulaciones con altos sólidos.

CAB se utiliza para favorecer el secado rápido y las ceras de polietileno ayudan a corregir la orientación de las partículas metálicas.

A continuación se presentan algunos ejemplos de formulaciones que se encuentran en el mercado de pintura original para algunos sistemas de resinas. En la siguiente tabla se muestra un sistema de resina acrílico-melamina y un sistema solvente con buena aplicación, juntamente con los respectivos parámetros de solubilidad y las distancias normalizadas con relación al sistema en cuestión.

Por los datos anteriores se verifica que el sistema solvente presenta un excelente desempeño en lo que se refiere a la solubilización de la resina acrílica y, particularmente, de la resina melamínica evaluada. Considerando las distancias normalizadas al centro se observa que los valores cercanos a 0,0 indican la mejor solubilidad posible de la resina en el sistema. En el caso de la resina melamínica, este valor se encuentra prácticamente en el centro, en cualquier momento de la evaporación. Esta no es siempre la mejor situación ya que estas distancias indican una fuerte interacción del sistema solvente con la resina, que pode representar una dificultad en el momento en que se evapora.

Considerando las superficies de solubilidad de las dos resinas estudiadas, que se representan en la Figura 8.7, se verifica que la superficie correspondiente a la resina acrílica está contenida en la superficie de la resina melamínica.

Es importante, también, tener en cuenta los radios de las dos superficies; el mayor es el de la resina melamínica. Significa que para esta última los grados de libertad para formular el sistema solvente son mayores que para la resina acrílica.

Por la posición de la superficie de la resina acrílica con relación a la melamínica, un sistema solvente que sea común a ambas debe estar en el interior de la resina acrílica, según se muestra a continuación. Incluso durante la evaporación, el sistema solvente continúa siendo común a ambas superficies.

Tabla 8.1. Composición del sistema solvente, parámetros de solubilidad y distancias normalizadas de un sistema de resina melamina-acrílico

Composición del sistema solvente		Valores em % m/m
Solventes	Acetato de butilo	60,00
	Acetato de etilglicol	13,00
	Xileno	27,00
	Total	100,00
Parámetros de solubilidad	δD	16,36
	δP	3,15
	δH	5,68
	δG	17,60
Acrílica standard	Distancia normalizada inicial	0,72
	50% masa evaporada	0,70
	90% masa evaporada	0,65
Melanina standard	Distancia normalizada inicial	0,07
	50% masa evaporada	0,06
	90% masa evaporada	0,04

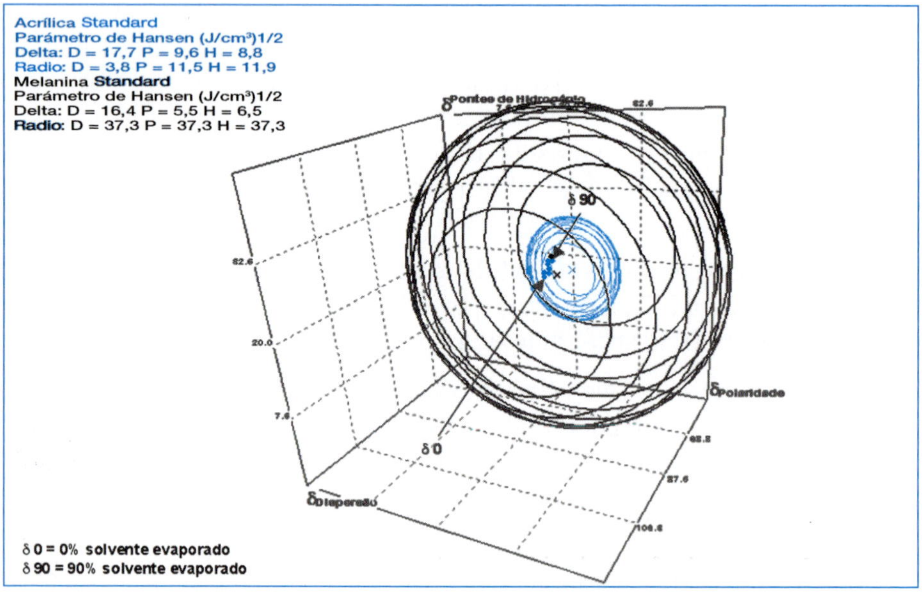

Figura 8.7. Superficies de solubilidad de las resinas melamínica y acrílica.

En esta figura se observa que, incluso con el 90% de la masa del solvente evaporada, el sistema continúa siendo común a ambas superficies. La composición del sistema solvente que permanece en la película en cada instante de la evaporación determina los parámetros de solubilidad y las distancias normalizadas.

Para demostrar la variación de la composición del sistema solvente en la Figura 8.8 se grafica la evolución de la constitución del sistema que permanece en la película en función de la cantidad de solvente evaporado.

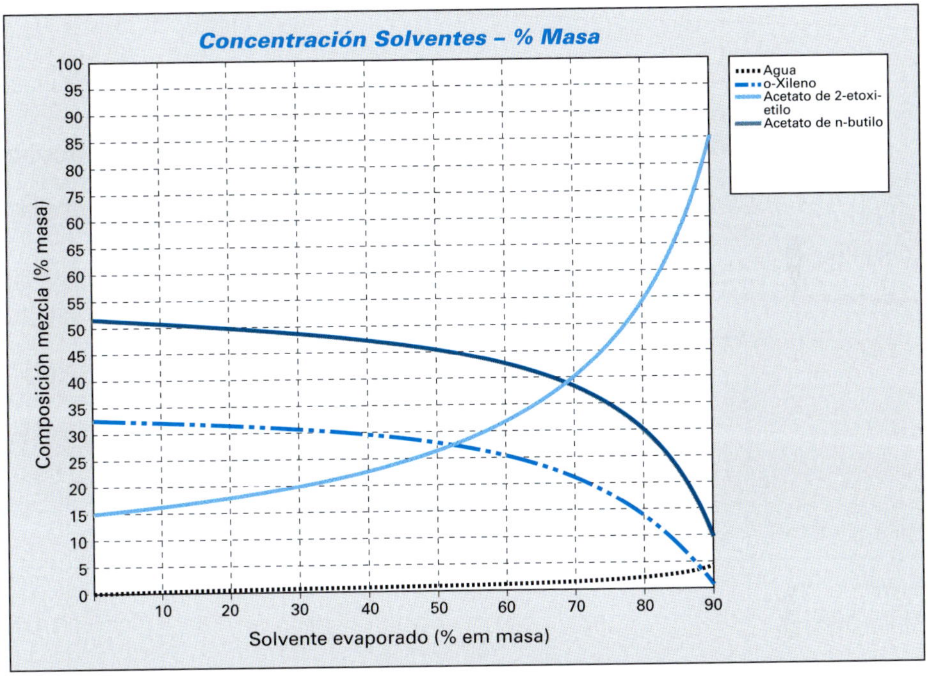

Figura 8.8. Variación de la composición del sistema solvente en función de la masa de solvente evaporado.

Esta simulación también tiene en cuenta que, durante a evaporación, el sistema solvente que permanece en la película, absorbe agua de la atmósfera. En este caso se verifica que dicha cantidad es despreciable y se puede suponer que esto se debe a su baja afinidad a los solventes de la formulación.

El siguiente sistema tiene el mismo sistema de resinas, pero el sistema solvente se balanceó para que hubiese una participación de compuestos livianos sin afectar los parámetros de solubilidad ni de distancia normalizada. En realidad, la ventaja principal de este sistema con respecto al anterior es que la velocidad de secado es mayor. Pero, por otro lado, si el sistema no está bien balanceado, la presencia de compuestos leves en la formulación puede ocasionar que la película presente algunos defectos, como cáscara de naranja y burbujas debido al secado rápido.

También hay que considerar la presencia de estos componentes livianos cuando la pintura se aplica con pistolas, porque se provoca que el sistema se comience a evaporar antes de que la pintura llegue al sustrato y entre otros problemas se provoca el arrastre del sistema de resinas.

Por las cuestiones expuestas es de extrema importancia que el sistema solvente esté balanceado para, por un lado, acelerar la velocidad de secado y por otro, no afectar la perfecta formación de la película. Es decir que es importante condicionar la presencia de los solventes leves a la de los de índices de evaporación medios y bajos.

Tabla 8.2. Composición del sistema solvente, parámetros de solubilidad y distancias normalizadas de un sistema de resinas melamina-acrílico

Composición del sistema solvente		Valores em % m/m
Solventes	Metil etil cetona	6,00
	Acetato de etila	5,00
	Acetato de butilo	52,00
	Acetato de propilenoglicol monometil éter	13,00
	Xileno	24,00
	Total	100,00
Parámetros de solubilidad	δD	16,31
	δP	3,63
	δH	5,75
	δG	17,67
Acrílica standard	Distancia normalizada inicial	0,69
	50% masa evaporada	0,70
	90% masa evaporada	0,65
Melanina standard	Distancia normalizada inicial	0,05
	50% masa evaporada	0,06
	90% masa evaporada	0,04

Condiciones de evaporación:
25 g/m^2/Temperatura – 25 °C/Humedad Relativa del aire – 70%/Velocidad del aire – 0,0667 – Sustrato – Metálico

A partir de la tabla de la página anterior se verifica que:

- En el sistema se agregaron algunos solventes de alto índice de evaporación, acetato de etilo y MEK, que produjeron la reducción de la concentración de acetato de butilo y de xileno, que por su vez son solventes que tienen índices de evaporación intermedios.
- Incluso con el cambio de composición, el sistema fue balanceado para que presentase los mismos parámetros de solubilidad que el sistema que no tenía leves.
- Observando las distancias normalizadas y la Figura 8.9 se verifica que el sistema solvente se encuentra en una posición interna a la superficie de solubilidad de la resina acrílica en todos los momentos de la evaporación, y, en consecuencia solubilizando también a la resina melamínica. Este resultado indica que la presencia de los compuestos de índice de evaporación más elevado no afectó la solubilidad del sistema de resinas durante la evaporación del sistema solvente, debido principalmente al correcto balance con los solventes de índices de evaporación intermedio y bajo, como acetato de butilo y PMA, respectivamente.
- Los principales solventes de índice de evaporación intermedio utilizados para esta aplicación son acetato de butilo y MIBK; entre los de índice de evaporación bajo se destaca PMA.

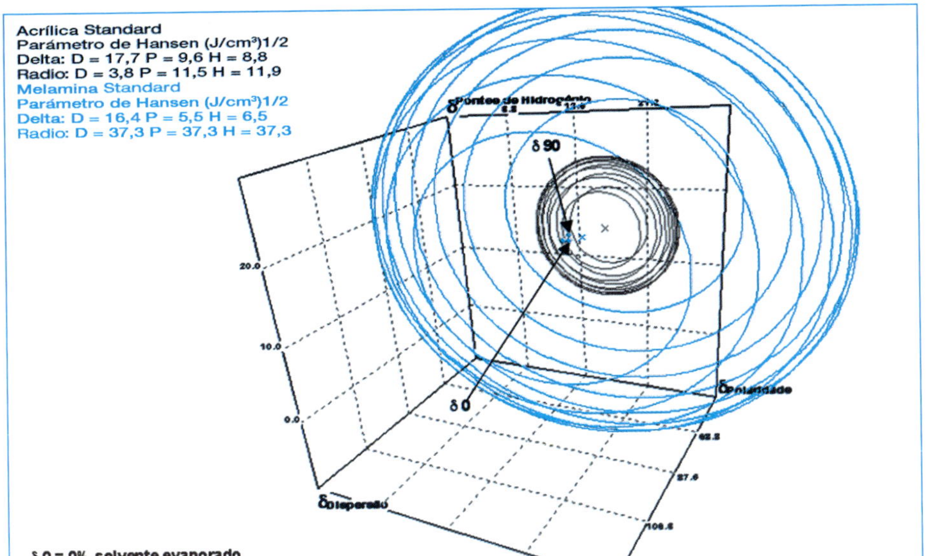

Figura 8.9. Superficies de solubilidad de las resinas melamínica y acrílica.

Si en la Figura 8.10 se analiza la variación de la composición del sistema solvente durante la evaporación, se verifica que los solventes salen rápidamente de la superficie de la película y la acción de solubilización de las resinas, o sea, de formación de la película propiamente dicha queda a cargo de los solventes de índice de evaporación medio y bajo; y para que éstos puedan actuar adecuadamente es fundamental que puedan solubilizar bien el sistema de resinas.

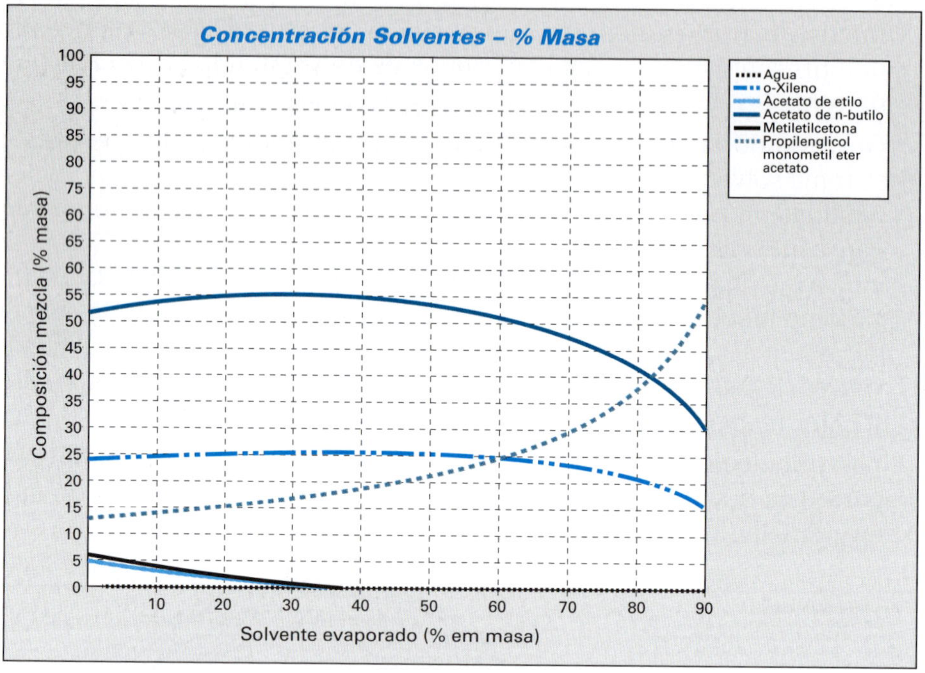

Figura 8.10. Variación de la composición del sistema solvente en función de la masa de solvente evaporado.

8.3.3. Repintado automotriz

La finalidad del repintado automotriz es reproducir el aspecto y la durabilidad del producto original de la forma más parecida posible. Las pinturas que se usan en este segmento de mercado se deben formular de tal modo que se puedan aplicar fácilmente, se sequen rápidamente y tengan características y propiedades semejantes a las originales.

Uno de los sistemas de resinas utilizado en este mercado está compuesto por nitrocelulosa modificada con resinas alquídicas. Una de las grandes ventajas de este sistema es que permite producir pinturas que se secan rápido y presentan un buen desempeño, incluso en condiciones de aplicación poco convenientes. Como la película que se forma se puede pulir muy bien los eventuales defectos se pueden eliminar con un buen acabado.

Uno de los principales defectos de este sistema es que la película presenta una baja resistencia a los rayos UV, y en consecuencia las zonas repintadas tienden a decolorarse más rápido que las que tienen la pintura original. El uso de sustancias que absorben rayos UV disminuye el problema, pero no elimina el defecto. A pesar de eso este sistema todavía se usa porque se lo pueda aplicar fácilmente, aún en condiciones poco favorables.

Las formulaciones con sistemas poliuretánicos (PU) se introdujeron en Alemania a principios de la década del 80; su uso se expandió a nivel mundial cuando las compañías de pinturas comenzaron a exportar sus productos a otros países, principalmente cuando la ensambladoras alemanas, como BMW y Mercedes, garantizaron el uso de sistemas PU bicomponentes (2K) para reparar los automóviles que producían.

Las capas de los revestimientos del repintado tienen una composición parecida a la de la pintura original en lo que respecta a funciones. Si la chapa metálica queda sin protección se la debe nivelar y corregir antes de aplicar los *primers* de nivelación. Las masas que se encuentran en el mercado son:

- Masa poliéster de alta calidad de dos componentes, que sustituye las masas rápidas y sintéticas.
- Masa rápida nitrocelulosa, que se usa mucho porque es de fácil aplicación y se seca rápido.

En la etapa siguiente se usa un primer para llenar surcos. Este producto puede estar compuesto por nitrocelulosa, que se seca rápido, o por PU que se hincha más y también se seca rápido.

Las formas de acabado pueden ser lisas, metálicas o nacaradas, pero la calidad depende de las instalaciones de los talleres y del año de fabricación del vehículo que se va a pintar.

a) Colores lisos en una capa:

- Laca nitrocelulosa
- Poliéster
- Esmalte poliuretánico

b) Colores metálicos, nacarados o lisos en dos capas

- Laca acrílica
- Base metálica poliéster en capa doble o triple
- Barniz acrílico
- Barniz PU 2K

Los sistemas PU para repintado automotriz se basan principalmente en la reacción de un poliol, generalmente poliéster o acrílico, con un poliisocianato. Si se los comprara con otras tecnologías utilizadas para a reacabado presentan las siguientes características, como:

- Posibilidad de trabajar con un mayor tenor de sólidos, lo que disminuye la emisión de VOC.
- Propiedades de aplicación: el inconveniente de los sistemas PU 2K es que antes de usarlos se necesita mezclarlos con el poliisocianato y el poliol. En realidad, estos sistemas son tricomponentes porque también se precisa agregar un *thinner* para ajustar la viscosidad de aplicación. Cuando la pintura se aplica en lugares muy húmedos también hay que agregar un acelerador.
- Secado: los sistemas PU 2K se curan por la reacción entre los grupos hidroxilo del poliol y los grupos isocianatos del poliisocianato, lo que le confiere a la película que se forma propiedades mecánicas y de mayor durabilidad. N/C y TPA se curan por la evaporación del solvente.
- Película seca de mayor espesor, como resultado del mayor tenor de sólidos durante la aplicación
- Los sistemas PU 2K presentan una retención de color y brillo mayor que los otros dos, y generalmente tienen un desempeño equivalente al del sistema utilizado en la pintura original
- Los sistemas PU 2K también presentan una excelente resistencia química, a diferencia de los otros dos sistemas.

En la Tabla 8.3 se presenta un ejemplo de formulación de solventes para una pintura base poliéster, realizada utilizando el sistema SOLSYS® desarrollado por RHODIA. En la tabla también se presentan los parámetros de solubilidad iniciales de la mezcla y la evolución de la distancia normalizada durante la evaporación del sistema solvente.

Los puntos más importantes que se deben destacar son:

- El sistema solvente está formado por etanol, que es un solvente liviano, acetato de butilo y xileno, que son solventes índice de evaporación media, y acetato de propilenglicol monometil éter (PMA), que es el solvente más pesado del sistema.
- Los parámetros de solubilidad del sistema solvente son el resultado de la suma de los parámetros individuales de los solventes que lo constituyen.
- Los resultados de la distancia normalizada entre la resina poliéster y el sistema solvente se presentan para el sistema tal cual (TQ), es decir, sin evaporación del sistema solvente, con el 50% de la masa del sistema solvente evaporada, y finalmente con el 90% de la masa del sistema solvente evaporado. Se observa que el valor del sistema TQ es 0,56, o sea menor que 1,00, lo que significa que la resina inicialmente presenta una buena solubilidad en el sistema solvente. A medida que el sistema solvente se evapora la solubilidad se desplaza hacia 0,76 a 50% de evaporación y hacia 0,72 a

90% de evaporación. Esta evolución se puede seguir gráficamente según se presenta en la Figura 8.11. En la simulación se consideran condiciones atmosféricas de humedad relativa de 70% a una temperatura de 25°C.

- En la figura se observa que durante todos los momentos de la evaporación el sistema solvente permanece dentro de la superficie de solubilidad de la resina poliéster. Esto determina que la resina mantenga una buena solubilidad durante toda la etapa de evaporación del sistema solvente, condición fundamental para que las cadenas poliméricas se acomoden correctamente y se obtenga una buena película.
- Si en algún momento de la evaporación la distancia normalizada del sistema solvente fuese superior a 1,0 existiría la posibilidad de que la resina precipitase en ese momento, lo que dificultaría la formación de la película.
- Se puede pensar que la buena solubilidad de la resina poliéster está en función de la evaporación selectiva de los solventes que componen a formulación.

Tabla 8.3. Composición, parámetros de solubilidad iniciales y variación de la solubilidad durante la evaporación de un sistema solvente en un sistema base poliéster

Composición del sistema solvente		Valores em % m/m
Solventes	Acetato de butilo	18,00
	Acetato de propilenglicol monometil éter	13,00
	Etanol	25,00
	Xileno	51,00
	Total	100,00
Parámetros de solubilidad	δD	16,83
	δP	3,68
	δH	8,06
	δG	19,02
Poliester standard	Distancia normalizada inicial	0,56
	50% masa evaporada	0,76
	90% masa evaporada	0,72

Condiciones de evaporación:
25 g/m^2/Temperatura – 25 °C/Humedad relativa del aire – 70%/Velocidad del aire – 0,0667 – Sustrato – Metálico

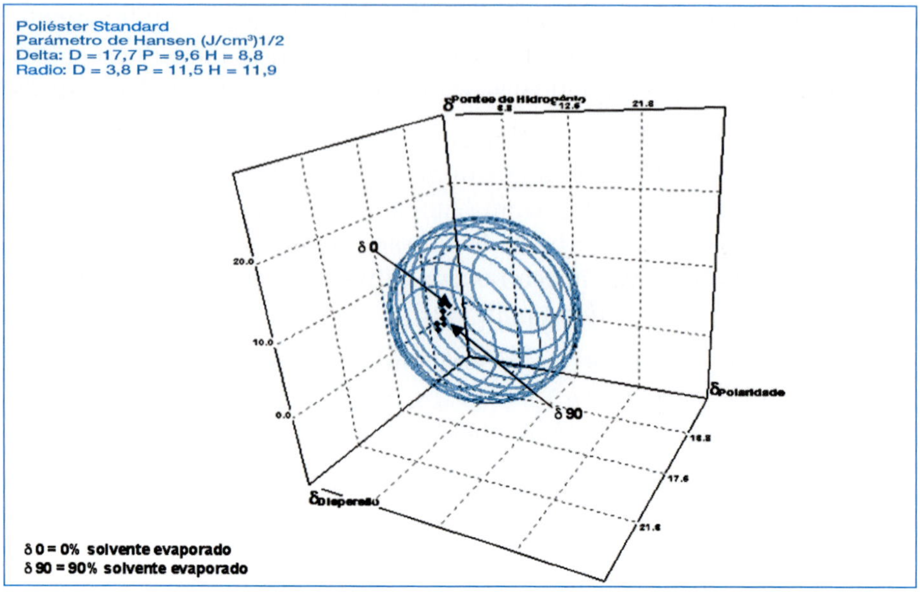

Figura 8.11. Variación de la solubilidad del sistema solvente en la superficie de solubilidad de la resina poliéster.

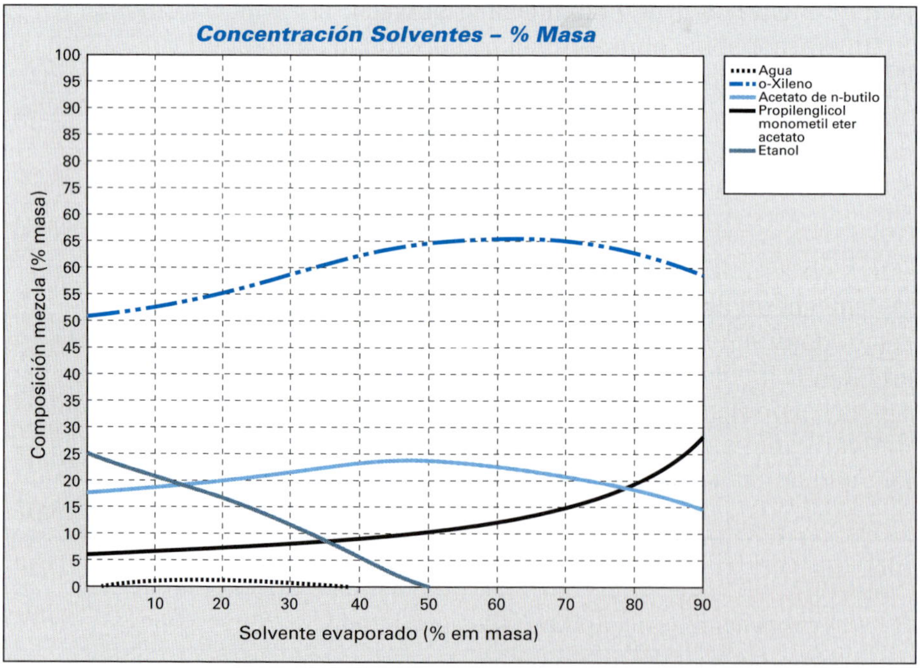

Figura 8.12. Evaporación individual de los solventes presentes en la formulación de la resina poliéster.

- La Figura 8.12 permite notar que el etanol se evapora completamente cuando el 50% del sistema solvente se ha evaporado. También se puede constatar una pequeña absorción de agua, proveniente de la humedad atmosférica, pero que es prácticamente despreciable con relación al sistema solvente, en cualquier momento de la evaporación. Es decir, que no llega a afectar la solubilidad de la resina durante la formación de la película.

Para la misma resina poliéster se podría proponer otro sistema solvente utilizando solventes diferentes de los de la tabla 8.4. Las formulaciones también se evaluaron utilizando el sistema SOLSYS®.

Tabla 8.4. Composición, parámetros de solubilidad iniciales y evolución de la solubilidad durante la evaporación de un sistema solvente en un sistema base poliéster

Composición del sistema solvente		Valores em % m/m
Solventes	Acetato de etilo	17,0
	Acetato de butilo	12,0
	Acetato de etilglicol	7,0
	Etanol	22,0
	Xileno	42,0
	Total	100,0
Parámetros de solubilidad	δD	16,65
	δP	4,03
	δH	8,29
	δG	19,04
Poliéster standard	Distancia normalizada inicial	0,56
	50% masa evaporada	0,69
	90% masa evaporada	0,64

Condiciones de evaporación:
25 g/m^2/Temperatura – 25 °C/Humedad relativa del aire – 70%/Velocidad del aires – 0,0667 – Sustrato – Metálico

En este nuevo sistema solvente se pude destacar:

- Además del etanol, que estaba en la formulación anterior, se agregó acetato de etilo como otro componente leve. También se utilizó 7% de acetato de etilglicol en vez de PMA, y se obtuvo una expresiva reducción de las concentraciones de acetato de butilo y de xileno.

- Los parámetros de solubilidad cambiaron poco con respecto a la formulación anterior, y las distancias normalizadas también. En realidad, se puede observar una pequeña disminución de la distancia cuando se ha evaporado el 50% y el 90% del sistema solvente. Como los valores son extremamente parecidos y además inferiores a 1,0, o sea que están dentro de la superficie de solubilidad, se puede considerar que el desempeño de los dos sistemas es igual. La evolución se puede observar en la Figura 8.13.

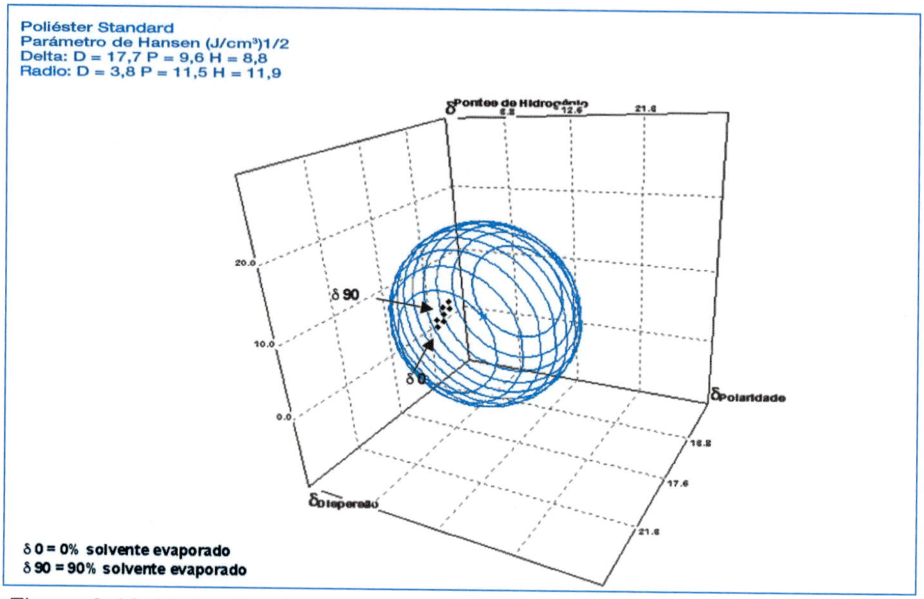

Figura 8.13. Variación de la solubilidad del sistema solvente en la superficie de solubilidad de la resina poliéster.

- Nuevamente se observa que en cualquier instante de la evaporación el sistema solvente se encuentra dentro de la superficie de solubilidad de la resina poliéster.
- En la Figura 8.14A se muestra la composición del sistema solvente durante a evaporación.
- Se observa que cuando el 90% del sistema solvente se ha evaporado la composición de la formulación es aproximadamente 12% de acetato de butilo, 40% de xileno y 48% de acetato de etilglicol, lo que en esta etapa le confiere a la resina poliéster una buena solubilidad y garantiza la buena formación de la película.

Se podría proponer una tercera alternativa de formulación modificando principalmente el solvente pesado. En este caso se ha utilizado el sistema solvente Rhodiasolv TV101 para sustituir el PMA y el acetato de etilglicol. En la Tabla 8.5 se presenta un resumen de las propiedades para el caso de la resina poliéster.

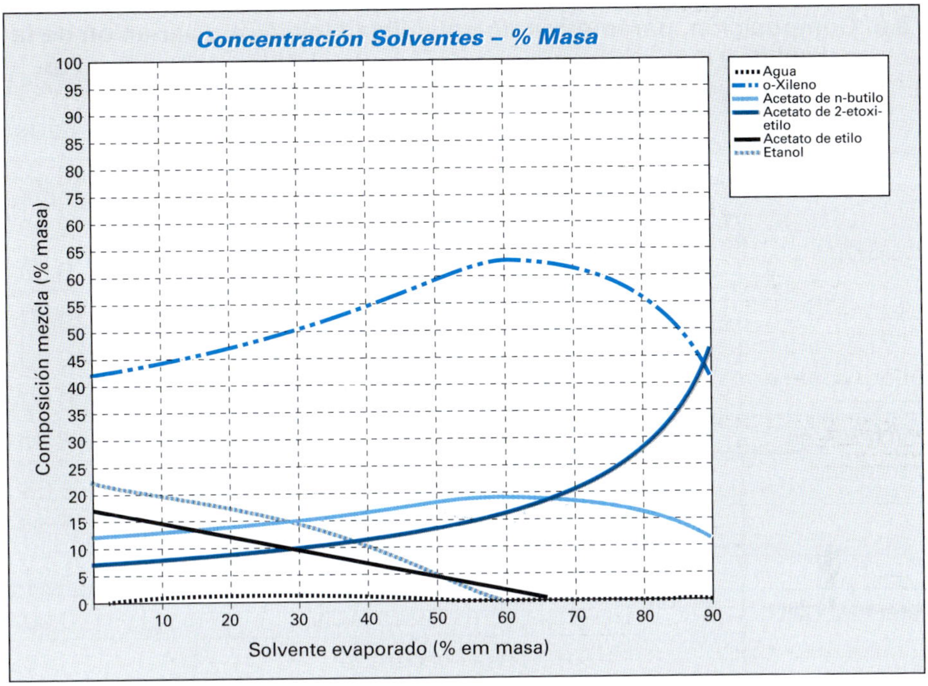

Figura 8.14. Evaporación individual de los solventes presentes en la formulación de la resina poliéster.

Esta tabla, cuando se comprara con la otras, permite ver la versatilidad de este tipo de simulación de formulación, porque aunque la composición se modifique de manera significativa los parámetros de solubilidad se pueden ajustar para quedar prácticamente los mismos, durante todas las etapas de la evaporación, sin afectar la solubilidad del sistema, y, como consecuencia, la buena formación de la película.

En la Figura 8.15 se presenta la evolución de los parámetros de solubilidad en función de la evaporación del sistema solvente.

Se constata lo mismo con relación a la manutención del parámetro de solubilidad del sistema solvente dentro de la superficie de solubilidad durante toda la evaporación, para tener una buena formación de la película.

El estudio de estos tres casos demuestra que se puede mantener el buen desempeño del sistema solvente a pesar de las modificaciones cualitativas y cuantitativas de sus componentes, si las formulaciones se balancean correctamente considerando las características individuales de estos en cada caso.

Otro sistema importante en reacabado automotriz es el PU, utilizado principalmente como topcoat. Se caracteriza por el curado por reacción química mientras se evapora el solvente.

Tabla 8.5. Composición, parámetros de solubilidad iniciales y variación de la solubilidad durante la evaporación de un sistema solvente en un sistema base poliéster

Composición del sistema solvente		Valores em % m/m
Solventes	Acetato de etilo	12,00
	Acetato de butilo	13,00
	Rhodiasolv TV 101	8,00
	Etanol	18,00
	Xileno	49,00
	Total	100,00
Parámetros de solubilidad	δD	16,77
	δP	3,63
	δH	7,03
	δG	18,54
Poliéster standard	Distancia normalizada inicial	0,59
	50% masa evaporada	0,78
	90% masa evaporada	0,79

Condiciones de evaporación:
25 g/m²/Temperatura – 25 °C/Humedad Relativa del aire – 70%/Velocidad del aire – 0,0667 – Sustrato – Metálico

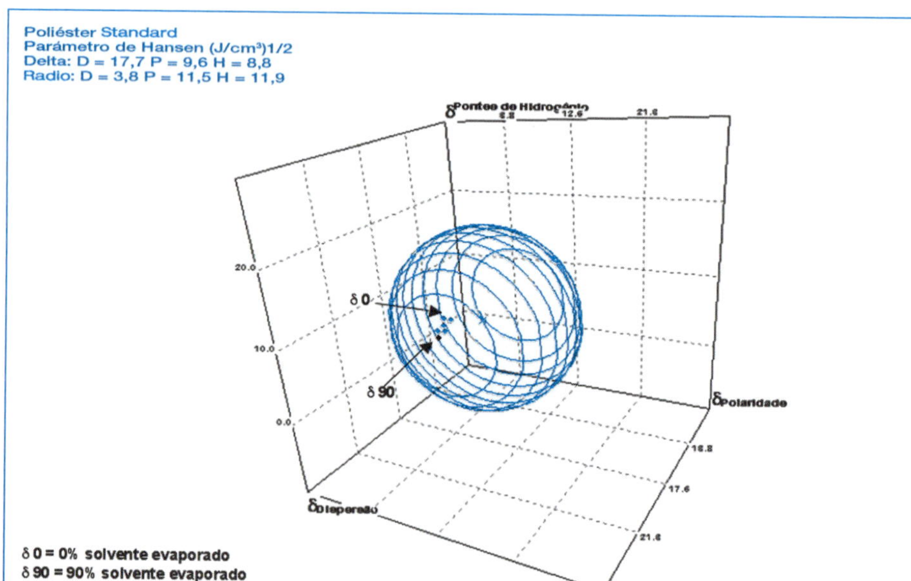

Figura 8.15. Evolución de los parámetros de solubilidad del sistema solvente en la superficie de solubilidad de la resina poliéster.

A continuación se presentan ejemplos de formulaciones de sistemas solventes para un sistema PU 2K, utilizando:

- Poliol poliéster hidroxilado;
- Poliisocianato Tolonate HDB 75 MX.

La composición de los sistemas solventes presentados es una mezcla de los solventes presentes en las formulaciones del poliol y del poliisocianato, antes da aplicación, ya que de esta mezcla dependen todas las etapas de formación de la película, desde el instante inicial hasta la evaporación completa del sistema solvente. Como la película se forma por una reacción química más importante aún es que se mantenga una buena solubilidad de los dos componentes durante la evaporación del sistema, porque además de permitir una buena organización de las cadenas poliméricas, confiere la movilidad necesaria para que aumente la probabilidad de choques entre las cadenas de poliol y poliisocianato, y en consecuencia, la probabilidad de reacción química entre estos.

En la Tabla 8.6 se presentan los datos correspondientes a la composición y el desempeño de tres formulaciones utilizadas para un sistema PU 2K, con aplicaciones en barnices utilizados en el segmento de reacabado.

Las principales observaciones que se pueden hacer a esta tabla comparativa son:

- A pesar de que la composición de las formulaciones es diferente, cuando se analizan los parámetros de solubilidad se verifica que no presentan diferencias significativas.
- Al evaluar las distancias normalizadas es importante tener en cuenta que están relacionadas con los dos polímeros individuales, es decir, al poliol y al poliisocianato. En la Figura 8.16 se muestra la localización espacial de la formulación 3 con relación a esas dos superficies.
- Se observa que la superficie de solubilidad del poliol está en el interior de la superficie del poliisocianato. La diferencia de los parámetros de solubilidad del sistema solvente y de los dos polímeros, es decir los datos dy distancias normalizadas, deben presentar valores que determinen que el sistema solvente se encuentra en una posición que es común a las dos superficies de solubilidad.
- Los datos dy distancia normalizada indican que todos los sistemas solvente actúan en el límite de solubilidad de la superficie del poliol, con muy cercanos a 1,0, mientras que en el caso del poliisocianato se encuentran dentro de su superficie, con valores de 0,6, en promedio, o sea que todos los sistemas solventes son comunes a las dos superficies.

Tabla 8.6. Composición, parámetros de solubilidad iniciales y variación de la solubilidad durante la evaporación de un sistema solvente para un sistema PU 2K

Composición del sistema solvente		Formulación 1 (% m/m)	Formulación 2 (% m/m)	Formulación 3 (% m/m)
Solventes	Acetato de etilo		14,50	17,00
	Acetato de butilo	25,00	32,00	30,00
	Acetato de propilenglicol monometil éter	7,00		
	Acetatetilglicol		8,00	
	Rhodiasolv TV 101			8,00
	Metil isobutil cetona	33,00		
	Tolueno			25,00
	Xileno	35,00	45,50	20,00
	Total	100,00	100,00	100,00
Parámetros de solubilidad	δD	16,35	16,73	16,74
	δP	3,65	2,78	3,00
	δH	4,59	5,32	4,57
	δG	17,36	17,77	17,61
Tolonate HDB 75 MX	Distancia normalizada inicial	0,65	0,66	0,68
	50% masa evaporada	0,64	0,67	0,66
	90% masa evaporada	0,61	0,52	0,64
Poliéster standard	Distancia normalizada inicial	1,01	1,01	1,01
	50% masa evaporada	1,01	1,02	1,01
	90% masa evaporada	1,00	0,93	1,01

Condiciones de evaporación:
25 g/m^2/Temperatura – 25 °C/Humedad Relativa del aire – 70%/Velocidad del aire – 0,0667 – Sustrato – Metálico

- Otra consideración importante es que durante a evaporación mantienen las mismas distancias con relación a las dos superficies, lo que garantiza una buena solubilidad de las resinas durante la evaporación y favorece la buena formación de la película.
- En las Figuras 8.17, 8.18 y 8.19 se representa la evaporación selectiva de las formulaciones de los tres sistemas solventes estudiados.

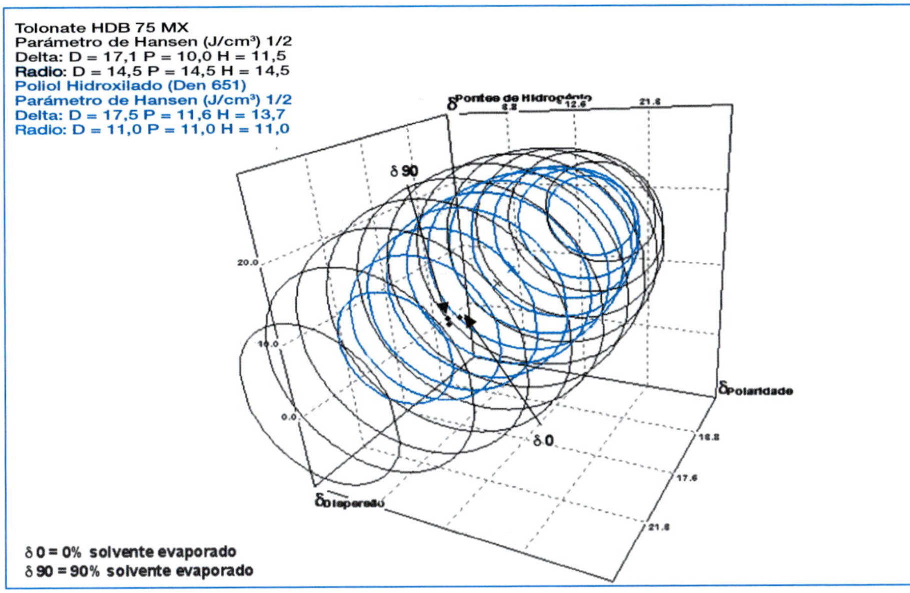

Figura 8.16. Variación de la solubilidad del sistema solvente en la superficie de solubilidad de la resina poliéster.

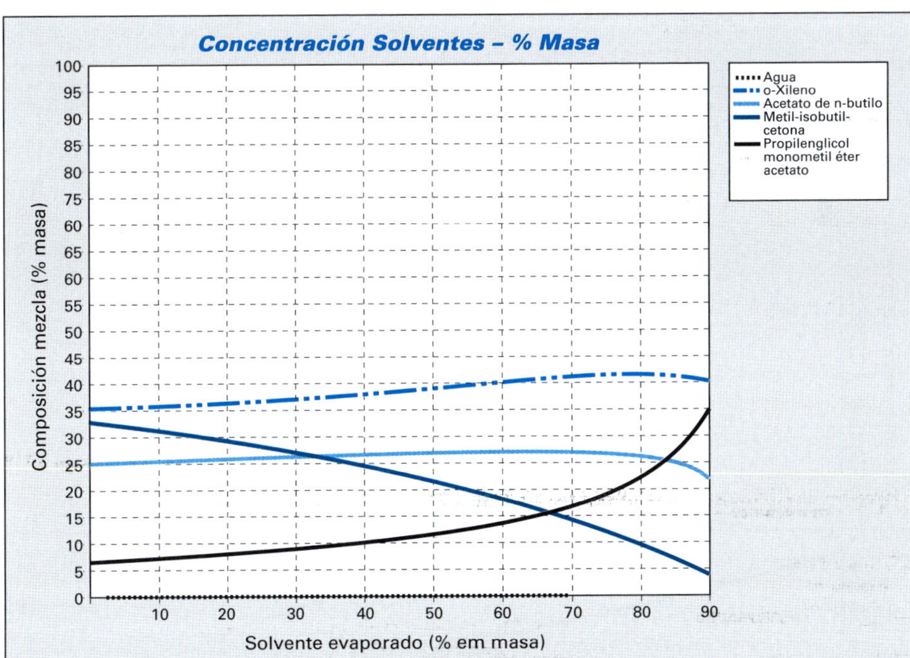

Figura 8.17. Evaporación individual de los solventes presentes en la formulación 1.

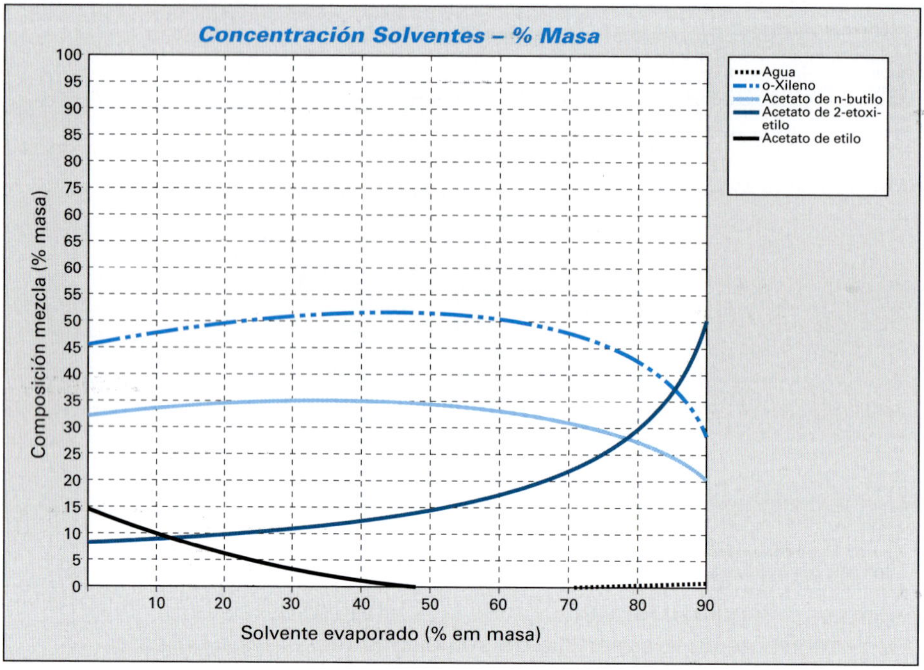

Figura 8.18. Evaporación individual de los solventes presentes en la formulación 2.

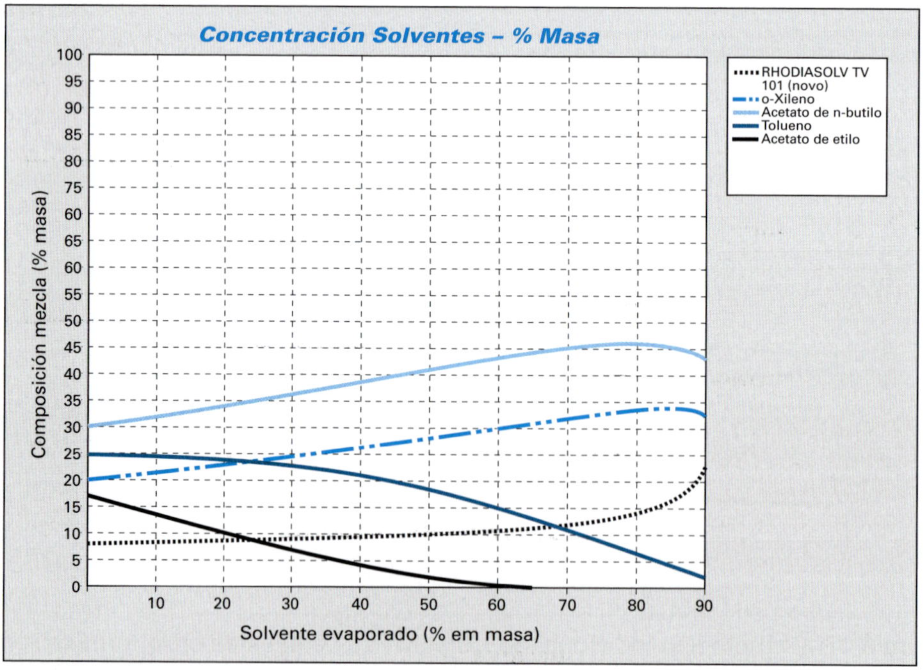

Figura 8.19. Evaporación individual de los solventes presentes en la formulación 3.

8.4. Pinturas industriales

En la industria las pinturas se utilizan en otras aplicaciones importantes:

- *Can coating*
- *Coil coating*
- Manutención industrial
- Revestimiento de embarcaciones

8.4.1. *Coil coating*

Este tipo de pintura se utiliza para aplicarlo en chapas metálicas que serán posteriormente rebobinadas y recibirán los formatos específicos de sus respectivas aplicaciones. El proceso de aplicación en general es continuo y se realiza a altas velocidades, de hasta 200 metros por minuto

El método más común de aplicación de la pintura líquida a la chapa metálica es por medio de cilindros de transferencia; consiste en primero limpiar y tratar la chapa metálica, después aplicar los *primers* y finalmente los *topocoats*. Después de aplicada la pintura precisa ser curada rápidamente para que se forme una película seca y dura en un período entre 10 y 60 segundos, y después, enfriada.

Estas chapas metálicas posteriormente van a ser utilizadas con fines específicos, es decir que van a ser manipuladas nuevamente; esto exige que la película de pintura presente resistencia a diversos tratamientos, como por ejemplo para producir revestimientos de vigas metálicas para tejados o filtros de aceita para automóviles.

Las resinas más comúnmente utilizadas para la formulación de las pinturas son:

- Amino-alquídicas;
- Vinil-alquídicas;
- Acrílicas reticuladas;
- Sistemas PU.

Debido a la variedad de las características de las aplicaciones de las chapas la pintura debe presentar una serie de propiedades como:

- A la estabilidad de cizallamiento;
- Curado rápido;
- Buen equilibrio entre flexibilidad y dureza;
- Resistencia a la intemperie.

De acuerdo con los datos de la Tabla 8.7, observando la distancia normalizada entre el sistema solvente y la resina melamínica, se verifica que entre ambas hay una gran interacción. En el ejemplo se simula la evaporación del sistema solvente en las condiciones ambientales. Si fuese así, la evaporación total del solvente sería sumamente lenta por dos motivos: Los solventes tienen una tasa de evaporación y una gran afinidad con la resina, lo que dificulta que se eliminen completamente.

Tabla 8.7. Composición, parámetros de solubilidad iniciales y variación de la solubilidad durante la evaporación de un sistema solvente para una resina melamínica

Composición del sistema solvente		Valores em % m/m
Solventes	Butilglicol	60,00
	AB9	40,00
	Total	100,00
Parámetros de solubilidad	δD	15,97
	δP	4,52
	δH	7,65
	δG	18,28
Melamina standard	Distancia normalizada inicial	0,04
	50% masa evaporada	0,18
	90% masa evaporada	0,19

Condiciones de evaporación:

25 g/m²/Temperatura – 25 °C/Humedad Relativa del aire – 70%/Velocidad del aire – 0,0667 – Sustrato – Metálico

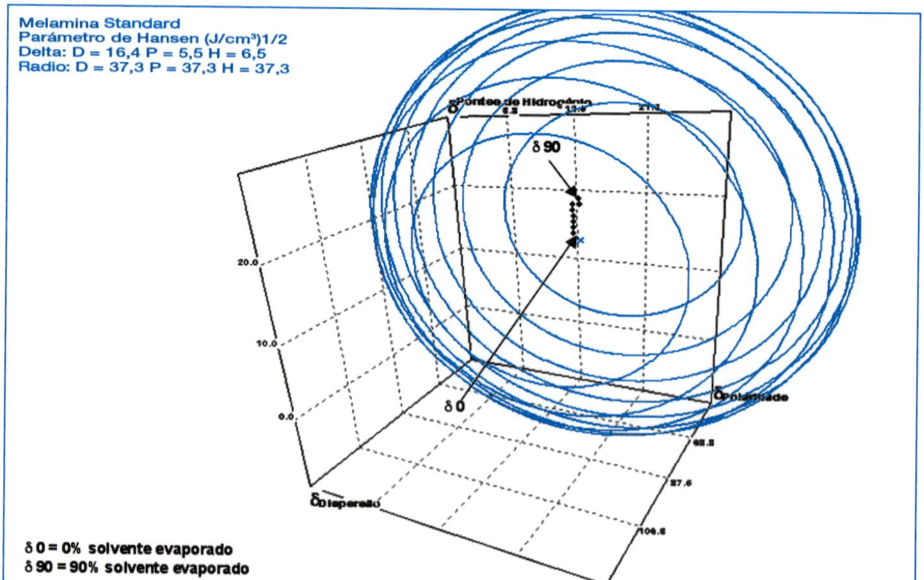

Figura 8.20. Variación de la solubilidad del sistema solvente en la superficie de solubilidad de la resina melamínica.

Contudo, como foi apresentado, estes sistemas são curados em estufa para eliminación rápida del solvente da superficie de la película.

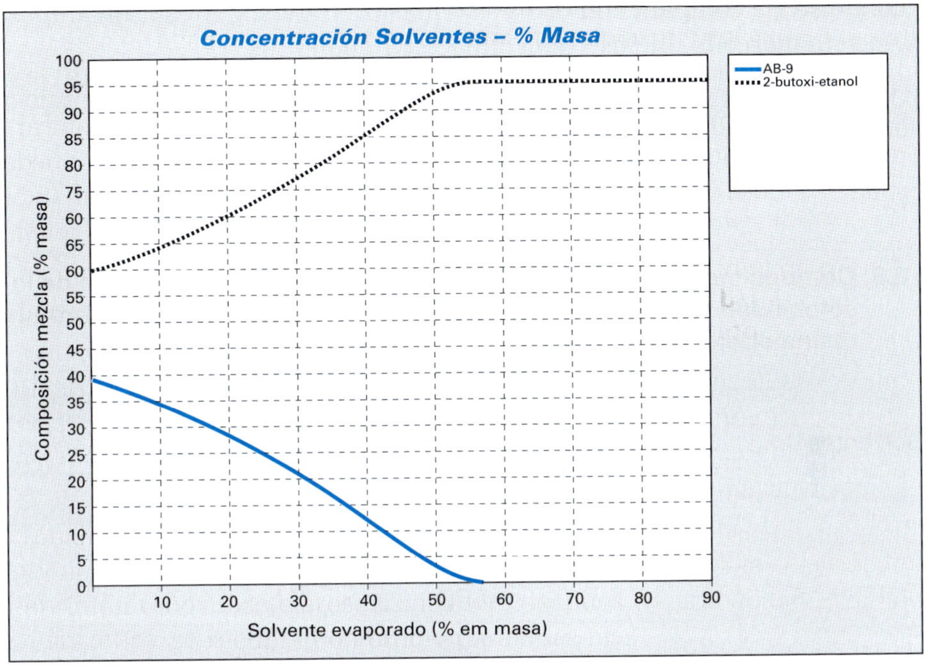

Figura 8.21. Evaporación individual de los solventes presentes en la formulación de una resina melamínica.

8.4.2. Can coating

Este producto se usa para pintar diversos de tambores y contenedores destinados a diferentes aplicaciones, incluso para almacenar alimentos. Lo que determina el tipo de revestimiento que se necesita para un cierto envase es:

- la naturaleza del producto que será almacenado
- el tipo de construcción del contenedor
- el método de producción y de llenado del contenedor.

Por ejemplo, para almacenar alimentos lo que se debe tener en cuenta principalmente es la posibilidad de que el alimento absorba sustancias del revestimiento que afecten su calidad. Por ello, para esta aplicación específica se usan revestimientos previamente aprobados por la FDA (*Federal and Drugs Administration*), resistentes a los productos qímicos en general y a los ácidos, y se pueden esterilizar.

Las principales resinas que se utilizan en este mercado son las fenólicas, epoxídicas, vinílicas y alquídicas. Las resinas fenólicas se utilizan en *can coating* porque en general tienen una excelente resistencia química, principalmente a los solventes. Las resinas vinílicas tienen excelente resistencia química y flexibilidade, pero baja resistencia al calor y la abrasión. Las resinas base epoxi presentan excelente desempeño cuando se las compara con otros sistemas utilizados, por eso son ampliamente usadas en este mercado, incluso para almacenar alimentos.

En la Tabla 8.8 se da un ejemplo de formulación de sistema solvente utilizado en este mercado.

Tabla 8.8. Composición, parámetros de solubilidad iniciales y variación de la solubilidad durante la evaporación de un sistema solvente para una resina epoxi

Composición del sistema solvente		Valores em % m/m
Solventes	Etilglicol	20,00
	Butanol	25,00
	Xileno	40,00
	AB9	15,00
	Total	100,00
Parámetros de solubilidad	δD	16,77
	δP	4,21
	δH	8,15
	δG	19,12
Epóxi standard	Distancia normalizada inicial	0,78
	50% masa evaporada	0,71
	90% masa evaporada	0,86

Condiciones de evaporación:
25 g/m^2/Temperatura – 25 °C/Humedad Relativa del aire – 70%/Velocidad del aire – 0,0667 – Sustrato – Metálico

En las Figuras 8.22 y 8.23 se muestra la variación de la solubilidad del sistema solvente y la composición del sistema en la película polimérica durante la evaporación.

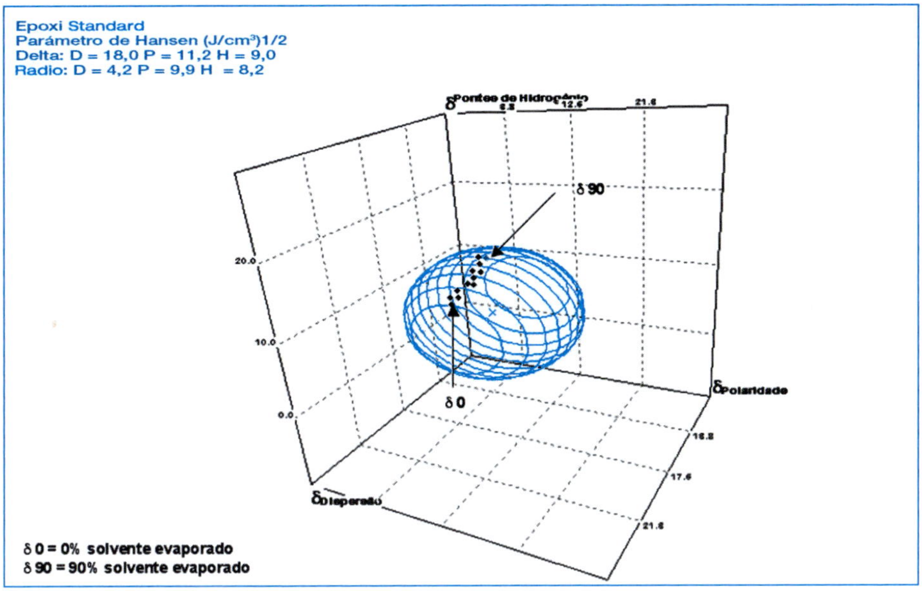

Figura 8.22. Variación de la solubilidad del sistema solvente en la superficie de solubilidad de la resina epoxi.

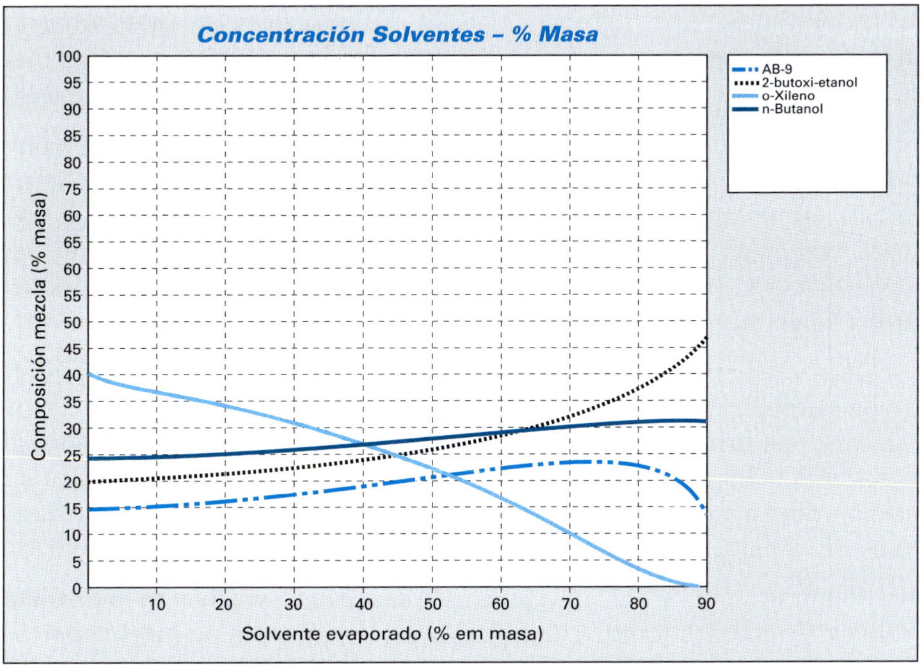

Figura 8.23. Evaporación individual de los solventes presentes en la formulación de una resina epoxi.

8.4.3. Manutención industrial

La pintura industrial es el proceso que consiste en depositar una película de pintura sobre una superficie metálica, de hormigón o de albañilería con la finalidad de proteger el patrimonio y ofrecer seguridad, higiene, productividad, marketing, economía y calidad.

La pintura que se aplica sobre superficies metálicas tiene la función de proteger el sustrato, aislándolo del ataque del medio, por medio de sus propiedades de adherencia, impermeabilidad y flexibilidad. Los *primers*, deben presentar una alta impermeabilidad y contener pigmentos anticorrosivos.

La pintura que se aplica el hormigón debe ser resistente a la alcalinidad del cemento, que cuando es fresco tiene un pH de 12 a 13. La película que se aplica sobre hormigón armado tiene la finalidad de impermeabilizar los poros para evitar la absorción de agua, por ejemplo, por efecto de capilaridad. En algunas situaciones, como el caso de las industrias alimenticias y farmacéuticas u hospitales, se necesita garantizar un ambiente libre de la humedad y de fácil limpieza. Para atender este mercado hay pinturas tienen la propiedad de impedir el crecimiento de microorganismos en la superficie en que se aplican.

En la Tabla 8.9 se presentan dos ejemplos de sistemas de resinas utilizados en pinturas industriales. Cada sistema tiene un desempeño y un costo diferentes en función de las características de las resinas y de los sistemas solventes empleados.

De acuerdo con la Tabla 8.9 las resinas alquídicas, que tienen como característica principal cadenas de carbono largas, tienen una baja polaridad y por dicho motivo los solventes más adecuados son los aromáticos y los alifáticos que tienen características similares. El parámetro de solubilidad más importante que determina las características de este sistema es la dispersión (δD). El etanol que está presente desempeña la función de diluyente, visto que seu impacto no desempenho del sistema solvente é pequeno considerando-se resina alquidica.

Si se hace el mismo análisis para el sistema PU 2K, se verifica la presencia de grupos con características polares y que tienden a formar uniones de hidrógeno entre las cadenas, principalmente de los isocianatos y del poliuretano formado por la reacción del poliisocianato con el poliol, lo que influye directamente sobre la composición del sistema solvente, que contiene ésteres de índice de evaporación de alto, medio y bajo.

Para definir el sistema solvente para este sistema de resinas es importante considerar la dispersión, las fuerzas de polaridad y las uniones de hidrógeno.

Tabla 8.9. Composición, parámetros de solubilidad iniciales y variación de la solubilidad durante la evaporación de sistemas solvente para un sistema PU 2K y un sistema alquídico

Composición del sistema solvente		Sistema alquídico	Sistema PU 2K
Solventes	Acetato de etilo		23,00
	Acetato de butilo		40,00
	Acetato de etilglicol	7,00	7,00
	Etanol	25,00	
	Tolueno	38,00	17,00
	Xileno	30,00	13,00
	Total	100,00	100,00
Parámetros de solubilidad	δD	17,25	16,45
	δP	3,36	3,40
	δH	7,28	7,28
	δG	19,02	17,72
		Alquídica corta en aceite de soja	Tolonate HDB
	Distancia normalizada inicial	0,27	0,61
	50% masa evaporada	0,32	0,61
	90% masa evaporada	0,29	0,46
			Poliol
	Distancia normalizada inicial		1,05
	50% masa evaporada		1,05
	90% masa evaporada		0,85

Condiciones de evaporación:

25 g/m^2/Temperatura – 25 °C/Humedad Relativa del aire – 70%/Velocidad del aire – 0,0667 – Sustrato – Metálico

Según se muestra en las Figuras 8.24 y 8.25, hay que destacar que en el caso de la resina alquídica, como se trata de un sistema monocomponente, existe un grado de libertad mayor para componer el sistema solvente con relación al sistema PU 2K, en el que el sistema solvente necesita solubilizar ambas resinas durante todas las etapas de la evaporación.

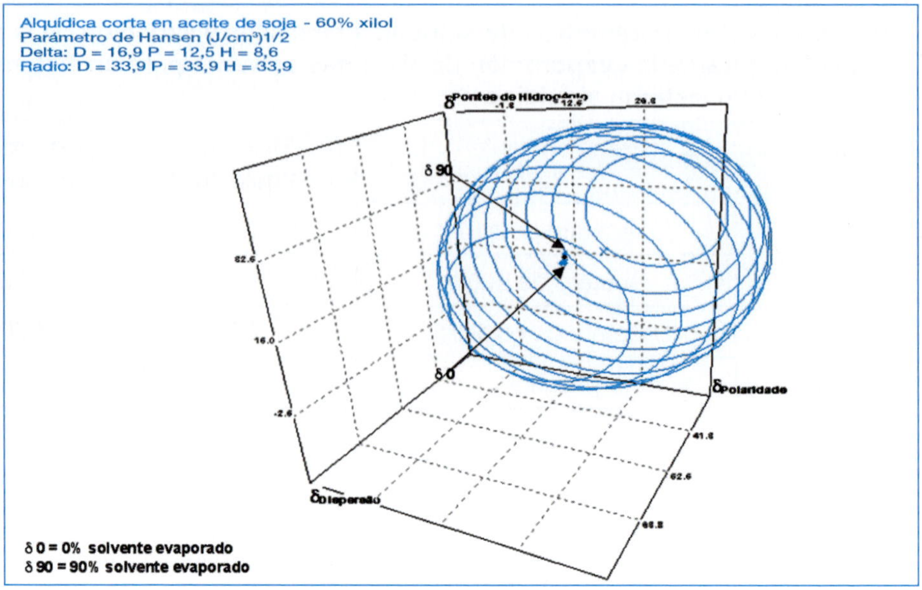

Figura 8.24. Variación de la solubilidad del sistema solvente en la superficie de solubilidad de la resina alquídica.

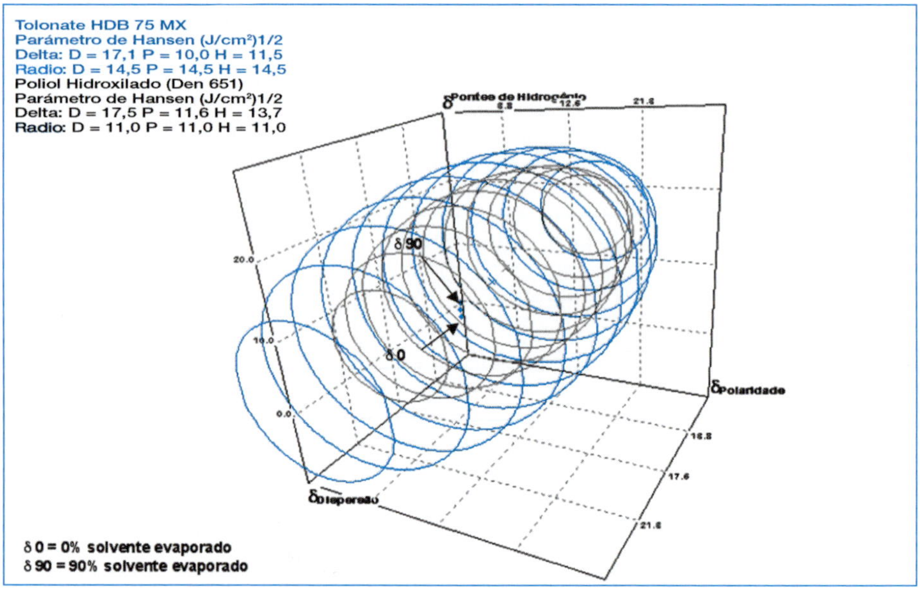

Figura 8.25. Variación de la solubilidad del sistema solvente en la superficie de solubilidad del sistema PU 2K.

Cuando se compara la evolución de los sistemas solventes de las dos pinturas durante la evaporación se observa que en el caso de la resina alquídica aumenta la concentración de xileno, que es su verdadero solvente, mientras que en el caso del sistema PU 2K, aumenta la concentración del acetato de butilo, que tiene un gran poder disolución del poliisocianato y el poliéster.

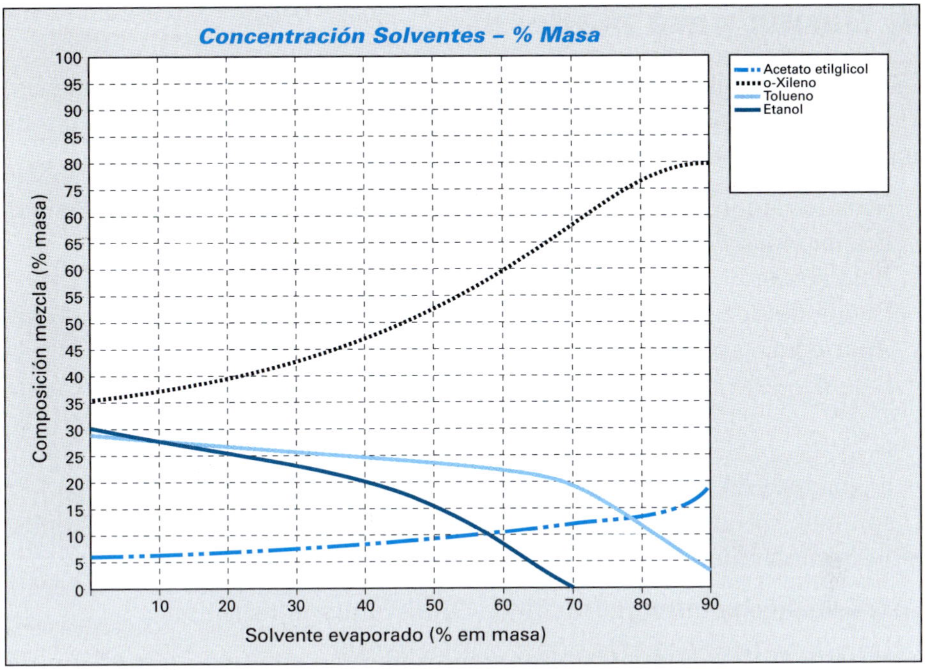

Figura 8.26. Evaporación individual de los solventes presentes en la formulación de la resina alquídica.

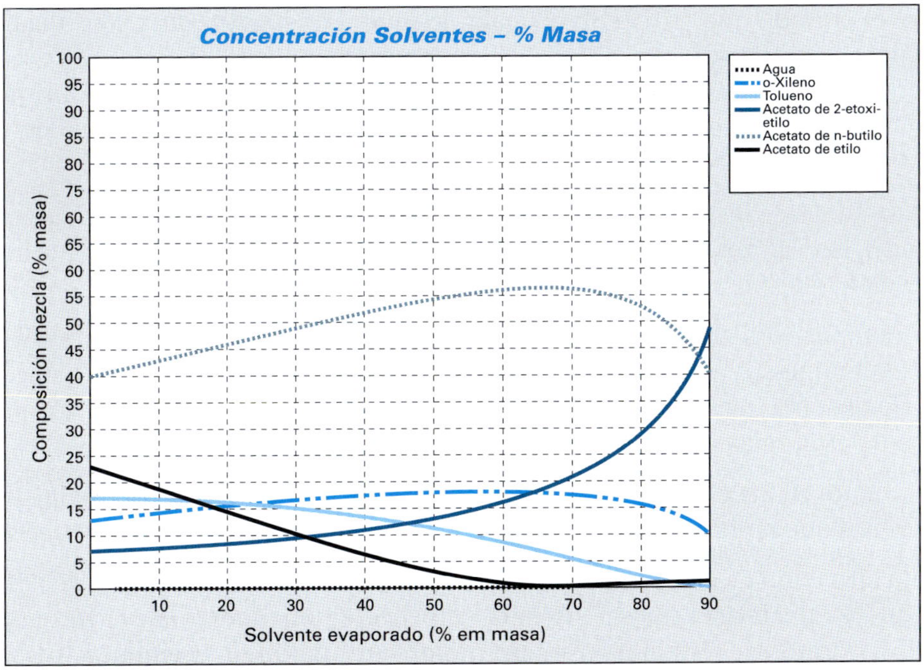

Figura 8.27. Evaporación individual de los solventes presentes en la formulación del sistema PU 2K.

8.4.4. Barniz para madera

La función de los barnices que se aplican en las superficies da madera es mejorar el aspecto y conferir resistencia a la intemperie. Las principales propiedades para los acabados de madera son:

- Secado rápido: el sustrato se puede manipular y almacenar rápidamente;
- Buena mojabilidad: para resaltar los colores de la madera;
- Bajo costo;
- Buena fluidez: el barniz penetra en la madera y no colmata los poros;
- Apariencia: apariencia suave incluso con poco brillo;
- Bajo nivel de brillo: en este mercado se usa bastante en acabado acetinado.

Los acabados con nitrocelulosa atienden bien estas exigencias, pero los sistemas PU son más caros y, dependiendo de la formulación, se secan más lentamente y su fluidez y mojabilidad son peores.

La exposición a la intemperie puede causar fotodegradación.

Un sistema de revestimiento para madera está compuesto por un *primer*, un *undercoat* y un *topcoat*. La función principal del *primer* es la de unir adecuadamente el sustrato y la capa de acabado siguiente. Además debería tener al función de sellador de la madera y brindar alguna resistencia adicional a la intemperie durante el período que antecede el acabado final. Los *undercoats* se utilizan para conseguir el espesor y la opacidad requerida para la película. Los *topcoats* se aplican para dar las propiedades de superficie deseadas, como brillo y durabilidad. Existen sistemas *base agua* y *base solvente*, que se utilizan dependiendo de las necesidades del acabado.

En la Tabla 8.10 se presentan algunas formulaciones típicas utilizadas en este mercado y los valores correspondientes a la variación de la solubilidad durante a evaporación del sistema solvente.

La composición de ambos sistemas solventes es muy parecida, cambia solamente el compuesto de índice de evaporación bajo, conocido también como retardador. Se observa que los parámetros de solubilidad son prácticamente los mismos para los dos sistemas en cualquier instante de la evaporación.

En Figuras 8.28 y 8.29 se muestran las superficies de solubilidad de las resinas y se observa que ambos sistemas actúan en la misma región.

Esta situación es un ejemplo típico de intersección de superficies de respuesta, en que es necesario que el sistema solvente se encuentre en la intersección de ambas, tanto en el instante inicial como en cualquier momento durante la evaporación del sistema solvente. Esta condición es fundamental para que haya una buena miscibilidad entre las resinas, y en consecuencia se forme una buena película, garantizando las propiedades mecánicas y la apariencia. Si se consideran los dos sistemas, se puede verificar que el sistema solvente actúa en el límite de la superficie de solubilidad de la resina de nitrocelulosa y cerca del centro de la resina maleica.

Tabla 8.10. Composición, parámetros de solubilidad iniciales y variación de la solubilidad durante la evaporación de un sistema solvente para un sistema nitrocelulosa y maleica

Composición del sistema solvente		Formulación 1	Formulación 2
Solventes	Etanol		13,00
	Acetato de etilo	15,00	16,00
	Metil-isobutil-cetona	17,00	8,00
	Tolueno	10,00	33,00
	Xileno	30,00	25,00
	Butilglicol	23,00	
	Diacetona alcohol		5,00
	Total	100,00	100,0
Parámetros de solubilidad	δD	16,88	16,99
	δP	3,74	3,60
	δH	6,47	5,98
	δG	18,46	18,36
Nitrocelulosa BT 1464½" AN ETA	Distancia normalizada inicial	0,97	0,61
	50% masa evaporada	1,07	0,61
	90% masa evaporada	1,01	0,46
Maleica 60% em xilol	Distancia normalizada inicial	0,27	0,28
	50% masa evaporada	0,36	0,40
	90% masa evaporada	0,35	0,23

Condiciones de evaporación:
25 g/m²/Temperatura – 25 °C/Humedad Relativa del aire – 70%/Velocidad del aire – 0,0667

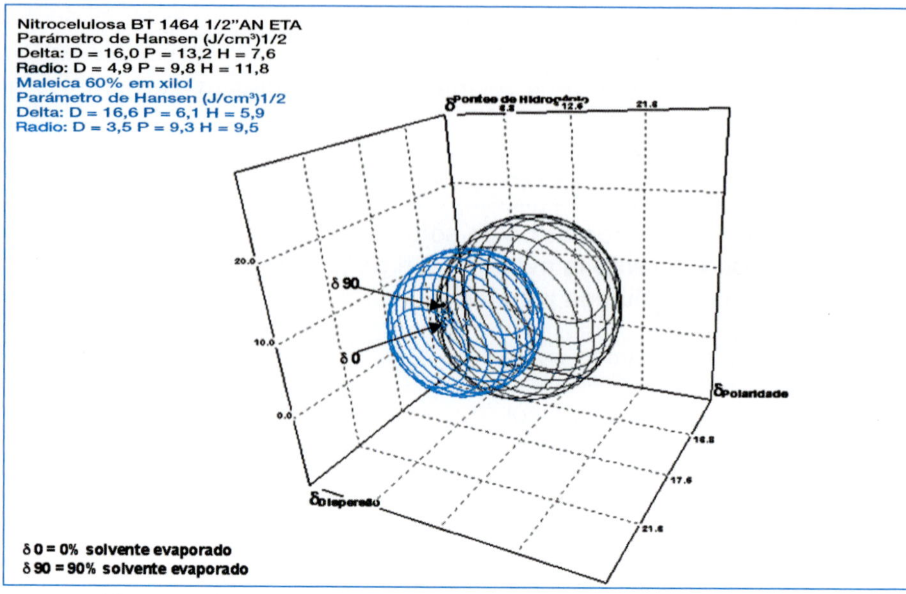

Figura 8.28. Variación de la solubilidad del sistema solvente para el sistema de resinas Nitrocelulosa/Maleica – Formulación 1.

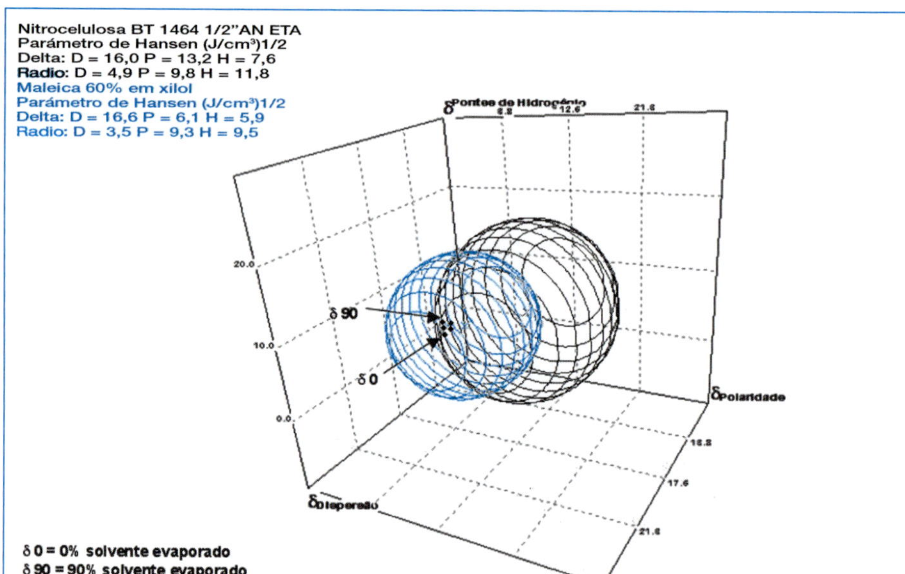

Figura 8.29. Variación de la solubilidad del sistema solvente para el sistema de resinas Nitro/Maleica – Formulación 2.

En las Figuras 8.30 y 8.31 se presenta la variación de la composición de los sistemas solventes.

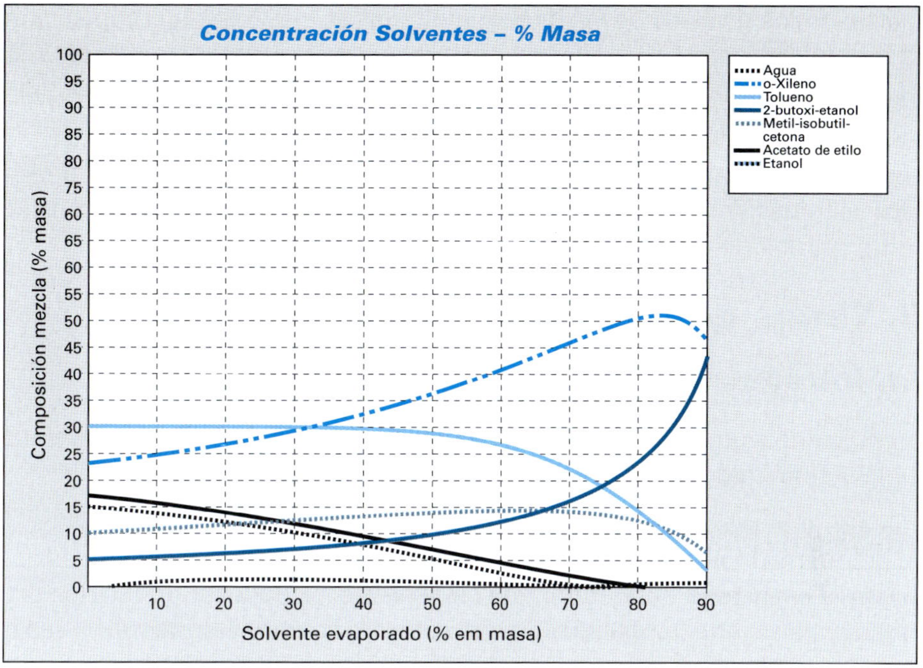

Figura 8.30. Evaporación individual de los solventes presentes de la resina nitro-maleica – Formulación 1.

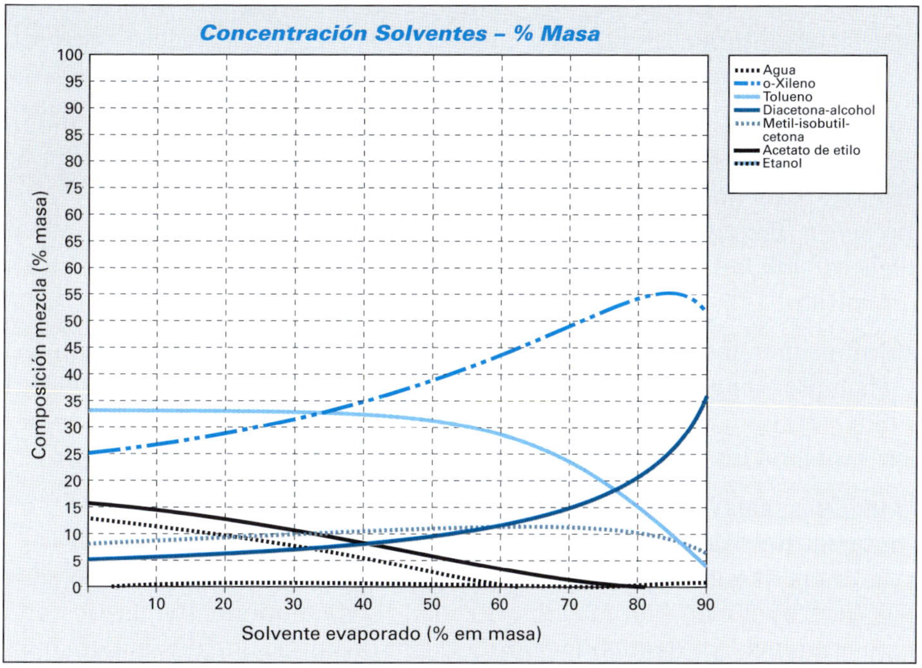

Figura 8.31. Evaporación individual de los solventes presentes de la resina nitro-maleica – Formulación 2.

A partir de los gráficos se verifica que en ambos sistemas la composición de la película de pintura es prácticamente la misma cuantitativamente, con el 90% de la masa de solvente evaporada; sólo cambia el retardador, que en un caso es butilglicol y en el otro, diacetona alcohol.

Como en los dos casos las distancias normalizadas son las mismas, el desempeño de los dos sistemas, y en última instancia, de los dos retardadores, es el mismo

8.4.5. Tintas de impresión

8.4.5.1. Introducción

El área gráfica desempeña un importante papel en la continuidad y registro del desarrollo de la humanidad.

Cada año que pasa aumentan las exigencias del mercado de embalajes. La expansión del mercado mundial ha hecho surgir una gran variedad de procesos de impresión con la capacidad de atender a las nuevas necesidades. Por ello, los procesos de impresión y las tintas empleadas deben estar al día con el desarrollo y las nuevas tendencias del mercado.

Los solventes se siguen usando en grandes cantidades en los principales mercados de tintas de impresión, como litografía, flexografía, rotograbado, *offset* y *silkscreen*. Cuando se los comprara con los demás componentes de la formulación, pigmentos, resinas sintéticas, aditivos y cargas, los solventes orgánicos representan el volumen mayor y, generalmente, el costo menor.

El poder solvente y la volatilidad son propiedades extremamente importantes porque influyen directamente en las características de las tintas que se utilizan en los diferentes tipos de impresión. Se discutirá el uso del solvente en las tintas para litografía, *offset*, flexografía y rotograbado con relación a la influencia de sus propiedades en la estabilidad, la facilidad de impresión y la velocidad en que la tinta se seca sobre el sustrato.

La formulación de las tintas para flexografía y rotograbado que se usan en embalajes de alimentos exige una cuidadosa elección de los solventes, para evitar problemas de olor y residuos del producto en el material. En este caso son de igual importancia las propiedades de los solventes y la eficiencia del equipo de secado.

Se pueden señalar dos factores que han contribuido al progreso de la tecnología de las tintas: a necesidad de imprimir sobre diferentes tipos de sustratos y la demanda de tintas que impriman con la misma eficiencia y calidad cuando se utilizan máquinas que funcionan con mayor velocidad. Los componentes usados en mayor proporción y además los de menor costo son los solventes, que desempeñan un papel muy importante para atender estas exigencias.

La actual tendencia de este mercado es eliminar completamente las materias primas de origen petroquímico, de esta manera la disminución de los impactos en la salud humana, incluindo la legislación sobre los problemas de contaminación del medio ambiente. En este sentido, o concepto de tintas cura Ultravioleta y base agua deverá ser revisto.

8.4.5.2. A función de los solventes en las tintas de impresión

La función de los solventes es disolver las resinas utilizadas en la preparación de la tinta es formar una película, dar forma a los vehículos y las soluciones pigmentadas con que se producen las tintas. Los solventes también actúan sobre las propiedades de mojabilidad y dispersión de los pigmentos.

El principal mecanismo de secado en los procesos de impresión flexográfica, rotograbado, litografía y *offset* es la evaporación del sistema solvente.

Es normal en todos los procesos de impresión que el solvente o el sistema solvente sean absorbidos por los poros de los papeles y las películas pero lo que realmente determina el secado son el sustrato y el proceso de impresión. Por ejemplo, es fundamental combinar la absorción y la oxidación para conseguir un secado rápido en la litografía sobre papeles revestidos.

Las propiedades más importantes del solvente son, en primer lugar su poder de solvencia, en segundo, el índice de evaporación, que controla el secado y la estabilidade en máquina de impresión. También son importantes los efectos del solvente sobre el sustrato. El solvente que se queda en el envase impreso, después del secado final, puede dejar olores indeseables, sobre todo si se trata de productos destinados a la industria de alimentos. En este caso es más indicado usar solventes que tengan poco olor.

8.4.5.3. Flexografía

La Asociación Técnica Flexográfica de los Estados Unidos define la flexografía como un método de impresión rotativa directa que utiliza chapas de caucho o de un fotopolímero resiliente con una imagen en alto relieve, que se pueden fijar a cilindros de diferentes larguras.

La flexografía se comenzó a usar en los Estados Unidos en la década del 20, y actualmente se la considera un método de impresión nuevo y que está en rápida transformación. En aquella época se la llamaba impresión con anilina y a partir de 1952 se la llama impresión flexográfica.

La tinta se aplica con un rodillo dosificador del que se retira el exceso raspando con láminas que pueden pasar tintas fluidas o en pasta a cualquier sustrato.

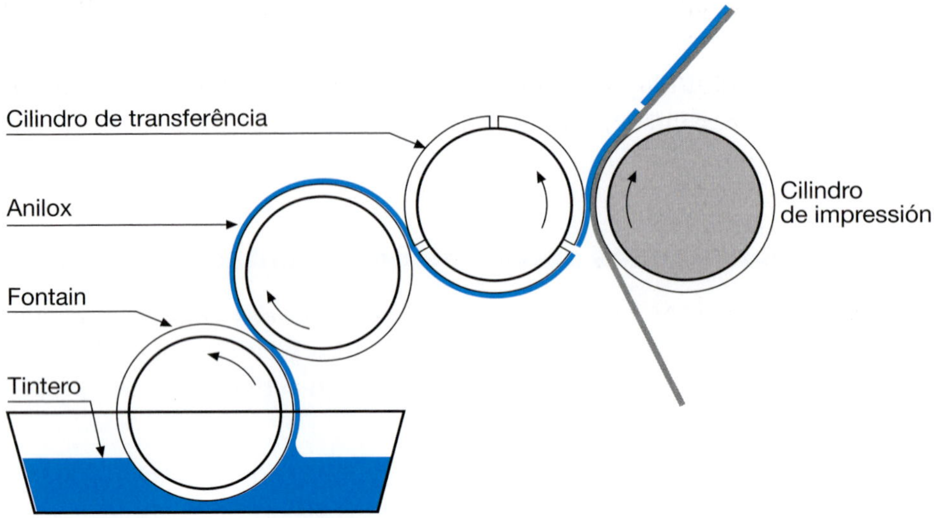

Figura 8.32. Esquema simplificado de impresión flexográfica.

Debido a la característica de las tintas líquidas utilizadas y de la forma en alto relieve el sistema de impresión flexográfico es uno de los más versátiles que hay; se puede imprimir sobre varios sustratos como papel, plásticos, bolsas de rafia, cartón corrugado, cerámica, etc. (con máquinas especialmente fabricadas para cada uso).

Es posible imprimir sobre sustratos impermeables porque la tinta es líquida y se seca muy rápidamente (con el auxilio de calentadores y ventiladores instalados en el recorrido del sustrato tras la impresión).

Se debe limpiar con el mismo solvente utilizado en la formulación de la tinta, para poder retirarla fácilmente de la superficie da chapa y asegurar la compatibilidad del solvente con la chapa. La tinta nunca se debe dejar secar completamente sobre el cliché. Se deben aprovechar los momentos en que la máquina no está en operación para limpiarla usando un cepillo de cerdas suaves.

Aunque sea de un día para el otro la chapa se debe limpiar completamente retirando, principalmente, la tinta que penetra en los textos negativos (horadados) y en las letras pequeñas. Si sobre el cliché hay exceso de tinta la impresión flexográfica será de baja calidad.

Los solventes habitualmente utilizados en tintas flexográficas son los alcoholes (etílico, isopropílico, n-butílico, isobutílico), los ésteres (acetato de etilo, acetato de propilo, acetato de isopropilo) etilglicol, propilenglicol monometil éter y diacetona alcohol.

La perfecta transferencia entre el anilox y el fotopolímero depende principalmente del solvente. Este proceso debe estar balanceado, es decir, se debe ajustar el secado para que la imagen se imprima en el sustrato con la calidad deseada y los niveles de solvente residual sean los adecuados para el mercado al que está destinado el producto con esa impresión.

En la Tabla 8.11 se presentan algunos ejemplos de formulaciones típicas de mercado, evaluadas de acuerdo con el concepto de parámetro de solubilidad – Hansen y usando la herramienta SOLSYS® – Design de Sistemas Solventes – Rhodia. Los parámetros de solubilidad de las resinas se determinaron como se describe en el ítem 8.3.1.1. Para este análisis se usó el sistema de resina nitrocelulosa-fumárica.

El sistema solvente utilizado en la formulación de la Tabla 8.11 presenta una distancia normalizada, a 90% de masa evaporada, cercana al límite del volumen de solubilidad para la resina nitrocelulosa-fumárica. La solubilidad inicial del sistema solvente tiene una buena capacidad de solubilización de las resinas.

Tabla 8.11. Composición del sistema solvente, parámetro de solubilidad y distancia normalizada de un sistema de resina nitrocelulosa-fumárica

Composición del sistema solvente		Valores em % m/m
Solventes	Etanol	52,00
	Acetato de etilo	18,00
	Isopropanol	20,00
	Butanol	6,00
	Propilenglicol monometil éter	4,00
	Total	100,00
Parámetros de solubilidad	δD	15,79
	δP	7,41
	δH	16,17
	δG	23,79
Nitrocelulosa standard	Distancia normalizada inicial	0,76
	50% masa evaporada	0,85
	90% masa evaporada	0,83
Fumárica standard	Distancia normalizada inicial	0,75
	50% masa evaporada	1,01
	90% masa evaporada	0,90

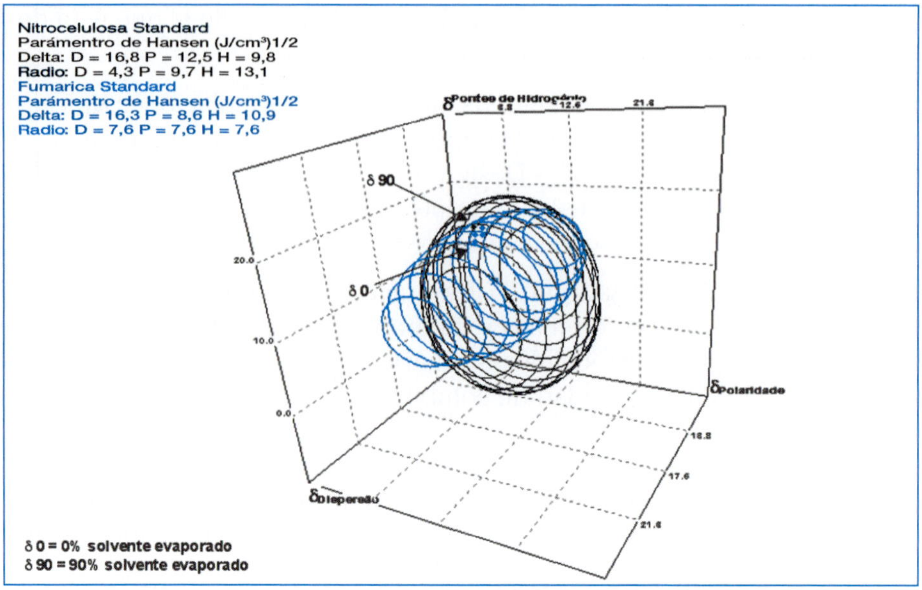

Figura 8.33. Ubicación del sistema solvente en la superficie de solubilidad del sistema de resina Nitrocelulosa-Fumárica.

Las tintas de impresión se formulan intencionalmente en el límite de la superficie de solubilidad para facilitar la eliminación de los solventes y evitar la posibilidad de retención de solvente en la impresión final. En este caso, la evaporación rápida del sistema permite que la película se forme sin imperfecciones.

Este gráfico indica también el cambio de los valores de las fuerzas de δ*D*, δ*P* e δ*H* durante la evaporación del sistema solvente; así se pueden evaluar los posibles defectos del final de la formación de la película.

Si se utilizan dos o más resinas en la tinta, para elegir el mejor sistema solvente se debe tener en consideración la superficie de solubilidad de los polímeros y los parámetros de solubilidad y la tasa de evaporación de lo sistema solvente.

En la Figura 8.34 se representa la evaporación de los solventes individuales durante el secado y la formación de la película, indicando la concentración en cada etapa de la evaporación. A partir de este gráfico se puede evaluar la influencia de cada solvente en la calidad de la película.

Debemos destacar que, en este caso, el agua que se observa en el gráfico proviene de la humedad relativa supuesta en las condiciones atmosféricas de la simulación. Este fenómeno también se observará en los siguientes gráficos de evaporación del sistema solvente.

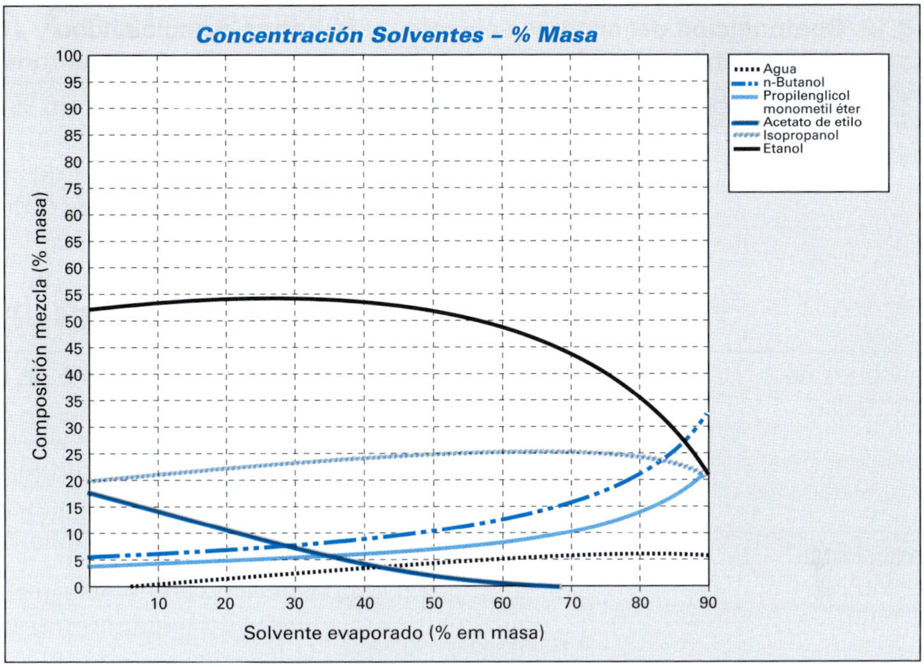

Figura 8.34. Composición del sistema solvente en función de la masa de solvente evaporado.

En la Tabla 8.12 presentamos los valores de otro sistema solvente considerando el mismo sistema de resinas.

Como expusimos en el ejemplo anterior, el sistema solvente utilizado en este caso también tiene una distancia normalizada cercana al límite del volumen de solubilidad para la resina fumárica. Esta es una particularidad de los productos destinados al mercado de tintas de impresión.

En el gráfico de la Figura 8.35 también se representa la evolución de los valores de las fuerzas de δD, δP e δH durante la evaporación del sistema solvente.

Cuanto más se aleja del comportamiento ideal la solución de una mezcla de solventes, mayor será el índice de evaporación de este sistema. Esta propiedad es fundamental para los productos destinados al mercado tintas de impresión flexográfica y rotográfica .

En la Figura 8.36 se representa la evaporación de los solventes individuales durante el secado y la formación de la película, lo que permite saber que solvente estará presente en esta fase. El acetato de etilo se evapora casi completamente cuando el 60% del sistema solvente se ha evaporado.

En la Tabla 8.13 se presenta otro sistema solvente y el mismo par de resinas.

Tabla 8.12. Composición del sistema solvente, parámetros de solubilidad y distancia normalizada de um sistema de resina nitrocelulosa-fumárica

Composición del sistema solvente		Valores em % m/m
Solventes	Etanol	55,00
	Acetato de etilo	21,00
	Isopropanol	18,00
	Etilglicol	6,00
	Total	100,00
Parámetros de solubilidad	δD	15,82
	δP	7,60
	δH	15,99
	δG	23,75
Nitrocelulosa standard	Distancia normalizada inicial	0,74
	50% masa evaporada	0,83
	90% masa evaporada	0,77
Fumárica standard	Distancia normalizada inicial	0,72
	50% masa evaporada	1,02
	90% masa evaporada	0,96

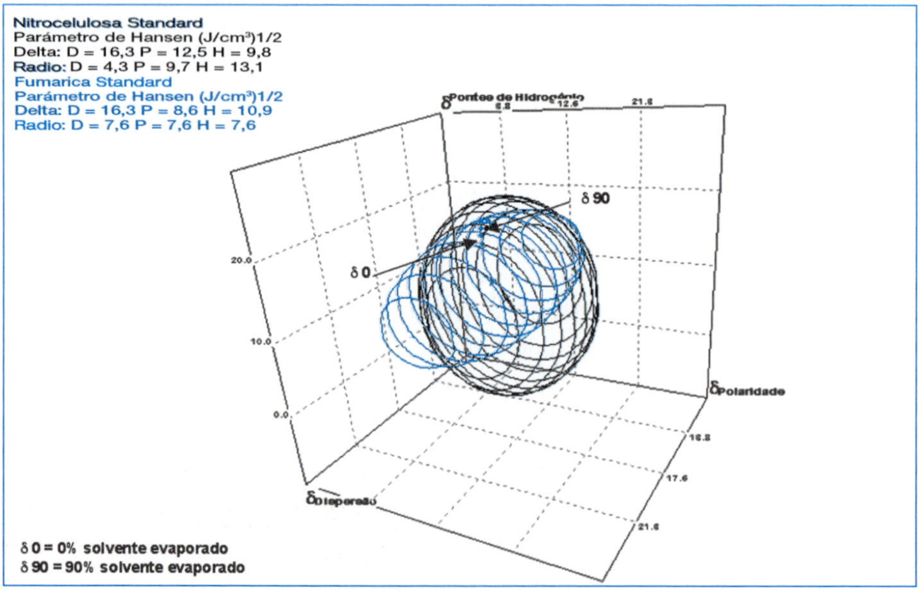

Figura 8.35. Ubicación del sistema solvente en la superficie de solubilidad del sistema de resina Nitrocelulosa-Fumárica.

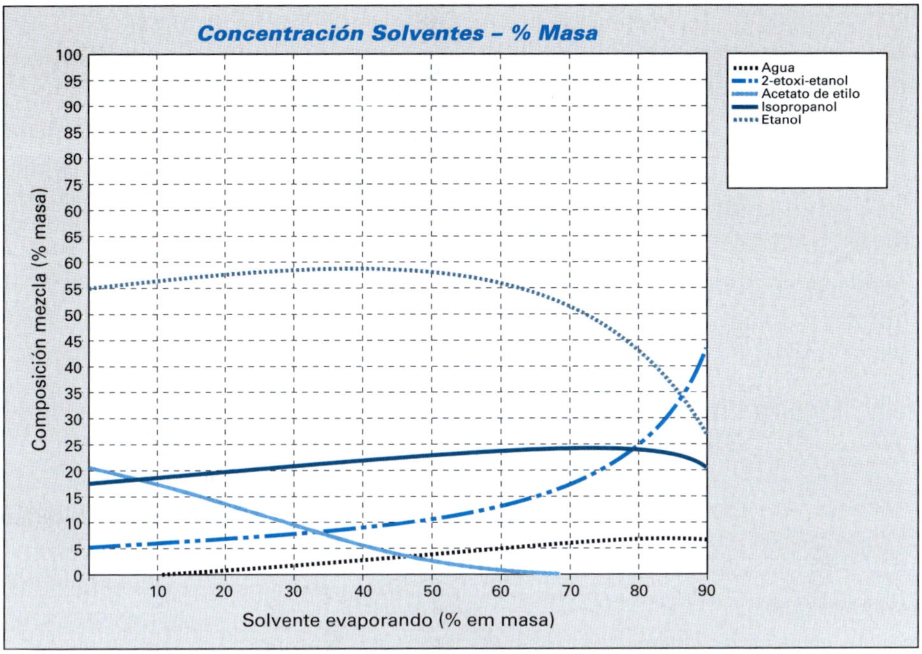

Figura 8.36. Composición del sistema solvente en función de la masa de solvente evaporado.

Tabla 8.13. Composición del sistema solvente, parámetros de solubilidad y distancia normalizada de um sistema de resina Nitrocelulosa-Fumárica

Composición del sistema solvente		Valores em % m/m
Solventes	Etanol	52,00
	Acetato de etilo	18,00
	Isopropanol	25,00
	Diacetona alcohol	5,00
	Total	100,00
Parámetros de solubilidad	δD	15,80
	δP	7,47
	δH	16,02
	δG	23,71
Nitrocelulosa standard	Distancia normalizada inicial	0,75
	50% masa evaporada	0,83
	90% masa evaporada	0,71
Fumárica standard	Distancia normalizada inicial	0,73
	50% masa evaporada	0,98
	90% masa evaporada	0,74

Según discutido en los ejemplos anteriores, el sistema solvente para las tintas de impresión se define tendiendo al límite de la superficie de solubilidad del sistema polimérico. En el presente caso observamos la misma característica.

De acuerdo con el gráfico de la Figura 8.37 se verifica que a pesar de que los valores de δD, δP, δH cambian el sistema solvente permanece dentro de la superficie de solubilidad durante toda la evaporación del sistema solvente y la formación de la película.

La elevada velocidad de evaporación del sistema solvente favorece la formación de la película y disminuye la posibilidad de aparición de imperfecciones.

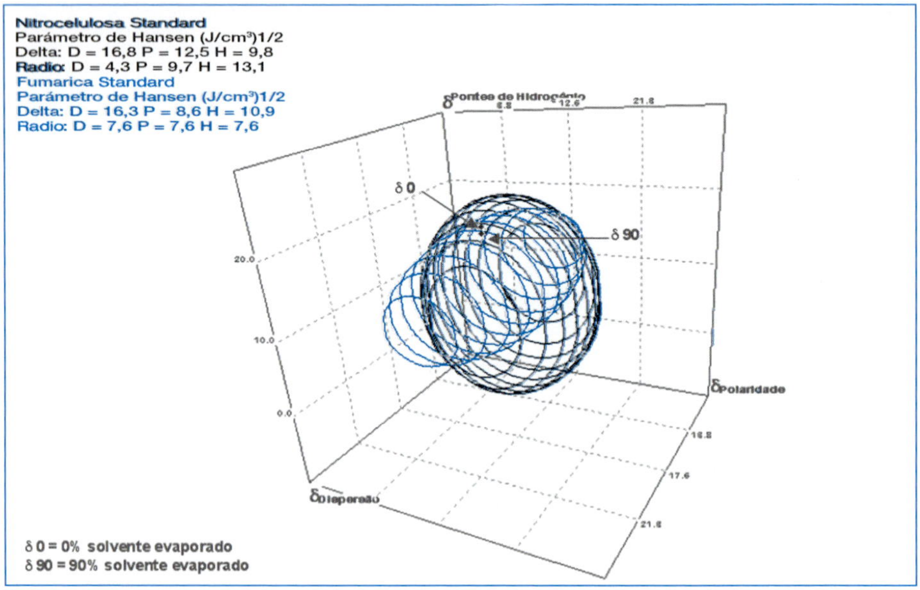

Figura 8.37. Evolución de los parámetros de solubilidad del sistema solvente en la superficie de solubilidad de las resinas nitrocelulosa y fumárica.

El gráfico de evaporación del sistema solvente que se presenta en la Figura 8.38 es importante porque permite identificar los solventes que se encuentran en las varias etapas de la formación de la película y relacionarlos con la variación de las fuerzas de δD, δP, δH. A partir de este análisis podemos entender de qué manera se producen los defectos de la película.

Los tres ejemplos siguientes se han obtenido con el sistema de resina nitrocelulosa-poliamida, que se utiliza mucho en el segmento de tintas de impresión.

Con este sistema solvente se puede observar que la distancia normalizada está ligeramente afuera de la superficie de solubilidad en el caso de la resina poliamida al 50% de masa evaporada. En este punto de la etapa de formación de la película existe la posibilidad de que la tinta precipite. Esto se evita cuando hay una rápida evaporación del sistema solvente y formación de la película.

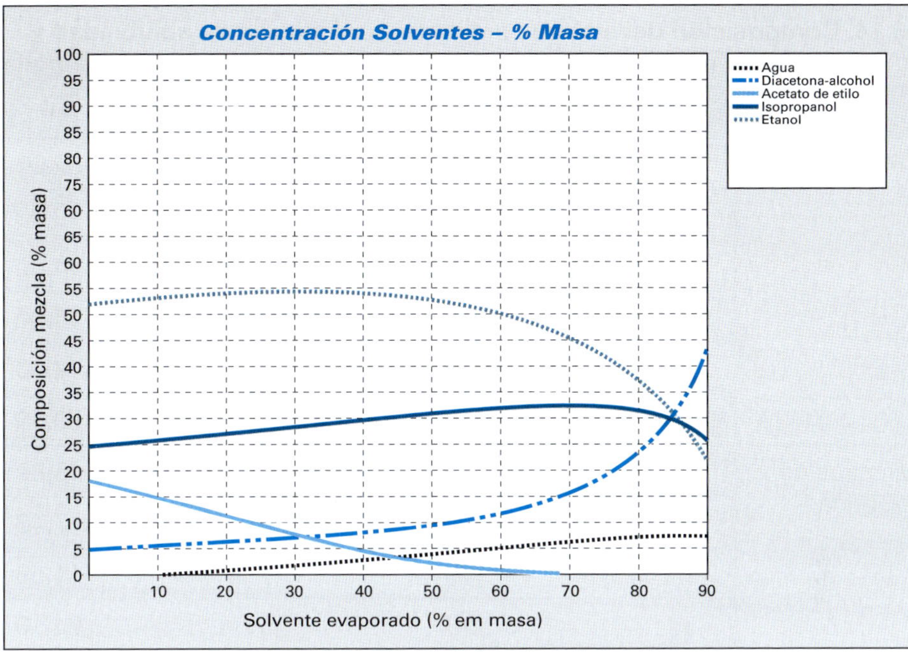

Figura 8.38. Evaporación del sistema solvente.

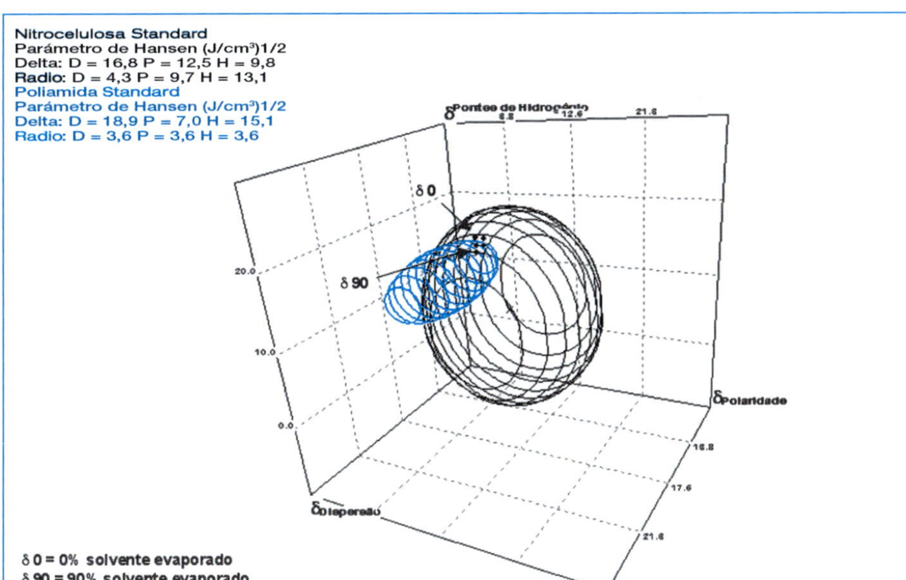

Figura 8.39. Ubicación del sistema solvente en la superficie de solubilidad de las resinas poliamida y nitrocelulosa.

En el gráfico de la Figura 8.39 se representa como varían los valores de las fuerzas de δD, δP, δH durante la evaporación del sistema solvente.

Tabla 8.14. Composición del sistema solvente, parámetros de solubilidad y distancia normalizada de un sistema de resina nitrocelulosa-poliamida

Composición del sistema solvente		Valores em % m/m
Solventes	Etanol	52,00
	Acetato de etilo	12,00
	Isopropanol	14,00
	Butanol	15,00
	Propilenglicol monometil éter	7,00
	Total	100,00
Parámetros de solubilidad	δD	15,80
	δP	7,48
	δH	16,59
	δG	24,10
Nitrocelulosa standard	Distancia normalizada inicial	0,77
	50% masa evaporada	0,84
	90% masa evaporada	0,81
Poliamida standard	Distancia normalizada inicial	0,99
	50% masa evaporada	1,22
	90% masa evaporada	0,92

En la Figura 8.40 se representa la evaporación de los solventes individuales durante el secado y la formación de la película, lo que permite detectar cual es el solvente que tiene influencia en las diferentes etapas de la formación de la película.

A un valor de 90% de masa evaporada se observa que el butanol es el solvente que se encuentra en mayor proporción, en segundo lugar se encuentra el propilenglicol monometil éter, estes son los componentes que determinan la solubilidad final y la formación de la película.

Se ha de repetir que el agua que aparece en la figura proviene de las condiciones atmosféricas establecidas en la simulación de los datos.

En la Tabla 8.15 se presenta otro sistema solvente para el mismo conjunto de resina nitrocelulosa-poliamida.

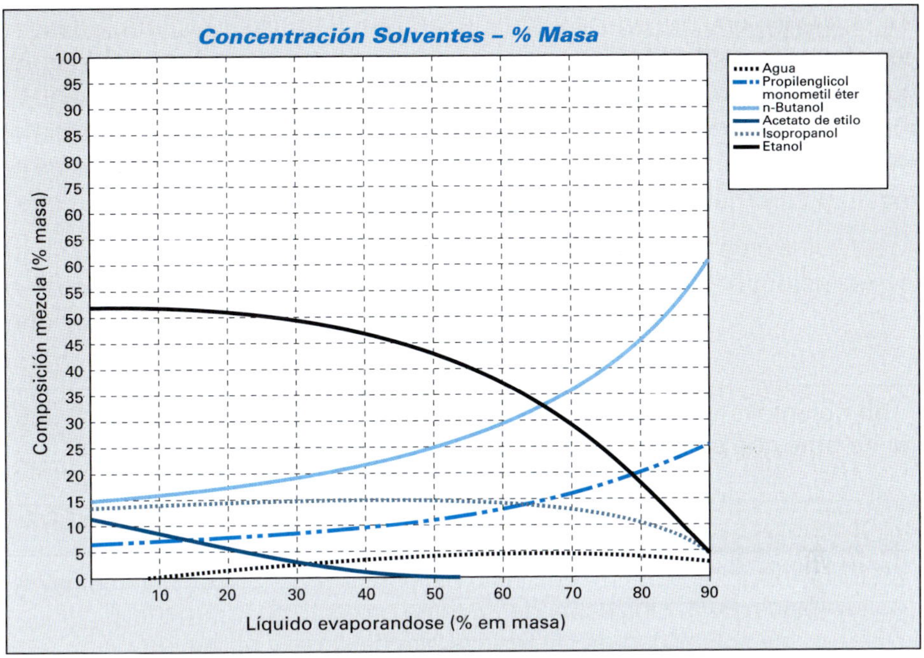

Figura 8.40 Evaporación del sistema solvente durante el secado de la película.

Tabla 8.15. Composición del sistema solvente, parámetros de solubilidad y distancia normalizada de un sistema de resina nitrocelulosa-poliamida

Composición del sistema solvente		Valores em % m/m
Solventes	Etanol	55,0
	Acetato de etilo	17,0
	Isopropanol	19,0
	Butanol	5,0
	Diacetona alchool	4,0
	Total	100,0
Parámetros de solubilidad	δD	15,81
	δP	7,51
	δH	16,23
	δG	23,87
Nitrocelulosa standard	Distancia normalizada inicial	0,75
	50% masa evaporada	0,83
	90% masa evaporada	0,73
Poliamida standard	Distancia normalizada inicial	0,95
	50% masa evaporada	1,28
	90% masa evaporada	0,92

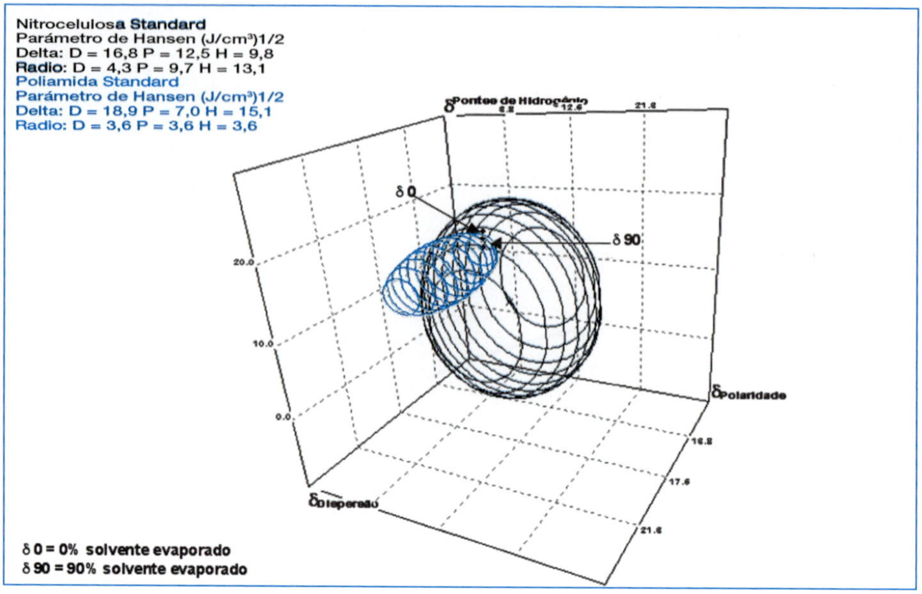

Figura 8.41. Ubicación del sistema solvente en la superficie de solubilidad de las resinas nitrocelulosa y poliamida.

En este gráfico se observa la misma tendencia de los anteriores, es decir que el sistema solvente está ligeramente fuera del volumen de solubilidad para la resina de poliamida al 50% de masa evaporada.

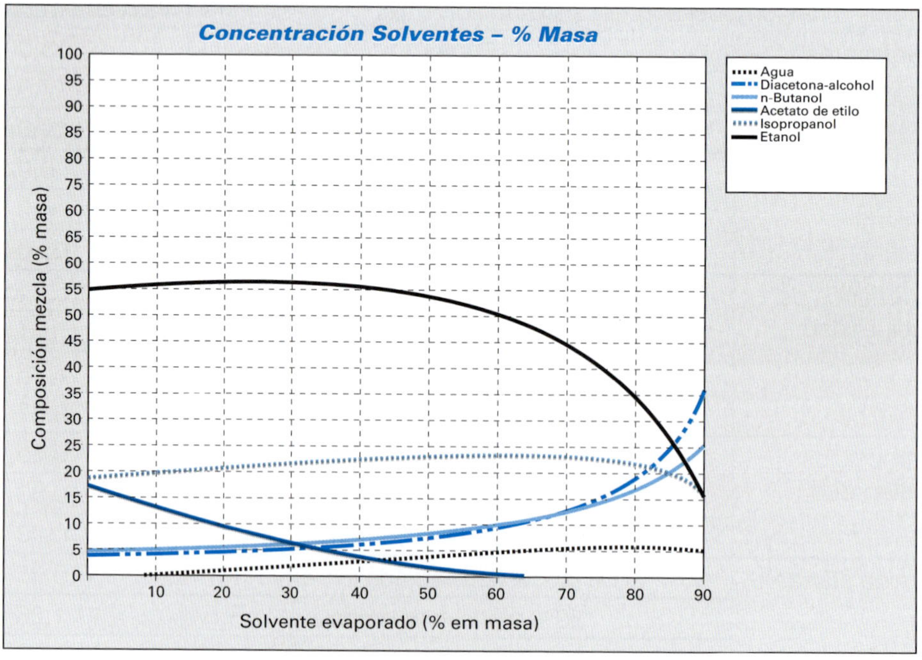

Figura 8.42. Evaporación del sistema solvente.

En la Figura 8.42 constan los solventes utilizados en la formulación del sistema solvente y se indica gráficamente la concentración de cada solvente durante el secado de la película. El acetato de etilo queda completamente eliminado cuando se ha evaporado el 60% del sistema solvente.

En la Tabla 8.16 se presenta el sistema solvente con su respectiva distancia normalizada dentro del volumen de solubilidad para la resina nitrocelulosa. En este caso la información que se obtiene es que el polímero puede solubilizar bien la resina.

Tabla 8.16. Composición del sistema solvente, parámetros de solubilidad y distancia normalizada de un sistema de resina nitrocelulosa-poliamida

Composición del sistema solvente		Valores em % m/m
Solventes	Etanol	58,00
	Acetato de etilo	17,00
	Isopropanol	19,00
	Etilglicol	6,00
	Total	100,00
Parámetros de solubilidad	δD	15,82
	δP	7,72
	δH	16,45
	δG	24,09
Nitrocelulosa standard	Distancia normalizada inicial	0,75
	50% masa evaporada	0,84
	90% masa evaporada	0,77
Poliamida standard	Distancia normalizada inicial	0,98
	50% masa evaporada	1,37
	90% masa evaporada	1,27

En el caso de la resina poliamida la solubilidad inicial está en el límite del volumen de solubilidad. Se puede observar que durante la evaporación del sistema solvente la distancia normalizada sale del volumen de solubilidad, lo que indica una baja solubilidad del polímero, según se desprende de la Figura 8.43. Debemos resaltar nuevamente que la rápida evaporación del sistema favorece la formación de la película, pero que en este caso la resina puede precipitar.

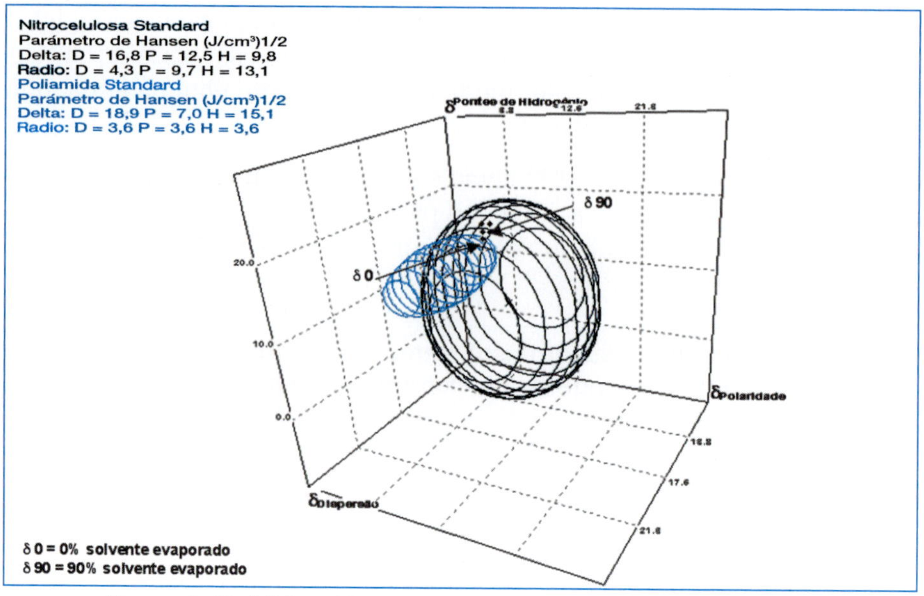

Figura 8.43. Ubicación del sistema solvente en la superficie de solubilidad de las resinas.

Como ya ha sido mencionado, las tintas destinadas al mercado de tintas de impresión están formuladas en el límite del volumen de solubilidad para facilitar la eliminación de los solventes y disminuir la posibilidad de retención de solvente en la impresión final.

En este gráfico también se indica cómo varían los valores de las fuerzas de δD, δP e δH durante la evaporación del sistema solvente. Así se puede estudiar la aparición de defectos en la formación final de la película.

En la Figura 8.44 se representa la evaporación de los solventes individuales durante el secado y la formación de la película, lo que permite detectar cual de los solventes está presente durante la formación de la película.

Analizando los gráficos de superficie de solubilidad y evaporación del sistema solvente se observa que los principales solventes a 90% de masa evaporada son etilglicol y etanol, entonces se puede concluir que son que tienen peso en la solubilidad final del sistema de resina.

Los tres ejemplos siguientes se hicieron con el sistema de resina nitrocelulosa-poliuretánica, también utilizado en este mercado.

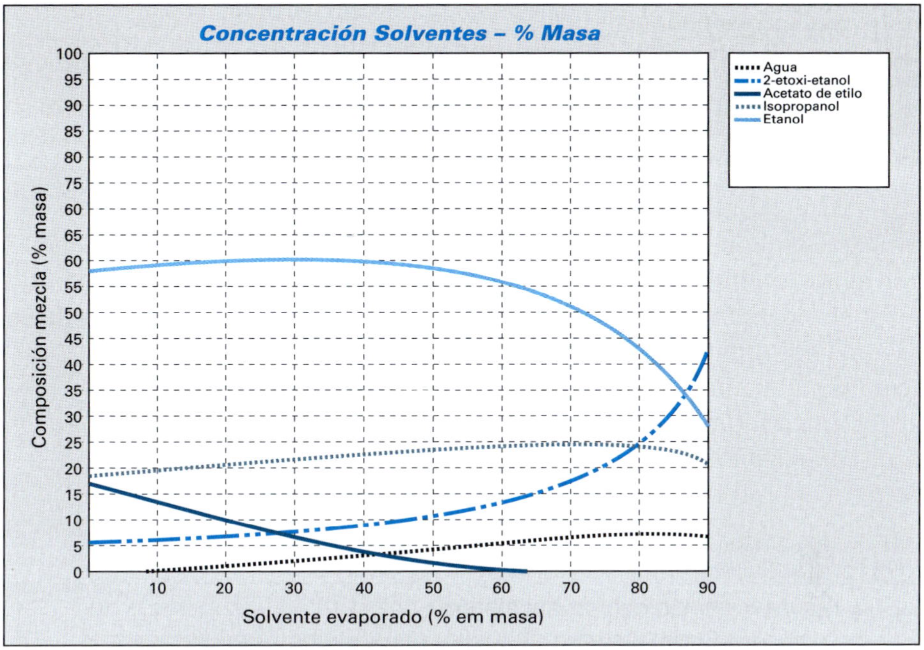

Figura 8.44. Evaporación del sistema solvente.

Tabla 8.17. Composición del sistema solvente, parámetros de solubilidad y distancia normalizada de un sistema de resina nitrocelulosa-poliuretánica		
Composición del sistema solvente		Valores em % m/m
Solventes	Etanol	47,0
	Acetato de etilo	15,0
	Isopropanol	28,0
	Butanol	6,0
	Propilenglicol monometil éter	4,0
	Total	100,0
Parámetros de solubilidad	δD	15,79
	δP	7,30
	δH	16,29
	δG	23,84
Nitrocelulosa standard	Distancia normalizada inicial	0,77
	50% masa evaporada	0,84
	90% masa evaporada	0,83
Resina poliuretánica standard	Distancia normalizada inicial	0,58
	50% masa evaporada	0,73
	90% masa evaporada	0,65

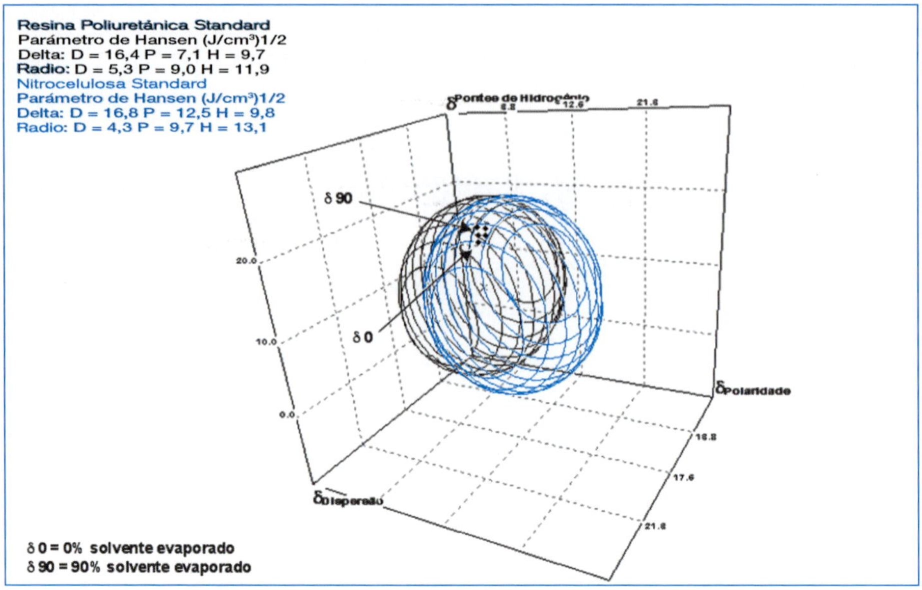

Figura 8.45. Ubicación del sistema solvente en la superficie de solubilidad del sistema de resina nitrocelulosa-poliuretánica.

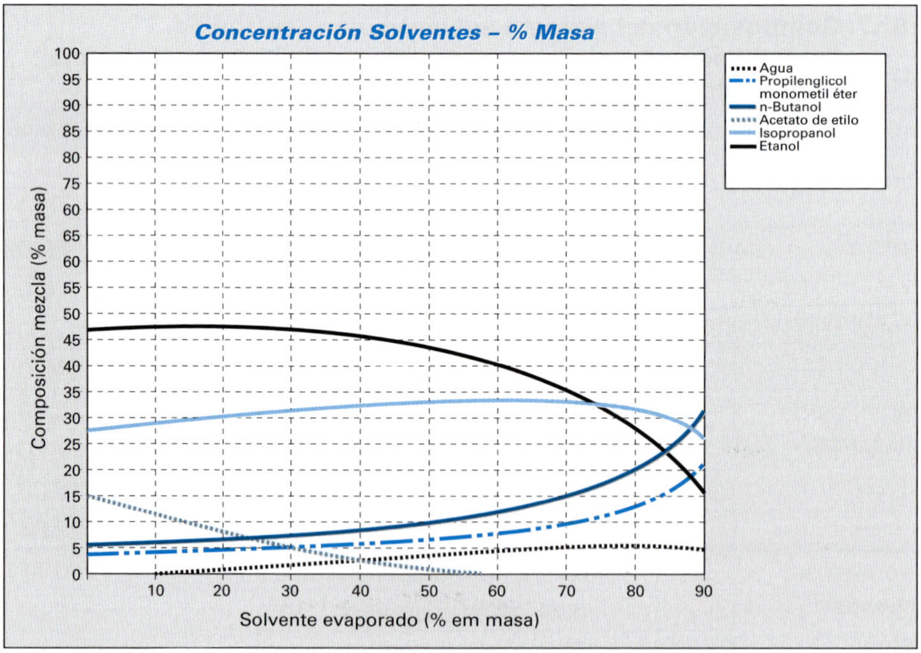

Figura 8.46. Evaporación del sistema solvente.

El gráfico de la Figura 8.45 es semejante a los otros, de lo que se concluye que el sistema solvente tiende al límite del volumen de solubilidad para la resina de nitrocelulosa. En el caso de la resina poliuretánica la distancia normalizada a 90% de masa evaporada es de 0,65, lo que indica que hay una excelente interacción entre la resina y el sistema solvente; sin embargo, este efecto aumenta la tendencia a la retención de solvente en el envase final.

En la Figura 8.46, como en las anteriores, se representa la eliminación de los solventes puros durante el secado y la formación de la película. A 90% de masa evaporada los solventes isopropanol, etanol, butanol y propilenglicol monometil éter están aún presentes. El acetato de etilo queda prácticamente eliminado a 60% de masa evaporada.

En este sistema solvente se analiza una formulación que contiene diacetona alcohol como único solvente pesado.

Tabla 8.18. Composición del sistema solvente, parámetros de solubilidad y distancia normalizada de un sistema de resina nitrocelulosa-poliuretánica

Composición del sistema solvente		Valores em % m/m
Solventes	Etanol	56,00
	Acetato de etilo	18,00
	Isopropanol	22,00
	Diacetona alcohol	4,00
	Total	100,00
Parámetros de solubilidad	δD	15,80
	δP	7,55
	δH	16,20
	δG	23,86
Nitrocelulosa standard	Distancia normalizada inicial	0,75
	50% masa evaporada	0,83
	90% masa evaporada	0,75
Resina poliuretánica standard	Distancia normalizada inicial	0,58
	50% masa evaporada	0,76
	90% masa evaporada	0,66

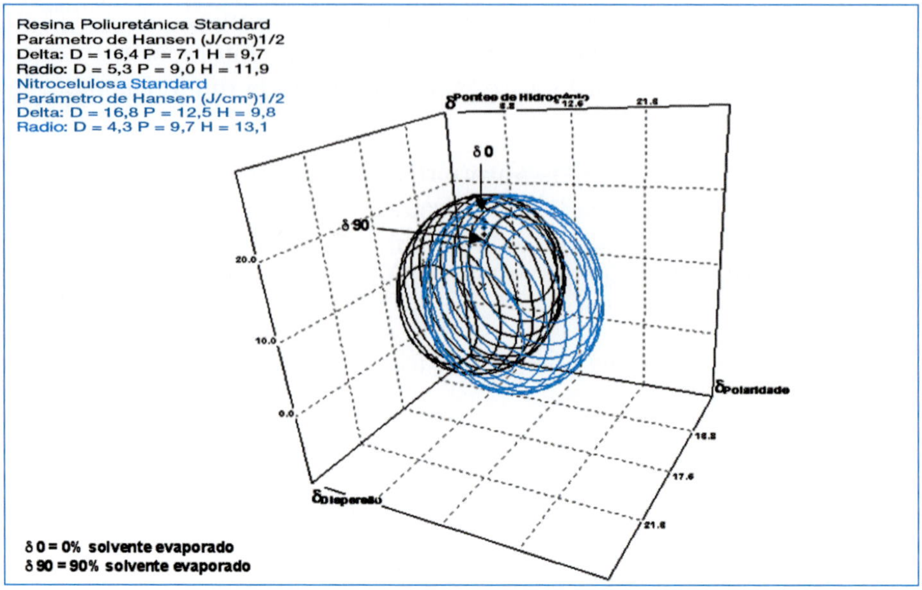

Figura 8.47. Ubicación del sistema solvente en la superficie de solubilidad para el sistema de resina nitrocelulosa - PU.

Este gráfico, Figura 8.48, representa también como varían los valores de las fuerzas de δ*D*, δ*P* e δ*H* durante la evaporación del sistema solvente, lo que permite estudiar la aparición de defectos en la formación final de la película.

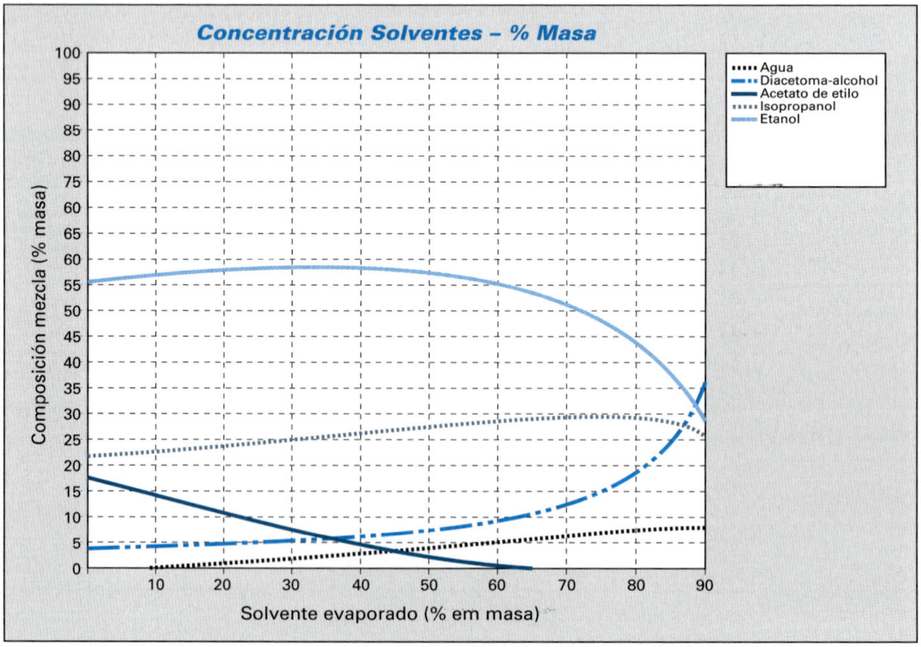

Figura 8.48. Evaporación del sistema solvente.

En este sistema solvente la resina PU tiene una solubilidad mejor que la nitrocelulosa.

El desempeño del sistema solvente se debe analizar en la intersección de las resinas utilizadas en la formulación.

La Figura 8.48 representa la evaporación de los solventes individuales durante el secado, lo que permite detectar cual es el solvente que está presente durante la formación de la película y cuales son las posibles interferencias. Los solventes que determinan las características finales de la película son diacetona alcohol, etanol e isopropanol, porque son los que están presentes en el final del secado.

El sistema solvente que se propone en la Tabla 8.19 tiene valores de distancia normalizada dentro de la superficie de solubilidad de las resinas nitrocelulosa y poliuretánica.

Tabla 8.19. Composición del sistema solvente, parámetros de solubilidad y distancia normalizada de un sistema de resina nitrocelulosa-poliuretánica

Composición del sistema solvente		Valores em % m/m
Solventes	Etanol	54,00
	Acetato de etilo	19,00
	Isopropanol	20,00
	Etilglicol	7,00
	Total	100,00
Parámetros de solubilidad	δD	15,83
	δP	7,62
	δH	16,13
	δG	23,85
Nitrocelulosa standard	Distancia normalizada inicial	0,74
	50% masa evaporada	0,83
	90% masa evaporada	0,74
Resina poliuretánica standard	Distancia normalizada inicial	0,57
	50% masa evaporada	0,76
	90% masa evaporada	0,71

En el gráfico de la Figura 8.49 se presenta la variación de los valores δD, δP e δH durante el secado de la película, que presenta siempre los solventes dentro de la superficie de solubilidad.

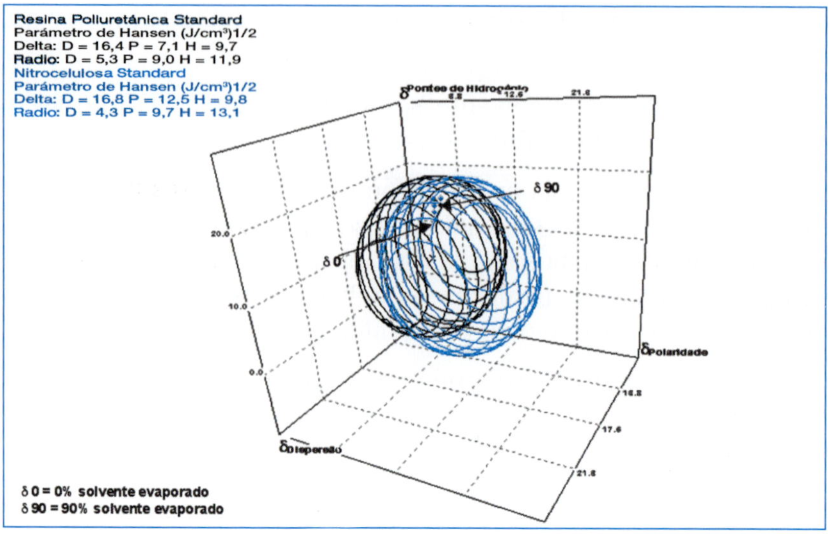

Figura 8.49. Ubicación del sistema solvente en la superficie de solubilidad para el sistema de resina nitrocelulosa-poliuretánica.

En el gráfico de la Figura 8.50 se muestran los solventes utilizados en la formulación del sistema solvente indicando, como hecho anteriormente, la concentración de cada solvente durante el secado de la película.

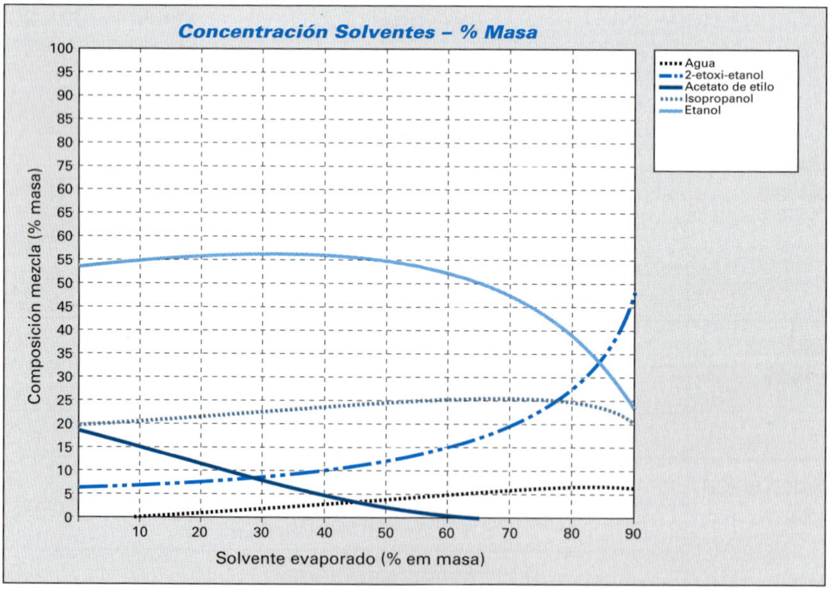

Figura 8.50. Evaporación del sistema solvente.

Los sustratos sobre los que se imprime generalmente son los envases flexibles: celofanes, polietileno, polipropileno, nylon, poliéster, aluminio, papel, cartón corrugado, papeles para regalo, toallas de papel, tiras de propaganda, etc.

8.4.5.4. Rotograbado

Es un proceso de impresión directa, cuyo nombre deriva de la forma cilíndrica y del sistema rotativo de las impresoras que se utilizan. Difiere de los otros métodos porque en éste es necesario que todo el original pase por un proceso de reticulación, incluso el texto. La impresión se puede aplicar sobre diversos tipos de superficie.

El primer proyecto de una máquina con una matriz de impresión con un grafismo grabado la patentó Thomas Bell en 1784; pero el primer proyecto de un equipo rotativo de impresión que utilizó este tipo de proceso data de 1860 y se deba a Karl Klic, a quien se lo considera el padre del Rotograbado.

En la impresión por rotograbado se aplica una cierta cantidad de tintas en diferentes partes del impreso utilizando un cilindro revestido con cobre y cromo.

Se puede grabar por método químico o electromecánico. El método químico es más antiguo, pero aún así algunas empresas todavía lo utilizan. El electromecánico, más preciso y más utilizado, se realiza por medio de un pequeño diamante que vibra sobre la superficie de un cilindro, revestido con cobre, que gira dentro de un equipo El grabado a láser, recientemente utilizado, representa un gran avance.

La tonalidad de la imagen la determina la profundidad de las células; las profundas contienen más tinta entonces imprimen tonos más oscuros, las rasas, con menos tinta, imprimen tonos más claros. La imagen, después de grabada en el cilindro revestido con cobre, se recubre con cromo para dure más.

Las tintas para rotograbado son fluidas, de muy baja viscosidad, para que se puedan retirar de los alvéolos de los cilindros y pasar al sustrato. Para secar la tinta y eliminar los solventes residuales se introduce el sustrato en estufas.

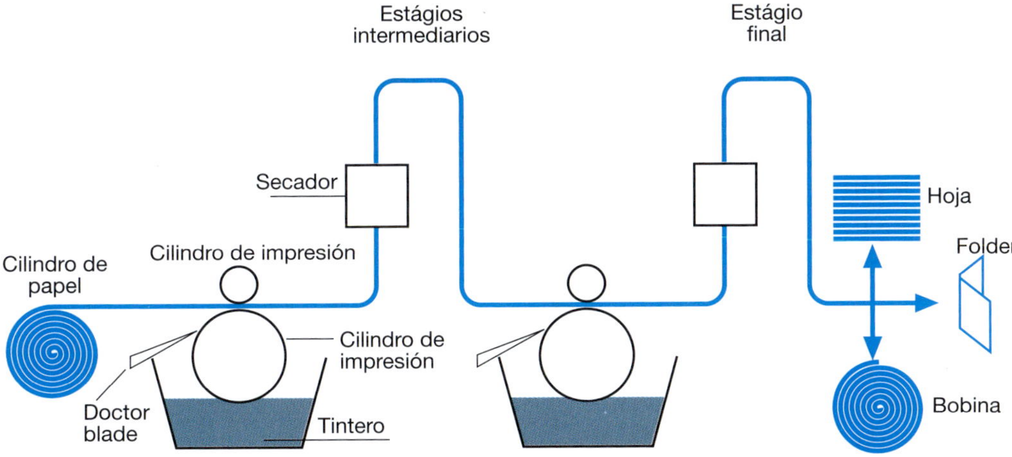

Figura 8.51. Esquema simplificado de impresión en rotograbado.

Figura 8.52. Rotograbado.

La tinta se debe secar antes de aplicar la siguiente impresión sobre el sustrato para evitar manchas o borrones. Por este motivo se colocan estufas después de impresión. Las tintas para flexografía y rotograbado son muy parecidas y están constituidas básicamente por los mismos compuestos.

La función principal de los solventes es dejar la resina suficientemente fluida para que pueda entrar y salir de los alvéolos del cilindro; además, deben penetrar ligeramente en la superficie del sustrato y, actuando como vehículo, permitir que la resina se adhiera al sustrato.

Después de la impresión propiamente dicha el solvente se debe eliminar rápidamente dando lugar a la formación de la película. En el producto que se ha imprimido el solvente debe estar prácticamente ausente, pero, a pesar de ello desempeña un papel extremamente importante en todas las etapas anteriores.

Como ya ha sido comentado en el Capítulo 7, uno de los criterios que se adoptan para elegir el solvente es la solubilidad de la resina utilizada para promover la adhesión de la tinta al sustrato. El solvente de la tinta puede estar compuesto por dos o tres solventes diferentes con características específicas.

Generalmente el verdadero solvente de la resina queda fácilmente retenido cuando se seca la película de tinta debido a la afinidad físico-química del conjunto resina-solvente. En estos casos hay que agregar cosolventes o diluentes para disminuir esta interacción y facilitar la eliminación de los solventes retenidos en la impresión final.

Los cosolventes o diluyentes no tienen la capacidad de solubilizar solos las resinas, por eso, para elegir el solvente se debe considerar:

- El tipo de resina;
- La velocidad de la impresora;
- Las restricciones impuestas por el producto acabado.

Para la impresión por rotograbado es de fundamental importancia que el solvente se evapore, sin embargo hay que observar algunos puntos; si el solvente se elimina muy rápidamente la tinta se seca en el interior de los alvéolos, los tapa y no pasa al sustrato. Si el solvente se elimina de manera muy lenta pueden ocurrir algunos problemas como arrancamiento, rugosidad, pegajosidad e incluso la aparición de hongos en el producto final por retención del solvente en la impresión.

Las restricciones con respecto a la cantidad de solvente retenido dependen de cada cliente.

En la Tabla 8.20 se encuentran algunos ejemplos de formulaciones típicas del mercado, analizadas según el concepto de parámetro de solubilidad – Hansen, utilizando la herramienta SOLSYS® – Design de Sistemas Solventes – Rhodia. Los parámetros de solubilidad de las resinas se determinaron de acuerdo como se describe en el ítem 8.3.1.1. El sistema de resina analizado fue el de nitrocelulosa-fumárica.

Tabla 8.20. Composición del sistema solvente, parámetros de solubilidad y distancia normalizada de un sistema de resina nitrocelulosa-fumárica

Composición del sistema solvente		Valores em % m/m
Solventes	Etanol	20,00
	Acetato de etilo	80,00
	Total	100,00
Parámetros de solubilidad	δD	15,80
	δP	6,00
	δH	9,64
	δG	19,46
Nitrocelulosa standard	Distancia normalizada inicial	0,70
	50% masa evaporada	0,68
	90% masa evaporada	0,67
Fumárica standard	Distancia normalizada inicial	0,37
	50% masa evaporada	0,31
	90% masa evaporada	0,45

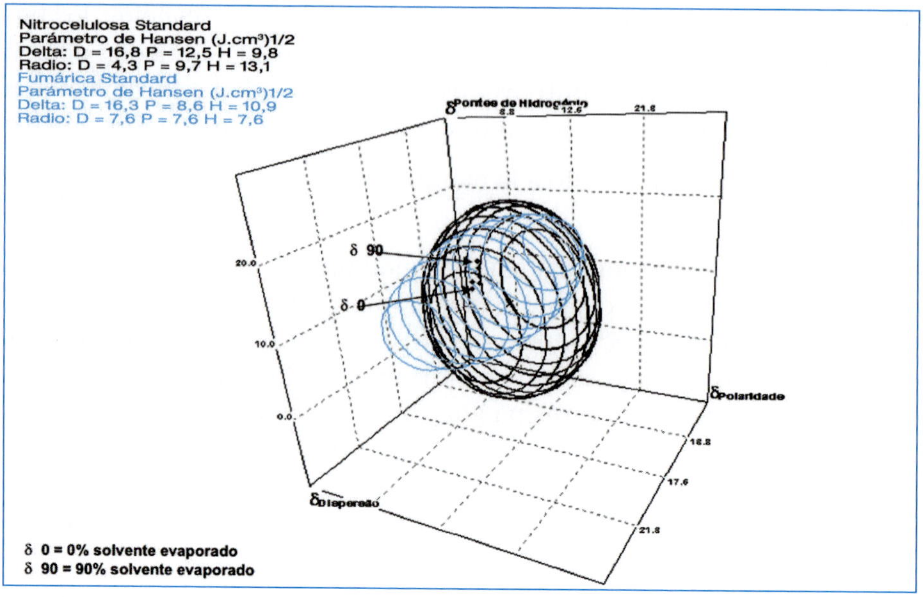

Figura 8.53. Ubicación del sistema solvente en la superficie de solubilidad de la resina.

Para as resinas nitrocelulosa y fumárica el rotograbado tiene las mismas características de la flexografía, es decir, la distancia normalizada del sistema solvente se encuentra dentro del volumen de solubilidad, lo que indica que el sistema solvente disuelve bien esas resinas.

La solubilidad es un factor muy importante porque la tinta debe tener una solubilidad lo suficientemente baja como para entrar y salir de los alvéolos eficientemente. Cabe recordar que la solubilidad y la viscosidad son directamente proporcionales.

Las de tintas de impresión se formulan intencionalmente con la distancia normalizada tendiendo al límite del volumen de solubilidad, o sea cerca de 1, para facilitar la eliminación de los solventes y disminuir la probabilidad de retención en la impresión final.

En el caso de la resina fumárica los valores de distancia normalizada están cerca del centro del volumen de solubilidad, lo que indica una excelente interacción con el sistema solvente, pero que, por otro lado, puede dificultar que salgan los solventes y aumente la tendencia a la retención.

En el caso del rotograbado este factor es menos crítico porque el secado se produce entre las impresiones, forzando la salida de los solventes.

El gráfico de la Figura 8.54 representa la evaporación de los solventes individuales durante el secado y la formación de la película, con el valor de la concentración en cada etapa de la evaporación, y permite analizar la influencia de cada solvente en el desempeño de la película.

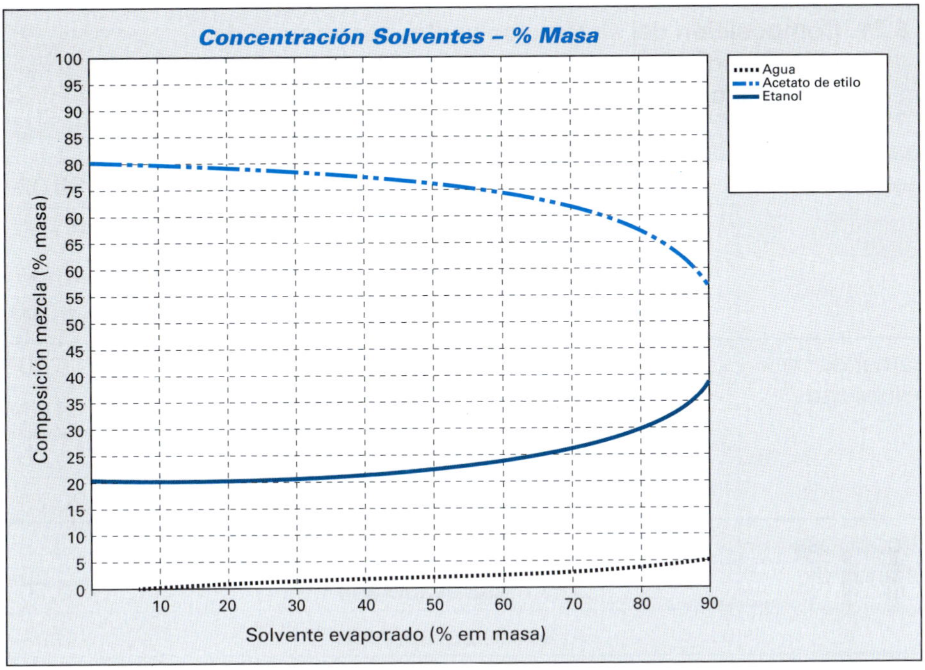

Figura 8.54. Evaporación del sistema solvente.

Debemos destacar que en este caso la entrada de agua que se observa en el gráfico proviene de la humedad relativa que se considera para las condiciones atmosféricas de la simulación. Este fenómeno se presenta en los demás gráficos de evaporación del sistema solvente presentados.

El gráfico de la Figura 8.55 muestra la misma tendencia del anterior, es decir que el sistema solvente está dentro del volume de solubilidad para la resina de nitrocelulosa y poliuretánica.

De acuerdo con los datos de la Tabla 8.21 podemos decir que la resina poliuretánica tiene una excelente solubilidad en el sistema solvente propuesto y la distancia normalizada aumenta durante la evaporación. Esto dificulta la retención de solvente, ya que para el 90% de masa evaporada tenemos una distancia normalizada de 0,87.

Como se ha discutido anteriormente, cerca del límite del volumen de solubilidad los solventes salen más fácilmente durante el final del secado de la película.

Vale recordar que en el caso del rotograbado las estufas intermediarias tienen la función de facilitar la eliminación de los solventes.

Tabla 8.21. Composición del sistema solvente, parámetros de solubilidad y distancia normalizada de un sistema de resina nitrocelulosa-poliuretánica

Composición del sistema solvente		Valores em % m/m
Solventes	Etanol	30,00
	Acetato de etilo	60,00
	Isopropanol	10,00
	Total	100,00
Parámetros de solubilidad	δD	15,80
	δP	6,43
	δH	11,78
	δG	20,73
Nitrocelulosa standard	Distancia normalizada inicial	0,68
	50% masa evaporada	0,70
	90% masa evaporada	0,91
Resina poliuretánica standard	Distancia normalizada inicial	0,24
	50% masa evaporada	0,41
	90% masa evaporada	0,87

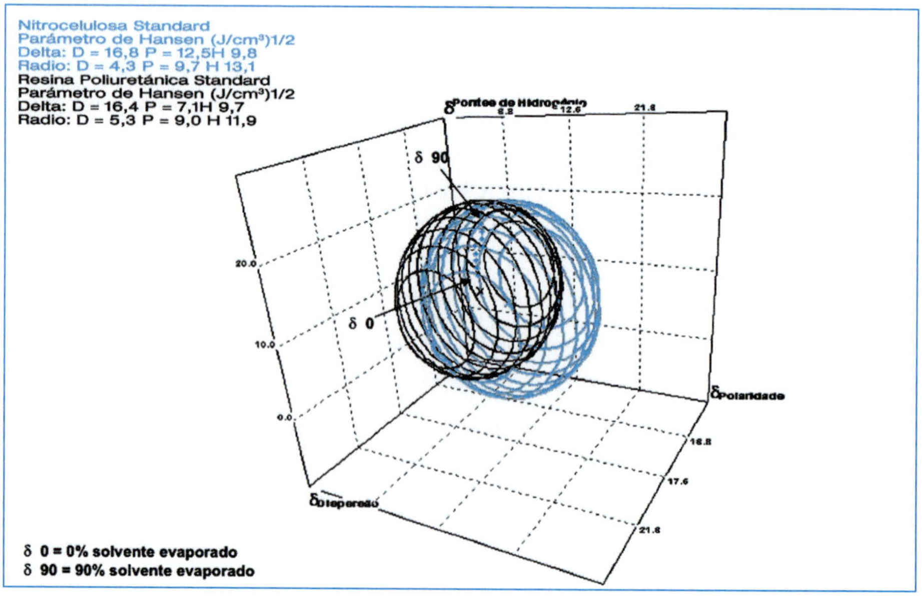

Figura 8.55. Ubicación del sistema solvente en la superficie de solubilidad.

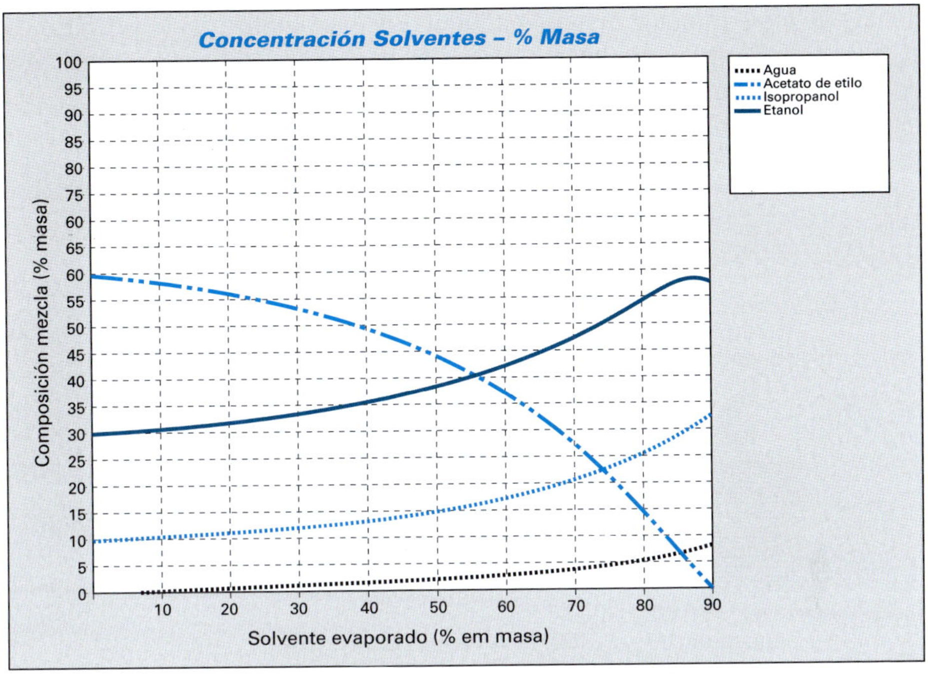

Figura 8.56. Evaporación del sistema solvente.

Este gráfico, Figura 8.56, indica también cómo varían los valores de las fuerzas de δ*D*, δ*P* e δ*H* durante la evaporación del sistema solvente, lo que permite evaluar los efectos de esa variación en la formación final de la película.

Los solventes habitualmente utilizados en rotograbado son los alcoholes (etílico, isopropílico), acetato de etilo. etilglicol, propilenglicol monometil éter y diacetona alcohol.

8.4.5.5. Serigrafía

La serigrafía o *silk-screen* es un proceso de impresión que consiste en hacer pasar la tinta a través de una tela preparada, normalmente de seda o de nylon, por efecto de la presión de un rodillo. La tela queda estirada en un bastidor de madera o acero.

La tinta se aplica sobre las áreas de grafismo con un rodillo de goma que se mueve hacia atrás, mientras la matriz se levanta del soporte. Después se baja la matriz y se empuja el rodillo hácia adelante, ejerciendo uma cierta presión para que la tinta quede depositada en el soporte.

La serigrafía se puede usar para imprimir sobre diversos tipos de materiales (papel, plástico, goma, madera, vidrio, telas, etc.), superficies (cilíndrica, esférica, irregular, clara, oscura, opaca, brillante, etc.), espesores o tamaños utilizando diversos tipos de tintas o colores. También se puede aplicar manual o automáticamente.

Además de los equipos e insumos adecuados para realizar este proceso es necesario contar con una mano de obra especializada y calificada, como también utilizar el tipo de tinta aceduado a cada superficie (sustrato).

Los solventes que más se utilizan en este segmento son: isoforona, ciclohexanona, tolueno, xileno, metil isobutil cetona, solventes aromáticos C9, 2-butoxi etanol, diésteres.

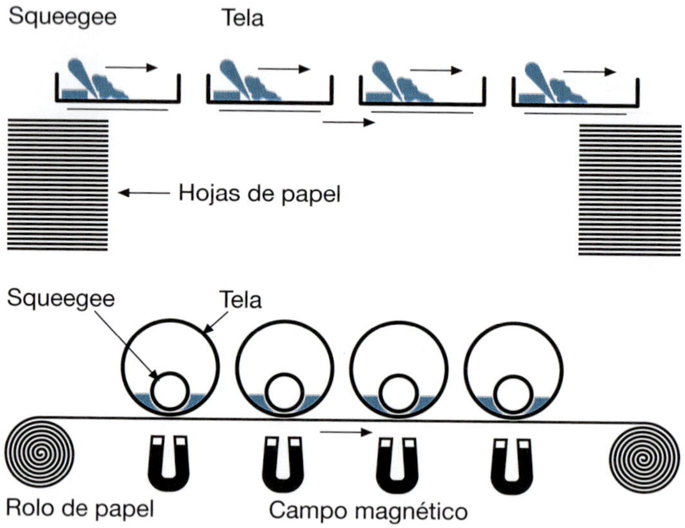

Figura 8.57. Esquema simplificado de impresión serigráfica.

8.4.5.6. *Offset*

La impresión *offset* se realiza por medio de una chapa de impresión metálica, flexible y fina, que envuelve el cilindro de impresión. Este cilindro recibe un tratamiento químico para que las superficies con imagen repelan la solución de agua y acepten la de tinta, y ocurra lo contrario con las superficies sin imagen.

Para imprimir por el proceso de *offset* se usan máquinas rotativas compuestas por tres cilindros; el cilindro de chapa, alrededor del que se envuelve la chapa; el cilindro de goma o caucho, al que se transfiere la imagen; y el cilindro de presión, que empuja el papel o plástico contra el cilindro de goma.

Los termoplásticos (rígidos o flexibles) se imprimen por el proceso de *offset* a seco, en el que se usa solamente la tinta y la chapa se graba en alto relieve mediante la transferencia de tinta para la chapa y de la chapa al cilindro de caucho y de este para al apoio (plastico).

Las características principales de la impresión *offset* son:

- Se pueden imprimir trabajos de diversos formatos en blanco y negro o en colores con un costo relativamente bajo;
- Requiere más atención que la tipografía o el rotograbado para que la imagen sea uniforme durante la impresión;
- Las chapas de impresión son más baratas y se producen más rápidamente que las de los otros métodos;
- Las chapas pueden ser de aluminio, acero inoxidable o resinas específicas.
- La calidad de la impresión es excelente.

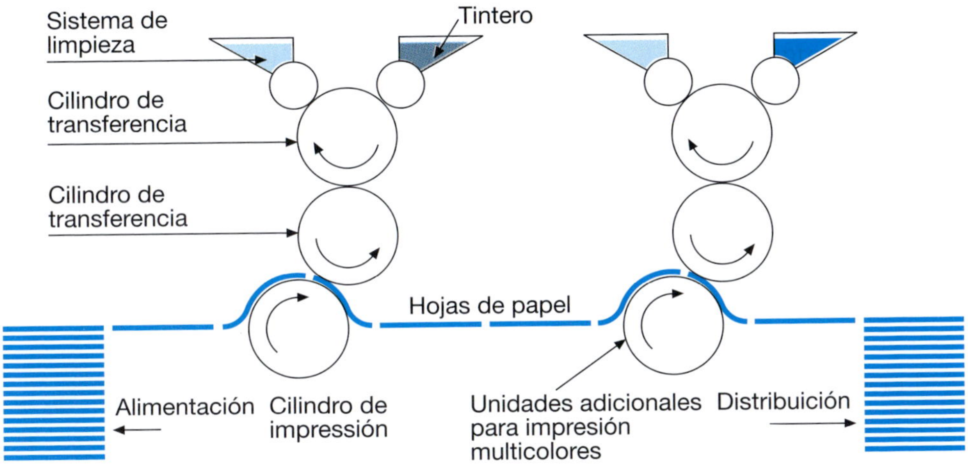

Figura 8.58. Esquema simplificado de la impresión *offset.*

8.5. Adhesivos

Los adhesivos se aplican en una amplia gama de productos, desde los envases flexibles y las telas hasta las piezas de automóviles. Los selladores se usan para evitar el pasaje de gas y/o líquido entre dos superficies y llenar, endurecer y conferir flexibilidad. En algunos casos también se utilizan por sus propiedades adhesivas. Entre las varias clases se destacan los base solvente, sobre los que se tratará en este capítulo.

Los "adhesivos de contato" son una de dichas clases, y tienen como caracterítica que se aplican en las dos superficies que se van a colar. Después de la aplicación una parte del solvente se evapora y las superficies quedan unidas. La base de la mayoría de estos adhesivos de contacto es una goma de policloropreno (neopreno). Los mercados para los que se destinan son, en primer lugar, los de muebles y moquetas, y otro también importante es el de colas para calzado. Los adhesivos *base solvente* y sensibles a la presión generalmente se usan para colar gomas naturales, bloques de copolímero estireno, gomas estireno-butadieno y polímeros acrílicos.

El solvente que se agrega a la mayoría de los adhesivos base solvente tiene la función de disminuir la viscosidad del sistema y mejorar la aplicación y controlar el tiempo de secado. Los adhesivos generalmente están compuestos por mezclas de solventes para optimizar el tiempo de secado.

Se puede usar una gran variedad de solventes, pero los más utilizado son tolueno, heptano, acetona, acetato de etilo, metil etil cetona, cloroformo, cortes leves de petróleo y aceite mineral. La variedad de los solventes utilizados en la industria de adhesivos es menor que en la industria de pinturas y revestimientos, porque para aquellos la apariencia no es un factor importante. Las superficies revestidas con productos a *base solvente* generalmente contienen una mezcla de solventes de baja y alta presión de vapor; cuyos índices de evaporación determinan el aspecto y el redimiento de la película que se forma. Para los adhesivos se usan solventes leves, que se evaporan rápido porque el tiempo de secado es un parámetro importante. Para los revestimientos se usan xileno (solvente pesado) y tolueno (solvente leve), pero para los adhesivos y selladores el xileno se usa poco. Lo mismo pasa con el acetato de etilo y MEK (leves) y el acetato de butilo y MIBK (pesados). En el caso de los adhesivos, al contrario de los revestimientos, no hay necesidad de disminuir la viscosidad antes de aplicarlos. A continuación se dan algunos ejemplos de formulaciones desarrolladas para el mercado de adhesivos base PU. En la Tabla 8.22 se presenta una formulación utilizada en el mercado.

Tabla 8.22. Composición, parámetros de solubilidad iniciales y evolución de la solubilidad durante la evaporación de un sistema solvente para un adhesivo base PU

Composición del sistema solvente		Valores em % m/m
Solventes	Acetona	40,00
	Metil etil cetona	60,00
	Total	100,00
Parámetros de solubilidad	δD	15,80
	δP	9,56
	δH	5,86
	δG	19,37
PU adhesivo	Distancia normalizada inicial	1,00
	50% masa evaporada	0,84
	90% masa evaporada	0,84

Condiciones de evaporación:
25 g/m²/Temperatura – 25 °C/Humedad Relativa del aire – 70%/Velocidad del aire – 0,0667.

En este caso se han usado solamente dos solventes. Analizando los parámetros de solubilidad y las distancias normalizadas se verifica que el sistema solvente disuelve bien la resina en cualquier instante de la evaporación, como también se puede observar en la Figura 8.59.

Es importante destacar también que la evaporación del sistema solvente es extremamente elevada y, además, que la formulación se ha desarrollado para que actúe cerca del límite de solubilidad de la resina PU, o sea, que interactúe mínimamente con la resina para disolverla y se forme una buena película, pero lo suficientemente cerca del límite de solubilidad indicando baja interación entre el solvente y la resina, disminuyendo la probabilidad de que sea retenido en la película.

Para un adhesivo las propiedades mecánicas son las de mayor peso en la formación de la película; cuanto menos solvente se retenga, menos solvente va a haber entre las cadenas poliméricas del adhesivo, en consecuencia, se van a asentar mejor y favorecer el aumento de la cristalinidad, de lo que dependen las propiedades mecánicas del adhesivo.

La solubilidad en el límite en el instante inicial también

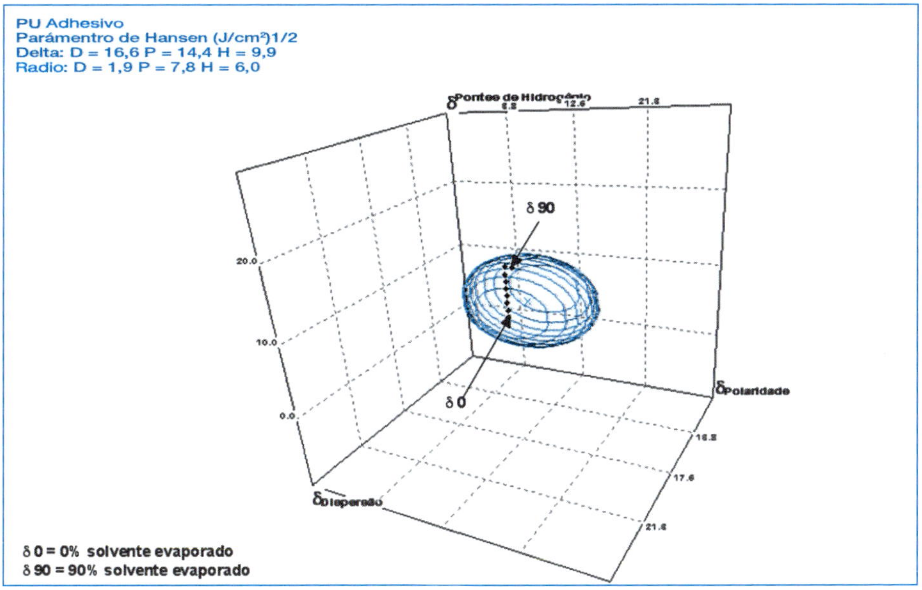

Figura 8.59. Evolución de los parámetros de solubilidad del sistema solvente para el adhesivo base PU.

Es importante destacar también que durante la evaporación el sistema absorbe agua. Esta absorción depende de la humedad relativa del ambiente en el que se aplica el adhesivo y de la higroscopicidad de los solventes usados. En este caso em particular se verifica que la cantidad de agua absorbida no es despreciable y que contribuyó para solubilizar la resina en cualquier instante de la evaporación (Figura 8.60).

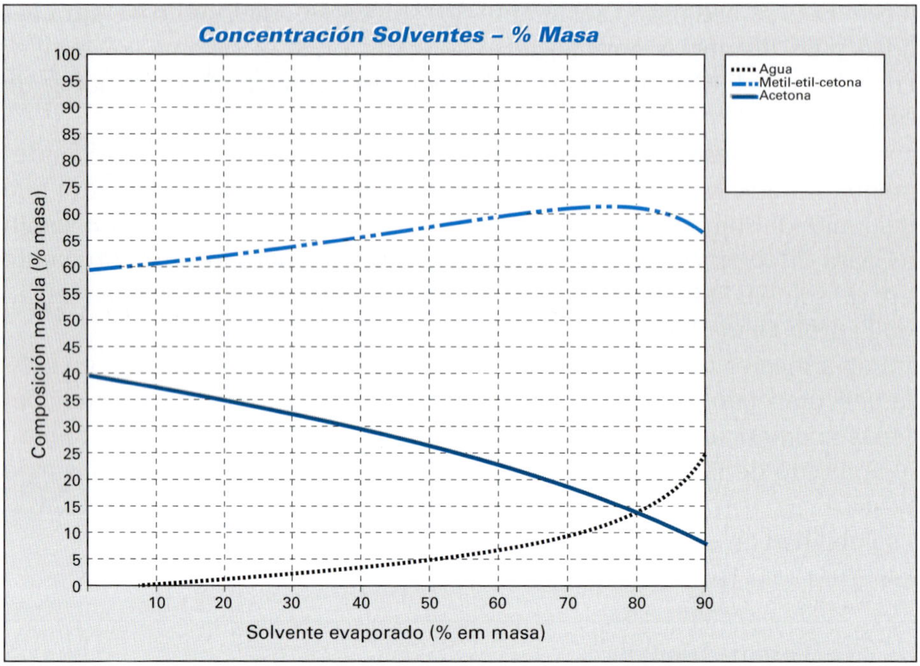

Figura 8.60. Evaporación individual de los solventes presentes en la formulación del adhesivo base PU.

En la Tabla 8.23 se presenta otra formulación también utilizada para sistemas base PU.

Tabla 8.23. Composición, parámetros de solubilidad iniciales y evolución de la solubilidad durante la evaporación de un sistema solvente para un adhesivo base PU

Composición del sistema solvente		Valores em % m/m
Solventes	Acetona	60,00
	Acetato de etilo	40,00
	Total	100,00
Parámetros de solubilidad	δD	15,62
	δP	8,36
	δH	7,08
	δG	19,08
PU adhesivo	Distancia normalizada inicial	1,00
	50% masa evaporada	0,95
	90% masa evaporada	1,00

Condiciones de evaporación:
25 g/m²/Temperatura – 25 °C/Humedad Relativa del aire – 70%/Velocidad del aire – 0,0667.

En este caso se pueden hacer las mismas observaciones con relación a la velocidad de evaporación y los límites de solubilidad. Por medio del valor de las distancias normalizadas se verifica que el sistema actúa en el límite de solubilidad, la resina está bien solubilizada y el solvente se evapora rápidamente debido a su relativamente baja interacción con la resina. Esto asegura una viscosidad adecuada para aplicar el adhesivo.

Las Figuras 8.61 y 8.62 representan la evolución de la solubilidad en la superficie de solubilidad de la resina y la evolución del sistema solvente durante la evaporación.

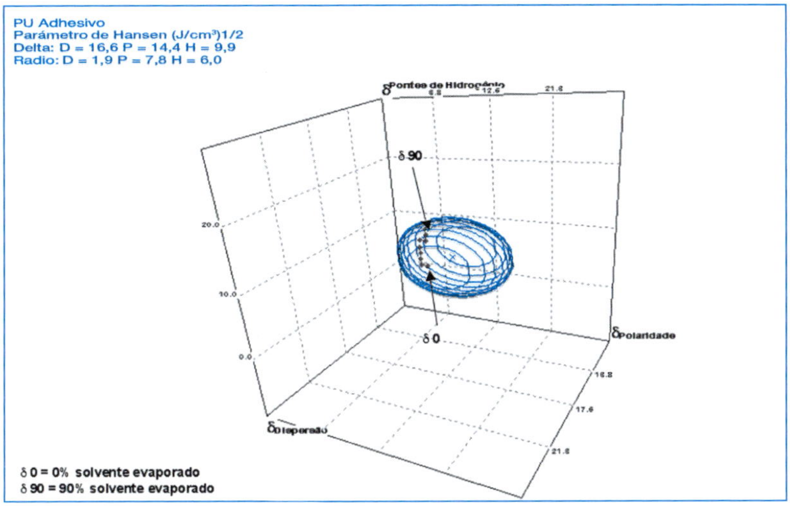

Figura 8.61. Evolución de los parámetros de solubilidad del sistema solvente para el adhesivo base PU

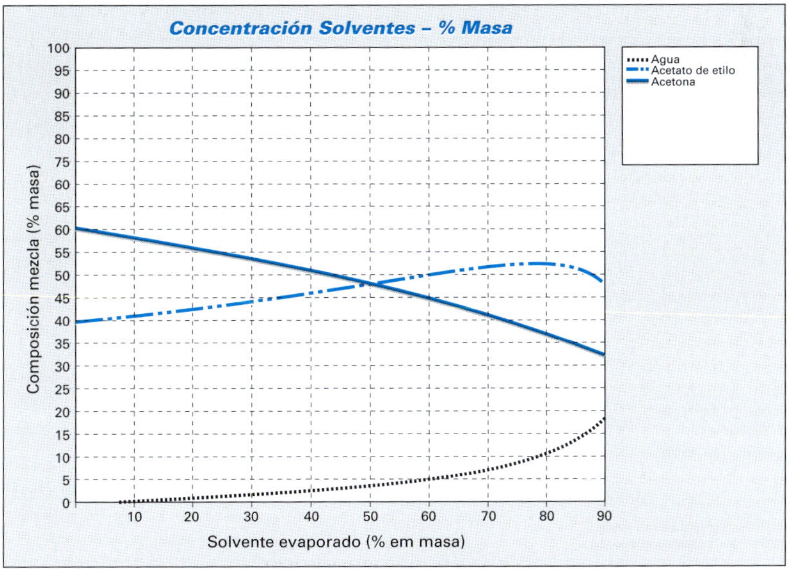

Figura 8.62. Evaporación individual de los solventes presentes en la formulación del adhesivo base PU.

Se presenta también el caso de los adhesivos *base policloropreno*, cuyo análisis es un poco más difícil porque en estos sistemas normalmente hay una mezcla de resinas, generalmente *base policloropreno* de viscosidades diferentes, y resinas fenólicas que aumentan la resistencia mecánica del adhesivo.

En la Tabla 8.24 y las Figuras 8.63 y 8.64 se dan ejemplos de solubilización de una resina policloropreno.

Tabla 8.24. Composición, parámetros de solubilidad iniciales y evolución de la solubilidad durante la evaporación de un sistema solvente para un adhesivo base Policloropreno

Composición del sistema solvente		Valores em % m/m
Solventes	Solvente para caucho	8,00
	Hexano	7,00
	Acetona	15,00
	Tolueno	70,00
	Total	100,00
Parámetros de solubilidad	δD	17,25
	δP	2,54
	δH	2,50
	δG	17,61
Policloropreno	Distancia normalizada inicial	0,57
	50% masa evaporada	0,56
	90% masa evaporada	0,56

Condiciones de evaporación:
25 g/m²/Temperatura – 25 °C/Humedad Relativa del aire – 70%/Velocidad del aire – 0,0667.

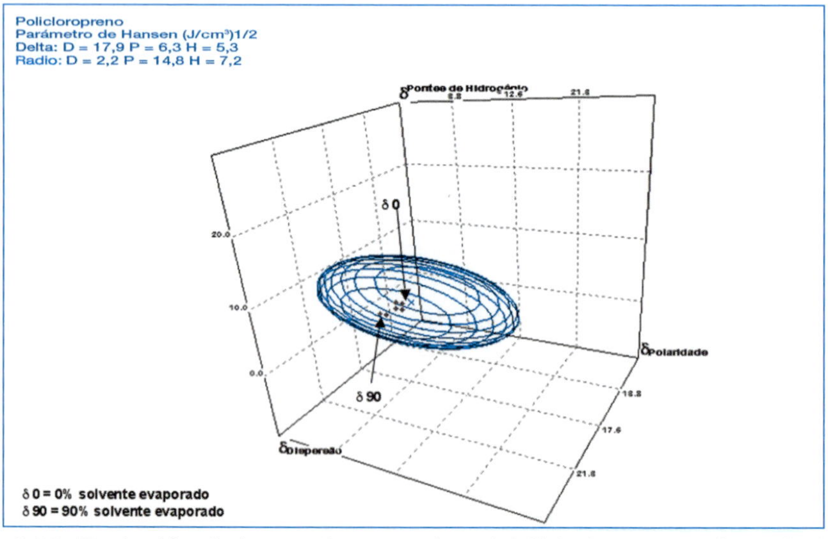

Figura 8.63. Evolución de los parámetros de solubilidad para una formulación del sistema solvente de uma goma, base policloropreno.

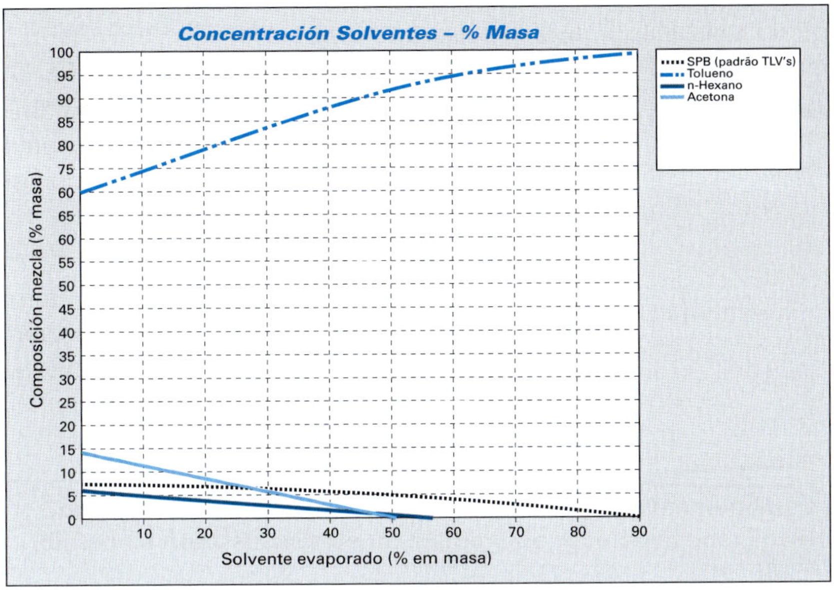

Figura 8.64. Evaporación de los solventes presentes en la formulación de la goma policoropreno.

En la Tabla 8.25 y las Figuras 8.65 y 8.66 se presenta otro ejemplo

Tabla 8.25. Composición, parámetros de solubilidad iniciales y evolución de la solubilidad durante la evaporación de un sistema solvente para un adhesivo base policloropreno

Composición del sistema solvente		Valores em % m/m
Solventes	Solvente para borracha	16,00
	Ciclohexano	24,00
	Acetona	25,00
	Acetato de etilo	20,00
	Tolueno	15,00
	Total	100,00
Parámetros de solubilidad	δD	16,32
	δP	3,87
	δH	3,64
	δG	17,16
Policloropreno	Distancia normalizada inicial	0,78
	50% masa evaporada	0,72
	90% masa evaporada	0,62

Condiciones de evaporación:

25 g/m^2/Temperatura – 25 °C/Humedad Relativa del aire – 70%/Velocidad del aire – 0,0667.

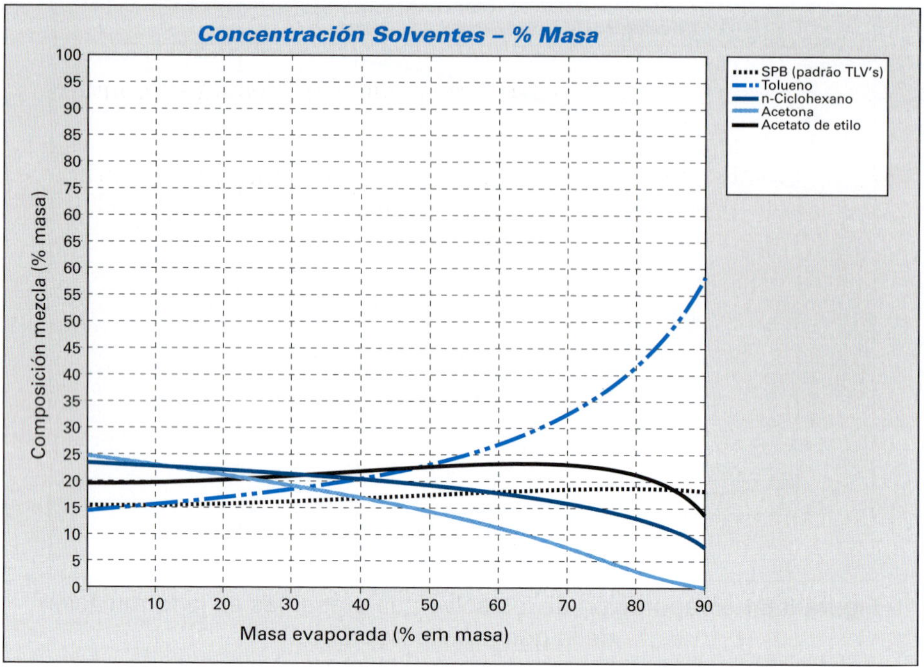

Figura 8.65. Evaporación de los solventes presentes en la formulación de la goma policloropreno.

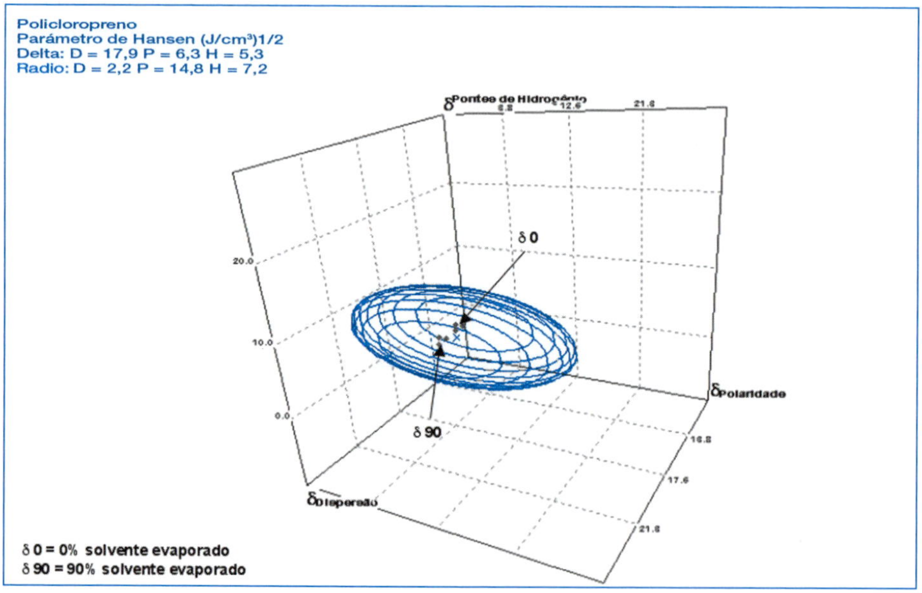

Figura 8.66. Evolución de los parámetros de solubilidad para una formulación del sistema solvente para el sistema solvente de una goma policloropreno.

8.6. Coalescente

Por efecto de la coalescencia las partículas de látex que están en contacto se unen formando una película continua y homogénea.

Las propiedades físicas y mecánicas de las películas poliméricas se ven afectadas por la naturaleza del polímero y también por las condiciones y métodos de preparación.

8.6.1. Preparación de películas poliméricas

8.6.1.1. Formación de la película

La película de látex se forma por la coalescencia de las partículas individuales, que se atraen por fuerzas de estabilización, electrostáticas o estéricas, de acuerdo con cadenas poliméricas con carga. La evaporación continua de la fase acuosa aumenta estas fuerzas.

La formación de una película transparente y libre de rajaduras depende de la temperatura mínima de formación de película (TMFF) del polímero que, a su vez, depende de la resistencia a la deformación de la partícula y en una medida menor, de la viscosidad del polímero. Si la película se forma a una temperatura superior a TMFF se produce la coalescencia de las partículas de látex, pero si la temperatura e inferior a la TMFF se forma una película discontinua o un polvo.

Lo normal es que la TMFF esté cerca de la Tg de un dado polímero, pero hay varios polímeros que tienen TMFF superior o inferior a Tg. Las características de las moléculas influyen sobre los valores de Tg y TMFF.

El proceso de secado del solvente se puede describir por medio de una curva sigmoidea dividida en tres etapas. El proceso puede ser complicado porque no es uniforme (diferentes superficies de la película pueden tener diferentes velocidades de secado).

Etapa 1

El látex se concentra porque el agua se evapora de la superficie. El índice de evaporación del agua sola es el mismo del agua de una solución diluida de surfactante con un electrolito, como la que constituye la fase acuosa de un látex. En esta etapa, que es la más larga, el polímero alcanza de un 60 a 70% del volumen total y el área de superficie de la interfase líquido-aire comienza a disminuir como resultado de la disminución o formación de la película sólida.

Al principio las partículas presentan un movimiento browniano, pero en este caso, aparece una interacción significativa debido a la doble capa eléctrica que se forma después que se ha evaporado un volumen crítico de agua.

Etapa 2

Esta etapa comienza cuando las partículas entran en contacto irreversiblemente. El índice de evaporación por unidad de área del látex mojado permanece constante, pero el índice de evaporación total disminuye mucho.

Si se disminuye el índice de evaporación, se puede obtener una película de mejor calidad porque las partículas tienen más tiempo para compactarse en una estructura ordenada. A altas temperaturas las partículas adquieren energía suficiente para superar la fuerza de repulsión entre ellas y se forma la película antes que as partículas estén ordenadas.

Etapa 3

En esta etapa se comienza a formar la película continua. El agua presente sale a través de algunas canaletas restantes entre las partículas y por difusión a través del propio polímero. El látex queda más homogéneo y adquiere sus propiedades mecánicas. La tasa de remoción del agua se puede reducir agregando filme impermeables o hidrofílicas.

El secado depende del espesor de la película y del índice de sólidos del látex. Una película con pocos sólidos se seca más rápido que una que contiene mucho líquido, a pesar de que este último caso la cantidad de agua que se debe eliminar es menor.

Cuando se evapora la fase acuosa evapora se pueden observar tres regiones distintas: una seca, una mojada y otra intermedia con látex floculado. Estas regiones varían de acuerdo con el Tg del polímero, en una película circular se presentan como tiras concéntricas. En el caso de los polímeros de bajas Tg la región floculada y la seca son continuas, en los polímeros duros se ven rajaduras radiales finas. Las regiones floculadas tienen alguna fuerza mecánica resultante de las fuerzas de Van der Waals.

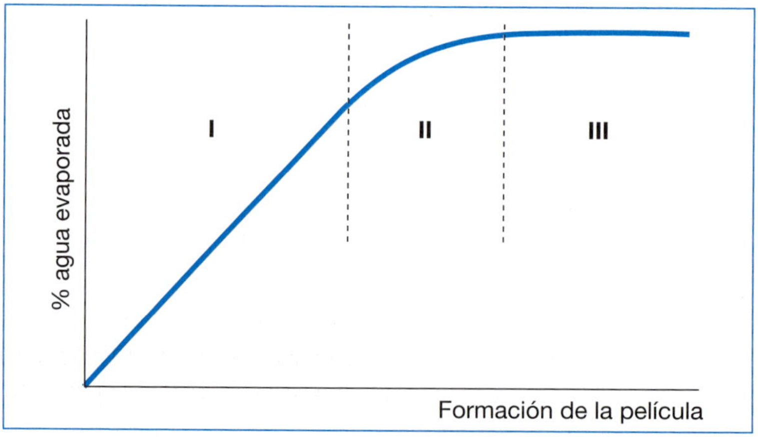

Figura 8.67. Etapas de la formación de la película.

Se puede determinar la constante de velocidad (r_c) de secado con relación al tamaño de la partícula de látex usando una ecuación para secado no uniforme. Si se expresan las tres regiones descritas anteriormente en función del área que ocupan en la película ($A1$ = látex mojado, $A2$ = región floculada, y $A3$ = región seca, para la cual se supone que el índice de evaporación es nulo) tenemos la siguiente ecuación:

$$r_c = \frac{1}{A1 + A2}\frac{dW}{dt}$$

Donde W es el peso bruto de la película y t es el tiempo.

El índice de evaporación (r_c) aumenta con el tamaño de la partícula. A tasa de aumento com o raio da partícula é resultado da diferença de agua existente en la doble capa o del área de superficie de la partícula disponible para la adsorción del surfactante. Según algunos estudios la calidad de las películas preparadas con partículas mayores es inferior a la de las preparadas con partículas menores; como tienen una mayor porosidad son más resistentes a la corrosión. Esto se explica porque las partículas mayores presentan menor coalescencia.

La formación de películas poliméricas es explicada por varias teorías, entre ellas se puede destacar la sinterización seca, la sinterización mojada y la teoría capilar.

- Sinterización seca: está determinada por la tensión en la superficie aire-polímero, y discute el proceso de coalescencia em termos de la viscosidad del polímero. Esta viscosidad resulta de la tensión causada por la disminución de la superficie polímero-partícula, que reduce la energía de superficie del polímero. Se considera que las fuerzas que actúan en el interior de una partícula (esferas de radio R) se pueden expresar por la ecuación de Young-Laplace:

  $$P_i - P_e = \frac{2\gamma}{R}$$

  (P_i = presión interna; P_e = presión externa, γ = tensión interfacial polímero-aire, R = radio de curvatura de la esfera).

  Se puede expresar la extensión de la coalescencia por la siguiente ecuación:

  $$\theta^2 = \frac{3\gamma t}{2\neq \eta r}$$

  (θ = ángulo visto en la Figura 61; γ = tensión superficial; t = tiempo; η = coeficiente de viscosidad del polímero; r = radio de la partícula).

- Sinterización mojada: determinada por la tensión interfasial polímero-agua, produce la deformación de las partículas durante el secado. Se considera que cuando las fuerzas actúan en contra y a favor de la coalescencia de las partículas de látex debe existir una desigualdad y la fuerza capilar, Fc (resultante de la superficie de tensión del agua intersticial, causada por la formación de un pequeño radio de curvatura entre las partículas y el agua evaporada) debe superar las fuerzas de resistencia a la deformación, Fg, de las esferas de látex.

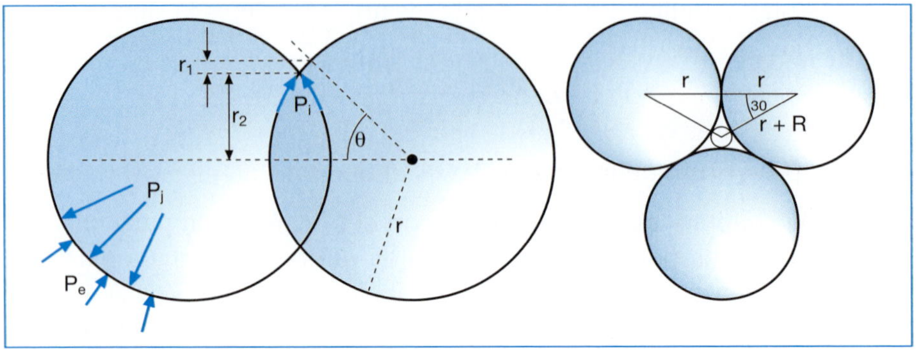

Figura 8.68. Sección transversal de partículas de látex sinterizada.

Se puede explicar cualitativamente la coalescencia del látex de la siguiente forma: cuando el agua se evapora, el látex se concentra más y flocula a medida que disminuyen las fuerzas repulsivas entre las partículas. Las partículas que se encuentran en la interfase aire-látex sufren la acción de las fuerzas capilares y en consecuencia coalescen; esto produce la compactación y deformación de las partículas debajo de la superficie. El agua que está en el interior de la película difunde a través de las capas superiores generando una fuerza compresiva adicional en la superficie de la película. La base de este mecanismo es la sinterización mojada. La fuente de energía para la fusión de las partículas es el calor resultante de la evaporación del agua.

De acuerdo con las teorías anteriores las partículas de látex deformadas se mantienen unidas por fuerzas físicas, pero otros estudios muestran que tales fuerzas solas no son capaces de dar origen a las propiedades físicas y mecánicas de una película. Se puede explicar la formación de la película de la siguiente forma: cuando el solvente se evapora las moléculas de polímero se acercan y se deforman por acción de las fuerzas capilares. En una etapa final la película adquiere una fuerza mecánica porque las moléculas de solvente migran por entre las moléculas de polímero; esa corriente de difusión del solvente aumenta la homogeneidad del polímero. Al proceso de interdifusión entre las cadenas del polímero se lo denominada auto-adhesión.

8.6.1.2. Solvente de una película

En un proceso controlado o limitado por la difusión el índice de evaporación de un solvente depende de $t^{1/2}$. La remoción de los últimos vestigios de solvente de la película es un problema, que se atribuye al hecho de que el solvente puede plastificar el polímero. Para superar este inconveniente se emplean diversas técnicas como temperaturas elevadas (para ayudar a que el solvente difunda), vacío y tiempos de secado prolongados. Es importante remover los vestigios finales por cuestiones de toxicidad y también de propiedades de permeabilidad de la película.

8.6.1.3. Componentes orgánicos volátiles en solución acuosa

Es común agregar solventes orgánicos volátiles a la solución acuosa, porque así se favorece la coalescencia reduciendo la elasticidad impulsando un movimiento de la cadena polimérica, lo que permite obtener una mejor formación de la película. La remoción de estos compuestos orgánicos depende del tamaño y de la polaridad de las moléculas. Cuanto más polar es el compuesto, más fácilmente elimina la red hidrofílica de agua por evaporación, evaporando, y en la película queda una cantidad menor de residuos de solvente. El índice de evaporación inicial del agua no depende del solvente, pero se puede reducir su valor si el aditivo es higroscópico o si interactúa con el agua formando uniones de hidrógeno; en este caso no se trata de una difusión controlada.

8.6.1.4. Aditivos

Las películas poliméricas pueden contener varios aditivos que, entre otros, pueden ser surfactantes estabilizadores o plastificantes que forman la película, o también colorantes que se agregan a las películas que se usan en pinturas

Se agrega un plastificante o coalescente para que las partículas de látex se deformen más fácilmente y la película se forme a una dada temperatura. Los plastificantes generalmente se usan para endurecer la película pero, en algunos casos usados, para controlar su permeabilidad.

Durante el secado es necesario que el coalescente permita que haya contacto entre las partículas y así se favorezca la formación de la película, que da buen aspecto y confiere alta durabilidad. Estas propiedades están relacionadas con una característica del coalescente que es disminuir la temperatura de transición vítrea y la TMFF (Temperatura Mínima de Formación de Película) (Figura 8.69).

Generalmente los coalescentes son solventes medianos y pesados que favorecen la formación de la película de una dispersión, pero que no permanecen después que el sistema se ha secado completamente.

En las pinturas decorativas se aprecia la apariencia después de la aplicación, pero además se deben tener en cuenta otros factores como durabilidad, acabado, cubrimiento, facilidad de aplicación, etc.

Estas propiedades resultan de la presencia de varias materias primas de la pintura como cargas, espesantes, pigmentos, tensioactivos, y coalescentes.

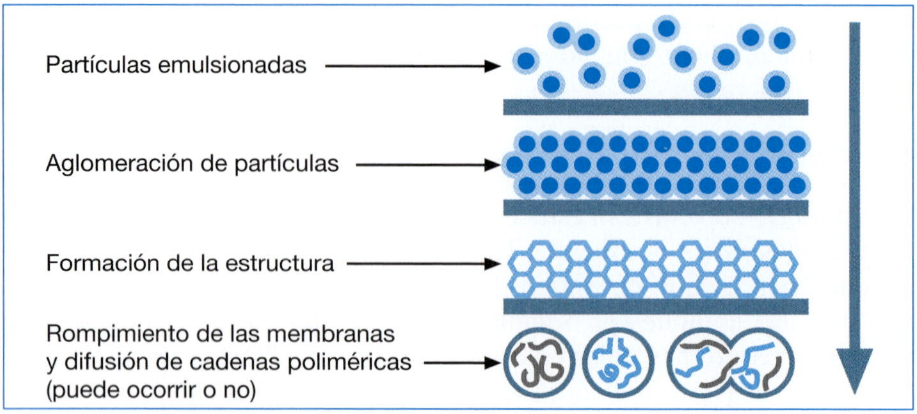

Figura 8.69. Mecanismo de formación de la película.

Los coalescentes precisam conferir à formulación de uma tinta látex características de alto desempeño e serem compatíveis com uma ampla variedad de resinas emulsionadas disponíveis no mercado.

8.7. Empleo de solventes en procesos

En los procesos químicos industriales los solventes se usan en varias operaciones como de separación (extracción líquida, extracción sólida, destilación extractiva, destilación azeotrópica y absorción de gases), reacciones, lavado y muchas otras.

Al seleccionar un solvente se debe considerar el proceso como un todo: eficiencia de átomos, uso energético, demanda o no de fuentes renovables, costo de transporte, recuperación del solvente y aspectos de impacto ambiental (Figura 8.70).

Los solventes se usan más comúnmente en los procesos químicos pueden ser de origen petroquímico o provenir de fuentes renovables. Debido a la expansión de la conciencia ecológica ha surgido la necesidad de contar con tecnologías que no afecten el medio ambiente; las industrias de productos químicos y farmacéuticos han adoptado medidas en ese sentido usando medios alternativos. Entres los solventes alternativos se pueden citar el agua y un grupo denominado solventes neotéricos, tales como los fluidos supercríticos, los solventes perfluorados, y los solventes iónicos tambien llamados líquidos iónicos a temperatura ambiente.

Los líquidos iónicos tienen algunas propiedades peculiares como baja presión de vapor, capacidad para disolver material orgánico, inorgánico y polimérico, y elevada estabilidad térmica. Se pueden usar en reacciones orgánicas y catalíticas y en procesos de separación y electroquímicos. Los fluidos supercríticos son unos solventes que se pueden usar en todos los tipos de separación y como medio de reacción y tienen la ventaja de que sus propiedades varían en función de la presión y la temperatura. Se pueden remover y reciclar fácilmente por alivio de la presión, separándose del soluto o de los productos de la reacción. El dióxido de carbono es un fluido supercrítico que se aplica ampliamente en la industria.

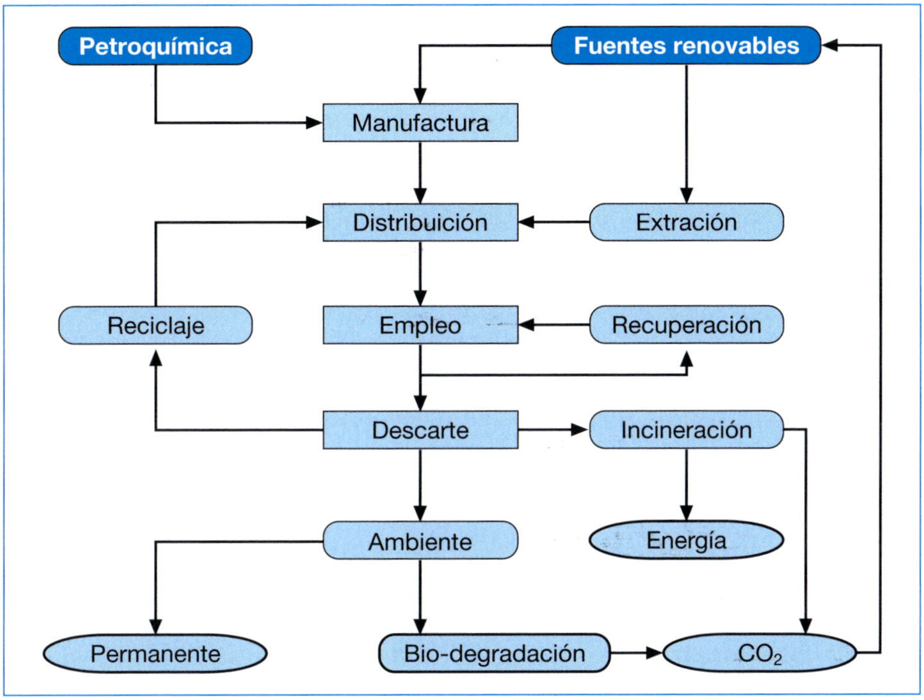

Figura 8.70. Diagrama del ciclo de vida de un solvente.

Los solventes perfluorados son no polares, hidrofóbicos, químicamente inertes, no tóxicos y tienen alta densidad. Dependiendo de la temperatura son relativamente miscibles en solventes orgánicos convencionales con los que forman sistemas de solventes bifásicos. Tienen diferentes grados de solubilidad con reactivos, catalizadores pueden facilitar su separación y productos de reacción de la mezcla. Estos sistemas pueden ser monofásicos a elevadas temperaturas, os quais podem servir como meio reaccional homogeneo. Depois de completar a reacción, a mistura reaccional é resfriada e, novamente, formam-se duas fases.

El solvente se puede analizar en su aspecto microscópico o macroscópico dependiendo del papel que desempeña en el proceso. En las operaciones en que hay transporte de calor y en las reacciones endotérmicas y exotérmicas, los solventes se tratan en su aspecto macroscópico como una masa continua para la que se deben considerar sus constantes físicas macroscópicas, como punto de ebullición, presión de vapor, densidad, presión de cohesión, índice de refracción, permisibilidad relativa, conductividad térmica, tensión superficial, etc. Cuando la interacción soluto-solvente es importante los solventes se tratan como moléculas individuales, es decir, en su aspecto microscópico. Dicha interacción puede tener influencia sobre la velocidad de las reacciones y la posición del equilibrio químico. Los solventes, desde el punto de vista molecular se pueden caracterizar por su momento dipolar, polarizabilidad electrónica, capacidad de ceder uniones hidrógeno (HBD – *hydrogen-bond donor*) o de aceptarlas (HBA – *hydrogen-bond acceptor*), capacidad de ceder pares de electrones (EPD – *electron-pair donor*) o aceptarlos (EPA – *electron-pair acceptor*) y otras propiedades. Dependiendo de la magnitud de las interacciones intermoleculares soluto-solvente, puede haber solventes altamente estructurados (por ejemplo el agua con sus enlaces por puente de hidrógeno orientados de tal manera que forman una red intermolecular con cavidades) y solventes menos estructurados (por ejemplo, hidrocarburos entre los que existen fuerzas de dispersión débiles, no orientadas, que llenan los espacios vacíos de manera más regular).

La correcta elección del solvente permite que se elabore un proceso más eficiente en términos de energía y de consumo de productos químicos. La solvatación puede producir el efecto de modificar el equilibrio químico o una vía mecánica, también puede disminuir la energía de activación, lo que permite que el proceso sea más selectivo y ocurra a una temperatura menor, o con menor liberación de calor, consecuentemente, con menor necesidad de enfriamiento. En este proceso de selección no sólo se deben estudiar y evaluar detalladamente las propiedades de los solventes, sino también la procesabilidad, la reactividad y los aspectos relacionados con la seguridad. Para optimizar todas estas informaciones se utilizan algoritmos. En el ítem 8.7.6. se trata con más detalles la elección de solventes para procesos.

8.7.1. Extracción en fase líquida

8.7.1.1. Definiciones

La extracción en fase líquida, algunas veces denominada extracción por solvente, es un proceso de separación de los componentes de una solución por contacto con otro líquido insoluble o parcialmente soluble. El requisito mínimo necesario para la extracción en fase líquida es que entre los líquidos miscibles o parcialmente miscibles haya un estrecho contacto para que se produzca la transferencia de masa de los componentes de uno de los líquidos (o fases) al otro y después los dos líquidos se separen físicamente. El dispositivo que lleva a cabo este proceso es un paso. La eficiencia de este proceso depende de la distribución desigual de los componentes entre las dos fases líquidas y se puede aumentar usando comtactos múltiples.

La solución cuyos componentes se deben separar es la alimentación del proceso, el líquido que se agrega a la alimentación para realizar la extracción es el solvente. Cuando el solvente está constituido fundamentalmente por una sustancia se lo considera solvente simple, y cuando está compuesto por más de una sustancia — para que tenga propiedades especiales — se considera solvente mixto. La solución residual de la alimentación que es pobre en solvente, y de la que ha removido uno o más de un soluto por extracción, es el refinado. La solución rica en solvente, que contiene el o los solutos extraídos, es el extracto. Dos solventes inmiscibles en que se distribuyen los componentes de una solución, constituyen un solvente doble; en este tipo de extracción no es apripiado usar las denominaciones extracto y refinado.

Por cuestiones económicas y ambientales, después de terminado el proceso de extracción es necesario recuperar el solvente del extracto y también el del refinado, a pesar de que el contenido de solvente sea relativamente bajo. Para ello generalmente se procede a una destilación (Figura 71a). La operación de destilación dependerá en gran medida de las características de los solventes (punto de ebullición, solubilidad, volatilidad relativa y de la capacidad de formación de azeótropos). En la Figura 71b está esquematizado el proceso de extracción en fase líquida para recuperar el solvente. Este es un caso típico, como el que se emplea en el proceso de lixiviación para extraer el uranio. El uranio se recupera del líquido de la lixiviación del mineral por extracción en fase líquida.

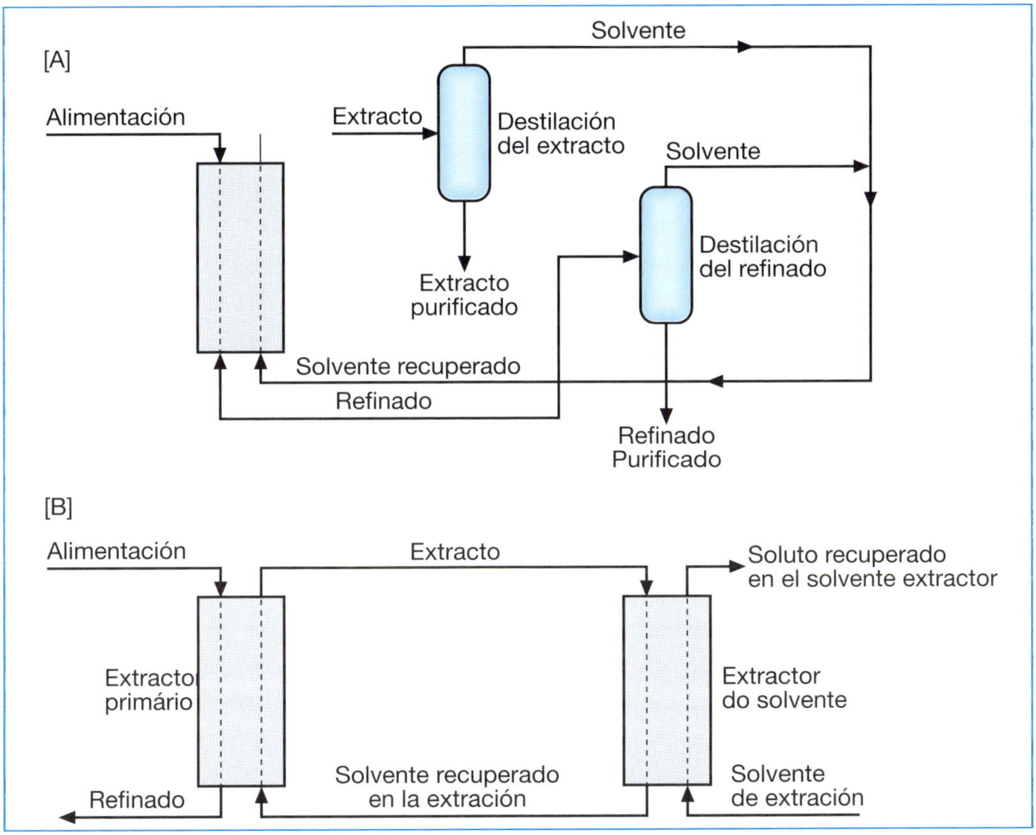

Figura 8.71. Diagrama de flujo esquemático de los procesos de extracción en fase líquida con la recuperación del solvente por [a] destilación y [b] extracción.

Es fundamental conocer exactamente cuales son las relaciones de equilibrio entre las fases es vital para las consideraciones cuantitativas de los procesos de extracción. A partir de estos datos se determinan las cantidades necesarias del solvente (y del reflujo, cuando se usa). Una condición esencial para el proceso es que se formen dos fases líquidas estables en contacto. Cuando um solvente de alta selectividad para un componente de una mezcla, en un cierto equilibrio de las fases deberá permitir que sea retirado de una técnica de separación.

En forma simplificada del sistema tiene tres componentes: la solución que se quiere separar, que está formada por dos componentes, A denominado inerte y B el soluto y por S, el solvente. Para este sistema simple el equilibrio de fases se puede representar por diagramas de equilibrio ternarios, como se muestra en la Figura 8.72. Estos gráficos representan isotermas a una presión suficiente para que el sistema se mantenga completamente en estado líquido. El diagrama más común el del Tipo I (Figura 8.72a), com una laguna de inmiscibilidad tangencial apenas por un lado. Los pares de líquidos A-B y B-S son totalmente solubles, A y S se disuelven de forma limitada formando las soluciones mutuamente saturadas representadas por G y H. Si se a esta mezcla se agrega B, A y S van a ser más solubles. En el punto crítico (punto de entrelazamiento) P, las dos fases pasar a ser una sola. El soluto B se distribuye entre las fases saturadas y forma soluciones en equilibrio como las indicadas por M y N, unidas por la línea de amarración; en esta línea el coeficiente de distribución K está dado por la ecuación 8.4.

$$K = \frac{X_{BN}}{X_{BM}} \quad \text{ou} \quad K = \frac{x_{BN}}{x_{BM}} \tag{8.4}$$

Donde:, X_{BN} indica la fracción ponderal, e x_{BN} es la fracción molar de B en la solución N.

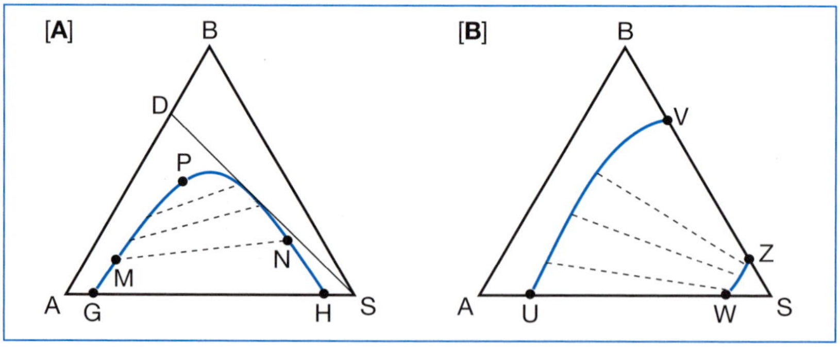

Figura 8.72. Extracción - diagramas de fase triangulares [A] Tipo I e [B] Tipo II.

Una extracción por solvente se puede realizar por cualquier método que permita la transferencia de masa entre las diversas fases diversas. En los procesos industriales normalmente se emplea el contacto continuo en contracorriente en varias etapas, en una secuencia de mezcladores y decantadores, o en torres con bandejas o platos;

también se emplea el contacto diferencial a contracorriente, continuo en una torre con relleno o bajo agitación mecánica. En los ensayos de laboratorio comúnmente se realiza la operación discontinua con corrientes paralelas o por contacto simple en diversas etapas.

8.7.1.2. Características deseables do solvente

A continuación se enumeran las características que se deben tener en cuenta al elegir un solvente para extracción en fase líquida:

1. **Seletividad.** Uno de los atributos más importantes de un buen solvente S es su capacidad de extraer preferentemente B de una mezcla A y B, de forma que la relación entre B y A en el extracto, después de la remoción del solvente, sea diferente de la relación entre dichos componentes en el refinado libre de solvente. En la Figura 8.73 se ilustra el efecto de la extracción en una sola etapa. La alimentación F en contacto con el solvente S, cuya cantidad es suficiente para formar la mezcla de las dos fases Q, produce el equilibrio entre el extracto E (rico en S) y el refinado R (rico en A), sobre la línea de amarración RE. El punto E' representa el refinado libre del solvente, con la misma relación entre B y A que en R. La selectividad $\beta_{B,A}$ del solvente S en la separación de B y A, sobre la línea de amarración está dada por la ecuación 8.2.

$$\beta_{B,A} = \frac{x_{BS}/x_{AS}}{x_{BA}/x_{AA}} = \frac{X_{BS}/X_{AS}}{X_{BA}/X_{AA}} = \frac{K_B}{K_A} \tag{8.5}$$

Donde: x_{BS} es la fracción molar de B en el solvente S, X_{BS} es la fracción ponderal e x_{BS}/x_{BA} es la relación de B para A em E o en E'. K es el coeficiente de distribución.

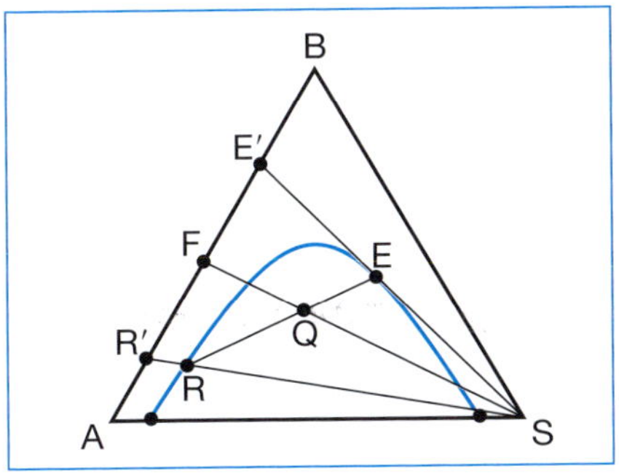

Figura 8.73. Selectividad del solvente S en la separación de A y B.

Considerando que en un sistema ternario las tres sustancias están presentes en las fases en equilibrio la actividad α de cada sustancia debe ser la misma en las dos fases, desde que el estado de referencia (standard) sea el mismo. Para asegurar esta condición se debe elegir el solvente puro a la presión y temperatura del sistema como el estado de referencia. En este caso, siendo las fases ricas en A y en el solvente S, se tiene:

$$\alpha_{AA} = \alpha_{AS} \qquad \alpha_{BA} = \alpha_{BS} \qquad \alpha_{SA} = \alpha_{SS} \tag{8.6}$$

Donde: α_{BA} es la atividad de B en A.

Si se tiene en consideración la definición de los coeficientes de actividad γ (ecuación 8.6), la ecuación 5 se puede representar por la ecuación 8.7.

$$\beta_{B,A} = \frac{\gamma_{AS}\,\gamma_{BA}}{\gamma_{BS}\,\gamma_{AA}} \tag{8.7}$$

La selectividad es una medida numérica del grado de separación de la alimentación inicial F. Sólo va a haber separación si $\beta_{B,A}$ es diferente de la unidad, y mejor será cuanto mayor que la unidad sea la selectividad.

2. Recuperabilidad. Normalmente el solvente se recupera del extracto y del refinado para ser usado otra vez. El medio normalmente usado es la destilación. En este caso el solvente no deberá formar un azeótropo con el soluto extraído, y para disminuir los costos de recuperación la mezcla deberá tener una alta volatilidad relativa. La sustancia que se encuentra en menor cantidad en el extracto (solvente o soluto) debe ser más volátil para que el costo de calentamiento sea menor. Si el solvente se debe evaporar, su calor latente de vaporización debe ser bajo.

3. Coeficiente de distribuición. Es preferible que el coeficiente de distribución del componente extraído sea grande, porque con esta condición se reduce la cantidad de solvente y el número de etapas de extracción, dada una relación fija entre el solvente y la alimentación. Este coeficiente afecta directamente la selectividad (ecuación 8.4).

4. Capacidad. Se refiere a la capacidad de un solvente de disolver el soluto extraído. En los sistemas del Tipo I (Figura 8.72a) el solvente S puede disolver una cantidad infinita de B, se exige menos de un solvente que en los sistemas del Tipo II o en los sistemas en los que B es un sólido cuya solubilidad en S se constituye en un factor limitante.

5. Solubilidad del solvente. En los sistemas del tipo I es conveniente que haya un elevado grado de insolubilidad entre A y S. Esto lleva a una grand seletividad (K_A es bajo). En la Figura 8.74, para ambos sistemas presentados, apenas las soluciones AB en el rango de concentración situado entre D y A se pueden separar usando el solvente S o S', porque solamente éstas van a formar dos fases inmiscibles con el solvente. La disminución de la solubilidad de A en el solvente, lo que se puede observar al ampliar el intervalo de inmiscibilidad en el triángulo de la composición – Figura 8.74, permite, en general, aumentar el rango de concentraciones que puede tener la alimentación. El costo de recuperación del solvente es menor cuando la insolubilidad es mayor. En los sistemas del tipo II no hay limitaciones pero la capacidad del solvente será limitada.

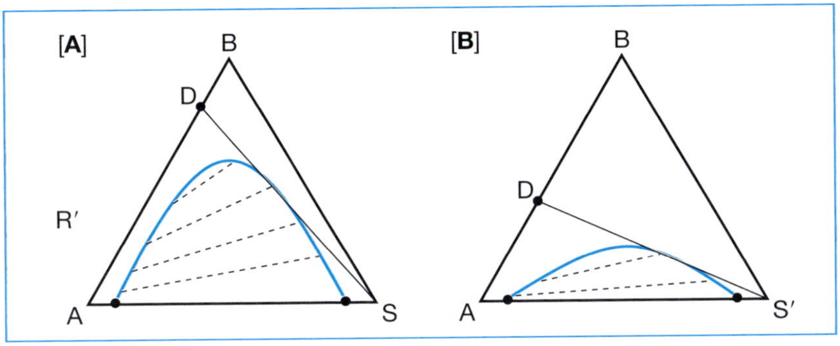

Figura 8.74. Influencia de la solubilidad del solvente en la extracción.

6. Densidad. La diferencia de densidad entre las fases en equilibrio es esencial porque afecta la velocidad de escurrimiento de los líquidos en contacto, a través do extractor, y también la separación final entre las fases. En los sistemas del Tipo I la diferencia de densidad generalmente disminuye monotonicamente con el aumento de la concentración de B, y llega a cero en el punto crítico.

7. Tensión interfasial. Preferentemente debe ser grande para favorecer la coalescencia de la emulsión y dificultar la dispersión de un líquido en otro. La coalescencia de las gotículas de líquido dispersadas es muy importante para el proceso de extracción. Cuanto mayor sea la miscibilidad entre las fases, menor será a tensión superficial. En los sistemas del Tipo I este parámetro llega a cero en el punto de cruce.

8. Reatividad química. El solvente debe ser químicamente estable e inerte a los otros componentes del sistema y a los materiales de la construcción.

9. Otros factores. Es conveniente que los solventes tengan las siguientes propiedades: baja viscosidad, (para que la velocidad de transferencia de masa y de separación de las dispersiones sean más elevadas), baja inflamabilidad, baja toxicidad y bajo costo.

8.7.1.3. Campos de aplicación

Por medio de la extracción en fase líquida se pueden realizar operaciones de separación que serían imposibles utilizando los métodos comunes de destilación, porque depende del tipo químico de los componentes. Por este método se puede separar, por ejemplo, hidrocarburos aromáticos y parafínicos, con intervalos de ebullición idénticos, usando dietilenoglicol como solvente.

Algunas soluciones que se pueden fraccionar por destilación, a un costo del procedimiento muy elevado, se pueden separar por extracción líquida. Como ejemplo se puede citar la destilación de una solución diluida de ácido acético en agua; se trata de un procedimiento caro porque se necesitan evaporar grandes cantidades de agua, con una tasa de reflujo alta, y el calor latente de vaporización del agua es alto. A extracción do ácido por acetato de etilo, seguida pela destilación da nova solución, constitui em um proceso mais barato. Análogamente, se puede evitar el gasto elevado de evaporación de agua para recuperar un soluto no volátil si se usa para la extracción un solvente de menor calor latente de vaporización.

Se puede evitar la cristalización fraccionada, que es cara, si se procede a la extracción en fase líquida para separar, por ejemplo, niobio en solución.

Las sustancias termosensibles, como la penicilina, se pueden separar de las mezclas en que se forman por extracción con un solvente apropiado, a baja temperatura.

8.7.2. Destilación extractiva

8.7.2.1. Definiciones

La destilación extractiva es una forma de destilación en el que se agrega un solvente que modificar el equilibrio Líquido-Vapor de los componentes que se van a separar para facilitar la operación. El solvente modifica la volatilidad de cada componente debido a su acción sobre las propiedades de la fase líquida. Estos efectos pueden ser la formación de complejos por asociación o la modificación de estructuras asociadas ya existentes, de modo que la volatilidad relativa de los componentes en presencia del solvente difiere de la de la mezcla sin solvente.

La destilación extractiva se usa con sistemas binarios que tienen puntos de ebullición cercanos y que tienden a formar azeótropos, y con sistemas multicomponentes en los que el orden de las volatilidades de los componentes no corresponde a la distribución deseada de los componentes entre los productos.

En la Figura 8.75 se presenta un diagrama de flujo típico de un proceso de destilación extractiva. El solvente debe ser menos volátil que cualquiera de los dos componentes A y B; para mantener su concentración elevada a lo largo de la mayor parte de la columna es necesario introducirlo siempre por arriba del punto de entrada de la alimentación. Normalmente se lo introduce algunos platos debajo del primero; esto obedece a la necesidad de reducir la concentración del solvente a un nivel insignificante en el vapor ascendente antes de la salida de la corriente de vapor de la sección superior.

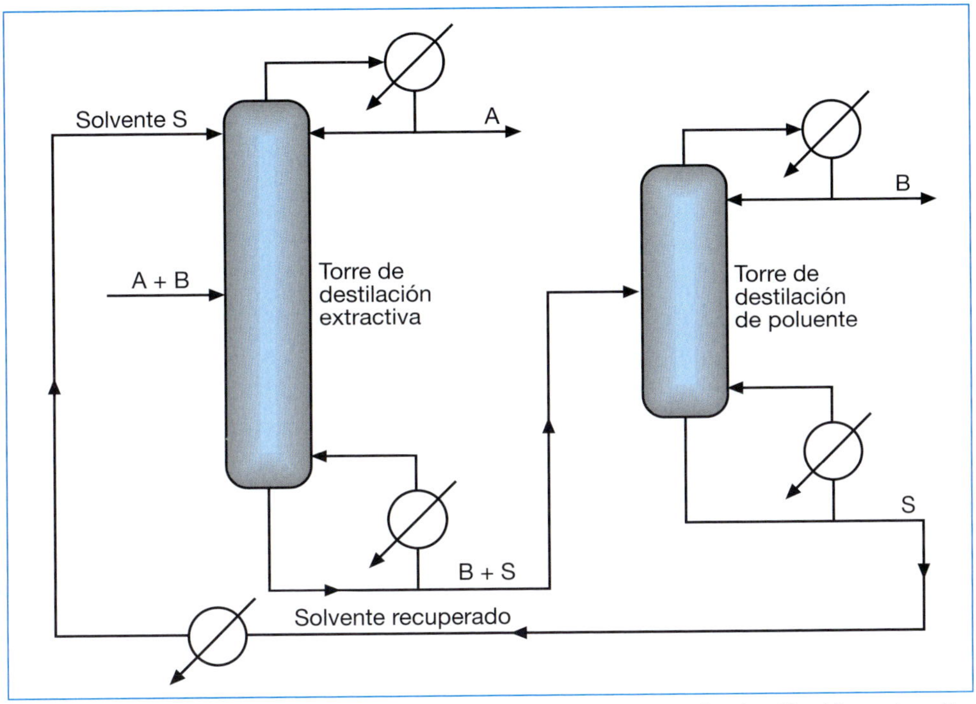

Figura 8.75. Diagrama de flujo simplificado de un proceso de destilación extractiva.

La tasa de transferencia del solvente líquido de plato para plato es relativamente constante debido a su baja volatilidad. Es conveniente que las concentraciones del solvente en las bandejas sean elevadas (típicamente 65/90 mol %) para que sea máxima la diferencia de volatilidad de los componentes que se desea separar. Para que la concentración del solvente permanezca dentro del rango de solubilidad total es necesario conocer el valor de las solubilidades mutuas. El perfil de concentración del solvente en la columna está controlado por los caudales de entrada y entalpías del solvente, de la alimentación y la corriente de reflujo.

Es más fácil recuperar un solvente por destilación extractiva que por destilación azeotrópica. Si el solvente elegido no forma un azeótropo con las otras sustancias en el producto de base de la torre de destilación extractiva, se puede recuperar por destilación fraccionada.

Equilibrio de fases

El principio físico en que se basa la destilación extractiva es el desvío del comportamiento ideal de las mezclas. La condición de no ideal se expresa cualitativamente por el coeficiente de actividad de la fase líquida y el coeficiente de fugacidad de la fase vapor. A presiones bajas el valor de los coeficientes de fugacidad generalmente es cerca de 1 (ideal) y la no idealidad del sistema se establece por los coeficientes de actividad de la fase líquida.

La fracción molar de i en la fase vapor (y_i) en equilibrio con xi está dada por:

$$y_i = \frac{\gamma_i f_i^0 x_i}{\phi_i P} \tag{8.8}$$

Donde:

y_i = fracción molar de i en la fase vapor
x_i = fracción molar de i en la fase líquida
f_i^0 = fugacidad de i en el estado standard
γ_i = coeficiente de actividad de i
ϕ_i = coeficiente de fugacidad de i
P = presión total

Si se considerar que $f_i^0 = P_i^0$ donde P_i^0 = presión de vapor del componente puro i, se tiene que:

$$y_i = \frac{\gamma_i P_i^0 x_i}{P} \tag{8.9}$$

Definición de volatilidad relativa:

$$\alpha_{ij} = \frac{\dfrac{y_i}{x_i}}{\dfrac{y_i}{x_j}} \tag{8.10}$$

$$\alpha_{ij} = \frac{\gamma_i P_i^0}{y_i P_j^0} \tag{8.11}$$

$$\beta_{ij} \text{ ideal} = \frac{\gamma_i}{\gamma_j} \tag{8.12}$$

En algunos casos si se cambia significativamente la presión de operación y, en consecuencia la temperatura α_{ij} cambia lo suficiente como para eliminar el azeótropo.

Además de la volatilidad relativa se usa el parámetro β_{ij}, selectividad, para caracterizar las mezclas no ideales:

$$\beta_{ij} \text{ ideal} = \frac{\gamma_i}{\gamma_j} \tag{8.13}$$

(coeficiente de actividad de los componentes clave en presencia del solvente).

Como ejemplo se puede considerar la mezcla binaria de acetona y metanol, que forma un azeótropo binario a 80 mol % de acetona (20 mol % de metanol).

En la composición del azeótropo se tiene:

$$\alpha_{AM} = 1{,}0 \qquad \beta_{AM} = 0{,}7$$

$$\gamma_A = 1{,}1 \qquad \gamma_M = 1{,}5$$

Si a esta mezcla se agrega agua se va a producir una variación de equilibrio de fases. El sistema ternario con la misma composición relativa que el azeótropo binario com el agregado de H20 a 60 mol % va a tener las siguientes características:

$$\alpha_{\mathrm{AM}} = 3{,}3 \qquad \beta_{\mathrm{AM}} = 2{,}4$$

$$\gamma_{\mathrm{A}} = 1{,}8 \qquad \gamma_{\mathrm{M}} = 0{,}7$$

Se observa un sustancial aumento de α y de β substancial, o sea que si se agrega agua a la mezcla acetona/metanol se favorece la separación de la mezcla azeotrópica.

Efecto de la concentración del solvente en la selectividad

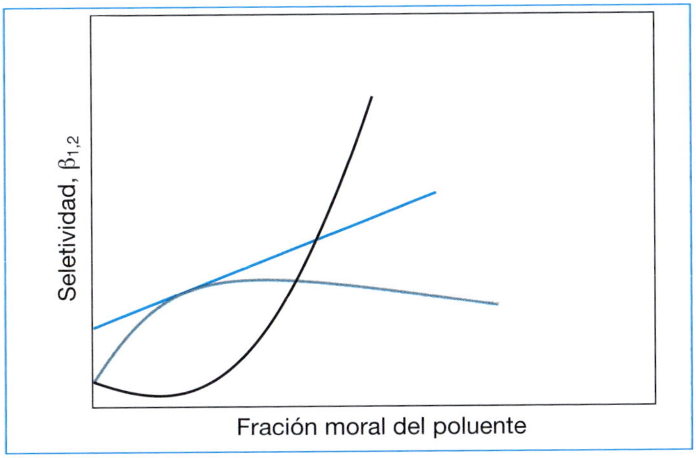

Figura 8.76. Influencia del solvente en la selectividad.

1) La selectividad comúnmente aumenta en forma casi lineal con la concentración del solvente.

2) A selectividad aumenta más que linealmente con a concentración del solvente (la alta concentración del solvente puede causar inmiscibilidad).
3) La selectividad presenta un punto de máximo (usual).

8.7.2.2. Características deseables de un solvente

El número de solventes que se pueden usar para una destilación extractiva generalmente es mucho mayor que los que se usan para una destilación azeotrópica porque las restricciones sobre la volatilidad son mucho menores. Al elegir un solvente se debe tener en consideración lo siguiente:

- El solvente debe hervir a una temperatura más alta que los componentes de la alimentación que se van a separar para impedir la formación de un azeótropo;
- El punto de ebullición del solvente no debe ser demasiado alto para evitar un elevado consumo de energía debido al calor sensible asociado al ciclo del solvente;
- Alta selectividad o capacidad para modificar el equilibrio líquido-vapor de la mezcla original lo suficiente como para permitir una fácil separación, empleando una pequeña cantidad de solvente;
- Gran capacidad para disolver los componentes de la mezcla;
- Recuperabilidad: el solvente se debe separar completamente de la mezcla;
- Se pueden considerar otras condiciones como: costo, estabilidad química, corrosión y toxicidad.

8.7.3. Destilación azeotrópica

8.7.3.1. Definiciones

Del mismo modo que para realizar una destilación extractiva, para una destilación azeotrópica es necesario agregar un tercer componente a un sistema binario para facilitar la separación del sistema por destilación. El componente agregado modifica los coeficientes de actividad de la fase líquida y en consecuencia el equilibrio líquido-vapor de los otros dos componentes en el sentido de favorecer el proceso.

En la destilación extractiva la volatilidad del solvente debe ser menor que la de los componentes de la alimentación que se van a separar, pero en la azeotrópica la volatilidad del solvente (que arrastra) debe ser mayor o tener un valor intermedio al de los componentes de la alimentación. En la destilación extractiva el solvente no puede formar azeótropo con los componentes de la mezcla, en cambio en la destilación azeotrópica el solvente debe formar un azeótropo heterogéneo con el componente que se retira de la cabeza.

Se recomienda la destilación azeotrópica para las mezclas que forman azeótropos o mezclas de compuestos que tienen punto de ebullición parecido.

Un azeótropo es una mezcla de dos o más componentes volátiles con la característica de que la composición del líquido y del vapor son idénticos en el equilibrio y cuya composición permanece constante durante la destilación. La mezcla azeotrópica puede entrar en ebullición a una temperatura mayor o menor que la de sus componentes, y en función de esto se pueden clasificar en azeótropos de mínimo y de máximo. Los azeótropos más comunes son los de ebullición mínimos

Los azeótropos también se pueden clasificar con respecto a la fase condensada. Cuando el azeótropo se condensa y la fase líquida es homogénea, es decir cuando la miscibilidad es total, el azeótropo se denomina homogéneo, y cuando las fases líquidas se separan el azeótropo se denominado heterogéneo.

El azeótropo heterogéneo se puede separar más fácilmente que muchas mezelas más ideales. La gran inmiscibilidad de las fases líquidas, provenientes del vapor, permite separar completamente los componentes que antes formaban un azeótropo homogéneo, lo que se puede hacer con una segunda columna de destilación o por medio de un decantador.

Para separar un azeótropo homogéneo es necesario modificar de alguna forma sus propiedades. Hay cuatro procesos para hacerlo:

- Destilación extractiva;
- Destilación con ajuste de presión;
- Formación de un azeótropo ternario heterogéneo;
- Formación de un azeótropo binario heterogéneo.

En el proceso de destilación azeotrópica a la mezcla original se le agrega un solvente (llamado arrastrador) para formar un azeótropo con uno más componentes de la mezcla; y este azeótropo se retira, ya sea como producto de cabeza o como producto de fondo.

8.7.3.2. Características ideales del solvente

El solvente (arrastrador) deberá formar un azeótropo con las siguientes características:

- Bajo punto de ebullición;
- El nuevo azeótropo deberá ser lo suficientemente volátil para separarse completamente del constituyente remanente;
- Ser usado en baja cantidad para disminuir la cantidad de calor necesaria para vaporizarlo;
- Preferentemente ser heterogéneo porque simplifica mucho su recuperación.

Además, un solvente ideal debe ser:

- Barato y disponible
- Químicamente estable
- No corrosivo
- No tóxico

También debe tener:

- Bajo calor latente de vaporización
- Baja viscosidad
- Bajo punto de congelamiento

8.7.3.3. Comparación entre la destilación extractiva y la azeotrópica

En general se considera que la destilación extractiva es más conveniente que la azeotrópica principalmente por dos motivos: (i) la posibilidad de elegir un solvente es mayor porque no es necesario que se forme un azeótropo, y (ii) normalmente se debe volatilizar una menor cantidad de solvente.

Sin embargo la destilación azeotrópica es conveniente cuando la impureza volatilizada es el menor constituyente de la alimentación y la composicion azeotrópica es favorecida. Por ejemplo, para deshidratar etanol a partir de una solución 85,6% molar etanol-agua la destilación azeotrópica con n-pentano es más económica que la destilación extractiva usando etilenglicol. Lo contrario puede ser válido para una alimentación de alcohol más diluida

8.7.4. Absorción de gases

8.7.4.1. Definiciones

La absorción de un gas es una operación unitaria que consiste en la disolución de una mezcla gaseosa en un líquido. La absorción puede ser un fenómeno puramente físico o representar la solubilización de la sustancia en el líquido y a continuación una reacción con uno o más constituyentes de este último.

El equipamiento que se usa para que un vapor y un líquido estén en contacto continuo puede ser una torre con un relleno sólido, o una torre vacía en la se hace la aspersión de un líquido, o una torre con bandejas o con orificios o válvulas apropriadas. En general el gas y el líquido fluyen en contracorriente para aumentar la diferencia de concentración y, en consecuencia, mayor la velocidad de absorción.

En el proyecto de una torre de absorción se necesitan los datos sobre el equilibrio líquido-vapor del sistema para determinar la cantidad de líquido necesaria para absorber una determinada cantidad de los componentes solubles del gas. Entre los datos de equilibrio necesarios para los cálculos de absorción se encuentra la solubilidad del gas en el solvente.

8.7.4.2. Características deseables de un solvente

Si el propósito principal de la operación de absorción es obtener una solución específica se debe elegir el solvente de acuerdo con la naturaleza del producto.

Si el objetivo de la absorción es la remoción de algún constituyente del gas se puede elegir entre algunos solventes teniendo en consideración las siguientes propiedades:

1. **Solubilidad del gas.** La solubilidad del gas debe ser alta para aumentar el índice de absorción y disminuir la cantidad de solvente utilizado. Generalmente los solventes cuya naturaleza química sea similar a la del soluto son los más eficientes. Si el solvente y el soluto reaccionan químicamente se tendrá como resultado una alta solubilidad del gas, pero si se necesita recuperar el solvente la reacción debe ser reversible.

2. **Volatilidad.** El solvente debe tener una presión de vapor baja, es decir debe ser poco volátil para que el gas que sale de la columna de absorción, normalmente saturado de solvente, no lo arrastre. Si es necesario se puede usar un segundo líquido menos volátil para recuperar la cantidad del primero que se ha evaporado.

3. **Baja corrosividad.**

4. **Bajo costo.**

5. **Viscosidad.** Es conveniente que la viscosidad sea baja porque así el índice de absorción es mayor, mejoran las características de inundación en la torre de absorción, hay una menor pérdida de carga en la bomba y se favorece la transferencia de calor.

6. **Otros factores.** Dentro de lo posible el solvente no puede ser tóxico ni inflamable, y ser químicamente estable y tener un bajo punto de congelación.

8.7.5. Reacciones

En las reacciones los solventes pueden desempeñar diversas funciones. Los solventes se pueden usar como medio de reacción para mantener juntos los reactivos, como un reactivo que reacciona con un soluto cuando no lo puede disolver, y como un arrastador, para mantener compuestos químicos en solución en las cantidades requeridas hasta que se usen.

Un solvente se puede usar como medio de reacción para algunos propósitos. Por ejemplo, en reacciones endotérmicas se puede suministrar calor por medio de un solvente inerte caliente con alta capacidad calorífica, mientras que en reacciones exotérmicas se puede retirar el calor por ebullición o absorción del solvente. Si en las reacciones hay reactivos sólidos, los solventes se pueden usar para formar una solución (medio de reacción) en la que los reactivos sólidos se pueden mantener en contacto. Los solventes también se pueden emplear para actuar indirectamente sobre la reacción por retirada de uno o más productos del medio de reacción.

8.7.5.1. Efecto del solvente en la velocidad de las reacciones

El solvente tiene una influencia sobre la velocidad de las reacciones que depende de sus características. En las reacciones activadas térmicamente el solvente puede disminuir la velocidad de reacción -reduciendo la energía libre de los reactivos en el estado de transición – o aumentarla – estabilizando la energía del estado de transición (Figura 8.77). Estos efectos termodinámicos o estáticos son el resultado de la energía de interacción entre as moléculas del solvente y las especies de la reacción. Especies cargadas disueltas en un solvente polar constituyen un ejemplo característico de la forma en que se produce esta estabilización de la energía. Las especies cargadas van a polarizar las moléculas de solvente que las rodean y orientar las moléculas de solvente dipolares para disminuir la energía libre del sistema. Esta estabilización de energía, frecuentemente denominada energía de solvatación, es la fuerza motriz que disuelve las moléculas. Los solventes que no tienen um potencial suficiente para estabilizar las moléculas del soluto (por ejemplo los solventes no-polares) disuleven poco dichas especies; en esos casos van a prevalecer sobre la solvatación otros procesos competitivos (por ej. aglomeración y precipitación).

La energía libre de Gibbs, G, está graficada en el eje y y la reacción (analizada en tres posiciones: reactivos, productos y complejo activado) está en el eje x. Los valores de las diferencias de la energía libre, ΔG_{I} y ΔG_{II}, corresponden a las energías de activación para las reacciones en los solventes I y II respectivamente. La energía libre de Gibbs standard, $\Delta G_{\mathrm{I}}^{\circ}$ y $\Delta G_{\mathrm{II}}^{\circ}$, son las diferencias de energía libre en el equilibrio para los reactivos y los productos en los solventes I y II respectivamente.

La solvatación no se limita a las especies cargadas. Si el momento electrostático de una especie en reacción es significativo (ejemplo, dipolo, cuatripolo), la disolución de estas especies en un solvente polar va a producir una estabilización de las especies y las moléculas del solvente se van a ajustar al campo eléctrico de dichas especies. Por el contrario, si las especies se disuelven en un solvente no polar, en que la energía de interacción entre el solvente y las especies es mínima, se producirá una estabilización débil. Consecuentemente la velocidad de la reacción se puede ajustar experimentalmente eligiendo un solvente apropiado [14].

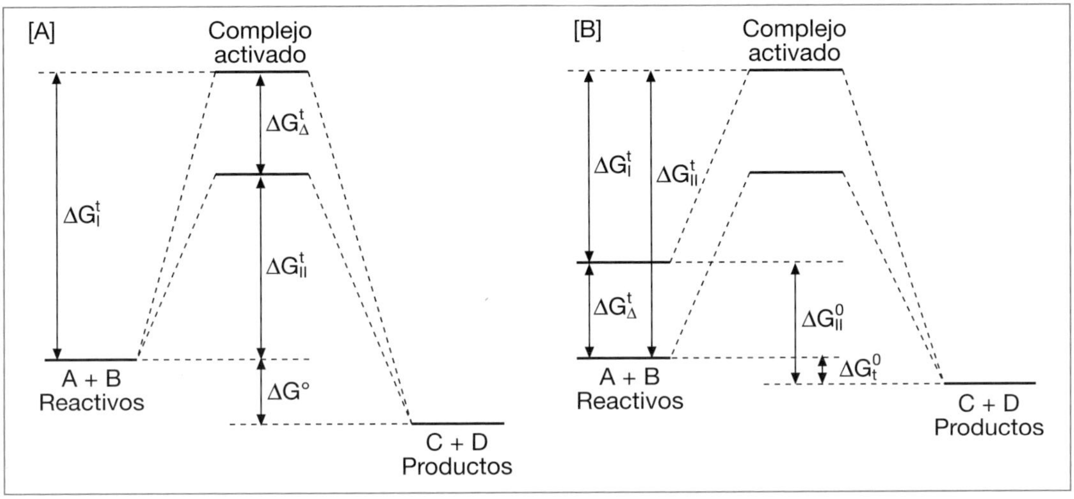

Figura 8.77. Influencia estática del solvente en la velocidad de reacción. [A] Diferentes velocidades de reacción debidas a la solvatación preferencial del complejo activado. [B] Diferentes velocidades de reacción debidas a la estabilización preferencial de los reactivos.

Los efectos de las interacciones del solvente son importantes para muchas reacciones, incluyendo las reacciones de transferencia de electrones. La Figura 8.78 ilustra los efectos de la energía de estabilización en una reacción modelo de transferencia de electrones: $D + A \rightarrow D^{+} + A^{-}$. Las curvas de energía libre los reactivos y los productos relacionan la energía libre del sistema (soluto + solvente) con la evolución de la reacción. Modelos de simulación hechos en computadora permiten suponer que estas curvas de energía libre deberían ser parábolas. Entonces la reacción puede ser vista como una transferencia de la población de la base de la curva de energía libre de los reactivos a la base de la curva de los productos sobre la energía de activación, ΔG†. La energía de activación está determinada por la diferencia de energía libre desde la base de la curva de los reactivos hasta la intersección de las curvas. Para describir reacciones de transferencia de electrones normalmente se usa el modelo de Marcus, que relaciona la velocidad de reacción, k_{ET}, con la magnitud de la energía de activación que deben superar los reactivos.

$$k_{ET} \propto \exp \frac{-\ G^{\dagger}}{RT} \qquad (8.14)$$

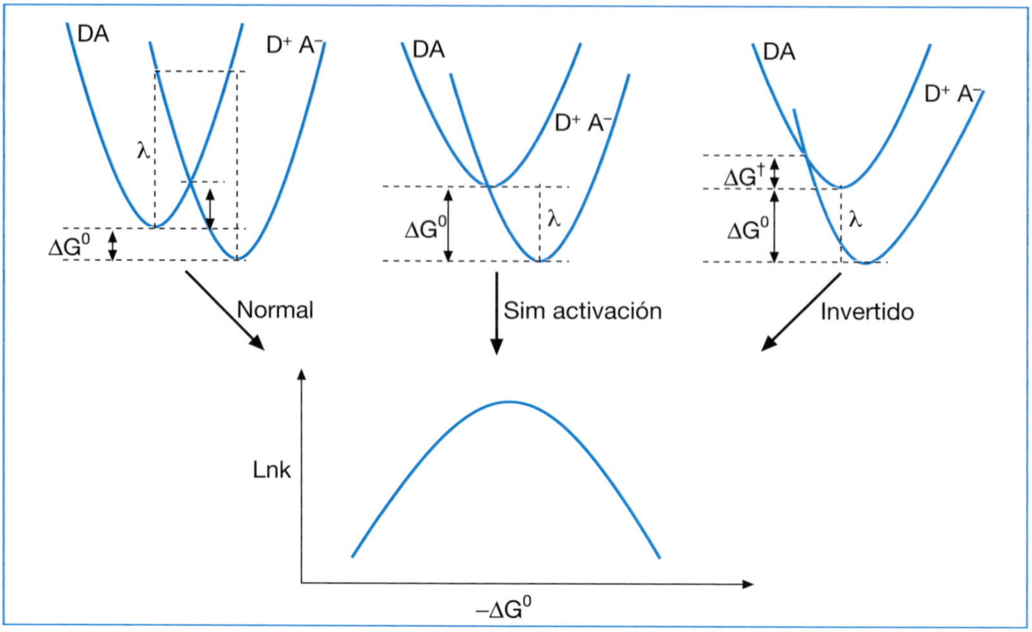

Figura 8.78. Efectos de la solvatación estática en la determinación de la velocidad de transferencia electrónica según la teoría de Marcus. Se presentan tres ejemplos de sistemas de transferencia de electrones: normal, sin activación e invertido con sus regiones correspondientes en las curvas de velocidad de reacción en función de la energía libre de Gibbs.

De acuerdo con el modelo de Marcus, que describe la velocidad de reacción como un proceso activado térmicamente sobre la energía de activación, si ésta disminuye la velocidad de reacción aumenta. Se puede modificar $\Delta G^{\dagger}$ transfiriendo la estabilización de energía, $\Delta G°$, de los productos hacia los reactivos (o sea una curva que se desplaza verticalmente). Por medio de las curvas parabólicas de energía libre $\Delta G^{\dagger}$ se puede relacionar a $\Delta G°$ y a una energía de reorganización, λ, que cuantifica la magnitud de la estabilización requerida por el solvente para acomodar la reacción.

$$G^{\dagger} = \frac{(\ G^0 + \lambda)^2}{4\lambda} \tag{8.15}$$

La curva de ln k_{ET} vs. $-\Delta G°$ muestra las regiones de la reacción controladas por los efectos del solvente: una región normal, en la que cuando aumenta $\Delta G°$ aumenta la velocidad de la reacción, una región sin activación, en la que la velocidad es máxima, y una región invertida, en la que un aumento de $\Delta G°$ ocasionará una disminución de la velocidad de reacción [30]. Por lo tanto, la estabilización de energía que confiere el solvente desempeña un papel importante en la velocidad de las reacciones de transferencia de electrones.

Si se estudian las reacciones de transferencia de energía sobre la base de la teoría de Marcus se presume que el solvente relaja bastante más rápido que el tiempo de reacción y, en consecuencia solamente las propiedades estáticas del solvente afectan la velocidad de reacción. En el caso de reacciones rápidas o cuando se usan solventes refrigerantes (*supercooled liquids*), no se deben tener en cuenta las consideraciones adiabáticas y se deben incluir los efectos no adiabáticos para describir las velocidades de reacción. Estos efectos debidos a la dinámica del solvente pueden afectar significativamente las propiedades de la reacción. Por ejemplo las fluctuaciones térmicas del solvente pueden suministrar la energía térmica necesaria para que los reactivos superen la barrera de la elevada energía de activación y también actúan como un calor para facilitar la formación de productos. Estas propiedades transitorias influyen sobre la velocidad de reacción o por la probabilidad de superar la energía de activación o por lo camino inverso; la probabilidad de reducción de productos a superar la barrera para formar los reactivos.

Los efectos dinámicos del solvente son especialmente importantes para describir las reacciones en las que se comparan las escalas de tiempo de los solventes. La dinámica de los solventes es un factor clave para comprender muchas reacciones rápidas incluso reacciones de transferencia de electrones y energía. Kramers demostró la importancia de la comprensión de la dinámica de los solventes para optimizar la velocidad de las reacciones químicas en solución.

8.7.5.2. El papel de los solventes en las reacciones bioquímicas

La biocatálisis permite realizar la transformación química de una variedad de compuestos y encuentra aplicaciones en la industria alimenticia, de raciones, química y farmacéutica. Pero no es fácil contar con reacciones que tengan la velocidad, la productividad y la selectividad deseadas. Para optimizar las reacciones biocatalíticas se pueden usar medios no convencionales, o sea sistemas no acuosos u orgánico-acuosos.

Las principales ventajas de usar solventes orgánicos en biocatálisis en vez del tradicional sistema acuoso enzimológico se pueden resumir de la siguiente manera:

(i) Aumento de la solubilidad de los sustratos no polares y los productos;
(ii) Inversión del equilibrio termodinámico para favorecer la síntesis en vez de la hidrólisis, o sea permitir que ocurran reacciones usualmente no encuentran condiciones favorables en los sistemas acuosos (por ejemplo, transesterificación, tioesterificación, aminólisis);
(iii) Modificaciones drásticas de la enantioselectividad de la reacción cuando un solvente orgánico se sustituye por otro;
(iv) Supresión de reacciones laterales no deseables que dependen del medio acuoso;
(v) Eliminación de la contaminación microbiana en la mezcla de la reacción (1,5–14).

Los sistemas orgánicos con cantidades restrictas de agua usados en biocatálisis se pueden clasificar en homogéneos y heterogéneos. Torres y Castro, y Castro y Knubovets son autores de un trabajo de revisión sobre los sistemas homogéneos y

Nadia Krieger y colaboradores, sobre los heterogéneos. Entre los sistemas heterogéneos se pueden citar los sistemas macro-heterogéneos líquido-líquido, en los que el agua representa del 1 al 5% del medio de reacción, sistemas macro-heterogéneos líquido-sólido y sistemas micro-heterogéneos.

A pesar de las ventajas que presenta el sistema biocatalítico en un medio orgánico es preciso recordar que las enzimas se desnaturalizan o inactivan en presencia de solventes orgánicos y que la actividad catalítica de las enzimas estables en medios no acuosos generalmente es menor que en sistemas acuosos. Para solucionar este problema y aumentar la actividad enzimática y la estabilidad en medio no acuoso se han realizado numerosos estudios, usando varios caminos, como, ingeniería de la proteína, unión covalente de compuestos anfipáticos (PEG, aldehídos e imidoésteres), interacciones no covalentes con lípidos o surfactantes, micro emulsión agua en aceite o micelas reversas, inmovilización en soportes insolubles apropiados (soportes porosos inorgánicos, polímeros y tamices moleculares) y utilización de enzimas en polvo lifolizadas o unidas a cristales suspendidos en solventes orgánicos.

La estabilidad enzimática es menor en los solventes miscibles en agua, como acetona y éteres, que en los solventes hidrofóbicos, tales como los alcanos o los haloalcanos. En medio acuoso el aumento de la velocidad de reacción se observa por la estabilización del complejo activado polarizado por formación de puente de hidrógeno y una disminución de la superficie hidrofóbica de las moléculas durante el proceso de activación. En los solventes orgánicos hidrofóbicos ocurre la unión del agua a partir de la superficie enzimática, mientras que en los solventes orgánicos hidrofílicos esto es más difícil; por consiguiente es raro que las enzimas se mantengan estables en solventes orgánicos hidrofílicos. Hay dos enzimas que son relativamente estables en solventes orgánicos hidrofílicos: la lipasa de la bacteria *Pseudomonas mendocina* PK12CS, (que mantiene una buena actividad en etanol al 10% de etanol), y la lipasa de la bacteria *Bacillus megaterium* CCOC-P2637 (estable a concentraciones superiores a 80% de etanol y acetona y a 100% de isopropanol).

En los sistemas biocatalíticos no acuosos homogéneos el solvente debe solubilizar las enzimas. La solubilidad de las enzimas depende mucho del solvente principalmente de su hidrofobicidad. Un gran número de enzimas es soluble en solventes próticos, lo que indica la importancia de los solventes con tendencia a formar puentes de hidrógeno. Solamente un pequeño número de solventes disuelve las enzimas a una concentración de 1 mg/ml o más.

Algunas síntesis en sistemas biocatalíticos no acuosos con buenos resultados son las síntesis de ésteres y péptidos y la producción de sustitutos de la manteca de cacao. Cuatro de los quince procesos industriales usando hidrólisis citados por Krisha se realizan en presencia de solventes orgánicos: la síntesis de la amina quiral y alcoholes en acetato de MTBE-etilmetoxi, la síntesis de un medicamento anticolesterol en tolueno, la producción de un intermediario en la síntesis de Diltiazem en una mezcla tolueno-agua y la síntesis de palmitato y de miristato de isopropilo en 2-propanol.

Actualmente las principales aplicaciones industriales de sistemas enzimológicos no acuosos se basan en el uso de enzimas suspendidas (lifolizadas y unidas a cristales) y enzimas inmobilizadas; ambas representan sistemas biocatalíticos heterogéneos. Sin embargo las biocatálisis heterogéneas en solventes orgánicos tienen algunos inconvenientes: baja velocidad de reacción, difícil de controlar, y baja reproducibilidad en escala industrial. En el sistema homogéneo estos problemas no ocurren porque no existe una interfase solvente orgánico-agua y porque no hay limitaciones de difusión de los sustratos y los productos. Además, en los sistemas homogéneos la concentración de sustrato y de productos en la superficie de la enzima se puede controlar fácilmente, lo que favorece la velocidad da reacción y evita la inhibición enzimática. Por otro lado, en los sistemas homogéneos las etapas de separación y purificación de los productos son más difíciles.

Entre todos los medios creados para usar industrialmente los sistemas biocatalíticos en medio no acuoso se pueden citar los sistemas micro-homogéneos, que combinan principios de biocatálisis homogénea y heterogénea, que es una de las mejores enfoques para el desarrollo de catalisadores inzimatico pero robustos para aplicaciones industriales.

Un ejemplo de esta combinación sistema homogéneo y heterogéneo es el HIP (hydrophobic ion pairing) plástico. El plástico biocatalítico es un biocatalizador que se obtiene por incorporación de enzimas recubiertas por iones surfactantes en materiales plásticos. Estos sistemas presentan excelente actividad y estabilidad, características que son interesantes para la industria. Los plásticos biocatalíticos se pueden comparar a las enzimas inmobilizadas en sistema acuoso. Como el sistema es macro-heterogéneo la elevada velocidad inicial en el ambiente micro-homogéneo se puede combinar con la facilidad de reciclaje del biocatalizador y la purificación de los productos de reacción. Este sistema potencializa aplicaciones en gran escala.

8.7.5.3. El papel de los solventes alternativos en las reacciones

El dióxido de carbono supercrítico ($scCO_2$) se puede usar como solvente en procesos de síntesis de alto valor en la industria farmacéutica o de la química fina. El $scCO_2$ tiene la ventaja de no agredir el medio ambiente y de permitir un aumento de la diaestero-y enantioselectividad si se lo comprara con los procesos con solventes convencionales. Permite controlar la solubilidad de reactivos y productos para separar selectivamente el producto. Además las reacciones pueden ocurrir a presiones subcríticas.

A pesar de sus ventajas como solvente en reacciones el $scCO_2$ tiene algunas limitaciones como solvente, debido a su baja solubilidad en varios compuestos orgánicos y en soluciones acuosas. Otro aspecto que limita su uso es el económico, porque se requieren reactores de alta presión y mucha energía, y el para que el costo del CO_2 sea conveniente se necesita contar con una estación de suministro cerca del reactor. En principio los reactores continuos son particularmente convenientes para las reacciones a alta presión.

Los problemas de solubilidad de las moléculas polares en CO_2 minimizan por adición de un cosolvente (por ejemplo, metanol) o un surfactante. Otra posibilidad de favorecer la solubilidad es por medio de la modificación de los compuestos, normalmente aumentando la lipofilicidad o agregando cadenas perfluoradas o grupos silanos.

Un ejemplo de uso comercial de CO_2 como solvente de reacción es la producción de polímeros fluorados. Thomas Swan Ltd. de Inglaterra tiene un reactor continuo plug-flow para reacciones de hidrogenación y alquilaciones en gran escala, reacciones con gases leves: hidrógeno, CO y oxígeno. En 2004 Beckman presentó una revisión sobre las perspectivas del uso de CO_2 en la industria farmacéutica.

Los líquidos iónicos tienen propiedades peculiares como baja presión de vapor, capacidad de disolver materiales orgánicos, inorgánicos y poliméricos, y alta estabilidad térmica, que los han convertido en un solvente alternativo.

Los líquidos iónicos son sales que tienen baja temperatura de fusión (típicamente <100 °C) y se obtienen por combinación de cationes orgánicos grandes con una variedad de aniones. Hay un número enorme de combinaciones posibles, lo que representa un gran potencial para los líquidos iónicos. También se han obtenido desarrollado líquidos iónicos con propiedades específicas por incorporación de grupos funcionales adicionales a los cationes y/o los aniones. El interés por el estudio de las propiedades de los líquidos iónicos está aumentando rápidamente, fundamentalmente en su preparación, propiedades físico-químicas y uso como medio de reacción, ya que no se conoce mucho sobre su reactividad. Conocer la influencia de las diferentes clases de líquidos iónicos sobre la reactividad química es, probablemente, la clave para contar con tecnologías más seguras y beneficios ambientales y económicos.

Chiape y Pieraccini han elaborado una importante revisión en la que se discuten las propiedades de los líquidos iónicos más usados y su reactividad, enfatizando el efecto de los líquidos iónicos en los aspectos mecanístico de algunas reacciones orgánicas.

Algunos líquidos iónicos se usan comercialmente y tienen varias aplicaciones en la industria.

En 2002 BASF AG, Ludwigshafen/Alemanha, usó por primera vez en gran escala un líquido iónico. El producto fue 1-metilimidazona para retirar el ácido clorhídrico que se forma durante la producción de alcohoxifenilfosfanos (precursor para fotoinhibidor).

Los solventes perfluorados son buenos solventes de gases (por ejemplo se pueden disolver hasta 57 ml de O_2 en 100 ml de perfluor(metilciclo-hexano) y apenas 3 ml de O_2 en 100 ml de agua en condiciones normales de presión y temperatura) y por eso se pueden emplear como medio de reacción para las oxidaciones aeróbicas, también se han ensayado como sangre artificial. Estudios realizados con sistemas bifásicos fluorados indican que se pueden aplicar en sínteis orgánicas.

Los solventes perfluorados tienen un uso limitado por causa de su solubilidad, que se debe a su característica apolar.(tienen más uso en sistemas bifásicos). A pesar de que son químicamente inertes y no tóxicos son bioacumulativos.

8.7.6. Método de selección de solventes para procesos

En este ítem se discute una revisión bibliográfica sobre las metodologías de selección de solventes para procesos y también sobre algunas herramientas y métodos para entender los criterios de selección presentados.

Cuando se desarrolla un proceso en una industria química se debe hacer una serie de consideraciones importantes: características químicas y físico-químicas, reactividad, procesabilidad, recuperación, fuentes de provisión y aspectos ambientales, como se ilustrado en la Figura 8.79.

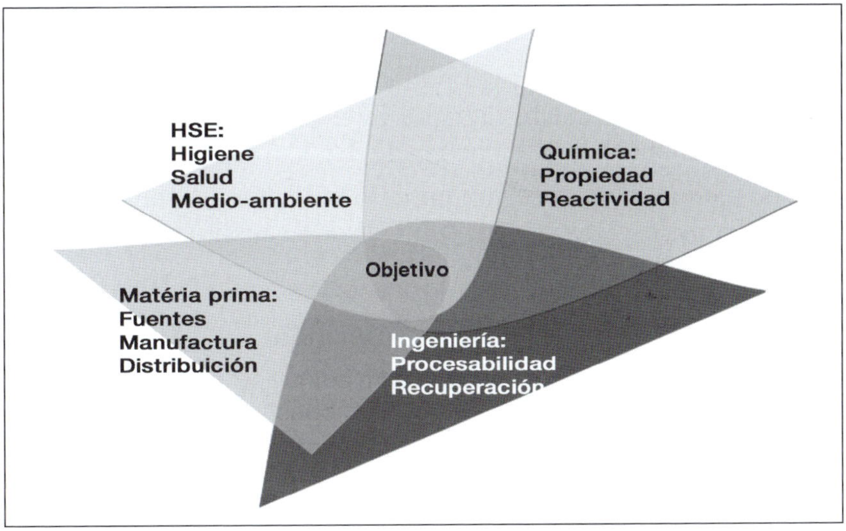

Figura 8.79. Objetivos: encontrar un solvente que promueva la reacción química y facilite el proceso minimizando el consumo de materia y energía y los impactos sobre la higiene, la seguridad y el medio ambiente

Se han desarrollado muchas metodologías y aproximaciones para facilitar la selección de los solventes para un determinado proceso. Muchas están focalizadas en la optimización del desempeño del solvente solamente sobre la base de las propiedades físico-químicas. Otras procuran conciliar la optimización de las propiedades y los costos. Por otro lado, algunos estudios han demostrado que el uso de metodologías de selección de solventes por medio de la integración solvente-proceso es bastante eficiente. De acuerdo con estas metodologías para elegir el mejor solvente se deben considerar, además de las propiedades químicas y físico-químicas, las restricciones del proceso y las ambientales.

De una manera simplificada podemos dividir la selección de solventes en cuatro etapas:

1. Definición del problema;
2. Definición de los criterios de selección;
3. Selección de los posibles solventes;
4. Validación de los resultados.

Etapa 1. Definición del problema

La primera etapa del procedimiento de selección de solventes consiste en definir cual es el problema e identificar en que sentido se puede resolver. En este punto una cuestión adicional es si se necesita usar un solvente, es decir, si se puede llegar al objetivo por otra vía, por ejemplo, por medio de una separación física o una reacción sin solvente.

Un ejemplo de esta primera etapa puede ser el siguiente: la definición del problema es que se tiene un producto fuera de especificación, y se lo podría solucionar extrayendo los contaminantes de dicho producto.

Un segundo ejemplo podría ser un proceso en el que un solvente no atiende las restricciones ambientales. Una posible solución sería sustituir el solvente.

Etapa 2. Definición de los criterios de selección

En esta etapa se definen los requisitos que debe cumplir el solvente. Se pueden adoptar los siguientes criterios:

- Propiedades físicas y químicas
- Características de HSE
- Propiedades operacionales
- Restricciones funcionales
- Evaluación económica

Las propiedades de los poluentes puros y las propiedades que resultan de la interacción solvente-soluto son muy importantes para estudiar y seleccionar los solventes que se van a emplear en un proceso.

Las propiedades de los compuestos puros, como punto de ebullición, punto de fusión y presión de vapor y de los componentes del proceso permiten verificar el estado físico del solvente en las condiciones do proceso.

Las propiedades de los compuestos que dependen de la temperatura y/o presión, como la viscosidad, presión de vapor, entalpía y calor de vaporización, son importantes para definir las condiciones del proceso.

Las propiedades de HSE de los componentes puros sirven para hacer una selección previa de los solventes que atiendan las restricciones de higiene, salud y protección ambiental.

Las propiedades de la interacción solvente-soluto determinan las propiedades de la solución; la cantidad de soluto y de solvente en la mezcla y la presión y/o temperatura influyen sobre las condiciones operacionales.

Las propiedades más comunes son la solubilidad del soluto en función de la composición de la mezcla y la selectividad del solvente para solubilizar los componentes del proceso. En el caso de las reacciones la solubilidad de los reactivos y de los productos es importante. En algunos casos el solvente tiene que ser más selectivo con respecto a los productos que a los reactivos, por ejemplo una reacción principal y otras secundarias que ocurren en el mismo recipiente. En otras situaciones es más conveniente que el producto sea completa o parcialmente inmiscible en el sistema solvente. Por ejemplo, el solvente disuelve los reactivos y produce la precipitación del producto.

Otras propiedades de la interacción solvente-soluto que son útiles para elegir un solvente son: punto de saturación en función de la temperatura y la presión, viscosidad de la solución y coeficiente de difusión.

Las propiedades funcionales son las que definen el desempeño del solvente, como la cantidad de soluto retirada o disuelta por el solvente, la pérdida de solvente en el proceso de extracción, la velocidad y la productividad de la reacción, el comportamiento del soluto en función de la velocidad de evaporación, etc..

Considerando el primero ejemplo usado para describir la primera etapa, par la segunda etapa se definieron los siguiente requisitos: el solvente deberá disolver una elevada cantidad de contaminante pero baja de producto, ser inmiscible con el producto, líquido en las condiciones de operación, no tóxico, estar disponible a un costo aceptable y, dentro de lo posible, ser usado en la misma unidad fabril.

Una vez que están definidos los requisitos necesarios del solvente hay que cuantificar las propiedades definidas. Esos valore se pueden obtener experimentalmente, por medio de bases de datos o por estimativas usando modelos.

En la Tabla 8.26 se presentan algunas de las bases de datos más conocidas. Las propiedades de los compuestos puros se obtienen fácilmente, pero no ocurre lo mismo con las propiedades de la interacción soluto-solvente y las propiedades funcionales. Es difícil encontrar datos para el mismo sistema soluto-solvente con que se está trabajando y también para las propiedades funcionales en las mismas condiciones del proceso. La mayoría de las propiedades soluto-solvente y de las propiedades funcionales de los solventes se puede predecir por medio de modelos. En la Tabla 8.27 se presentan algunas herramientas para predecir propiedades.

Tabla 8.26. Lista de las bases de datos más conocidas

Nombre	Dirección	Comentario
CambridgeSoft ChemFinder	http://chemfinder.cambridge-satt.com	Base de datos e índice de hiperlink para millares de compuestos
CRC Handbook of Chemistry and Physics	http://www.hbcpnetbase.com	Base de datos de millares de compuestos orgánicos, inorgánicos y polímeros y datos de HSE
DECHEMA Chemistry Data Series	http://www.dechema.de/CDS.html	Colección de datos de solubilidad
SOLV-DB	http://solvdb.ncms.org	Colección de datos de propiedades de solventes y sus respectivas propiedades de HSE.
Integrated Solvent Substitution Data System (ISSDS)	http://es.epa.gov/issds/	Sistema de bases de datos para tener acceso a las propiedades de solventes alternativos.
Solvents Database	http://chemtec.org/cd/ct_23.html	Base de datos de solventes, con datos para muchas aplicaciones.
DIPPR	http://www.aiche.org/TechnicalSocieties/DIPPR/About/Mission.aspx	Datos termofísicos
Knovel Solvents – A Properties Database	http://www.knovel.com/knovel2/Toc.jsp?BookID=635	Base de datos incluyendo propiedades físicas y químicas de más de 1100 solventes
Solvents Database	http://www.williamandrew.com/titles/1463.htm	Base de datos incluyendo propiedades físicas y químicas de más de 1100 solventes
TAPP - Thermochemical and Physical Properties Database	http://www.chempute.com/tapp.htm	Base de datos de propiedades físicas y termoquímicas de compuestos químicos puros
The NIST Webbook	http://webbook.nist.gov	Fuente de datos termofísicos y termoquímicos
SciGlass 6.5	http://www.esm-software.com/sciglass/	Base de datos de propiedades físico-químicas y termodinámicas

Tabla 8.27. Lista de herramientas para predicción de propiedades de solventes		
Nombre	**Principales características**	**Dirección o referencia**
Métodos de contribución de grupos	Predicción de propiedades físicas y físico-químicas	[128-129]
ASPEN PLUS	Software que permite calcular propiedades físico-químicas e termodinámicas de compuestos puros e misturas	http://www.aspentech.com
COSMO-RS	Software que permite calcular las propiedades físico-químicas y termodinámicas de compuestos puros y mezclas	COSMO-RS se implementa en COSMOtherm disponible en http://www.cosmologic.de
PREDICT Plus 2000	Software para predecir propiedades físico-químicas y termodinámicas	http://www.mwsoftware.com/dragon/brftour.html
SciGlass 6.5	Software para predicción de propiedades físico-químicas y termodinámicas	http://www.esm-software.com/sciglass/
Quantitative structure-property relationships (QSPR)	Software para predecir propiedades de polímeros	http://www.polymerexpert.biz/products.html

Etapa 3. Selección de los posibles solventes

En la tercera etapa se seleccionan los posibles solventes candidatos que atiendan los requisitos establecidos. Esta selección se puede hacer por tres vías:

Benchmarking: algunas veces se puede seleccionar los posibles solventes por analogía con procesos similares procesos, o sobre la base de la intuición química y la experiencia técnica.

Encuesta en base de dados: búsqueda de compuestos que atiendan los requisitos establecidos. Se debe comenzar por las propiedades de los compuestos puros, seguir con las propiedades de HSE y finalizar con las propiedades funcionales de los solventes.

Simulación: se pueden calcular compuestos que satisfacen los criterios. Hay dos aproximaciones distintas utilizando herramientas informáticas:

- Generar una lista predefinida de posibles solventes y hacer la clasificación según los criterios.
- Emplear modelos moleculares para generar y analizar las estructuras químicas que tengan las propiedades deseadas.

En esta etapa se pueden emplear algoritmos de diferente grado de complejidad dependiendo del proceso y de su escala. Algunos algoritmos se basan solamente en las propiedades de los solventes que se espera que atiendan el proceso; otros algoritmos con resultados más precisos, se basan en la integración de las propiedades del solvente con el proceso.

Etapa 4. Verificación de los resultados

La etapa final de la selección de solventes consiste en verificar si los posibles solventes sugeridos tienen el desempeño esperado. Se puede hacer un ensayo por computadora, por ejemplo simular la etapa del proceso de extracción y validar el solvente. Esta validación experimental es necesaria para todas las etapas del desarrollo del proceso, desde el laboratorio y los ensayos en escala piloto hasta los ensayos industriales.

Hay que observar que para un dado problema no es necesario que se realicen todas las etapas, aunque tal vez se necesite la base de datos para las cuatro etapas. Si al seleccionar los posibles solventes se encuentran muchos candidatos, se debe refinar el criterio de selección y repetir la etapa 3 repetida para reducir el número de alternativas. Por otro lado, si se encuentran pocas alternativas, o no se encuentra ninguna el criterio de selección puede ser más amplio.

Referencias Bibliográficas

Knochel, P. Modern Solvents in Organic Synthesis. Top. Curr. Chem. 206, 1-152, 1999.

Adams, D. J.; Dyson, P. J.; Tavener, S. J. Chemistry in Alternative Reaction Media. Wiley: Chichester, 2004.

Mikami, K., Green Reaction Media in Organic Synthesis. Blackwell Publishing: Oxford, U.K., 2005.

Jessop, P. G.; Leitner, W. Chemical Synthesis Using Supercritical Fluids. Wiley-VCH: Weinheim, 1999.

Noyori, R. Supercritical Fluids. Chem. Rev. 99, 353-634, 1999.

Wells, S. L.; DeSimone, J. M. CO_2 Technology Platform: An Important Tool for Environmental Problem Solving. Angew. Chem. 113, 534-544, 2001.

Leitner, W. Supercritical Carbon Dioxide as a Green Reaction Medium for Catalysis. Acc. Chem. Res. 35, 746-756, 2002.

Eckert, C. A.; Liotta, C. L.; Bush, D.; Brown, J. S.; Hallett, J. P. Sustainable. Reactions in Tunable Solvents. J. Phys. Chem. B 108, 18108-18118, 2004.

Horva´th, I. T.; Ra'bai. J. Science. 266, 72-75, 1994.

Horva´th, I. T. Fluorous Biphase Chemistry. Acc. Chem. Res. 31, 641-650, 1998.

Betzemeier, B.; Knochel, P. Perfluorinated Solvents – a Novel Reaction Medium. Top. Curr. Chem. 206, 61-78, 1999.

Gladysz, J. A.; Curran, D. P.; Horva´th, I. T. Handbook of Fluorous Chemistry. Wiley-VCH: Weinheim, 2004.

Riess, J. G.; Le Banc, M. Solubility and Transport Phenomena in Perfluorochemicals Relevant to Blood Substitution and Other Biomedical Applications. Pure Appl. Chem. 54, 2383-2406, 1982.

Reichardt, C. Solvents and Solvent Effects in Organic Chemistry. 3rd updated and enlarged edition; Wiley-VCH: Weinheim, 2003.

Buncel, E.; Stairs, R.; Wilson, H. The Role of the Solvent in Chemical Reactions. Oxford University Press: Oxford, New York, 2003.

Fawcett, W. R. Liquids, Solutions, and Interfaces - from Classical Macroscopic Descriptions to Modern Microscopic Details. Oxford University Press: Oxford, New York, 2004.

Marcus, Y. The Properties of Solvents. Wiley: Chichester, New York, 1998.

Marcus, Y. Solvent Mixtures - Properties and Selective Solvation. M. Dekker: New York, Basel, 2002.

Wypych, G. Handbook of Solvents (+ Solvent Data Base on CDROM). ChemTec Publishing: Toronto, and William Andrew Publishing: New York, 2001.

Cheremisinoff, N. P. Industrial Solvents Handbook. 2nd ed.. M. Dekker: New York, 2003.

Nelson W. M. Green Solvents for Chemistry: Perspectives and Practice. Oxford University Press: New York, 2003.

Robert H. Perry, Secil H. Chilton. Manual de Engenharia Química. 5a. Edição. Editora Guanabara II, Rio de Janeiro, 1980.

Robert E. Treybal. Mass Transfer Operation. 3a. ed. MacGraw Hill Book Company, Singapure, 1981.

J. Linnanto, V. M. Helenius, J. A. I. Oksanen, T. Peltola, J. L. Garaud, and J. E. I. Tommola. Journal of Physical Chemistry A. 102, 4337-4349, 1998.

R. A. Marcus. Journal of Chemical Physics. 24, 1956.

J. S. Bader, R. A. Kuharski, and D. Chandler. Journal of Chemical Physics. 93, 230-236, 1990.

J. S. Bader and D. Chandler. Journal of Physical Chemistry. 96, 6423-6427, 1992.

P. J. Rossky, J. Schnitker, and R. A. Kuharski. Journal of Chemical Physics. 949-65, 1986.

R. A. Kuharski, J. S. Bader, D. Chandler, M. Sprik, M. L. Klein, and R. W. Impey. Journal of Chemical Physics. 89, 3248-3257, 1988.

G. L. Closs and J. R. Miller. Science. 240, 1988.

P. F. Barbara, G. C. Walker, and T. P. Smith. Science. 256, 975-981, 1992.

P. F. Barbara, T. J. Meyer, and M. A. Ratner. Journal of Physical Chemistry. 100, 13148-13168, 1996.

S. Speiser. Chemical Reviews. 96, 1953-1976, 1996.

V. Sundstrom, T. Pullerits, and R. van Grondelle. Journal of Physical Chemistry B. 103, 2327-2346, 1999.

H. A. Kramers. Physica A. 7, 1940.

G. R. Castro and Tatyana Knubovets. Homogeneous Biocatalysis in Organic Solvents and Water-Organic Mixtures. Critical Reviews in Biotechnology. Vol. 23, N. 3, 195–231, 2003.

Sebastián Torres and Guillermo R. Castro. Non-Aqueous Biocatalysis in Homogeneous Solvent Systems. Non-Aqueous Biocatalysis. Food Technol. Biotechnol. Vol.42, N.4, 271-277, 2004.

Nadia Krieger, Tej Bhatnagar, Jacques C. Baratti, Alessandra M. Baron, Valéria M. de Lima and David Mitchell. Non-Aqueous Biocatalysis in Heterogeneous Solvent Systems. Food Technol. Biotechnol. Vol. 42, N. 4, 279-286, 2004.

G. R. Castro1and Tatyana Knubovets. Homogeneous Biocatalysis in Organic Solvents and Water-Organic Mixtures. Critical Reviews in Biotechnology. Vol. 23, N.3, 195-231, 2003.

H. Ogino, H. Ishikawa. J. Biosci. Bioeng. 91, 109-116, 2001.

M. T. Ru, J. S. Dordick, J. A. Reimer, D. S. Clark. Biotechnol. Bioeng. 63, 233-241, 1999.

G. Pencreac'h, J. C. Baratti. Enzyme Microb. Technol. 28, 473-479, 2001.

F. H. Arnold. Chem. Eng. Sci. 51, 5091-5102, 1996.

F. H. Arnold. Adv. Biochem. Eng. Biotechnol. 58, 1-14, 1997.

F. H. Arnold. Nature. 409, 253-257, 2001.

S. H. Krishna. Biotechnol. Adv. 20, 239-267, 2002.

H. Ogino, H. Ishikawa, J. Biosci. Bioeng. 91, 109-116, 2001.

A. B. Salleh, M. Basri, M. Taib, H. Jasmani, R. N. Rahman, M. B. Rahman, C. N. Razak. Appl. Biochem. Biotechnol. 102, 349-357, 2002.

N. Kamiya, M. Inoue, M. Goto, F. Nakashio. Biotechnol Progr. 16, 52-58, 2000.

L. M. Pera, M. D. Baigori, G. R. Castro. Indian J. Biotechnol. 2, 356-361, 2003.

M. Persson, E. Wehtje, P. Adlercreutz. Chembiochem. 3, 566-571, 2002.

A. X. Yan, X. W. Li, Y. H. Ye. Appl. Biochem. Biotech. 101, 113-129, 2002.

V. P. Torchilin, K. Martinek. Enzyme Microb. Technol. 1, 74-82, 1979.

Blokzijl, W.; Engberts, J. B. F. N. Hydrophobic Effects – Opinions and Facts. Angew. Chem. 105, 1610-1648, 1993.

A. Zaks, A. M. Klibanov, J. Biol. Chem. 263, 3194-3201, 1988.

H. Sztajer, H. Lünsdorf, H. Erdmann, U. Menge, R. Schmid. Biochim. Biophys. Acta. 1124, 253-261, 1992.

S. Hazarika, P. Goswami, N. N. DuttA. Chem. Eng. J. 85, 61-68, 2002.

U. K. Jinwal, U. Roy, A. R. Chowdhury, A. P. Bhaduri, P.K. Roy. Bioorg. Med. Chem. 11, 1041-1046, 2003.

V. M. G. Lima, N. Krieger, D. A. Mitchell, J. C. Baratti, I. Filippis, J. D. Fontana. J. Mol. Catal. B-Enzym. 31, 53-61, 2004.

P. Adlercreutz. Biocatalysis in Non-Conventional Media. In:Applied Biocatalysis, A. J. J. Straathof, P. Adlercreutz (Eds.), Harwood Academic Publishers, Amsterdam. 2000. p.295-316.

Oakes, R. S.; Clifford, A. A.; Bartle, K. D.; Thornton-Pett, M.; Rayner, C. M. Chem. Commun. 247-248, 2817, 1999.

Luzzio, F. Tetrahedron., 57, 915, 2001.

Parratt, A. J.; Adams, D. J.; Clifford, A. A.; Rayner, C. M. Chem. Commun. 2720-2721, 2004.

Evans, D. A.; Woerpel, K. A.; Hinman, M. M.; Faul, M. M. J. Am. Chem. Soc. 113, 726, 1991.

Clifford, A. A.; Pople, K.; Gaskill, W. J.; Bartle, K. D.; Rayner, C. M. J.Chem. Soc., Faraday Trans. 94, 1451-1456, 1998.

Oakes, R. S.; Heppenstall, T. J.; Shezad, N.; Clifford, A. A.; Rayner, C.M. Chem. Commun. 1459-1460, 1999.

Basavaiah, D.; Rao, A. J.; Satyanarayana. T. Chem. Rev. 103, 811, 2003.

Marko, I. E.; Giles, P. R.; Hindley, N. J. Tetrahedron. 53, 1015, 1997.

Oishi, T.; Oguri, H.; Hirama, M. Tetrahedron: Asymmetry. 6, 1241, 1995.

Raveendran, P.; Ikushima, Y.; Wallen, S. L. Acc. Chem. Res. 38, 478-485, 2005.

Bell, P. W.; Thote, A. J.; Park, Y.; Gupta, R. B.; Roberts, C. B. Ind. Eng.Chem. Res. 42, 6280-6289, 2003

Raveendran, P.; Wallen, S. L. J. Am. Chem. Soc. 124, 12590-12599, 2002

Beckman, E. J.; Sarbu, T.; Styranec, T. Polym. Mater. Sci. Eng. 84, 269, 2001.

Nelson, M. R.; Borkman, R. F. J. Phys. Chem. A 102, 7860-7863, 1998.

Meredith, J. C.; Johnston, K. P.; Seminario, J. M.; Kazarian, S. G.; Eckert,C. A. J. Phys. Chem. 100, 10837-10848, 1996.

Ikushima, Y.; Saito, N.; Hatakeda, K.; Sato, O. Chem. Eng. Sci. 51, 1996.

Sagisaka, M.; Yoda, S.; Takebayashi, Y.; Otake, K.; Kondo, Y.; Yoshino, N.; Sakai, H.; Abe, M. Langmuir. 19, 8161, 2003.

Clarke, D.; Ali, M. A.; Clifford, A. A.; Parratt, A.; Rose, P.; Schwinn, D.; Bannwarth, W.; Rayner, C. M. Curr. Top. Med. Chem. 4, 729-771, 2004.

Clarke, D.; Ali, M. A.; Clifford, A. A.; Parratt, A.; Rose, P.; Schwinn, D.; Bannwarth, W.; Rayner, C. M. Chem. Soc. 2964, 1962.

Saffarzadeh-Matin, S.; Chuck, C. J.; Kerton, F. M.; Rayner, C. M. Organometallics. 23, 5176-5181, 2004.

Beckman, E. J. J. Supercrit. Fluids. 28, 121-191, 2004.

Amandi, R.; Hyde, J. R.; Ross, S. K.; Lotz, T. J.; Poliakoff, M. Green Chem. 7, 288-293, 2005.

Cramers, P.; Selinger, C. PharmaChem. 1, 7-9, 2002.

Clarke, D.; Ali, M. A.; Clifford, A. A.; Parratt, A.; Rose, P. M.; Schwinn, D.; Bannwarth, W.; Rayner, C. M. Curr. Top. Med. Chem. 4, 729-71, 2004.

Jessop, P. G.; Ikariya, T.; Noyori, R. Chem. Rev. 99, 475, 1999.

Bianchini, C.; Giambastiani, G. Chemtracts. 16, 301-309, 2003.

Kuiper, J. L.; Shapley, P. A.; Rayner, C. M. Organometallics. 23, 3814-3818, 2004.

Wasserscheid, P.; Welton, T. Ionic Liquids in Synthesis. Wiley-VCH:Weinheim, 2003.

Rogers RD, Seddon KR. In Ionic Liquids: Industrial Applications to Green Chemistry. ACS Symposium Series 818. American Chemical Society: Washington, DC, 2002.

Holbrey JD, Seddon KR. Clean Products and Processes. 1, 223-236, 1999.

Earle MJ, Seddon KR. Pure Appl. Chem. 72, 1391-1398, 2000.

Welton T. Chem. Rev. 99, 2071- 2083, 1999.

Wasserscheid P, Keim M. Angew. Chem. Int. Ed. 39, 3772-3789, 2000.

Sheldon R. Chem. Commun. 23, 2399-2407, 2001.

Olivier-Bourbigou H, Magna L. J. Mol. Catal. A. 182, 419-437, 2002.

Dupont J, de Souza RF, Suarez PAZ. Chem. Rev. 102, 3667-3692, 2002.

Wilkes, J. S. J. Mol. Chem. A. 214, 11-17, 2004.

Davis, J. H. Task-specific ionic liquids. Chem. Lett. 33, 1072-1077, 2004.

Lee, S. Functionalized imidazolium salts for task-specific ionic liquids and their applications. J. Chem. Soc., Chem. Commun. 1049-1063, 2006.

Fei, Z.; Geldbach, T. J.; Zhao, D.; Dyson, P. J. From Dysfunction to Bis-function: On the Design and Applications of Functionalised Ionic Liquids. Chem.sEur. J. 12, 2122-2130, 2006.

C. Chiappe and Pieraccini D. Review Commentary Ionic liquids: solvent properties and organic reactivity. Journal of Physical Organic Chemistry. 18, 275-297, 2005.

Rogers, R. D., Seddon, K. R., Volkov, S. Green Industrial Applications of Ionic Liquids. NATO Science Series, Kluwer: Dordrecht, 2002.

Rogers, R. D., Seddon, K. R. Ionic Liquids – Industrial Applications to Green Chemistry. ACS Symposium Series 818; American Chemical Society: Washington, DC, 2002.

Rogers, R. D., Seddon, K. R. Ionic Liquids as Green Solvents - Progress and Prospects. ACS Symposium Series; Oxford University Press: Oxford, U.K., 2003.

Short, P. L. Chem. Eng. News. Vol.84, N.17, 15-21, 2006.

Seddon, K. R. Ionic liquids – A taste of the future. Nature Mat., 2 (June), 1-2, 2003.

Freemantle, M. BASF's smart ionic liquid. Chem. Eng.News. V.81 (March), N.9, 2003.

Riess, J. G.; Le Banc, M. Solubility and Transport Phenomena in Perfluorochemicals Relevant to Blood Substitution and Other Biomedical Applications. Pure Appl. Chem. 1982, 54, 2383-2406.

Brignole, E. A.; Botini, S.; Gani, R. A strategy for the design and selection of solvents for separation processes. Fluid phase equilibria. V.29, 125, 1986.

Cockrem, M., Flatt, J., Lightfoot, E. Solvent selection for extraction from diluite solution. Separation Science and Technology. 24, 769-807, 1989.

Macchieto S.; Odele O.; and Omatsone O. Design of optimal solvents for liquid-liquid extraction and gas absorption processes. Trans. Ind Chemi. Eng. Vol.68, p.429, 1990.

Buxton, A., Livingston, A. G., & Pistikopoulos, E. N. Reaction path synthesis for environmental impact minimization. Computers and Chemical Engineering (Supplement). 21, S959-S964, 1997.

Pistikopoulos, E.N., Stefanis, S.K.. Optimal solvent design for environmental impact minimization. Computers & Chemical Engineering. Vol.22, N.6, 717-733, 1998.

Buxton, A., Livingston, A. G., Pistikopoulos, E. Optimal design of solvent blends for environmental impact minimization. A.I.Ch.E. Journal. Vol. 45, N.4, 817-843, 1999.

Curzons, A. D., & Constable, D. J. C. Solvent selection guide: A guide to the integration of environmental, health and safety criteria into the selection of solvents. Clean Products and Processes. Vol.1, 82-90, 1999.

Marcoulaki, E. C., Kokossis, A. C. On the development of novel chemicals using a systematic optimization approach. Part II. Solvent design. Chemical Engineering Science. 55, 2547, 2000.

Kim, K. J., Diwekar, U.M. Integrated solvent selection and recycling for continous processes. Industrial and Engineering Chemistry Research. Vol. 41, N.18, 4479, 2002.

Wang, Y., Achenie, L.E.K. Computer aided solvent design for extrative fermentation. Fluid Phase Equilibria. Vol.201, 1, 2002.

Wang, Y., Achenie, L.E.K. A hybrid optimization approach for solvent design. Computers & Chemical Engineering. Vol. 26, 1415, 2002.

Giovanoglou, A., Barlatier, J., Adjiman, C. S., Pistikopoulos, E. N., Cordiner, J. Optimal solvent design for batch separation based on economic performance. A.I.Ch.E. Journal. Vol.49, N.12, p. 3095, 2003.

Folic, M., Adjiman, C. S., & Pistikopoulos, E. N. The design of solvents for optimal reaction rates, CACE-18. In A. Barbosa & H. Matos (Eds.), Proceedings of the ESCAPE, 14, pp. 175-180, 2004.

Eden, M.R., Jorgensen, S.B., Gani, R., El-Halwagi, M.M. A novel framework for simulation separation process and product design. Chemical Engineering and Processing. Vol. 43, 595, 2004.

Xu, W.Y., Diwekar, U. M. Environmentally friendly heterogeneous azeotropic distillation system design: integration of EBS selection and IPS recycling. Industrial and Engineering Chemistry Research. Vol. 44, 4061, 2005.

Jiménez-González, C., Curzons, A. D., Constable, D. J. C., & Cunningham, V. L. Expanding GSK's solvent selection guide – application of life cycle assessment to enhance solvent selections. Journal of Clean Technologies and Environmental Policy. 7, 42-50, 2005.

Rafiqul Gani, Concepción Jiménez-González, David J. C. Constable. Method for selection of solvents for promotion of organic reactions. Computers and Chemical Engineering.Vol. 29, 1661-1676, 2005.

Athasios I. Papadoulos, Patrick Linke .Efficient integration of optimal solvent and process design using molecular clustering. Chemical Engineering Science. Vol. 61, 6316 -6336, 2006.

Rafiqul Gani, Concepción Jiménez-González, Antoon ten Kate, Peter A. Crafts, John H. Atherton, Joan L. Cordiner. A Modern Approach to Solvent Selection. Chemical Engineering. March, p. 30-42, 2006.

Murrero, J. and Gani, R. Group Contribution Based Estimation of Pure Component Properties. Fluid Phase Equilibria. Vol. 183, 2001.

Kang, J.W.; Abildskov, J.; Gani, R. and Cobas, J. Estimulation of Mixture Properties from Firs and Second-Order Group Contributions with the UNIFAC Model. Ind. Eng. Chem. Res. Vol.41, p.3260, 2002.

9 Métodos para el análisis de solventes

En este capítulo se presentan los métodos analíticos más empleados en la especificación de solventes industriales. También se trata sobre aspectos prácticos y la utilización de métodos analíticos para la investigación y resolución de problemas debidos a diferencias de coloración, olor, contaminaciones y para la identificación y cuantificación de solventes retenidos en películas, envases, materias primas, etc.

Cristina Maria Schuch

Los solventes se pueden analizar por determinación de una serie de características seleccionadas considerando su función química, sus impurezas y los requisitos de la aplicación final.

Entre los métodos analíticos que normalmente constan en la especificación de los solventes se destaca la determinación del grado de pureza, para la que se utiliza la técnica de cromatografía gaseosa, que se tratará detalladamente más adelante en este capítulo. También se hacen análisis físicos y químicos para obtener la especificación del producto final; entre estos los que más se utilizan son: densidad, color, acidez o basicidad, rango de destilación, materia no volátil, contenido de agua, miscibilidad en agua, resistencia al permanganato y olor residual.

La especificación se define en función del tipo de solvente analizado. En el caso de la acetona, por ejemplo, una característica importante para la especificación es el ensayo químico de resistencia al permanganato de potasio. En el caso del acetato de etilo no se analiza esta característica sino el olor residual, que es de fundamental importancia y, además, una exigencia del mercado.

En todos los casos el ensayo que permite la dosificación del título (pureza) de los solventes es el análisis por cromatografía gaseosa. El grado de pureza en este caso se calcula a partir del contenido de impurezas y de agua, de acuerdo con la siguiente fórmula:

$$\% \text{ pureza} = 100 - (\Sigma A + B)$$

donde:

A = impurezas determinadas pela cromatografía gaseosa;
B = Contenido de agua determinada por la técnica de Karl Fischer.

En muchos casos en la especificación de un solvente consta el contenido de determinadas impurezas que pueden afectar el desempeño de la aplicación final. Por ejemplo, en la especificación del acetato de butilo una de las características que se informa es el contenido de alcohol butílico.

En la Tabla 9.1.se presenta un resumen de las principales características que constan en la especificación de algunos solventes comerciales y sus respectivos métodos analíticos normalizados.

9.1. Cromatografía gaseosa

La cromatografía es un método físico-químico de separación que se basa en la migración diferencial de los componentes de una mezcla entre dos fases inmiscibles, la fase móvil y la estacionaria. Tanto la fase móvil como la estacionaria pueden estar compuestas por una amplia gama de sustancias, lo que le confiere a esta técnica una gran versatilidad y justifica su gran aplicación en el medio académico e industrial; esto se aplica a la cromatografía gaseosa y la Cromatografía Líquida de Alta Eficiencia (*High Performance Liquid Chromatography* ou HPLC).

Tabla 9.1. Solventes comerciales y sus respectivas normas

Análisis realizados	Referencia	Metodologia
Pureza	—	Cromatografia
Densidad	ASTM D-4052	Análisis físico
Color (Pt-Co)	ASTM D-1209	Análisis físico
Acidez (como ácido acético)	ASTM D-1613	Análisis químico
Rango de destilación (760 mm Hg)	ASTM D-1078	Análisis físico
Materia no volátil	ASTM D-1353	Análisis físico
Agua	ASTM D-1364	Análisis químico
Olor residual	ASTM D-1296	Análisis físico
Miscibilidad em agua	ASTM D-1722	Análisis físico
Resistencia ao $KMnO_4$	NBR-5824	Análisis químico

La cromatografía gaseosa es la técnica de mayor aplicación para el análisis de solventes. Es útil especialmente para analizar los componentes de una mezcla, separar, caracterizar y cuantificar los componentes e impurezas orgánicas presentes en los solventes disponibles en el mercado. También permite seguir el proceso de síntesis y, si se realiza en tiempo real, es posible optimizarlo.

En la cromatografía gaseosa de alta resolución (CGAR) se emplean columnas de longitud entre 10 y 100 m, con diámetro interno que varía entre 0,10 y 0,75 mm; la fase estacionaria es una película de polaridad variable. Los gases de arrastre que más se usan son el hidrógeno y el helio.

Los detectores más utilizados son los de ionización de llama o *Flame Ionization Detector (FID)* y de conductividad térmica o *Thermal Conductivity Detector* (TCD). Otro tipo muy utilizado es el fragmentación de masas o *Mass Spectrometry Detector* (MSD). También existen otros tipos de detectores como los de captura de electrones o ECD (*Electron Capture Detector)*, los fotométricos de llama o FPD, los detectores específicos para especies nitrogenadas y fosforadas o NPD, los de fotoionización o PID y los detectores compuestos FID/PID, TCD/FID y MS/FID, que usan dos tipos de detección simultáneamente.

El equipo de Cromatografía Gaseosa acoplado a un detector de Espectrometría de Masas (CG/EM) consiste en instalar a la salida de la columna del cromatógrafo un sistema que quiebre la molécula en fracciones que, una vez seleccionadas, detectadas y registradas, determinan el espectro de masas del componente. Descripto a grandes rasgos, el componente que sale de la columna en forma gaseosa entra en la cámara de ionización (que trabaja a presiones reducidas del orden de 10^{-5} a 10^{-6} torr), donde es bombardeado por un haz de electrones proveniente de un filamento caliente. Por una secuencia de etapas de aceleración de los iones positivos generados por el bombardeo electrónico el sistema colector selecciona, a través de las ranuras de colimación, un conjunto de iones que se detectan y amplifican en un multiplicador de electrones.

Se obtiene como resultado un espectro de masas que permite caracterizar espectroscópicamente el compuesto correspondiente a un determinado pico. En la técnica de la cromatografía gaseosa tradicional (detector FID, TCD u otro) un determinado componente se identifica por comparación entre el tiempo de retención obtenido para el compuesto analizado y el del componente puro. En el caso de mezclas con muchos componentes es prácticamente imposible compararlos a todos con standards conocidos.

La gran ventaja de la técnica de CG/EM es que permite analizar cualitativamente los componentes de la mezcla por medio de sus respectivos espectros de fragmentación de masas.

En la Figura 9.1. se representa el espectro de masas del acetato de etilo en comparación con el espectro disponible en la biblioteca del equipo. En este caso se obtiene el espectro típico de cada uno de los picos de la mezcla de solventes que aparece en el cromatograma, y que se puede comparar con los espectros disponibles en la biblioteca que viene con el equipo, o ser interpretado por el técnico que hace el análisis.

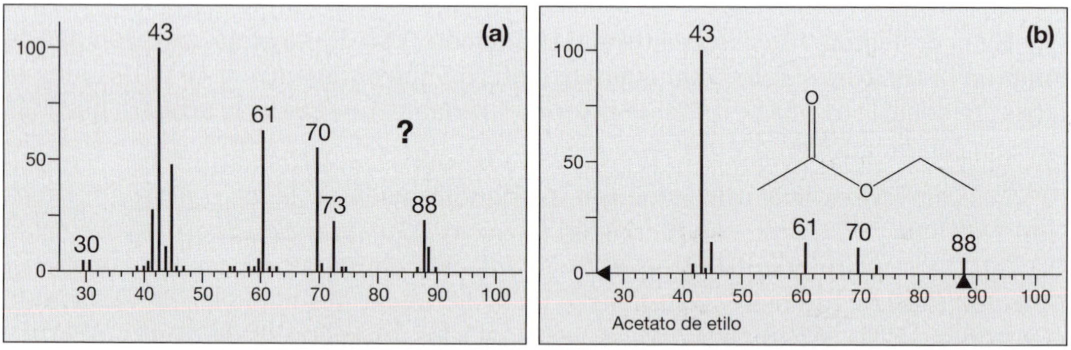

Figura 9.1. a) Espectro de masas del componente con tiempo de retención de 2,10 min; b) comparación con el espectro del acetato de etilo disponible en la biblioteca del equipo.

9.1.1. Elección de las columnas cromatográficas

El tipo de columna que se va a utilizar depende de varios factores, tales como la polaridad y el punto de ebullición del sistema de solventes que va a ser analizado.

En general la polaridad de las columnas capilares sigue la tendencia de polaridad del componente de la mezcla que se encuentra en mayor cantidad. En otras palabras, cuando el sistema es altamente polar se puede utilizar alguna columna de alta polaridad disponible en el mercado, que probablemente permitirá obtener una buena separación de todos los componentes. El cuidado principal, en este caso, es garantizar que todos los componentes de la mezcla eluyan en las condiciones cromatográficas elegidas. Lo mismo ocurre cuando la columna es de baja polaridad. Sin embargo, cuando la separación cromatográfica es difícil, además de modificar la polaridad de la columna se pueden cambiar el espesor y la longitud de la película para aumentar la retención del componente y obtener una mejor separación de cada uno de los componentes de la mezcla.

La cromatografía gaseosa bidimensional o *Comprehensive Two-Dimensional Gas Chromatography* (GC × GC) se usa más para los hidrocarburos. Se desarrolló con el objetivo de mejorar la eficiencia de la separación y se caracteriza porque trabaja con dos columnas en secuencia, en general una convencional y otra corta, de manera que toda, o gran parte, de la fase móvil de la primera columna pase a la segunda a través de un modulador. Con esta técnica la sensibilidad y la resolución aumentan significativamente en comparación con las de la cromatografía gaseosa tradicional. Se aplica principalmente para separar derivados del petróleo, caso en el que, dependiendo de la fracción que se analiza, el número de componentes puede llegar a un millón. Las funciones químicas típicamente analizadas por medio de esta técnica son los n-alcanos o parafinas, alcanos ramificados o isoparafinas, alquenos u olefinas, alquenos ramificados o isoolefinas, alcanos cíclicos o naftenos, alquenos cíclicos, aromáticos, aromáticos monocíclicos, aromáticos bicíclicos, aromáticos tricíclicos y otros.

Para analizar solventes se pueden emplear columnas del tipo PLOT (*Porous Layer Open Tubular*) especialmente utilizadas para mejorar los resultados de la separación de gases y compuestos de alta volatilidad. Estas columnas se elaboraron especialmente para separar compuestos de alta volatilidad en sustitución de las columnas con películas muy finas, ya que éstas presentaban baja resolución y eficiencia. Fueron desarrolladas en 1988 por Chrompack y tienen la ventaja de permitir que se analice una variedad de compuestos volátiles y gases con la eficiencia de la cromatografía gaseosa capilar; esto las convierte en una alternativa interesante para analizar solventes, debido a su rapidez y alta resolución. La tecnología empleada en la fabricación de estas columnas consiste en el crecimiento *in situ* de la película por unión química con la sílice fundida que compone la capa externa. Se obtiene así una capa interna de alta resistencia a la temperatura, baja pérdida de fase y alta resistencia mecánica, lo que permite que se la acople a un sistema de CG/EM, por ejemplo.

Recientemente, con la necesidad de disponer de análisis de alta eficiencia y rapidez, se han introducido las técnicas de cromatografía gaseosa rápida o *fast-GC*, en que se usan columnas de dimensiones internas menores (del orden de 100 µm o 0,10 mm).

Las principales diferencias entre un método tradicional de cromatografía gaseosa y un método de *fast GC* son las siguientes:

- el volumen de la muestra que se inyecta siguiendo el método *fast GC* es menor;
- la columna que se usa tiene diámetro, longitud y espesor de película menores que en el método tradicional;
- en el método *fast GC* el gas utilizado como carrier tiene una presión mayor; el orden de preferencia es $H_2 > He >>> N_2$;
- la velocidad de aumento de la temperatura del horno es mucho más elevada que en método tradicional.

Existen programas "traductores" que permiten efectuar la adaptación/adecuación de un método tradicional a un método *fast GC*, y que ayudan al técnico a determinar rápidamente las mejores condiciones de análisis.

En la Tabla 9.2 se da un ejemplo de las modificaciones de las condiciones de inyección que se obtienen por el método de traducción.

Tabla 9.2. Resultados obtenidos a partir de un programa de traducción de metodología tradicional de cromatografía gaseosa a un método *Fast-GC*

Columna	Tradicional	Fast-GC
Longitud (m)	60,0	10,0
Diámetro interno (μm)	250	100
Espesor de la película (μm)	1,00	0,40
Gas de *carrier*	H_2	H_2
Presión en la cabeza de la columna (psi)	11,4	26,6
Caudal de gas (ml/min)	1,0	0,5
Velocidad media del gas (cm/s)	36	115
Temperatura inicial del horno (°C)	45	45
Tiempo inicial (min)	0	0
Velocidad de aumento de la temperatura del horno (°C/min) Rampa 1	4	52,5
Velocidad de aumento de la temperatura del horno (°C/min) Rampa 2	12	157,5
Temperatura final del horno (°C)	180	180
Tiempo final (min)	0	0
Tiempo total de la corrida (min)	27,8	2,1
Volumen de muestra inyectada (μl)	1,0	0,4

En el ejemplo de la Tabla 9.2 se redujo cerca de trece veces el tiempo de análisis. Por eso la metodología es muy interesante para seguir los procesos industriales, por ejemplo.

Al transformar un método tradicional a las condiciones de *fast GC* para realizar el control analítico de solventes se deben tomar algunos cuidados en lo que se refiere a los valores de flujo y *split* con que se trabaja. La principal ventaja de la técnica reside reducir drásticamente el tiempo de análisis.

En la Figura 9.2 se muestra un cromatograma típico de *fast GC* obtenido para la separación de una mezcla de solventes, cuyos tiempos de retención están registrados en cada caso.

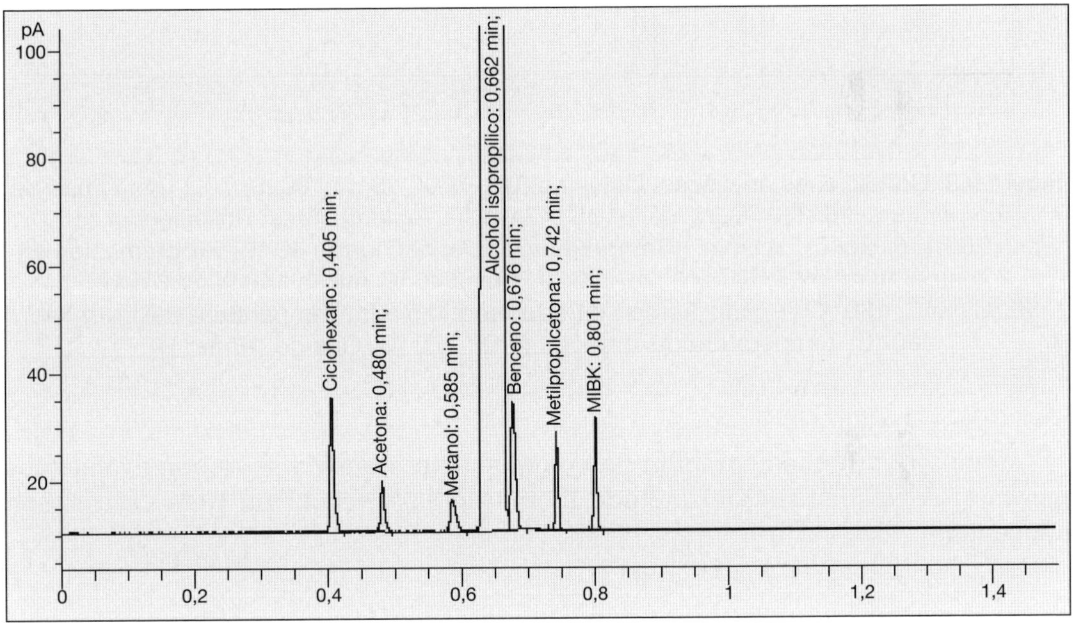

Figura 9.2. Condiciones analíticas: Columna DB-WAX; 10 m; 100 μm; 0,2 μm; Limite de Temperatura: 20-250 °C (N° série: US1434617A, Agilent); Fase: Polietilenoglicol. *Split*: 700:1; Fluxo: 0,7 ml.min^{-1}; Temperatura inicial del horno: 45 °C; Programación de temperatura: 52,5 °C.min^{-1}; 100°C (0,3 min); 40 °C.min^{-1}; 140 °C (0,3 min); 30 °C.min^{-1}; 180 °C (1 min); tiempo de equilibrio: 0,5 min; Temperatura del inyector: 200 °C; Temperatura del detector (FID): 220 °C. Gas de *carrier*: H_2.

En la Figura 9.3 se muestra un segundo ejemplo de la utilización de la metodología *fast GC* para analizar una mezcla de solventes en la que el compuesto que se encuentra en mayor concentración es la MIBK (metil isobutil cetona) y el tiempo total de corrida cromatográfica es de 3,0 min.

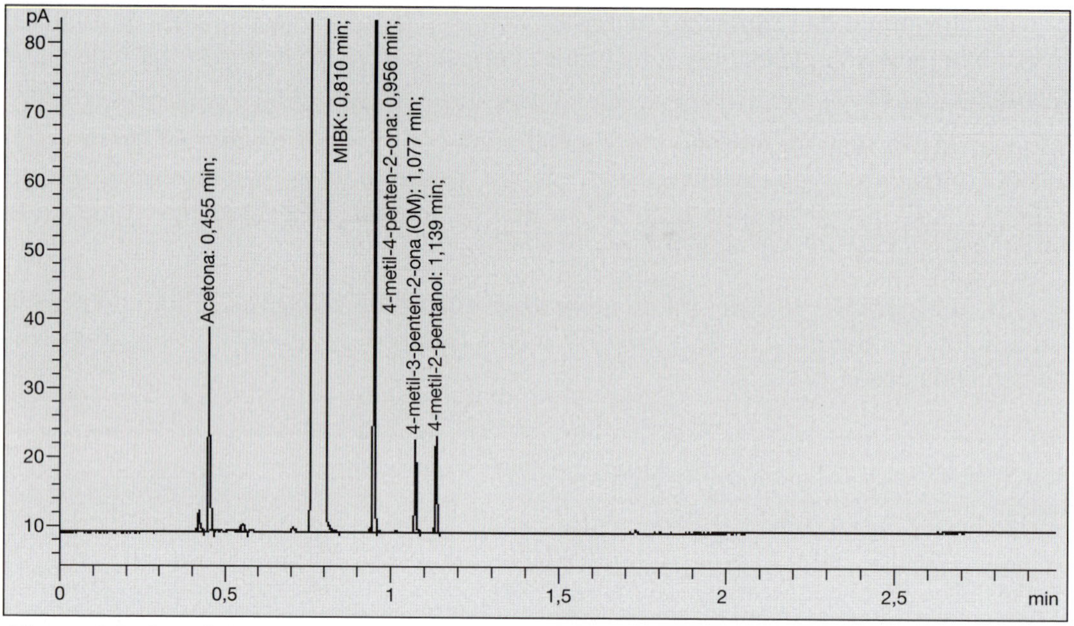

Figura 9.3. Condiciones analíticas: Columna DB-WAX; 10 m; 100 μm; 0,2 μm; Limite de Temperatura: 20-250 °C (N° série: US1434617A, Agilent); Fase: Polietilenoglicol. *Split*: 700:1; Fluxo: 0,7 ml.min^{-1}; Temperatura inicial del horno: 45 °C; Programación de temperatura: 52,5 °C.min^{-1}; 100 °C (0,3 min); 40 °C.min^{-1}; 140 °C (0,3 min); 30 °C.min^{-1}; 180 °C (1 min); Tiempo de equilíbrio: 0,5 min; Temperatura del inyector: 200 °C; Temperatura del detector (FID): 220 °C. Gas de *carrier*: H_2.

Como en la implementación de cualquier metodología se deben evaluar los parámetros estadísticos del método modificado y verificar en cada caso si son adecuados.

9.1.2. Análisis de solventes retenidos en películas y plásticos

Uno de los principales factores que influye en la elección de un solvente para la formulación de una pintura o un barniz es su capacidad de retención en tanto en películas húmedas como secas. En general, lo que ocurre es que el índice de evaporación en la fase inicial de secado es mucho mayor que en la fase final, o sea en la etapa de retención. En determinadas condiciones de secado a mayor velocidad de difusión a través de los elementos constituyentes del filme, menor será la retención de los solventes en la etapa final del proceso. La velocidad de difusión depende de algunos factores, entre los que se destacan:

- las características estructurales y moleculares de los solventes;

- las posibles interacciones físicas y químicas que pueden ocurrir entre el solvente y la macromolécula;
- la permeabilidad de la película plástica que se está aplicando.

El enriquecimiento de la mezcla polimérica con relación al diluyente puede causar la precipitación o coagulación del polímero, efecto que debe ser evitado; por ello es necesario estudiar los fenómenos de secado empleando métodos analíticos precisos. Al inicio del proceso, cuando los tenores de solvente tienen índices de evaporación elevados, se puede usar una termobalanza. Sin embargo, cuando los tenores son muy bajos, es necesario usar la técnica de la cromatografía en fase gaseosa para determinar el solvente residual. Esta técnica también permite estudiar si hay evaporación selectiva de algún solvente de la mezcla y cuantificar con precisión los valores residuales después de determinado tiempo de ensayo.

El análisis de sustancias volátiles residuales en las películas plásticas y los envases que están en contacto con alimentos y bebidas es particularmente importante porque la función química y el contenido del componente residual pueden afectar aspectos importantes como el sabor y el olor del producto final, e incluso ser tóxicos.

En este caso, así como en el anterior, se puede usar la técnica de la cromatografía gaseosa con inyección por *headspace*, para la que se requiere un sistema de inyección que utiliza solamente la fase vapor de la muestra. Ésta se toma por medio de una jeringa específica para muestras gaseosas o muestreadores automáticos disponibles en el mercado (*Headspace samplers*).

El procedimiento es simple y consiste en calentar una determinada masa de muestra, colocada en un tubo sellado con un tabique de silicona, e inyectar la fase gaseosa directamente en el cromatógrafo gaseoso o en el equipo de CG/EM. Este último permite caracterizar la mezcla de los constituyentes que están en la fase vapor, técnica que puede ser útil cuando aparentemente el olor está alterado o se sospecha de contaminación de las muestras. Se agrega standard del componente que se va a determinar directamente sobre la muestra y se hace una curva de calibración, que permite cuantificar la concentración inicial del solvente retenido en el envase o película plástica.

En la Figura 9.4 se muestra un cromatograma obtenido en el sistema CG/EM que permitió realizar la caracterización y cuantificación de solventes en muestras de polipropileno después de la inyección por *headspace*.

En el cromatograma de la Figura 9.4.a el pico inicial (Tr = 1,46 min) corresponde al aire inyectado, que en este caso se detecta como dióxido de carbono. Un ejemplo del modo en que se efectúa esta caracterización se muestra en la Figura 9.4.b, en la que el pico correspondiente al tiempo de retención de 5,64 min (compuesto A) se identificó como 2,4-dimetilheptano o isómero de C9, derivado de la degradación de la cadena del polipropileno.

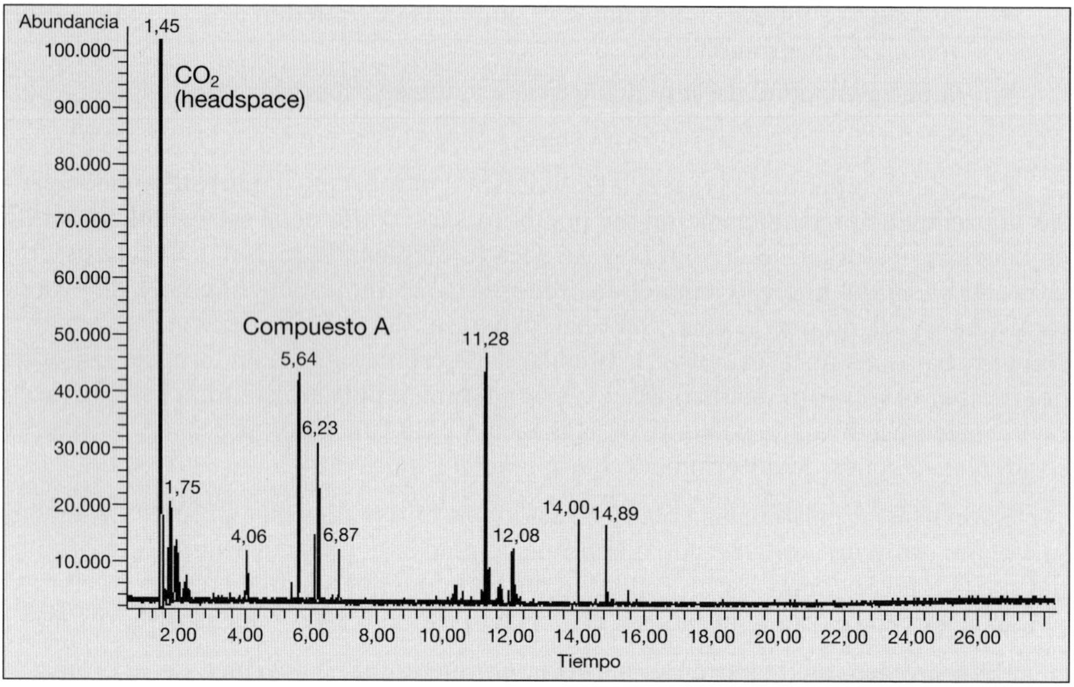

Figura 9.4a. Equipo Agilent 6890/MSD 5973N, *Headspace sampler* Coluna HP-5MS; 30 m; 250 μm; 0,25 μm; Fase: Sulfenileno siloxano; Temperatura inicial del horno: 45 °C (5 min); 8 °C.min^{-1}; 200 °C (5 min); Temperatura del inyector: 200 °C; Temperatura del detector (MSD): 230 °C. Rango de masa: 30-400 (modo *scan*); Gás de *carrier*: He; Condiciones do *headspace*: 2,0 g de muestra; Temperatura del vial: 90 °C (30 min); temperatura de la linea de transferencia: 100 °C; Tiempo de presurización: 0,5 min; Tiempo de inyección: 0,5 min.

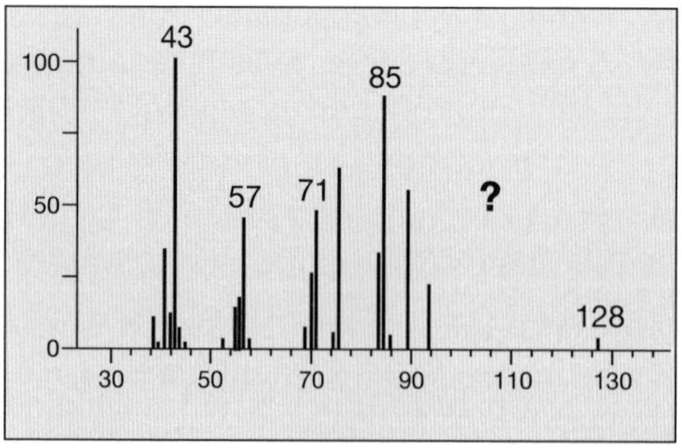

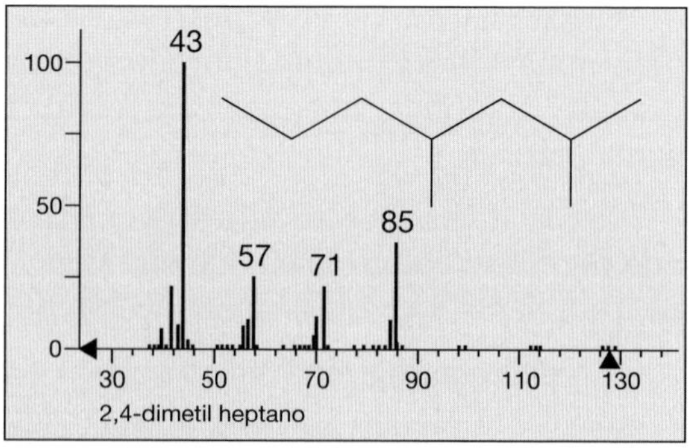

Figura 9.4b. a) Espectro de fragmentación de masas con un pico con Tr = 5,64 min (compuesto A) en una muestra de polipropileno;
b) comparación con el espectro de 2,4 dimetilheptano disponible en la biblioteca del equipo.

9.2. Métodos químicos de análisis de solventes

Los análisis químicos empleados en la especificación de solventes disponibles comercialmente se determinan en función de las características químicas de los compuestos que los contaminan o que presentan alguna restricción para la aplicación final del producto.

Entre los métodos más utilizados se pueden citar la determinación del contenido de agua, la determinación de la acidez y el test de resistencia al permanganato.

El contenido de agua se puede determinar por el método potenciométrico de Karl Fischer, que se basa en la reacción de reducción del yodo por el dióxido de azufre en presencia de agua. Esta reacción permite determinar cuantitativamente el contenido de agua en el medio, en presencia de piridina y un alcohol primario que reaccionan con trióxido de azufre y ácido yodídrico, de acuerdo con las siguientes reacciones:

$$H_2O + I_2 + SO_2 + 3C_5H_5N \rightarrow 2C_5H_5N \cdot HI + C_5H_5N \cdot SO_3$$

$$C_5H_5N \cdot SO_3 + R—OH \rightarrow C_5H_5N \cdot HSO_4—R$$

Las soluciones de Karl Fischer se encuentran en el mercado y están constituidas por yodo, piridina y dióxido de azufre disueltos en 2-metoxietanol. El reactivo se estandariza inmediatamente antes de ser utilizado. Debido a los cuidados requeridos en la manipulación de este producto, en el mercado se encuentran soluciones reactivas de Karl Fischer libres de piridina.

El método descrito en la norma ASTM D1364 está indicado para solventes volátiles e intermediarios químicos utilizados en pinturas, barnices y productos similares y se puede utilizar para tanto para la determinación de valores muy altos como muy bajos agua (del orden de ppm). Los solventes que absorben con facilidad el agua del ambiente, tales como cetonas, acetatos y éteres de glicol, se deben manipular con mucho cuidado para evitar este efecto, especialmente cuando los tenores de agua a ser dosificados son muy bajos.

La presencia de mercaptanos, peróxidos o cantidades apreciables de aldehídos o aminas no afecta el resultado de este método, que por otra parte tiene una vasta aplicabilidad.

En el ensayo de **determinación de la acidez total** los resultados se expresan en acidez acética. La acidez de los solventes industriales puede ser proveniente de contaminación, del propio proceso productivo o de descomposición durante el almacenaje o la distribución.

El método ASTM D1613 se aplica para concentraciones de acidez acética inferiores a 0,05% (500 ppm) para compuestos orgánicos, mezclas de hidrocarburos, solventes y diluyentes utilizados en pinturas, barnices e intermediarios químicos. Entre los compuestos que se pueden analizar con este método se destacan los alcoholes saturados e insaturados de bajo peso molecular, cetonas, éteres, ésteres e hidrocarburos.

El principio del método se basa en la titulación con una solución acuosa de hidróxido de sodio en presencia de fenolftaleína. La titulación potenciométrica con electrodo de pH se puede utilizar en sustitución del indicador. El tenor de acidez acética se calcula a partir de la cantidad de NaOH utilizada para neutralizar la solución.

El **test de resistencia al permanganato** en etanol, metanol y acetona está descrito en la norma NBR 5824, también conocido como método de Barbet. Consiste en la determinación cualitativa de las impurezas de un solvente; prácticamente indica la presencia de sustancias que, en medio neutro, reducen el permanganato a dióxido de manganeso. El tiempo necesario para que ocurra la decoloración de la solución de permanganato de potasio se comprara con el de una solución standard de nitrato de uranilo y cloruro de cobalto. La temperatura del ensayo depende del tipo de solvente que se va a analizar. Por ejemplo, para los alcoholes metílicos y etílicos, compuestos capaces de oxidarse en las condiciones del ensayo, la temperatura se mantiene en 15 °C, pero para la acetona el ensayo se realiza a una temperatura de 25 °C.

De manera general, las sustancias que pueden reducir el permanganato de potasio son:

- Compuestos con enlaces dobles o triples, excepto anillos aromáticos;
- Aldehídos;
- Alcoholes primarios y secundarios;
- Fenoles;
- Compuestos nitrogenados.

9.3. Métodos físicos de análisis de solventes

Los análisis físicos empleados para la especificación de los solventes disponibles comercialmente se determinan en función de las características físicas necesarias para la aplicación final del producto.

Entre los métodos físicos más utilizados se pueden citar la determinación de materia no volátil, la miscibilidad en agua, el olor de los solventes volátiles, la densidad y la densidad relativa y el rango de destilación. El test de color también se considera como un ensayo físico, a pesar de que no se lo puede disociar completamente de los ensayos químicos que correlacionan posibles contaminantes (orgánicos, inorgánicos, etc.) a los factores que contribuyen para la especificación del color del solvente.

El **ensayo del color** se basa en la comparación visual o espectrofotométrica de la coloración de un standard de concentración conocida con el color de la muestra. En el método en que se utiliza una escala basada en standards Pt-Co la comparación es visual y la muestra debe presentar apenas una coloración débil, como es el caso de la mayoría de los solventes disponibles comercialmente. La presencia o ausencia de color es un índice del grado de pureza del material, de las condiciones de almacenaje o de ambas. El método ASTM para la determinación del color en solventes es el D1209, que también se conoce como especificación de color APHA. La escala de comparación está compuesta por soluciones de concentración conocida de hexacloroplatinato de potasio (K_2PtCl_6) y cloruro de cobalto hexahidratado ($CoCl_2 \cdot 6H_2O$).

El **tenor de materia no volátil** o extracto seco es un método que se aplica para los solventes que se usan en la producción de pinturas, barnices o intermediarios químicos. La norma ASTM D1353 describe la metodología del ensayo, que se basa en la determinación gravimétrica del contenido de materia no volátil máximo necesario para la aplicación final del solvente. Este test es de fundamental importancia porque después de la evaporación del solvente la presencia de cualquier residuo puede afectar la calidad y el desempeño de pinturas, barnices y otros productos. En la norma se destacan algunos procedimientos de seguridad, ya que algunos solventes pueden formar peróxidos y son potencialmente explosivos cuando están concentrados y se calientan en las condiciones del ensayo. Otra advertencia citada en la norma se refiere al cuidado que se debe tener con los solventes de baja temperatura de auto ignición, como los hidrocarburos alifáticos.

Otro ensayo físico utilizado para el control de calidad de solventes industriales es la determinación del **rango de destilación**. La norma ASTM D1078 se aplica a los líquidos que entran en ebullición entre 30 °C y 350 °C y son químicamente estables durante el proceso de destilación – que puede ser efectuado en sistema manual o automático. Se aplica para compuestos líquidos orgánicos del tipo hidrocarburos, solventes oxigenados, intermediarios químicos, e incluso mezclas.

Como resultado del test se obtiene un rango de temperaturas que indica la volatilidad relativa del líquido orgánico analizado, que sirve para su identificación y como indicador de la calidad (grado de pureza) del solvente o de la mezcla analizada.

La **densidad o densidad relativa** es una magnitud física que indica, con otras propiedades físicas, las características finales de aplicación del solvente. La norma ASTM D 4052 trata de los requisitos analíticos del ensayo para compuestos líquidos en la franja de 15 °C a 35 °C, cuya presión de vapor sea menor que 600 mm Hg y cuya viscosidad, menor que aproximadamente 15000 cSt (mm^2/s) a la temperatura del ensayo (que debe estar indicada).

La densidad se define como la masa por unidad de volumen a una determinada temperatura. La densidad relativa es el cociente entre la densidad del producto a una determinada temperatura y la densidad del agua en las mismas condiciones.

Los valores de densidad obtenidos usando densímetros digitales se expresan normalmente de la siguiente forma:

densidad a 20 °C = valor en g/ml;

densidad relativa, 20/20 °C = 0,xxxx (valor adimensional).

El método analítico empleado para el análisis del **olor de solventes y diluyentes volátiles** está descrito en la norma ASTM D1296. Se trata de un método comparativo en que se observan las características y el olor residual de solventes orgánicos volátiles para determinar su aplicabilidad y tolerancia en un sistema de solventes para una cierta aplicación final. El método no se aplica para determinar diferencias de olor o su intensidad.

En este test se trata de identificar el olor característico de los solventes. Se coloca una muestra del solvente en un papel de filtro y se la deja evaporar. Se comprara el olor del papel húmedo con el del papel seco después de la evaporación del solvente.

El **test de miscibilidad en agua** para solventes está descrito en la norma ASTM D1722. La principal función es determinar cualitativamente los contaminantes inmiscibles en agua; es un buen índice para detectar la presencia o ausencia de sustancias insolubles en agua y dan turbidez cuando se realiza el ensayo. Entre las sustancias que pueden causar turbidez en el test de miscibilidad en agua están las parafinas, las olefinas, compuestos aromáticos, alcoholes o cetonas de alto peso molecular y otros. Después del ensayo, el solvente que no pase en el test deberá ser estudiado cuidadosamente para identificar cuales son las sustancias presentes que interfieren en el resultado.

9.4. Caracterización espectroscópica de los solventes

Muchos solventes requieren ensayos realizados por métodos espectroscópicos que los caractericen de manera precisa en el momento en que se reciben en la planta. La importancia de este tipo de ensayo depende del tipo de incompatibilidad química que pueda existir entre el material que recibirá el solvente y la característica química del producto. Por ejemplo, en el caso en que el sustrato (material que será diluido con ese solvente) reacciona fácilmente, si no se realiza un control riguroso de caracterización de la materia prima que se recibe se puede introducir en el proceso un producto que reaccione de manera indeseable con el sustrato y dé lugar a reacciones no previstas que tengan consecuencias sobre la calidad del producto final y elevados riesgos en el proceso industrial.

Un ensayo muy utilizado en la recepción y liberación de los lotes es el análisis por espectroscopía de infrarrojo o espectroscopía de infrarrojo por transformada de Fourier (FTIR o IVTF).

Cuando una molécula orgánica absorbe radiación de infrarrojo en la franja de 10.000 a 100 cm^{-1} la trasforma en energía de vibración molecular. El espectro de vibración suele aparecer como una serie de bandas, resultado de la sobreposición de líneas de energía rotacional múltiple, que se denominan bandas de vibración-rotación. La interacción de la radiación infrarroja con una molécula orgánica, por más simple que sea, produce un espectro de alta complejidad, en la región entre 4.000 y 400 cm^{-1}. La alta complejidad del espectro obtenido permite que el analista compare las bandas características de determinados grupos funcionales con informaciones de la literatura y obtenga importantes informaciones para identificar su estructura.

Un espectro de infrarrojo presenta dos regiones de mayor utilidad para la interpretación de los resultados: la región entre 4.000 y 1.300 cm^{-1} y la región entre 900 y 650 cm^{-1}. La franja intermediaria entre 1.300 y 900 cm^{-1} es conocida como la región de la "impresión digital", y en ella se buscan las denominadas bandas asociadas, que son diferentes para los diferentes compuestos químicos.

La región de más alta frecuencia (4.000 a 1.300 cm^{-1}) es en la que absorben los principales grupos funcionales presentes en los compuestos orgánicos.

Por ejemplo, en la región de 1.600 a 1.300 cm^{-1} aparecen bandas características de absorción de grupos aromáticos y heteroaromáticos. Estos grupos absorben fuertemente también en la región de 900 a 650 cm^{-1}. Estas bandas se deben a la deformación angular del anillo aromático e indican las posiciones de sustitución. Complementariamente también se deberá observar la región comprendida entre 1.300 y 900 cm^{-1}, por ser característica de la estructura molecular que está siendo analizada.

En la Figura 9.5 está representado un espectro de FTIR en la forma de absorbancia obtenida para la recepción de xileno (mezcla de o, m y p-dimetilbenceno) empleado en la dilución de un compuesto sensible a la presencia de grupos funcionales próticos (hidroxílicos, amínicos, amídicos, etc.).

En el espectro de la Figura 9.5 se puede observar la posición de sustitución en el anillo aromático en la región de 697 a 795 cm^{-1}, la banda de deformación axial de C—H aromático a 3.027-3.084 cm^{-1}, la deformación C—H del grupo metilo a 2.873-2.996 cm^{-1}, las bandas de armónicos o frecuencias de combinación a 1.941-1.742 cm^{-1} y las bandas de deformación axial C═C del anillo aromático a 1.606 y 1.496 cm^{-1}, que caracterizan precisamente el compuesto como una mezcla de *orto*, *meta* y *paraxileno*. Por otro lado, no aparecen bandas que pudiesen suponer que haya compuestos con grupos alcohólicos, carbonílicos, aminas, etc. en el solvente recibido, entonces se lo puede liberar para ser usado en la planta industrial.

La Resonancia Magnética Nuclear se emplea más en los laboratorios de investigación que en la industria. Sin embargo es una poderosa herramienta para el análisis de la estructura molecular del solvente y permite la caracterización y cuantificación inequívoca de la estructura de isómeros presentes, la estructura de contaminantes, etc.

Las informaciones obtenidas con la técnica de la Resonancia Magnética Nuclear se pueden usar en combinación con las informaciones obtenidas de los análisis con infrarrojo y con espectrometría de masas, ya discutida, para realizar la interpretación espectroscópica de los componentes presentes. Las muestras se preparan en disolventes deuterados disponibles comercialmente. El análisis se realiza a diferentes temperaturas, que dependen de la temperatura de ebullición del solvente deuterado en que la muestra fue preparada; se pueden monitorear diferentes núcleos atómicos, siendo los más utilizados el hidrógeno y el carbono.

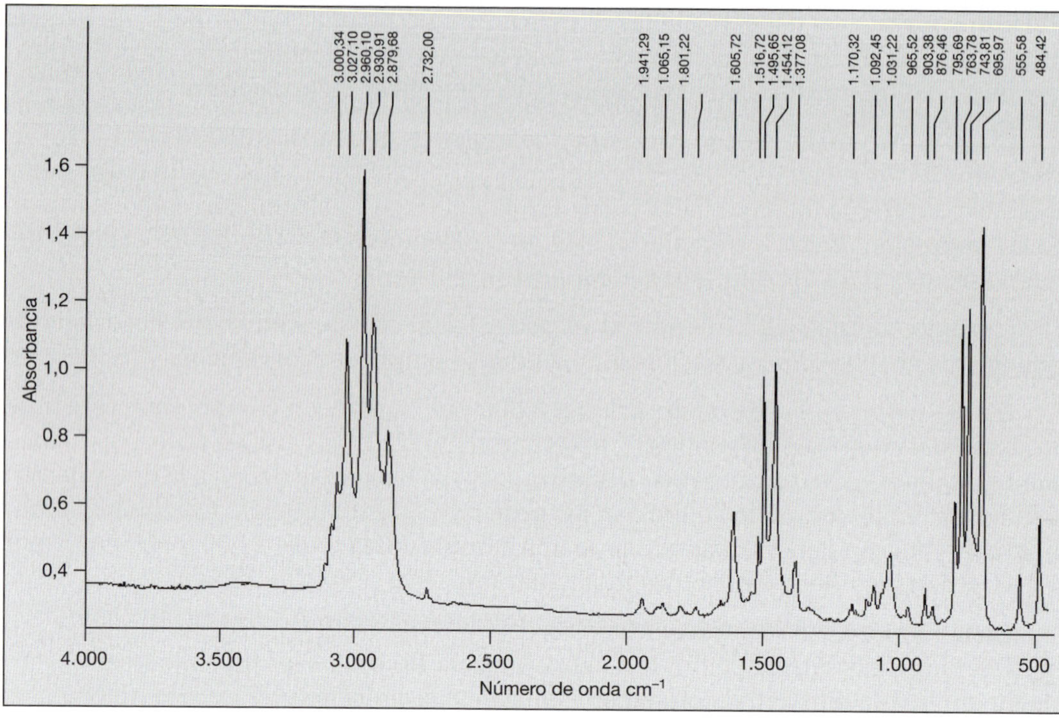

Figura 9.5. Espectro FTIR (absorbancia), obtenido en el equipo Bruker Equinox 55, en celda de KBr para líquidos de 0,025 mm de camino óptico.

9.5. Utilización de técnicas analíticas acopladas para la resolución de problemas en la industria de solventes

En muchos casos es necesario utilizar más de una técnica analítica para resolver los problemas industriales. Por ejemplo, cuando se observan diferencias de olor o color en el producto final se necesitan técnicas que permitan investigar detalladamente los componentes presentes, de origen orgánico o inorgánico. La secuencia de técnicas utilizadas en el análisis final se define como una estrategia analítica, cuya dimensión varía en función del tamaño y el grado de dificultad del problema que se debe resolver. El trabajo, en este caso, extrapola los límites del control analítico normal y pasa a ser una responsabilidad de los laboratorios especializados en investigación y desarrollo, los que darán el soporte técnico necesario para la definición de la mejor estrategia que se debe seguir en cada caso.

De una manera general, cuando se presenta un problema como tener un producto con un color u olor fuera de la especificación, se puede emplear una estrategia de investigación para compuestos orgánicos e inorgánicos, recordando que, en este caso, los compuestos que ocasionan el problema pueden estar en concentraciones extremamente bajas. En este caso, uno de los abordajes posibles es la utilización de un lote "sin problemas" como referencia para compararlo con el lote "con problemas".

En situaciones como ésas muchas veces es difícil afirmar cual o cuales son los compuestos que causan el problema en cuestión. En este caso es muy importante evaluar tanto las diferencias cualitativas como las cuantitativas. Muchas veces la presencia de un determinado componente en la muestra con problema puede ser la respuesta. En otras, la composición química del es la correcta, pero la diferente proporción en que se encuentran los componentes en la mezcla puede ser la explicación del problema.

Para detectar la presencia de compuestos orgánicos una de las primeras técnicas que se usa es la Cromatografía Gaseosa Acoplada a Espectrometría de Masas (CGEM), porque se como se puede trabajar con columnas cromatográficas, formas de inyección y formas de fragmentación de iones diferentes, se llega más fácilmente al diagnóstico del problema.

Los criterios de elección de las columnas cromatográficas ya fueron abordados anteriormente en este capítulo al tratar sobre la técnica de la cromatografía gaseosa. De una manera general siguen los mismos criterios en que se ha de considerar el tipo de compuesto que se está investigando. Si se supone que se encuentra presente un contaminante extremadamente volátil se pueden utilizar columnas del tipo *Plot*, así como columnas apolares o polares.

Con relación a los inyectores cabe mencionar que la muestra se puede inyectar de la manera tradicional, o a una temperatura más baja que la normalmente utilizada. También se puede usar un inyector programable de temperatura o PTV (*Programmable Temperature Vaporization*). En este caso se reduce el riesgo de pérdida o transformación térmica de los compuestos contaminantes durante la inyección en el cromatógrafo.

Los alcoholes sufren degradación térmica muy comúnmente y por pérdida de agua dan compuestos insaturados conjugados o no, que pueden interferir en los resultados de la composición del solvente analizado.

Otra forma de inyección posible, especialmente cuando se investiga el olor causado por solventes residuales (en películas plásticas, gomas, sólidos, etc.) es la inyección por la técnica de headspace estático o dinámico. En este caso sólo se inyecta la fase volatilizada de la muestra y se obtiene una barredura cualitativa de los compuestos presentes que causan el olor residual. Este asunto fue abordado en el ítem 9.1.2 de este capítulo al tratar sobre el análisis de solventes residuales en películas plásticas y envases.

En la Figura 9.6 se presenta un ejemplo de investigación del olor residual en una muestra de soporte inorgánico (carga).

En este caso el análisis por inyección *headspace* permitió la identificación y cuantificación de los compuestos presentes en la fase vapor de una muestra que presentaba olor, y se los caracterizó como etanol, limoneno y dodecano. Para comparar se usó un lote testigo de la muestra que no presentaba olor residual. La cuantificación se realizó por agregado del standard a la muestra considerada como referencia (sin contaminación).

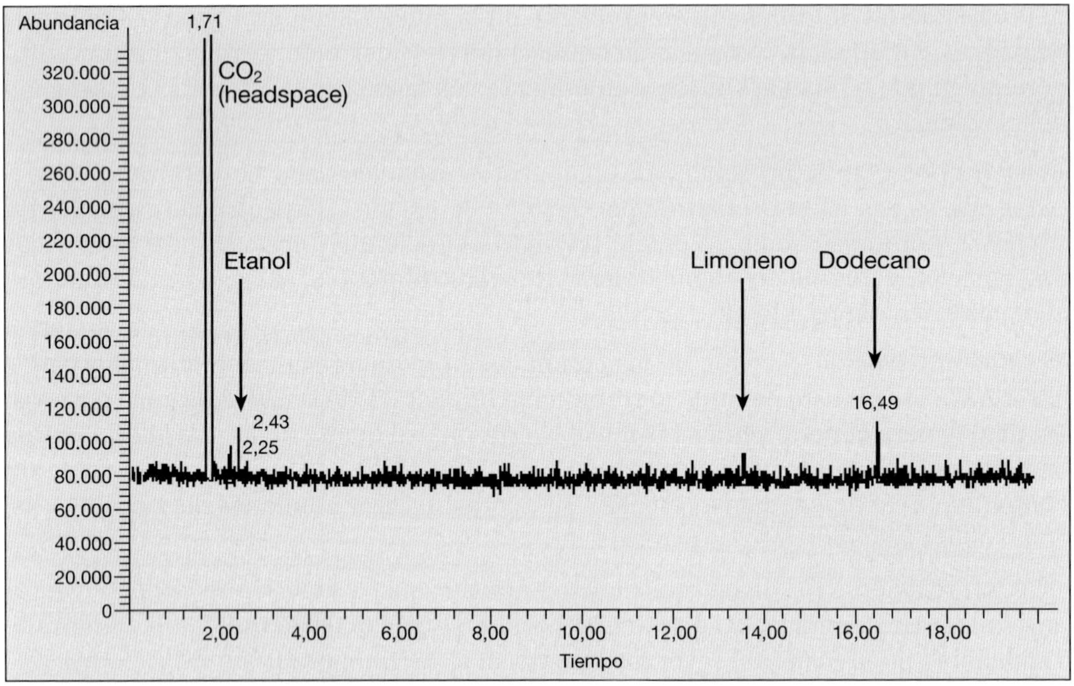

Figura 9.6. Equipo Agilent 5890/MSD 5971, *Headspace sampler Agilent 7694E.* Columna Innowax: 60 m; 250 μm; 0,25 μm; Fase: polietilenoglicol; Temperatura inicial del horno: 45 °C (5 min); 8 °C.min^{-1}; 200 °C (5 min); Temperatura del inyector: 200 °C; Temperatura del detector (MSD): 230 °C. Rango de masa: 30-400 (modo *scan*); Gás de *carrier*: He; Condiciones do *headspace*: 2,0 g de muestra; Temperatura del vial: 90 °C (30 min); Temperatura de la linea de transferencia: 100 °C; Tiempo de presurización: 0,5 min; Tiempo de inyección: 0,5 min.

La técnica de inyección conocida como SPME (Automated Phase Solid Extraction o microextracción por fase sólida) se puede usar para la detección de solventes residuales en productos farmacéuticos, alimenticios, matrices ambientales y otros.

La técnica de SPME permite analizar una mayor variedad de compuestos que tienen diferentes puntos de ebullición y presenta una gran sensibilidad para detectar compuestos volátiles. Además, se puede considerar que es una técnica de menor costo comparada con el sistema *headspace* estático. La elección del tipo de fibra utilizada en la inyección por SPME depende del tipo de análisis que se desea efectuar. En algunos informes técnicos se comenta que para determinadas matrices, las fibras que actúan por el mecanismo de adsorción son más adecuadas para la identificación de volátiles que para la cuantificación; para este caso es más eficiente el mecanismo por absorción.

Las formas de detección también se eligen en función del tipo de contaminante buscado. De una manera general, para la investigación de contaminantes orgánicos en solventes se utilizan los detectores del tipo EI (*Electronic Impact o por impacto electrónico*). La barredura de iones se efectúa por la técnica de selección total, seleccionando una franja determinada de masas (modo SCAN), o selectivamente, seleccionando algunos fragmentos típicos de determinado componente (modo *SIM* o *Selective Ion Monitoring*).

La selección por la técnica de inyección SIM aumenta considerablemente la sensibilidad para detectar compuestos orgánicos y es particularmente útil para la cuantificación de los contaminantes presentes en bajas concentraciones, por ejemplo, cuando es necesario identificar y cuantificar las impurezas que dan color al producto final y se requiere una gran sensibilidad para detectarlas.

Cuando se presentan problemas relacionados con el cambio del color generalmente se investiga la presencia de metales, porque los cationes metálicos, incluso en pequeñas concentraciones, pueden producir este efecto. Los metales pueden provenir del propio proceso industrial o del sistema de almacenaje y es esencial identificarlos y cuantificarlos.

En dichos casos las técnicas analíticas empleadas y que se deben tratar como un complemento del estudio de la presencia de compuestos orgánicos que se pueden analizar por cromatografía, son el ICP OES (*Inductively Coupled Plasma Optical Emission Spectrometry* o Espectrometría de Emisión Óptica por Plasma Acoplado Inductivamente) y la Espectrometría de Absorción Atómica (AAS). Las semejanzas y diferencias entre las dos técnicas están resumidas en la Tabla 3.

Tabla 9.3. Algunas diferencias entre las técnicas de ICP OES y AAS

ICP OES	AAS
Técnica espectroscópica de emisión atómica/iónica	Técnica espectroscópica de absorción atómica
La especie atómica o iónica producida por plasma	La especie atómica producida por llama u horno de grafito
La temperatura de plasma de argón puede ser superior a 10.000 K	La temperatura de la llama de acetileno/aire llega como máximo a 2.300-2.900 °C
Mejores límites de detección para elementos refractarios (B, Ti, V, Al, etc.)	Permite determinar contenidos más elevados de los elementos alcalinos y alcalino-térreos

Los equipos de ICP OES disponibles comercialmente se pueden utilizar en secuencia (determinación de un elemento por vez) o simultáneamente (determinación de varios elementos simultáneamente). La ventaja de este último es la reducción del tiempo de análisis.

La posición de la antorcha permitió desarrollar los equipos de tipo radial y, más recientemente, de tipo axial. La principal característica de los equipos radiales es la mayor franja de linealidad, lo que permite determinar contenidos más altos de elementos alcalinos. Los equipos en los que la antorcha está dispuesta axialmente son más modernos y tienen una franja de líneas de emisión más ancha; son más sensibles y, en consecuencia, están más sujetos a la interferencia de otros elementos y/o de la matriz de la muestra.

Se puede considerar una serie de otras ventajas o desventajas al elegir la técnica para el análisis de metales, especialmente cuando se requieren niveles de detección muy bajos.

En la Figura 9.7 se muestra un ejemplo del espectro de emisión obtenido para análisis de Fe y Al en un equipo ICP OES simultáneo. En este caso usan dos longitudes de onda distintas para cada metal, para evaluar mejor las posibles interferencias debidas a la emisión de otros elementos y/o de la matriz de la muestra y aumentar la selectividad de la medición.

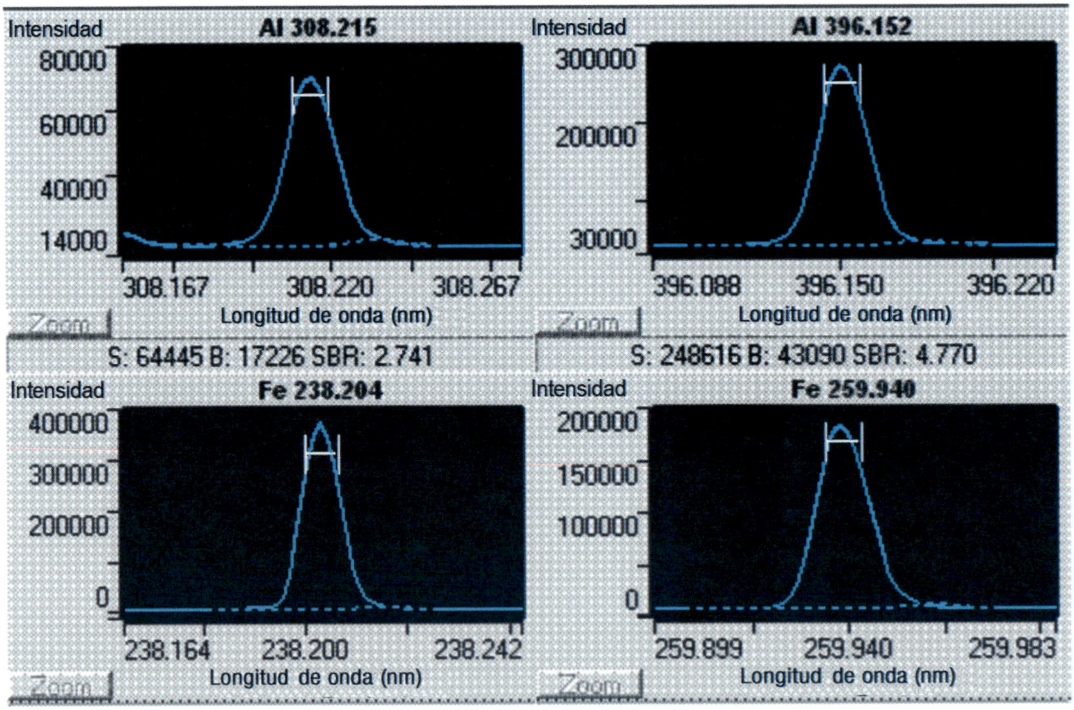

Figura 9.7. Espectros de emisión óptica por plasma inductivamente acoplado del aluminio (308,215 y 396,152 nm) y del hierro (238,204 e 259,940 nm) obtenidos en el equipo ICP-OES Varian 720-ES, simultáneo, de visión axial.

Actualmente existen en el mercado algunos accesorios que se pueden acoplar al equipo de ICP OES que, por introducción de pequeñas cantidades de oxígeno en el plasma, facilitan el análisis de los compuestos volátiles. En el caso de los solventes, que son soluciones orgánicas de alta presión de vapor, el oxígeno estabiliza el plasma en el momento de la aspiración. Eso permite analizar el tenor de metales en solventes orgánicos directamente (sin preparación de la muestra). Cuando no hay un equipo para realizar el análisis directo lo más común es evaporar el solvente hasta que se seque, preferentemente en condiciones suaves, bajo atmósfera de gas inerte para evitar la pérdida de posibles especies metálicas volátiles.

9.6. Consideraciones finales

La especificación de los solventes o de las materias primas utilizadas para producirlos puede ser verificada por medio de diferentes técnicas analíticas. Sin embargo, uno de los principales desafíos es elegir la estrategia analítica más adecuada par los casos en que el producto está fuera de especificación o cuando surgen problemas en la aplicación final del producto o mismo en el desarrollo de nuevos productos y/o aplicaciones. En estos casos, muchas veces no hay una única estrategia posible para el abordaje del recurso analítico, y es de fundamental importancia la interacción entre los especialistas del proceso y los especialistas en análisis que definirán en conjunto cual es el mejor camino que se debe seguir para la investigación y resolución del problema.

Referencias bibliográficas

W. Bertsch, W. G. Jennigs, R. E. Kaiser. Recent Advances in Capilary Gas Chromatography. Alemanha: Hutchig Verlag Heidelberg, 592p. 1981.

W. Bertsch, W. G. Jennigs, R. E. Kaiser. Recent Advances in Capilary Gas Chromatography, Volume 2. Alemanha: Hutchig Verlag Heidelberg, 557p. 1981.

W. McFadden. Techniques of Combined Gas Chromatography/Mass Spectrometry: Applications in Organic Analysis. Bristol: John Wiley & Sons, 463p. 1973.

J. R. Chapman. Practical Organic Mass Spectrometry – A Guide for Chemical and Biochemical Analysis, 2.ª edição. Chichester: John Wiley & Sons, 339p. 1995.

B. Kolb. Applied Headspace Gas Chromatography. Bristol: Heyden & Son, 185p. 1982.

H. Verneret. Solventes Industriais: Propriedades e Aplicações. São Paulo: Toledo, 145p. 1984.

R. M. Svilverstein, F. X. Webster. Identificação Espectrométrica de Compostos Orgânicos. 6.ª edição. Rio de Janeiro: Livros Técnicos e Científicos, 460p. 2000.

T. W. Solomons, C. B. Fryhle. Organic Chemistry. 7ª edição. New York: John Wiley & Sons, 1258p. 2000.

ASTM. Standard Test Method for Water in Volatile Solvents (Karl Fischer Reagent Titration Method), D 1364. USA, 2002.

ASTM. Standard Test Method for Acidity in Volatile Solvents and Chemical Intermediates Used in Paint, Varnish, Lacquer, and Related Products, D 1613. USA, 2006.

ABNT. Acetona, Álcoois etílico e metílico. Determinação do Tempo de redução de permanganato. Método de Barbet, NBR 5824. Brasil, 1986.

ASTM. Standard Test Method for Color of Clear Liquids (Platinum-Cobalt Scale), D 1209. USA, 1997.

ASTM. Standard Test Method for Nonvolatile Matter in Volatile Solvents for Use in Paint, Varnish, Lacquer, and Related Products, D 1353. USA, 2003.

ASTM. Standard Test Method for Density and Relative Density of Liquids by Digital Density Meter, D 4052. USA, 2002.

ASTM. Standard Test Method for Odor of Volatile Solvents and Diluents, D 1296. USA, 2001.

ASTM. Standard Test Method for Water Miscibility of Water-Soluble Solvents, D 1722. USA, 2004.

C. Von Muhlen, C. A. Zini, E. B. Caramão, et al. Characterization of petrochemical samples and their derivatives by comprehensive two-dimensional gas chromatography. Química Nova, Brasil, vol.29, n. 4, p.765-775, Jul/Ago, 2006.

A. O. Maldaner, M. A. Guilherme. Cromatografia gasosa ultra-rápida - Implementação de metodologia. Documento 2002-19-C02, Centro de Pesquisas de Paulínia, Rhodia Poliamida e Especialidades Ltda., 2002.

10 Una área comprometida con la sustentabilidad

En este capítulo se presentan los aspectos más relevantes sobre la gestión de la salud, de la seguridad y del medio ambiente relacionados con la manipulación y el uso de los solventes industriales.

Hidejal Santos
Maria Luiza Teixeira Couto
Fernando Zanatta
Rosmary De Nadai

El organismo ICCA (*International Council of Chemical Asociations*) para atender a las crecientes demandas de la sociedad, de los clientes y del propio sector, mantiene el programa Responsible Care® como una de sus principales iniciativas. Concebido en 1985 en Canadá, el objetivo de este programa es tratar sobre esos temas que preocupan al gran público y están relacionados con la producción, la distribución y el uso de productos químicos, enfocando fundamentalmente la mejora del desempeño, de la comunicación y de la responsabilidad por medio de la implementación y manutención de un conjunto de prácticas de gestión. **Seguridad de Procesos, Transporte y Distribución, Protección Ambiental, Salud y Seguridad del Trabajador, Diálogo con la Comunidad y Preparación y Atención de Emergencias y Gestión de Producto.**

En 1992 Abiquim (Asociación Brasileña de la Industria Química) adoptó nacionalmente el programa *Responsible Care®* bajo el nombre de "Atuação Responsável®". En 1998 se obligó a que las empresas asociadas se adhiriesen al programa.

Tras la publicación de Responsible Care Global Charter en 2005, *Responsible Care®* se considera una iniciativa de la industria química global, por la cual las empresas, representadas por sus asociaciones nacionales, se comprometen a trabajar de manera conjunta para mejorar continuamente el desempeño de sus productos y procesos observando medidas de Seguridad, Higiene Industrial, Salud y Medio Ambiente, y contribuir al desarrollo sostenible de las comunidades locales y de la sociedad como un todo.

10.1. *Product Stewardship* (Tutela de Producto)

Product Stewardship o **Tutela de Producto** se puede traducir como la administración ética y responsable de los aspectos de Salud, Seguridad y Medio Ambiente de un producto químico a lo largo de su ciclo de vida. Cuando se pone en práctica este concepto se obtiene como resultado una continua reducción de los impactos sobre la Salud, la Seguridad y el Medio Ambiente que causan los productos que se colocan en el mercado. Esto se logra por medio de acciones como la comercialización de productos más seguros y que no dañan el medio ambiente, el perfeccionamiento del control de las emergencias y la reducción de los accidentes y la disminución de su gravedad sobre la base del conocimiento de los peligros y la gestión de los riesgos asociados a la utilización de dichos productos.

En 2006 la *International Conference on Chemicals Management* (ICCM) adoptó el *Strategic Approach to International Chemicals Management* (SAICM) del *United Nations Environment Programme* (UNEP), que es la estructura de una política de alcance internacional sobre los peligros de los productos químicos. SAICM brinda el apoyo necesario para que se cumplan los objetivos ratificados en 2002 durante el *Johannesburg World Summit on Sustainable Development*, en el que se estableció que hasta 2020 los productos químicos serían elaborados y usados de forma tal que los impactos negativos sobre la salud y el medio ambiente deberían ser mínimos.

Como respuesta al SAICM, también a principios de 2006, la industria química mundial representada por ICCA presentó la *Global Product Strategy* (GPS) como una forma de intensificar la aplicación de las mejores prácticas de *Product Stewardship* a lo largo de la cadena de suministro (*supply chain*). La GPS representa un importante pilar del programa *Responsible Care*® porque abarca varias iniciativas de gestión de productos químicos, constituye una base para la mejora continua, fomenta la mayor transparencia y, principalmente, es el primer esfuerzo global para que el *Product Stewardship* se dirija de la industria hacia los clientes.

Las prácticas de gestión de *Product Stewardship* se pueden agrupar en:

Principios de Gestión de *Product Stewardship*

- Definición de la política y los objetivos y el establecimiento de un plan de acción de implementación y mejora continua;
- Definición de las responsabilidades, de las autoridades y de la interacción de las personas;
- Gestión de los recursos;
- Seguimiento del desempeño global de los procesos y de las personas individualmente.

Identificación y Clasificación de los Peligros

- Identificación y clasificación de los peligros a la salud, a la seguridad y al medio ambiente sobre la base de sistemas de clasificación de peligros reconocidos internacionalmente.

Análisis de Riesgos

- Definición de herramienta(s) para análisis de riesgos;
- Identificación de las indicaciones de aplicación y reconocimiento del uso de los productos químicos;
- Identificación de las legislaciones aplicables en los lugares donde los productos se fabrican y comercializan;
- Caracterización de los riesgos producto – aplicación – reglamentación que se aplique.

Administración de Riesgos

- Definición de las estrategias y acciones de administración de los riesgos identificados;
- Análisis sistemático de accidentes y reclamaciones sobre aspectos de salud, seguridad y medio ambiente;
- Gestión de crisis;
- Administración de la cadena de distribución.

Comunicación

- Comunicación de los peligros;
- Comunicación cooperativa con proveedores, subcontratados, clientes y autoridades;
- Comunicación de la crisis.

Las *United Nations Recommendations on the Transport of Dangerous Goods* y el GHS son las herramientas principales del *Product Stewardship* para clasificar y comunicar los peligros de los productos químicos.

10.2. Clasificación y comunicación de peligros – GHS

En la Asamblea General de la Organización Internacional del Trabajo (OIT) de 1989, durante la primera discusión sobre las reglas establecidas por la organización para el uso de sustancias químicas en el trabajo, se decidió adoptar la resolución presentada por el gobierno de India. Dicha resolución se refiere a un Sistema Armonizado de Clasificación y Etiquetado de sustancias químicas peligrosas que se usan en el trabajo. Siguiendo el modelo de la Convención de Sustancias Químicas, adoptado en 1990, la OIT puso en marcha un proyecto para armonizar los sistemas existentes para clasificación y rotulado de sustancias químicas.

A partir de 1992 se avanzó en el camino hacia estos objetivos gracias al apoyo de la Conferencia de Medio Ambiente y Desarrollo de la Organización para la Cooperación y el Desarrollo Económico (OECD) — la Río 92 — en la que se fijó el control ambiental de sustancias tóxicas como una de las seis áreas de acción identificadas en el Capítulo 19 de la Agenda 21. La OCDE recomendó que se elaborase una clasificación de peligros armonizada globalmente, junto con un sistema de rotulado compatible, incluyendo las *Safety Data Sheets* (SDS) con los datos de seguridad relevantes:

> "UNCED – Agenda 21 – Chapter 19 – GHS (Globally Harmonized System) Objectives
>
> 19.27. A globally harmonized hazard clasification and compatible labeling system, including material safety data sheets and easily understandable symbols, should be available, if feasible, by the year 2000."

Este compromiso fue reafirmado en 2002 durante el World Summit on Sustainable Development en Johannesburg (Rio+10):

> "Plan of Implementation Paragraph 23 (c):
>
> Encourage countries to implement the new globally harmonized system for the clasification and labeling of chemicals as soon as posible with a view to having the system fully operational by 2008."

GHS es el acrónimo de *Globally Harmonized System of Clasification and Labelling of Chemicals*, es decir, Sistema Globalmente Armonizado de Clasificación y Etiquetado de Productos Químicos. La primera edición del GHS – conocido también como *Purple Book* – es de 2003 y se puede encontrar junto con sus posteriores revisiones y enmiendas en http://www.unece.org/trans/danger/publi/ghs/ghs_welcome_e.html.

El GHS establece criterios lógicos y amplios para clasificar los peligros físicos, a la salud y al medio ambiente que representan las sustancias químicas puras y sus mezclas y la comunicación estructurada de dichos peligros por medio de rótulos y de hojas con dados de seguridad.

- **Peligros físicos**

  GHS considera las siguientes clases de productos que representan peligros físicos: explosivos; inflamables (gases, aerosoles, líquidos y sólidos); oxidantes (gases, sólidos y líquidos); peróxidos orgánicos; agentes oxidantes; gases a presión; sustancias y mezclas autorreactivas; líquidos y sólidos pirofóricos; sustancias y mezclas que experimentan calentamiento espontáneo; sustancias y mezclas que desprenden gases inflamables al entrar en contacto con el agua; sustancias corrosivas para los metales. Para los solventes, sobre los que trata este libro, la inflamabilidad, sin duda alguna, es el peligro físico principal.

- **Peligros a la salud humana**
  - Toxicidad aguda;
  - Corrosión e irritación de la piel;
  - Lesión ocular grave/irritación ocular;
  - Sensibilización respiratoria o de la piel;
  - Mutagenicidad en células germinales;
  - Carcinogenicidad;
  - Toxicidad para la reproducción;
  - Toxicidad sistémica para ciertos órganos (exposición única y repetida);
  - Toxicidad por aspiración.

- **Peligros para el medio ambiente**

  GHS considera como peligros para el medio ambiente la toxicidad acuática aguda, la bioacumulación, la degradación (biótica o abiótica) para productos químicos orgánicos y la toxicidad acuática crónica.

Para establecer los términos del GHS se realizaron esfuerzos para lograr una armonización con el sistema ya existente de clasificación de los riesgos del transporte de productos peligrosos, aunque para éstos todavía prevalecen las recomendaciones establecidas por *United Nations Committee of Experts for the Transport of Dangerous Goods*.

Tal como ocurre con las recomendaciones de la ONU para el transporte de productos peligrosos, la adopción, forma y extensión de la implementación del sistema GHS están supeditadas a la legislación de cada país.

10.2.1. Clasificación de los peligros asociados a solventes

Los peligros que los solventes causan a la salud son: efectos dérmicos localizados debidos a la extracción de lípidos de la dermis, efecto depresor del Sistema Nervioso Central, neurotoxicidad, hepatotoxicidad, nefrotoxicidad y, en algunos casos, carcinogenicidad con riesgo variable, por ejemplo:

Substancia	Señales/Síntomas Potenciales
Acetato de etilo	Irritación de ojos, piel, nariz y garganta; narcosis; dermatitis.
Acetona	Irritación de ojos, nariz, garganta; dolor de cabeza, mareos, depresión del sistema nervioso central; dermatitis.
Tolueno	Irritación de los ojos, lascitud (debilidad, cansancio), confusión, euforia, mareos, dolor de cabeza, dilatación de las pupilas, lagrimeo; ansiedad, fatiga muscular, insomnio, parestesia; dermatitis; lesión hepática y renal.
Metiletilcetona	Irritación de los ojos, la piel y la nariz; dolor de cabeza; mareos; vómitos; dermatitis.
n-Hexano	Irritación de los ojos y la nariz; náuseas, dolor de cabeza; neuropatía periférica; adormecimiento de las extremidades, debilidad muscular; dermatitis; mareos; neumonía química (aspiración de líquido).
Ciclohexano	Irritación de los ojos y la piel, sistema respiratorio; somnolencia; dermatitis; narcosis, coma.
Etilenglicol	Irritación de ojos, piel, nariz y garganta; lascitud (debilidad, cansancio); dolor de cabeza, mareos, depresión del sistema nervioso central; movimiento anormal de los ojos (nistagmo); sensibilización cutánea. Ingestión aguda: dolor abdominal, náuseas, vómitos, pérdida de la coordinación, estupor, convulsión, inconsciencia; aceleración del ritmo cardíaco, insuficiencia cardíaca congestiva; lesión renal e insuficiencia renal tardía.

10.2.2. Uso de GHS para clasificar y comunicar peligros

Los criterios establecidos en el Sistema GHS se aplican para sustancias puras y mezclas; cuando es necesario también se definen los métodos para obtener los datos.

Para clasificar con precisión una sustancia o una mezcla se depende de la interpretación de los criterios establecidos por el Sistema GHS y de la confiabilidad de los datos disponibles. La clasificación de peligros la deben realizar especialistas con bastante competencia porque para evaluar los peligros que representa una sustancia o una mezcla de sustancias a la salud humana y al medio ambiente, además de contar con datos confiables, se deben tener en consideración las evidencias de los efectos en seres humanos y animales. Para ciertas propiedades se puede obtener la clasificación directamente cuando los datos están de acuerdo con los criterios. Para otras, la clasificación se puede basar totalmente en evidencias. Otro aspecto importante es que las fórmulas de cálculo existentes para las mezclas se basan en el principio de la aditividad. No obstante, los especialistas deben considerar las interacciones antagónicas y sinérgicas para realizar la clasificación.

Uno de los principios generales establecidos en el sistema GHS determina que se deben aceptar los datos experimentales obtenidos para clasificar productos químicos en otros sistemas ya existentes para evitar la repetición de ensayos y el uso innecesario de animales de laboratorio. Se recomienda que, dentro de lo posible, se realicen trabajos en conjunto y acciones cooperativas entre empresas y entidades para compartir resultados y evitar los citados problemas. Si a pesar de ello es necesario realizar ensayos se recomienda que éstos queden a cargo de laboratorios validados y que estén efectivamente comprometidos con el tratamiento humanitario a los animales.

Si se considera una mezcla solvente homogénea hipotética con 40% de una sustancia A, 32% de una sustancia B, 25% de una sustancia C y 3% de una sustancia D, se la puede clasificar de la siguiente manera:

	C_i%	Punto de Inflamación °C	Punto de Ebullición °C	Presión de Vapor mm Hg ≅ 0 °C	$\Delta_{VAP}H_0$ kJ/mol
Substancia A	40	–22,0	55,6	187,5	31,3
Substancia B	32	–4,0	77,0	76	35,1
Substancia C	25	92,8	196,0	0,1	48,4
Substancia D	3	4,4	114,1	21,8	38,1

	C_i%	Vía de Exposición		
		Oral DL_{50}	Dérmica DL_{50}	Respiratoria CL_{50}
Substancia A	40	5.800 mg/kg	20.000 mg/kg	50.100 mg/m^3
Substancia B	32	5.620 mg/kg	20.000 mg/kg	200 mg/m^3
Substancia C	25	2.080 mg/kg	3.000 mg/kg	4.000 mg/m^3
Substancia D	3	5.000 mg/kg	14.000 mg/kg	10.640 mg/m^3

DL_{50} (Dosis Letal 50%): dosis de producto químico que provoca la muerte del 50% (la mitad) de un grupo de animales sometidos al ensayo.
CL_{50} (Concentración Letal 50%): concentración de producto químico en el aire o en el agua que provoca la muerte del 50% (la mitad) de un grupo de animales sometidos al ensayo.
C_i%: cantidad o concentración relativa del componente i en la mezcla.

La sustancia A se absorbe por vía respiratoria; cuando se encuentra en altas concentraciones tiene efecto narcótico y puede inducir el coma.

La sustancia D es neurotóxica.

10.2.3. Ejemplo de clasificación de peligros físicos

10.2.3.1. Inflamabilidad para líquidos

En el caso de mezclas que contienen concentraciones conocidas de líquidos inflamables se usan el punto de inflamación y el inicial de ebullición como criterios de clasificación. En nuestro ejemplo el punto de inflamación (crisol cerrado) se puede determinar experimentalmente o, de acuerdo con el GHS, se puede calcular siguiendo el método descrito por Gmehling y Rasmusen (Ind. Eng. Chem. Fundament, 21, 186, (1982)). Pero para aplicar ese método se necesitan algunos datos difíciles de obtener, por ejemplo, el coeficiente de actividad de cada componente presente en la mezcla y su relación con la temperatura; por dicho motivo puede resultar más rápido hacer la determinación experimental.

Considerando que para tal mezcla hipotética se hayan obtenido experimentalmente los valores de 5,6 °C y 99,2 °C para el punto de inflamación y el punto inicial de ebullición respectivamente, de acuerdo con la tabla anterior, en la que se presentan los valores de corte para la inflamabilidad de líquidos, aquélla deberá ser clasificada como **Inflamable – categoría 2**.

Criterio	Categorías			
	1	2	3	4
Punto de inflamación	< 23 °C	< 23 °C	≥ 23 °C e ≤ 60 °C	> 60 °C e ≤ 93 °C
Punto de ebullición inicial	≤ 35 °C	> 35 °C	–	–
Elementos de la Etiqueta				
Pictograma				No se aplica
Palabra de advertencia	Peligro	Peligro	Cuidado	Cuidado
Indicación de peligro	Líquido y vapor extremamente inflamables	Líquido y vapor altamente inflamables	Líquido y vapor inflamables	Líquido combustible

10.2.4. Ejemplos de clasificación de peligros a la salud

10.2.4.1. Toxicidad aguda (TA)

Con respecto a la toxicidad aguda las sustancias y las mezclas se clasifican en cinco categorías, de acuerdo con las posibles formas de exposición: oral, dérmica o inhalatoria.

Vías de Exposición	Categorías				
	1	2	3	4	5
Oral (mg/kg)	0 < TA ≤ 5	5 < TA ≤ 50	50 < TA ≤ 300	300 < TA ≤ 2000	2000 < TA ≤ 5000
Dérmica (mg/kg)	0 < TA ≤ 50	50 < TA ≤ 200	200 < TA ≤ 1000	1000 < TA ≤ 2000	2000 < TA ≤ 5000
Gases (mg/m^3)	0 < TA ≤ 100	100 < TA ≤ 500	500 < TA ≤ 2500	2500 < TA ≤ 5000	Nota 1
Vapores (mg/m^3)	0 < TA ≤ 0,5	0,5 < TA ≤ 2,0	2,0 < TA ≤ 10,0	10,0 < TA ≤ 20,0	Nota 1
Polvos/ Nieblas (mg/m^3)	0 < TA ≤ 0,05	0,05 < TA ≤ 0,5	0,5 < TA ≤ 1,0	1,0 < TA ≤ 5,0	Nota 1

Elementos de la Etiqueta					
Pictograma					No se aplica
Palabra de advertencia	Peligro	Peligro	Peligro	Cuidado	Cuidado
Frase de Perigo					
Oral	Mortal en caso de ingestión	Mortal en caso de ingestión	Tóxico en caso de ingestión	Nocivo en caso de ingestión	Puede ser nocivo en caso de ingestión
Dérmica	Mortal en caso de contacto con la piel	Mortal en caso de contacto con la piel	Mortal en caso de contacto con la piel	Mortal en caso de contacto con la piel	Puede ser nocivo en contacto con la piel
Inhalatoria	Mortal en caso de inhalación	Mortal en caso de inhalación	Mortal en caso de inhalación	Mortal en caso de inhalación	Puede ser nocivo en caso de inhalación

Nota 1 — Los criterios de GHS para la categoría 5 permiten identificar sustancias o mezclas de toxicidad aguda relativamente baja pero que, de acuerdo con la opinión de los especialistas y sobre la base de informaciones confiables, pueden causar efectos tóxicos en humanos o representar un peligro para grupos de individuos susceptibles.

10.2.4.2. Clasificación sobre la base de los datos disponibles para todos los componentes

Sabiendo que la vía inhalatoria es la forma de exposición más probable y conociendo los valores de toxicidad aguda para cada componente se puede calcular la toxicidad aguda (ETA) para nuestra mezcla usando la fórmula de aditividad:

$$\frac{100}{ETA_m} = \sum_n \frac{C_i}{ETA_i}$$

donde: C_i = Concentración del ingrediente i

n = Cantidad de ingredientes de 1 a n

ETA_i = Estimación de Toxicidad Aguda del ingrediente i

ETA_m = Estimación de Toxicidad Aguda de la mezcla

Para aplicar la fórmula anterior es necesario:

- Incluir ingredientes con toxicidad aguda conocida que se encuadren en cualquiera de las categorías de toxicidad aguda del GHS;
- Ignorar los ingredientes que no presentan toxicidad (por ejemplo agua, azúcar, etc.);
- Ignorar los ingredientes para los cuales ensayo de toxicidad oral no presenta toxicidad aguda inferior a 2.000 mg/kg/peso corporal;
- Considerar que no hay evidencias de interacción antagónica o sinérgica potencializadora entre los componentes de la mezcla.

Si considerásemos todos los ingredientes de la mezcla:

$$\frac{100}{ETA_m} = \frac{40}{50{,}1} + \frac{32}{0{,}2} + \frac{25}{4{,}0} + \frac{3}{10{,}64}$$

ETA_m = 0,6 mg/l

La mezcla estaría clasificada en la **categoria 2** para **toxicidad aguda**.

Sin embargo, si sobre la base de los datos disponibles consideramos que la sustancia A no contribuye con la toxicidad aguda de la mezcla, tendremos:

$$\frac{60}{ETA_m} = \frac{32}{0{,}2} + \frac{25}{4{,}0} + \frac{3}{10{,}64}$$

ETA_m = 0,36 mg/l

Entonces la mezcla estaría clasificada en la **categoria 1** para **toxicidad aguda**.

Este ejemplo refuerza lo comentado anteriormente; la clasificación de peligros es una actividad que debe ser realizada por especialistas suficientemente capacitados porque, además de poder contar con datos confiables, para evaluar los peligros que representan para la salud humana - principalmente las mezclas- hay que tener en consideración las evidencias en seres humanos y animales y también las posibles interacciones antagónicas o sinérgicas potencializadoras entre los ingredientes.

10.2.5. Toxicidad sistémica en órganos específicos

Uno de los ingredientes de la mezcla hipotética que se ha tomado como ejemplo es reconocidamente neurotóxico, el otro ingrediente es depresor del Sistema Nervioso Central y en altas concentraciones puede llevar al estado de coma.

Para clasificar esta subclase de peligro se deben usar como elementos auxiliares las evidencias confiables asociadas a una exposición única o repetida con efectos identificados y consistentes. Los efectos que se deben considerar son, por ejemplo:

a) Morbilidad o muerte debida a la exposición repetida o de larga duración. La morbilidad o la muerte pueden ser el resultado de la exposición repetida, incluso a concentraciones/dosis bajas, debido a la bioacumulación de la sustancia o de sus metabolitos;

b) Alteraciones funcionales significativas del Sistema Nervioso Central o Periférico u otro sistema orgánico, incluso con signos de depresión del SNC y alteraciones de los sentidos (visión, audición, olfato);

c) Cualquier alteración adversa significativa y consistente de los parámetros bioquímicos, hematológicos o de urinálisis;

d) Daños significativos a órganos que se pueden observar por necroscopia y/o confirmar por histología;

e) Necrosis multifocal o difusa, fibrosis o granuloma en órganos vitales que tienen capacidad regenerativa;

f) Alteraciones morfológicas potencialmente reversibles pero que permiten tener una clara evidencia de la disfunción del órgano afectado (por ej. esteatosis hepática);

g) Evidencia de muerte celular significativa (inclusive degeneración celular y reducción del número de células) en órganos vitales que no tienen capacidad de regeneración.

La acción neurotóxica de los productos químicos es difícil de caracterizar por causa de:

- Definición de casos no específicos;
- Posibilidad de duplicación de los índices de prevalencia;
- Variabilidad de los ensayos neurocomportamentales;
- No especificidad de las mediciones fisiológicas;
- Confusión con el etanol (hábitos y estilo de vida), traumas y otros factores;
- Exposición múltiple;
- Deficiencias nutricionales, metabólicas, hereditarias;
- Condiciones desmielinizantes, paraneoplásticas.

El Sistema Nervioso Central no se define funcionalmente, se caracteriza anatómicamente por las estructuras que se encuentran localizadas dentro del esqueleto axial (cavidad craneana y canal vertebral), o sea, cerebro, cerebelo, tronco cerebral y médula espinal. Algunos síntomas de neurotoxicidad se pueden asociar a esas estructuras:

Central aguda	Actividad general tipo anestesia o inhibición selectiva; narcosis; euforia; agitación (desinhibición); descoordinación, ataxia, disartria.
Central crónica	Controversia – de difícil caracterización Síndrome de los Pintores: depresión; desempeño psicomotor retardado; alteraciones de la personalidad; deficiencia de la memoria a corto plazo. Resultados de los ensayos neurocomportamentales de la OMS.
Neurotoxicidad periférica	Neuropatía axonal distal generalmente presente en las extremidades inferiores: primero disminución de la capacidad sensorial – parestesia (adormecimiento, pérdida de la propriocepción tardía), vibración; después, disminución de la capacidad motora (debilidad motora y atrofia por denervación).

10.2.5.1. Clasificación de toxicidad sistémica en órganos blanco específicos

En la siguiente tabla se presentan se presentan los criterios de clasificación para una exposición única y para exposiciones repetidas.

Categoría	Exposición única	Exposiciones repetidas
1	Toxicidad significativa comprobada en humanos o presunción de toxicidad potencial significativa a partir de resultados de estudios en animales para una única exposición.	Toxicidad significativa comprobada en humanos o presunción de toxicidad potencial significativa a partir de resultados de estudios en animales para repetidas exposiciones.
2	Presunción de nocividad potencial significativa a partir de los resultados de estudios en animales para una única exposición.	Presunción de nocividad potencial significativa a partir de los resultados de estudios en animales para repetidas exposiciones.
3	Efectos transitorios en órganos blanco. Hay efectos que modifican adversamente las funciones del organismo humano, pero no se encuadran en las categorías 1 o 2.	

Elementos del Rótulo			
	Categorías		
	1	2	3
Pictograma			
Palabra de advertencia	Peligro	Peligro	Cuidado
Frase de Peligro			
Exposición única	Causa daños a órganos (o describir todos los órganos afectados, si se sabe) (describir la forma de exposición si se comprueba conclusivamente que ninguna otra vía/forma de exposición causa el peligro).	Puede causar daños a órganos (o describir todos los órganos afectados, si se sabe) (describir la forma de exposición si se comprueba conclusivamente que ninguna otra vía/forma de exposición causa el peligro).	Puede causar irritación respiratoria o somnolencia y vértigo.
Exposiciones repetidas	Causa daños a órganos (o describir todos los órganos afectados, si se sabe) por medio de una exposición prolongada o repetitiva (describir la forma de exposición si se comprueba conclusivamente que ninguna otra vía/forma de exposición causa el peligro).	Puede causar daños a órganos (o describir todos los órganos afectados, si se sabe) por medio de una exposición prolongada o repetitiva (describir la forma de exposición si se comprueba conclusivamente que ninguna otra vía/forma de exposición causa el peligro).	

Se debe comunicar esta situación de peligro en las FISPQ y rótulos en el caso de mezclas dependiendo de la concentración del ingrediente en cuestión. El GHS sugiere los valores de corte o las concentraciones límite que se encuentran en la siguiente tabla, pero les corresponde a las autoridades de cada país establecer sus propios criterios.

Ingrediente clasificado como:	Valores de corte/concentración-limite que definen la clasificación de la mezcla como:	
	Categoría 1	Categoría 2
Categoría 1 Tóxico sistémico en órgano blanco	≥ 1,0 % (nota 1)	1,0 ≤ ingrediente < 10% (nota 3)
	≥ 10 % (nota 2)	1,0 ≤ ingrediente < 10% (nota 3)
Categoría 2 Tóxico sistémico en órgano blanco		≥ 1,0 % (nota 1)
		≥ 10 % (nota 2)

Nota 1: Si un ingrediente tóxico sistémico en un órgano blanco específico de las categorías 1 o 2 está en la mezcla en una concentración entre 1,0% y 10,0%, el GHS deja a cargo de las autoridades de cada país que se exija la colocación de la información y el uso del respectivo pictograma.

Nota 2: Si un ingrediente tóxico sistémico en un órgano blanco específico de las categorías 1 o 2 está en la mezcla en una concentración ≥ 10% se espera que las autoridades de cada país exijan que se indique en la etiqueta.

Nota 3: Si un ingrediente tóxico sistémico en un órgano blanco específico de la categoría 1 está en la mezcla en una concentración entre el 1,0% y el 10,0% algunas autoridades reguladoras pueden clasificar la mezcla como agente tóxico sistémico en órgano blanco de Categoría 2 y otras no.

Hay que considerar que existen otros sistemas de clasificación reconocidos internacionalmente.

Sobre la base de los criterios anteriores la clasificación de la mezcla hipotética de acuerdo con los criterios de GHS sería:

- El ingrediente A de la mezcla hipotética caracterizado como depresor del Sistema Nervioso Central e inductor de coma a altas concentraciones seria clasificado como **Tóxico Sistémico para Órgano blanco – Categoría** 2.
- El ingrediente D, reconocidamente neurotóxico, seria clasificado como **Tóxico Sistémico para Órgano blanco – Categoría** 1.
- En ese caso, debido a la concentración del ingrediente D en la mezcla y la potencial interacción sinérgica con el ingrediente A, la mezcla hipotética sería clasificada como **Tóxico Sistémico para Órgano blanco – Categoría** 1.

10.2.6. Comunicación de los peligros

La finalidad de este tópico es presentar el uso de las informaciones obtenidas en los ejemplos de clasificación. La preparación de las fichas con los datos de seguridad y las etiquetas es una actividad para especialistas que, además de las recomendaciones de GHS deben tener conocimiento y saber interpretar los requisitos legales aplicables al etiquetado en los países en los que se desee comercializar determinado producto químico peligroso. Según GHS los peligros se comunican por dos medios principales:

- La hoja con los datos de seguridad, que se denomina internacionalmente MSDS – *Material Safety Data Sheet*, o SDS – *Safety Data Sheet*, u HDS – Hoja de Datos de Seguridad.
- La etiqueta. Es importante destacar que uno de los objetivos de GHS es establecer criterios para la colocación de las informaciones de seguridad en las etiquetas, principalmente el uso de pictogramas, palabras de advertencia e indicaciones de peligro, que se deben colocar juntos en la etiqueta. O sea que le corresponde a cada país adecuar dichos criterios a su respectiva legislación.
    - Pictograma: es la composición gráfica que se obtiene usando el símbolo de peligro y otros elementos gráficos como bordes, patrones de fondo y colores;
    - Palabras de advertencia: se usan en la etiqueta para indicar el nivel de gravedad relativo del peligro y como alerta sobre un peligro potencial. Las palabras de advertencia que se usan en GHS son "Peligro" y "Cuidado"; "Peligro" se asocia a las categorías más graves de peligro;
    - Declaraciones de peligros: son frases que se atribuyen a clases y categorías de peligro que describen la naturaleza del peligro de un producto peligroso y, en el caso en que es necesario, el grado de peligro.

10.2.6.1. Peligros múltiples y precedencia de las informaciones de peligro

- Pictogramas

  Para las sustancias y las mezclas comprendidas por las UN *Recommendations on the Transport of Dangerous Goods*, la precedencia de los pictogramas para riesgos físicos que se encuentra en la etiqueta debe seguir las reglas establecidas en dichas recomendaciones. Cuando en el rótulo se muestra un pictograma de riesgo de transporte se debe omitir el pictograma GHS para el mismo peligro.

Para los peligros para la salud se deben considerar los siguientes principios de precedencia:

a) Si corresponde usar el símbolo del "cráneo con huesos cruzados" se debe omitir el símbolo del "punto de exclamación";

b) Si corresponde usar el símbolo de "corrosión" se debe omitir el símbolo del "punto de exclamación" para indicar irritación ocular o cutánea;

c) Si corresponde usar el símbolo de "peligroso para la salud" para sensibilización respiratoria, se debe omitir el símbolo del "punto de exclamación" para indicar sensibilización cutánea o para irritación ocular o cutánea.

- **Palabras de advertencia**

  Si corresponde usar la palabra "Peligro" se debe omitir la palabra "Cuidado" para indicar otro peligro.

- **Declaraciones de peligro**

  Todas las declaraciones de peligro que surgen de un proceso de clasificación de peligros se deben mostrar en la etiqueta, pero el orden en que se deben presentar lo pueden determinar las autoridades de cada país.

En el caso del ejemplo de la mezcla presentado se deberían poner en la etiqueta los siguientes elementos:

Pictogramas	Palabra de advertencia	Declaraciones de peligro
		Líquido y vapor altamente inflamables.
	Peligro	Fatal si se ingiere. Fatal si entra en contacto con la piel. Fatal si se inhala.
		Puede causar daños al Sistema Nervioso Central por exposición prolongada o repetitiva.

10.3. Gestión de los aspectos de higiene, salud y medio ambiente

10.3.1. Los solventes en el contexto de la higiene industrial

En el campo de la Higiene Industrial tratamos de establecer una relación con la Toxicología de los compuestos químicos; de un modo especial trataremos aquí esta relación con los solventes. El hombre es una parte integrante del medio ambiente, con el que mantiene una estrecha relación de consumo y aportes, tanto benéficos como perjudiciales.

Cuando se habla de toxicidad se hace referencia a la característica de una molécula o un compuesto de producir efectos adversos en un individuo considerando su interior o la superficie de su cuerpo. Entre los solventes esta susceptibilidad aumenta principalmente cuando la absorción es por vía dérmica y respiratoria.

10.3.1.1. La toxicología como una herramienta de información y planificación en la práctica de la higiene ocupacional

Si los solventes se clasifican de acuerdo con su potencial tóxico se puede definir el concepto de peligro de un producto como la probabilidad con que una enfermedad sea causada por la forma de utilización de tal producto.

Ante este panorama se puede concluir que la evaluación de los efectos de los solventes sobre los usuarios, ya sean de la industria o cualquier segmento en que se aplican dichos productos, solamente tiene un valor comparativo que se debe interpretar como una matriz de cruce de datos toxicológicos (*relación del impacto en el organismo humano*) y ecotoxicológicos (*relación del impacto en el medio ambiente*)

De acuerdo con este concepto se refuerza la interdependencia de interpretación de datos en las áreas de Salud, Seguridad y Medio Ambiente (SSMA), o como muchos prefieren, siguiendo la nomenclatura en inglés, *Health, Safety and Environment* (HSE).

El ser humano está expuesto a la acción de los solventes tanto en algunos ambientes de trabajo como en el ámbito doméstico, por ello es importante entender la diferencia entre los términos que clasifican la toxicidad de los productos en *aguda*, cuando el efecto es de corta duración, y *crónica*, cuando el efecto se debe a una larga exposición, por inhalación o absorción a través de la piel, vías de entrada en el organismo humano.

El siguiente cuadro contiene informaciones que facilitan la tarea de elaborar un laudo profesional sobre un determinado caso de clasificación de peligros de los solventes

Peligro		Evaluación Profesional
Clasificación	Descripción	
U = Desconocido (Unknown)	Sustancias cuyas informaciones toxicológicas no se pudieron encontrar en la literatura o en otras fuentes como experiencias con animales inferiores cuyos resultados no son reconocidos por la comunidad científica como información aplicable a los seres humanos.	En este caso el papel de la higiene ocupacional es encontrar en las vías de producción las informaciones sobre las materias primas usadas para fabricar el producto en cuestión.
No clasificado por GHS – No Tóxico	Se da esta designación a las sustancias que no presentan riesgo independientemente de la condición de uso, o para las que producen efectos tóxicos en humanos solamente en condiciones fuera de lo común o por dosis excesivamente altas.	El higienista desarrolla un trabajo de percepción y recopilación de antecedentes de situaciones recogidos en las áreas de producción.
Categoría 5 de GHS – Ligeramente Tóxico Las sustancias que se clasifican en esta categoría provocan en el cuerpo humano alteraciones reversibles en un corto tiempo y que desaparecen al finalizar la exposición, con o sin tratamiento médico	Los productos de toxicidad baja pueden presentar un efecto *agudo local*, es decir, suave para la piel o las mucosas, independientemente de la extensión de la exposición. Cuando la causa es *aguda sistémica*, puede haber absorción por inhalación, ingestión o a través de la piel, produciéndose efectos suaves, sea por exposición durante segundos, minutos u horas, o por ingestión de una única dosis, independientemente de la cantidad. La exposición *crónica local* puede ser continua o repetitiva, por días, meses o años, y ocasiona daños leves a la piel o las mucosas. Dentro de la clasificación de efecto tóxico leve está la condición *crónica sistémica*, en la que el cuerpo absorbe por inhalación, ingestión o a través de la piel produciéndose efectos suaves, aunque la exposición sea continua y	La interacción del higienista con el médico del trabajo facilita la identificación del potencial de toxicidad humana, durante evaluación de las condiciones de salud en los lugares de trabajo y en las informaciones anotadas en las Hojas de Seguridad de los Productos comercializados.

Peligro		Evaluación Profesional
Clasificación	Descripción	
Categoría 3 y 4 de GHS – Moderadamente Tóxico Las sustancias clasificadas en esta categoría pueden producir alteraciones irreversibles, aunque no tan graves como existencia de riesgo de vida, o producir incapacidad física permanente	Los solventes también se clasifican como tóxicos de efecto moderado. En esta categoría los efectos pueden ser: agudos locales, agudos sistémicos, crónicos locales y crónicos sistémicos, de intensidad moderada, siendo las vías de entrada: inhalación, ingestión o absorción a través de la piel, y los tiempos de exposición pueden variar desde segundos, minutos, horas o días hasta meses o años.	El estudio comparativo de: tiempo de exposición x vías de entrada x intensidad de los efectos permiten encontrar los mejores procedimientos para evaluar, cuantificar y aplicar las medidas de prevención con el objetivo de reducir o eliminar la acción tóxica de un producto o sustancia.
Categorías 1 y 2 Gravemente Tóxico	En esta clasificación se incluyen las sustancias que pueden provocar efectos agudos locales debido a una exposición durante segundos o minutos, y causar daños a la piel o la mucosa de las membranas con la suficiente intensidad como para poner en riesgo la vida o causar daños físicos permanentes. Los efectos agudos sistémicos de esta categoría están causados por la inhalación, ingestión o absorción a través de la piel. La exposición durante segundos, minutos u horas causa daños graves. Para las situaciones de exposiciones continuas o repetitivas, durante períodos de días, meses o años en que la piel o las mucosas sufren daños y se corre riesgo de muerte a estas sustancias se las clasifica como de efecto crónico local. Ocurre el mismo efecto irreversible, o incluso que causa la muerte, cuando las sustancias se absorben por inhalación, ingestión o a través de la piel, por exposición durante días, meses o años. En este caso se clasifican como de efecto crónico sistémico.	En diversos portales de investigación se pueden encontrar bancos de datos de alta confiabilidad, constantemente actualizados que contienen informaciones sobre efectos de solventes y sus materias primas que permiten clasificarlos según su potencial de toxicidad.

Fuente: Banco de Datos - http://www.portaldapesquisa.com.br/databases/sites

El cuadro anterior resume las informaciones más importantes relativas a la evaluación de las características de peligrosidad de un producto y que se pueden aplicar para cualquier solvente o sistema solvente existente en el mercado. Si el solvente presenta un potencial de peligro usarlo implica un riesgo, por este motivo el conocimiento de los datos de peligrosidad es fundamental en el proceso de evaluación de riesgos de un área de producción o de aplicación de un solvente. Este concepto es de suma importancia para planificar las evaluaciones de campo, que discutiremos con más detalles en este capítulo.

Una consideración polémica, pero importante en las áreas de aplicación de los solventes, es la forma de tratar los resultados de las causas-efectos de su toxicidad obtenidos a partir de experimentos en animales de laboratorio y extrapolarlos a humanos. Durante varios años se ha estudiado exhaustivamente la toxicidad de las diversas clases de compuestos químicos lo que ha permitido tener acceso a una amplia base de datos. Eses bancos contienen informaciones que indican los valores del nivel de la concentración límite, a partir del que determinada sustancia producirá efectos tóxicos en el ser humano, conocidos como Valor Límite de Exposición (VLE). En este punto invitamos al lector a que haga una reflexión sobre la similitud de los resultados que publican en estos bancos diversos científicos y/u organizaciones reconocidas mundialmente. Las publicaciones sobre estudios de campo realizados durante años sobre trabajadores, directamente en las áreas de producción de solventes, constituyen una importante fuente de datos que se deben comparar con los obtenidos con otras especies vivas. Además de todas estas informaciones para llegar a una conclusión sobre el potencial tóxico de un solvente y sus efectos es necesario considerar la *severidad* del efecto, que pode variar de una dermatitis por contacto (simple irritación de la piel) a un carcinoma (cáncer). También se deben considerar la *reversibilidad* o *irreversibilidad* de un determinado efecto, porque en muchos un efecto tóxico puede ser grave pero totalmente reversible. Por otro lado hay sustancias que causan efectos graves solamente a altas concentraciones de exposición pero que son totalmente irreversibles. Por ello es importante tener presentes estos conceptos a la hora de evaluar un trabajo científico que publica el valor del nivel tóxico de un determinado producto y sus efectos sobre humanos.

10.3.2. Evaluaciones de campo – conceptos y prácticas

10.3.2.1. Consideraciones fundamentales

Cuando el higienista o el profesional del área SMA especializado planifica un estudio de campo cuyo objetivo es evaluar los impactos de los solventes en las áreas de producción y aplicación, sea cual sea el segmento, debe tener en cuenta que la regla número uno para la práctica de la Higiene Ocupacional es el conocimiento y el control de las exposiciones. Esto es lo que recomienda el profesor Paul Hewtt (PhD, Higienista Industrial Certificado), quien también indica considerar los siguientes puntos para garantizar una evaluación con un enfoque sostenible:

- Monitoreo de la exposición;
- Gestión de materiales peligrosos;
- Controles de ingeniería;
- Controles administrativos;
- Equipos de protección individual;
- Vigilancia médica;
- Epidemiología;
- Educación y capacitación.

A estos aspectos se deben añadir los que forman parte del conocimiento sobre el producto que se va a analizar, porque esta cuantificación tiene una dimensión sistémica que considera los efectos directos sobre el individuo que está expuesto y las condiciones ambientales del área de alcance del producto estudiado. Por eso el trabajo de campo exige que el profesional busque previamente datos sobre:

i. La toxicidad validada a la salud humana;
ii. El potencial del impacto ambiental.

Los procedimientos de ensayos de toxicidad deben seguir las orientaciones de los protocolos que se encuentran en las Guías para Ensayos de Productos Químicos de la OCDE (Organización de Cooperación y Desarrollo Económico). Los ensayos que se describen a continuación son ejemplos de los protocolos de análisis que se encuentran en dichas Guías:

- Ensayo de Toxicidad Oral Aguda (TG 401);
- Ensayo de Toxicidad de Inhalación Aguda (TG 403);
- Ensayo de Toxicidad Dermatológica Aguda.

En el caso de que haya informaciones suficientes sobre las propiedades toxicológicas de cada uno de los componentes de la mezcla se supone que la toxicidad de dicha mezcla está dada por la sumatoria de las toxicidades de cada uno de los compuestos.

Las siguientes fuentes contienen esos datos generalmente con elevado grado de confiabilidad:

- HSDB – Hazardous Substances Data Bank;
- CHRIS – CHemical Hazard Response Information System;
- IRIS – Integrated Risk Information System;
- NIOSH – National Institute for Occupational Safety and Health;
- MEDITEXT® – Medical Management;
- OHM/TADS – Oil and Hazardous Materials/Technical Assistence Data System;
- RTECS – Registry of Toxic Effects of Chemical Substances;
- REPROTEXT® System;

- TOMES PLUS;
- GUIDE TO MANAGING SOLVENT EXPOSURE (ESIG) – European Solvents Industry Group.

Desde el punto de vista ocupacional los trabajadores de las industrias componen el sector de la población más vulnerable a la exposición a los productos químicos; los de las industrias de solventes son especialmente vulnerables a la contaminación por absorción a través de la piel y el tracto respiratorio. Como medida ante estos riesgos la *American Conference of Governmental and Industrial Hygienists* (ACGIH) publica anualmente Valores Límites de Exposición, que representan las concentraciones máximas permitidas a las que un trabajador puede estar expuesto a sustancias tóxicas en su lugar de trabajo, durante períodos de tiempo específicos. Es importante recordar que ACGIH es una asociación científica, no gubernamental que establece standards, organizada en forma de comités que analizan y compilan los datos que aparecen en la literatura científica y publica las guías de orientación denominadas TLV® (*Threshold Limit Values*) y BEI® (*Biological Exposure Indices*). Estas guías son usadas por los higienistas industriales para tomar decisiones con relación a niveles de exposición seguros para varios productos químicos, incluyendo solventes y agentes físicos que se encuentran en los ambientes de trabajo. Cuando los higienistas siguen estas directrices deben tener presente que para evaluar un determinado lugar de trabajo y sus condiciones inherentes hay que considerar los valores límite junto con muchos otros factores. Una medida positiva para los profesionales multidisciplinarios que actúan en Brasil, como en higiene ocupacional, toxicología, medicina y epidemiología, es que la *Asociação Brasileira de Higienistas Ocupacionais* (ABHO) promueve la traducción y publicación de las guías TLV® y BEI® en ediciones anuales actualizadas.

Los TLV® se expresan en concentración de una determinada sustancia en partes por millón o en miligramos por metro cúbico a la que puede estar expuesto un trabajador durante su jornada de trabajo sin riesgos para su salud. Estos valores solamente se aplican para el ambiente de trabajo y no se pueden usar como estándar para la calidad del aire de una población. Para interpretar correctamente las informaciones de las guías de orientación, como referencia para los límites de exposición de ACGIH, es preciso definir las tres diferentes formas del TLV:

- TLV-TWA (TLV Promedio Ponderado de Tiempo): corresponde a la concentración media de un determinado producto químico a la que puede estar expuesto con seguridad un trabajador durante una jornada de (8) horas por día y cinco (5) días por semana;
- TLV-STEL (TLV Límite de Exposición de Corta Duración): es la exposición permitida para un individuo durante solamente quince (15) minutos y cuatro veces por día, como máximo, con un intervalo mínimo de sesenta (60) minutos entre cada exposición;
- TLV-C (TLV Máxima): son las concentraciones que nunca se deben sobrepasar.

Los BEI corresponden a otra forma de evaluar los límites de exposición a los compuestos químicos y están relacionados con las cantidades máximas permitidas de productos químicos en la sangre, la orina o en el aire exhalado por los trabajadores expuestos a dichos productos.

Los denominados standards de concentraciones aceptables promulgados por la Asociación de Standards Americanos (ASA) son casi iguales a los valores informados para los TLV®. De acuerdo con la ASA estos standards se pueden usar como prevención:

- i Modificaciones no deseables en la concepción estructural o en la bioquímica del cuerpo;
- ii Reacciones funcionales no deseables, muchas veces sin efectos perceptibles en la salud;
- iii Irritaciones u otros efectos sensoriales adversos.

Para *gases* y *vapores* el Valor Límite de Tolerancia también se expresa en partes por millón (ppm), que significa partes de gas o vapor por millón de partes de aire.

10.3.2.2. Mediciones de campo – consideraciones para una evaluación sustentable

Independientemente de la orientación seguida, la ACGIH (europea) o la ASA (estadounidense), el profesional de Higiene Ocupacional en Brasil, para planificar la toma de muestras y las evaluaciones, puede seguir las directrices aplicadas internacionalmente pero sin dejar de tener en consideración la legislación brasileña de Seguridad y Medicina del Trabajo, que orienta y establece las NR (*Normas Reglamentadoras*), que están en vigor por medio de la Ley Nº 6.514 del 22 de diciembre de 1977, y a disposición de los usuarios en publicaciones periódicas.

La principal premisa de la planificación del estudio de campo es conocer y controlar todas las exposiciones, para ello es necesario revisar todos los procesos y los materiales que se van a usar en las condiciones reales de exposición y sobre la base de una documentación sistemática de datos, por lo menos cualitativos, informados por las áreas de producción que se encargan de hacer las mediciones. Conocer también el grupo de trabajadores que actúan en el lugar estudiado, así como sus cargos, funciones y actividades. Cuando se planifica un trabajo en campo lo prioritario es administrar las incertidumbres con respecto a cambios imprevistos del grado de los efectos de los productos estudiados sobre la salud humana. Se deben observar las características del lugar evaluado en lo que se refiere a los procedimientos directamente relacionados con las personas que ejecutan el estudio para establecer, en las situaciones en las que se justifique, los Grupos Homogéneos de Exposición, que comprenden a los empleados que tienen el mismo perfil de exposición debido a la similitud y la frecuencia de las tareas ejecutadas, y los materiales y los procesos con que trabajan. En este sentido se puede considerar que el laboratorio de análisis tiene la misma importancia, ya que se deben validar los procedimientos de muestreo y los métodos analíticos aplicados, y se debe comprobar su confiabilidad por medio de programas oficiales de control de calidad.

Las agencias reconocidas mundialmente, consideradas como referencia, que publican métodos de muestreo y análisis del aire son las siguientes:

i *National Institute for Occupational Safety and Health* (NIOSH);
ii *Occupational Safety and Health Administration* (OSHA);
iii *Environmental Protection Agency* (EPA).

En otras palabras, para garantizar un enfoque sustentable y lograr resultados en un trabajo caracterización de campo se deben llevar a cabo acciones conjuntas e integradas, que los consultores y profesores de AIHA – *American Industrial Hygiene Association* (*Drs. Hewett, Paul y Mulhausen, John R.*) han denominado *Factores*. En el siguiente cuadro se presenta una lista de dichos factores ordenada de acuerdo con los pasos sucesivos del trabajo de campo del higienista.

Tabla 10.1. Estrategia de Evaluación de la Exposición		
Factores relativos al lugar de trabajo	Objetivos	Entender el diagrama de flujo del proceso y de los materiales. Obtener informaciones de procesos químicos y físicos inherentes al lugar evaluado (descripción/reacciones químicas del proceso). Entender la disposición de los flujos del proceso. Identificar la emisión potencial y los puntos de control. Identificar tareas en que hay manipulación de materiales. Prácticas y procedimientos de trabajo (entrevistas y observación de los trabajadores/complejidad/jornada de trabajo/prácticas habituales /auxiliares/rotatividad). Desplazamiento de materiales. Uso de EPI (equipos de protección individual) y uso de controles en el lugar de trabajo.
	Otras considera-ciones	Tipo de edificación (plantas). Fuentes de energía (equipos/ventilación). Soporte técnico (ingenieros/químicos, etc.)
Factores de la fuerza de trabajo	Objetivos	Entender la división y las prácticas de trabajo. Perfil de las características de exposición individuales (cargos y tareas). Frecuencia y duración de la exposición (habitual x esporádico). Potencial de contacto con la piel y el tracto respiratorio (aspersiones/despresurizaciones/proyecciones).
	Otras considera-ciones	Conocer las listas del personal de fábrica/organigramas/ descripción de cargos. Entrevistas con miembros de la dirección. Revisión detallada del lugar de trabajo/de los procedimientos críticos (análisis de tareas).

(Continúa...)

Tabla 10.1. (continuación)		
Factores de agentes ambientales	Objetivos	Identificación de los agentes (químicos/físicos/biológicos - revisión del inventario). Efectos potenciales a la salud (FISPQ). Cantidades manipuladas.
	Otras consideraciones	Materias primas. Productos y aditivos intermediarios. Sustancias químicas de laboratorios (reactivos). Residuos nocivos. Agentes físicos (ruidos/vibraciones/radiaciones/ temperaturas extremas). Agentes biológicos (patogénesis). Utilizar registros anteriores de exposición.
	Establecer límites de exposición	Límites de Exposición Ocupacional (LE). Límite de Exposición Reglamentaria (establecido y reglamentado por los órganos gubernamentales – NRs(BRASIL)/OSHA(EUROPA)/EPA(USA)). Límite de Exposición Permisible (definido por organizaciones científicas – NIOSH y ACGIH(MUNDIAL)/AIHA(USA). Límite de Exposición Interno (definido por entidades privadas). Límites de Exposición Ocupacional (definido por el higienista ocupacional).
Fuentes de informaciones generales	Objetivos	Entrevista con el equipo médico y de seguridad. Conocimiento de normas y standards actualizados.
	Prioridad inicial	Recurso usado, aunque opcional, para seleccionar áreas o agentes para una evaluación adicional. Útil cuando hay recursos limitados de evaluación o cuando se evalúan las operaciones por primera vez. En estos casos considerar: Tipo de agente (por ej.: apenas agentes químicos) ¿Hay algún límite de exposición reglamentado? ¿Hay una norma de consenso (por ej.: ACGIH TLV)? Toxicidad del agente (por ej.: nivel de influencia sobre la salud estipulado en la literatura especializada) Datos de muestreos anteriores.
	Enfoques de la documentación	Informal (experiencias/vivencias/hechos relatados). Formal (estudios y mediciones documentados). Relación (listas de verificación/cuestionarios). Base de datos (planillas y formularios disponibles). Vídeos (documentación audiovisual).

Fuente: Strategy for Assessing and Managing Occupational Exposures; Mulhausen,J.R Ph D/CIH) and Damiano, J.-MS/ CIH). Second Edition AIHA-Press.

En este punto de la descripción de la práctica de un enfoque confiable y sostenible de campo aparecen algunos elementos que ocupan un importante lugar en la práctica de la higiene ocupacional, tanto para obtener datos como para interpretarlos correctamente; y es oportuno citar algunas definiciones de actuación en campo desde el punto de vista operacional:

- **Perfil de la exposición**: es el retrato de la situación del lugar evaluado usando todas las informaciones disponibles de carácter cualitativo; semicuantitativo y cuantitativo.
- **Clasificación de la exposición**: es la media aritmética del Perfil de Exposición. Se clasifica como el valor de mayor nivel de exposición el que se encuentra por arriba del promedio de largo plazo, después el que se encuentra entre el 50 y el 100% del promedio de largo plazo, el riesgo de exposición más atenuado se encuentra en el rango del 10 al 50% del promedio de largo plazo y el que se encuentra por debajo del 10% del promedio de largo plazo es el menor riesgo de exposición.
- **Efectos potenciales sobre la salud**: efectos adversos que una sustancia química, física o biológica puede eventualmente causar a un organismo vivo; se trata de una discusión estrechamente relacionada con las cuestiones de la medicina ocupacional.

En los ambientes en que se manipulan solventes es necesario tener en cuenta los principios básicos de muestreo del aire. El muestreo activo es un proceso de toma de muestra de un determinado contaminante en un sistema apropiado. El aire se succiona por medio de una bomba de muestreo que permite retener el agente químico, procedimiento aceptado y practicado en todo el mundo. Generalmente se trabaja en un rango de caudales de 1 a 5.000 ml/min, lo suficiente para tomar muestras individuales (personal) y del ambiente (punto fijo). La configuración que se usa más comúnmente para muestreo de gases, vapores y aerodispersoides es la denominada toma activa por el método da adsorción. La bomba de aire se conecta a pequeños tubos de vidrio que normalmente se rellenan con un material sólido adsorbente específico para cada agente químico analizado; los más comunes son: *Carbón Activado; Sílicagel; Tenax; Resina iónica XAD-2; Chromosorb*.

Las metodologías de muestreo son numerosas; lo importante es el criterio de elección, que debe estar basado en los conocimientos del agente químico y su relación con el ambiente que va a ser evaluado:

- **Factor humano**: la interacción del operador con el producto al que está expuesto considerando su grado de conocimiento de los riesgos inherentes, su nivel de exigencia y su comportamiento;
- **Factor ambiental**: las condiciones locales como ventilación, temperatura y humedad del aire y también las condiciones de los equipos y las medidas preventivas;

- **Factor técnico**: las prácticas normalizadas en la forma de procedimientos caracterizan grupos homogéneos para los riesgos de exposición, garantizan velocidad, capacidad de toma y estabilidad de las muestras;
- **Credibilidad analítica**: metodologías que garantizan la recuperación exacta y precisa del/los agente(s) químico(s) en estudio y el control de las interferencias.

10.3.2.3. Tratamiento de los resultados de campo – interpretación y aceptabilidad

Toda medición en la que el factor humano, la calidad y la confiabilidad instrumental tienen una relevancia potencial representa un gran desafío y para obtener resultados correctos es necesario que el profesional da Higiene Ocupacional sea competente y tenga una buena relación con las personas de las áreas involucradas. Esta premisa se basa en un criterio riguroso para clasificar la exposición, ya que los datos recogidos en campo se deben clasificar como *Aceptables, Inciertos* o *Inaceptables*.

A continuación se mensionam algunas consideraciones básicas para que el lector pueda entenden mejor como se deben tratar los resultados.

Exposiciones que se consideran aceptables

- Cuando la exposición y la variabilidad son lo suficientemente bajas para que los riesgos asociados al perfil de exposición sean bajos;
- Cuando los valores obtenidos se encuentran en el rango superior de exposición, debajo de la franja de incertidumbre del Límite de Exposición (LE), teniendo como referencia las fuentes de la literatura especializada;
- Cuando la elevada confianza en los datos del perfil de exposición puede permitir una mayor proximidad al Límite de Exposición (LE). El caso inverso es verdadero; cuanto menor sea la confianza en los datos de campo mayor será la distancia que se debe recorrer para considerar que una evaluación es aceptable.

Exposiciones inaceptables

- Generalmente se considera inaceptable la exposición media o el grupo de datos que se encuentra en la franja superior de exposiciones, que no es más que el grupo de datos que se encuentra en la franja inferior de la incertidumbre del Límite de Exposición (LE);
- Si hay evidencias de efectos adversos para la salud asociados a algún agente (este criterio es común en casos de estrés térmico y dermatitis);

- Los datos obtenidos durante los períodos de toma de muestras que aparecen con otros datos como reclamaciones de la comunidad, responsabilidad legal, exigencias de observancia de la reglamentación o simple percepción del profesional (ética y sensibilidad);
- Observar el control sobre las situaciones que provocan exposiciones inaceptables es más importante que recopilar datos adicionales, a pesar de que esta práctica también pueda ser útil.

Exposiciones inciertas

- Se considera como exposición incierta aquella que no se puede clasificar ni como aceptable ni como inaceptable;
- Cuando el perfil de exposición no está adecuadamente caracterizado por falta de datos sobre efectos médicos es difícil determinar el Límite de Exposición;
- Cuando la incertidumbre se debe a la variabilidad de exposición y a la elección de técnicas estadísticas inadecuadas para el tratamiento de los datos.

El resumen esquemático que se presenta en la siguiente figura muestra el ciclo de mejora continua de la gestión de cambios a lo largo de una campaña de muestreo en campo.

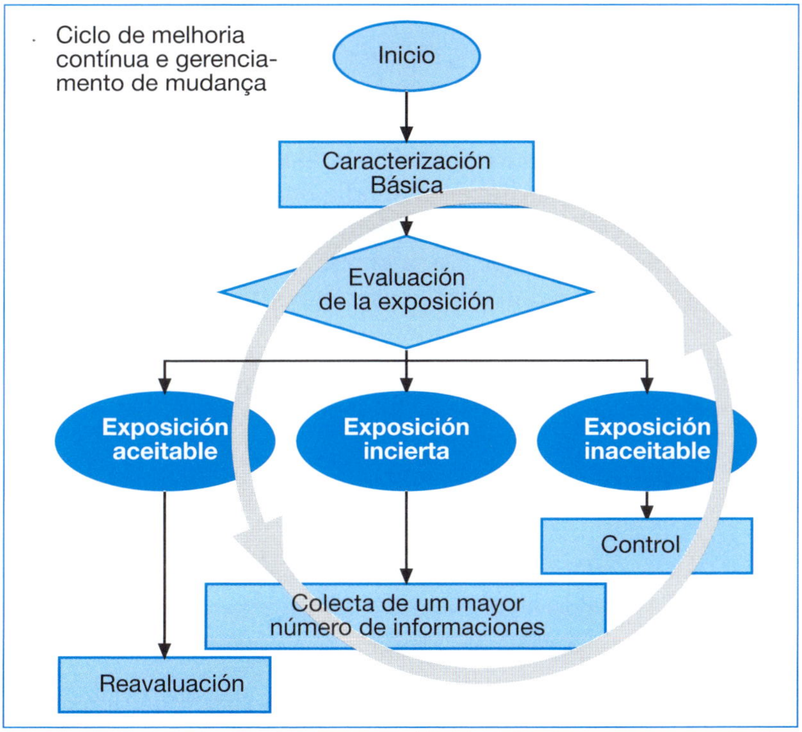

Figura 10.1. *Fuente*: Strategy for Assessing and Managing Occupational Exposures; Mulhausen, J. R Ph D/CIH and Damiano, J.-MS/CIH. Second Edition, AIHA Press.

En un trabajo de campo se puede llegar a conclusiones debidamente fundamentadas si las herramientas estadísticas utilizadas se han elegido correctamente. Al profesional de Higiene le resulta ahora más clara la premisa de que la estadística debe ser eficaz tanto para el tratamiento como para la ponderación de los datos.

Independientemente de cual sea el método estadístico aplicado para el tratamiento de los datos de campo se debe dirigir la atención hacia aquellos que muestran de manera detallada el método de determinación del Límite de Exposición del área estudiada. Los trabajos publicados, fruto de estudios de larga duración, son numerosos. Entre ellos se destaca el de los especialistas de la *American Industrial Hygiene Association* – AIHA. Estas metodologías estadísticas trabajan en la parte superior de la curva de Gauss, o sea en el área en que la concentración de dados es por lo menos del 95%, del mismo modo que los Límites Superiores de Tolerancia.

Para construir el Perfil de Exposición es importante considerar los datos de la Media Aritmética y del Intervalo de Confianza.

El objetivo de un Higienista Ocupacional es estimar el límite de exposición y su variabilidad dentro del dominio de confiabilidad, lo que le permiten elaborar un juicio sobre las condiciones aceptables de exposición.

En resumen, se obtiene ese nivel de resultados cuando el profesional cuenta con un bagaje que lo ayuda en todas las etapas del trabajo de campo, ya sea por medio de las informaciones dadas por el personal que realiza las mediciones, de las características de los materiales y productos existentes en el área, de la confiabilidad de las metodologías de muestreo usadas, como del grado de conocimiento de la toxicidad del/los producto(s) estudiado(s), de las características de la fuerza de trabajo correspondiente, de las herramientas estadísticas aplicadas y de la confianza en el Límite de Exposición determinado.

Todo lo que ha sido comentado aquí se consolida con lo que llamamos Visión Sistémica y Crítica del profesional, que es la condición para una actuación responsable, desde la planificación, la elección de las herramientas de muestreo adecuadas y el tratamiento estadístico de los datos hasta lo que tiene un significado práctico como la vivencia personal y la formación e información continuas.

10.4. Gestión de los aspectos de la salud

10.4.1. Los solventes en el contexto de la salud humana – una visión higienista

Desde el punto de vista de la Salud Ocupacional se considera que potencialmente los solventes pueden producir efectos crónicos, porque debido a sus características físico-químicas existe la posibilidad de exposición a Compuestos Orgánicos Volátiles (COV). Estos últimos pueden ser absorbidos a través de la piel y pasar a la corriente sanguínea o entrar por vía respiratoria.

En el sentido fisiológico se considera que un material se ha absorbido cuando ha penetrado en la corriente sanguínea y, como consecuencia, se ha trasportado a todas las partes del cuerpo. Un elemento que se ha ingerido y posteriormente excretado a través de la materia fecal no ha sido necesariamente absorbido, a pesar de haber permanecido durante horas o días en el organismo. Este es el gran desafío para el profesional de la salud que actúa en el área industrial: entender el mecanismo de la relación entre el producto y las reacciones biológicas y fisiológicas del organismo humano. En este punto se hace necesario colocar algunos conceptos para entender el denominado mecanismo de absorción por las vías antes citadas.

- **Absorción a través de la piel**: La absorción por la piel está directamente relacionada con los efectos del contacto con los solventes orgánicos, objeto de este capítulo. Por medio de análisis clínicos se detectan cantidades significativas de estos compuestos en la corriente sanguínea, que pueden entrar a través de la piel por contaminación directa accidental o por gotas que hayan caído sobre la ropa. El uso de solventes industriales para remover grasas y restos de materiales de las manos y los brazos es frecuente; esta práctica, difícil de combatir, representa una fuente potencial de dermatitis.
- **Absorción por vía respiratoria**: Algunas publicaciones idóneas del campo de la medicina del trabajo muestran que más del 90% de todos los efectos sobre la salud, excluyéndose las dermatitis, se deben a la absorción por vía respiratoria. Varias sustancias nocivas se encuentran suspendidas en el aire en varias formas; las nieblas y los vapores que forman los solventes se mezclan con el aire que se respira y se comportan como gases verdaderos. No es difícil calcular el riesgo de la presencia de un producto en el aire si se determinan las condiciones para un individuo que, en condiciones normales de trabajo, respira entre 10 y 12 metros cúbicos de aire durante una jornada de 8 horas.

Es importante dejar claro que no se absorbe todo lo que se inhala, una parte se expele inmediatamente y una parte queda impregnada en el muco que se encuentra en la traquea. Una parte de este muco se expulsa y otra parte se traga y el intestino la absorbe. Los gases emitidos por varias sustancias y productos (y en el caso de los solventes, con intensidad) recorren libremente el tracto respiratorio hasta llegar a los pulmones y de allí pasan a la corriente sanguínea como ya se ha descrito. Por este motivo la mayoría de los solventes industriales conocidos en un dado momento puede contaminar la atmósfera y constituir una amenaza potencial a la salud; motivo por el que hay un número considerable de programas de prevención ocupacional que utilizan tecnologías de ventilación para reducir los peligros.

En este punto es importante reflexionar sobre el término Susceptibilidad Individual, muy usado por autores de diferentes corrientes que publican sobre el tema de Salud e Higiene Industrial. No se trata de una definición sino de un concepto para una reacción de causa/efecto adversa, porque en condiciones semejantes de exposición a sustancias con efectos potencialmente peligrosos los individuos responden de maneras diferentes. Algunos pueden no presentar evidencias de intoxicación, otros presentan señales débiles, mientras que otros presentan señales serias, incluso fatales. Esta característica de respuesta individual, que en el tratamiento de las causas de salud ocupacional se denomina susceptibilidad, se puede deber a factores hereditarios o a particularidades anatómicas del cuerpo humano, por ejemplo, configuración de la cavidad nasal, permeabilidad de los pulmones, etc. El conjunto de las informaciones fisiológicas sumadas al conocimiento sobre el funcionamiento subnormal del hígado, el órgano que actúa en el proceso de desintoxicación y secreción de sustancias peligrosas, y los conocimientos del médico del trabajo, definen el grado de susceptibilidad del individuo sujeto a exposición.

En el ámbito de la industria química el profesional de la salud se enfrenta con cierta frecuencia con problemas derivados de los efectos de exposición, que son resultado de accidentes provocados por una elevada concentración de productos tóxicos. Los efectos agudos que generalmente se presentan en el caso de los solventes son: pérdida de la conciencia, shock o colapso, inflamación grave de los pulmones e incluso la muerte súbita; para tratar estos efectos es de vital importancia el conocimiento que tenga el médico sobre el agente agresor. En el caso de los efectos crónicos el profesional necesita una prueba del acontecimiento que ha causado el efecto, o sea la evidencia de que un agente peligroso está presente en concentraciones significativas y que ha sido absorbido, y además que su presencia se manifieste por medio de ciertos disturbios experimentalmente comprobados en las reacciones fisiológicas del individuo. Los efectos tóxicos causados por absorción se pueden comprobar por medio de análisis de sangre y orina. Los propios metabolitos excretados en esos fluidos constituyen evidencias, sin embargo hay que destacar la importancia de la comprobación efectiva de que un individuo que ha estado sometido a la exposición de un producto tóxico está bajo los efectos de su absorción en concentraciones superiores a las encontradas en personas que no han estado expuestas. También es preciso demostrar que los disturbios se diagnostican por procedimientos de la medicina ocupacional, como la ficha médica, el análisis físico, las radiografías u otras técnicas físico, las radiografías u otras técnicas de medición instrumental comprobadas, además de los análisis de sangre y orina, formando el conocido diagnóstico de Nexo Causal.

Entre los productos de la industria de solventes se destaca el benceno, producto que es motivo de discusión debido a sus efectos tóxicos crónicos sobre órganos vitales, científica y prácticamente comprobados. Ya en las primeras fases de contacto con el ser humano se pueden detectar pequeñas cantidades del producto en la sangre. Pero no solamente están los solventes; hay muchos otros productos que pueden producir efectos perceptibles después de largos períodos de exposición, lo que los coloca en posición de alerta ocupacional, sin contar los que tienen acción acumulativa como algunos metales como el plomo y el mercurio.

Una cuestión polémica, pero importante y no poco frecuente en las actividades habituales de un profesional de la salud ocupacional es el diagnóstico de problemas de salud relacionados con procesos laborales. El laudo del médico especialista es de fundamental importancia para las decisiones judiciales porque permite comprender las diferencias entre Causa Relacionada y Causa Posible. La causa posible es la que podría producir un efecto peligroso. Representa una posibilidad, y esa característica subjetiva exige que el médico tenga un profundo conocimiento sobre los efectos tóxicos de los productos manipulados en la industria y cómo se usan. La causa relacionada existe solamente si una causa probable efectivamente ha producido efectos dañinos. Es decir que la probabilidad es una herramienta pero las informaciones decisivas provienen de los conocimientos disponibles en los bancos de datos acreditados de Higiene y Salud. Debe destacarse la importancia de la relación entre el médico y el higienista, ya que la medicina no es una ciencia exacta y necesita basarse en hechos y observaciones aportados por la actividad de la Higiene.

10.4.2. El laboratorio de análisis como auxiliar del diagnóstico médico

Según la visión higienista un diagnóstico médico no se completa realizando una única observación o un único ensayo. Lo que permite diagnosticar un problema es la historia clínica elaborada por el médico, quien a partir de las informaciones dadas por el paciente indica exámenes físicos y análisis de laboratorio que, después de interpretados, completan el diagnóstico.

Por causa de los citados motivos específicos del campo de la salud ocupacional destacamos en esta descripción los pasos básicos para la elaboración de un plan médico de diagnóstico de laboratorio, que no se rige por la misma lógica de las ciencias exactas.

1) Especificación de los análisis de laboratorio

Las metodologías y los procedimientos del laboratorio de toxicología industrial se pueden dividir en dos clases principales: los que se aplican a los seres humanos y los que se aplican al ambiente. Aquí discutiremos solamente los que se aplican a los seres humanos. El organismo humano presenta reacciones adversas tanto a la acción de sustancias tóxicas externas como a la de los procesos de efectos dañinos que ocurren en el interior del cuerpo. Un análisis de sangre puede revelar la presencia de células que indican una contaminación por causas externas o un disturbio de origen interno como la leucemia o la anemia. Por eso es importante saber que pocos análisis de laboratorio son lo suficientemente selectivos y específicos para que se pueda concluir un diagnóstico con un único resultado positivo.

2) Valores normales

En el campo de las ciencias exactas los valores tienen un significado único y absoluto, por ejemplo, las constantes físico-químicas. Esto no ocurre en el campo de las ciencias biológicas porque los resultados de los análisis de sangre y orina no se consideran como resultados únicos ni tienen valores fijos de standard. En este caso hay rangos de normalidad que se deben interpretar correctamente para elaborar un diagnóstico, siempre adoptando la siguiente premisa: a menos que se sepa qué es lo normal es imposible saber qué es lo anormal.

3) Tendencias y cantidad de datos

Hemos visto que en Higiene para lograr una correcta evaluación de campo se debe contar con un número de datos aceptables y sustentables. En el área de la Salud Ocupacional no es diferente porque normalmente un único ensayo de laboratorio no permite concluir si el caso estudiado se encuentra en la franja de los valores normales o de los anormales. Los datos que se obtienen a lo largo de un cierto período de tiempo permiten establecer una tendencia perceptible y significativa que supera cualquier resultado de análisis individuales, cuyos valores se encuentran fuera del patrón normal. El concepto de diagnóstico por cantidad de datos, conocido también como masa de datos, permite que el profesional perciba que el promedio de los valores correspondientes a un grupo de trabajadores en un ambiente de exposición común es diferente al de un grupo de individuos similares pero no expuestos a ese tipo de ambiente. Esta referencia no siempre es decisiva para concluir si un individuo o un grupo han sido afectados, pero demuestra que en el lugar hay una exposición excesiva de agentes nocivos e indica la necesidad de tomar medidas de corrección. Las mismas consideraciones sobre tendencias y cantidad de datos se aplican para los casos individuales.

4) Análisis crítico de los datos disponibles

En los libros especializados se encuentran numerosos datos suministrados por laboratorios reconocidos, pero aquí le advertimos al profesional de la salud que no debe elaborar sus diagnósticos de exposición apenas sobre la base de estas informaciones. El análisis crítico de los datos observados es una práctica reconocida en el mundo científico, que se aplica a experimentos biológicos y permite disminuir la posibilidad de llegar a conclusiones equivocadas. En la industria, los profesionales del área de salud ocupacional deben monitorear en paralelo el grupo de individuos sometidos a los riesgos de exposición indicados por el Higienista, y un grupo que no esté sujeto a contaminación. De esta forma se eliminan los datos dudosos en el diagnóstico final del grupo de riesgo evaluado.

5) Análisis simples y análisis complejos

Existe una tendencia del personal que se somete a análisis de monitoreo de exposición de tener más confianza en los resultados de los análisis realizados con instrumentos de más alta tecnología que en los más simples. En toxicología industrial no siempre se consigue diagnosticar las causas y los efectos sobre la base de análisis complejos; al ignorar los análisis más simples se puede llegar a cometer errores, que muchas veces son perjudiciales a la salud del individuo o del grupo sometido a exposición.

6) Errores más comunes

La exigencia de buenas prácticas en la elaboración de un diagnóstico de los efectos de la exposición a productos peligrosos en seres humanos, sobre la base de pruebas y análisis de laboratorio es un factor de confiabilidad importante. A continuación presentamos una lista de las numerosas posibilidades de errores que perjudican la evaluación médica.

- Errores de toma de material

  La mínima desviación de la técnica de toma de muestra puede afectar el resultado del análisis. Este hecho es de suma importancia, principalmente cuando se hace un análisis cuantitativo de las especies contaminantes, como metales pesados, residuos de solventes como el benceno y el tolueno en la sangre, etc.

- Contaminación cruzada

  Los procedimientos de manipulación, almacenamiento y desplazamiento de muestras y reactivos para análisis que se realizan en un laboratorio pueden ocasionar la contaminación de un compuesto almacenado o un reactivo por otro producto, así como la del producto que se desea aislar o sintetizar; el resultado de un análisis también puede resultar modificado debido a la presencia de algún compuesto en el ambiente del laboratorio.

- Plazo de validez

  Se recomienda analizar el material recolectado lo más rápido posible. Si el tiempo entre la toma de muestra y el análisis es largo pueden ocurrir cambios físicos, químicos y morfológicos, ya que normalmente se trata de muestras retiradas de sistemas vivos. Se pueden usar métodos para preservarlas desde que se tome el cuidado de no agregar conservantes químicos que distorsionen los resultados.

- Errores de procedimientos

  Independientemente de los conocimientos del equipo técnico que está a cargo de los análisis, siempre existe la posibilidad de que se cometan errores debidos a los procedimientos, a la autoconfianza en la memorización de las estandarizaciones y a la imprecisión inherente a la calibración de los instrumentos de laboratorio.

- Errores de transferencia de datos

  Pueden ocurrir errores considerados de alto riesgo, como el cambio de muestras y otros debidos a distracciones al escribir o tipear, cambiar números, pasar mal los datos de la planilla de trabajo a la de resultados, etc. Por eso es importante contar en el esquema de organización interna con un revisor de resultados, pues éste desempeña una función importante en la calidad y credibilidad del laboratorio.

- Errores de conducta

  La falta de organización y limpieza, y la falta de honestidad para relatar anomalías durante los procedimientos de análisis son factores que conducen a la obtención de resultados equivocados. Los programas de certificación de los laboratorios de acuerdo con las directrices de las normas ISO promueven la organización y el rigor de los procedimientos de laboratorio. Esto se refleja en la calidad de los servicios que exigen los usuarios.

El laboratorio es un valioso recurso para un programa de prevención y monitoreo de riesgos a la salud humana, pero nunca se lo debe tomar como un sustituto del diagnóstico médico. Si hay opiniones dispares es necesario llevar a cabo una auditoria en el laboratorio y verificar cada uno de los procedimientos en los cuales pueden haber ocurrido desvíos.

10.4.3. Ensayos clínicos usados en la práctica de la salud ocupacional y sus significados

En este ítem tratamos de relacionar de forma menos exhaustiva, pero de fácil visualización por medio de tablas, algunos de los análisis de laboratorio más usados para diagnosticar disturbios causados por la exposición a los solventes citados; a pesar de que también se pueden usar para la exposición a otros compuestos que tienen efectos tóxicos. En la Tabla 10.2 se presenta relación del análisis de orina con las disfunciones causadas por diferentes solventes y los órganos afectados. Este análisis, uno de los más importantes de respuesta rápida para el diagnóstico de una contaminación, pone en evidencia disturbios que se pueden solucionar por medio de intervenciones médicas rápidas.

En la Tabla 10.3 se presenta una lista de algunos componentes de la sangre y un resumen de las anomalías hematológicas que puede causar la exposición ocupacional a algunos solventes. En realidad, en los análisis de sangre no hay nada específico que permita concluir que las anomalías que eventualmente se detectan en un individuo expuesto a algún agente tóxico se deben a los efectos de la exposición. En general los análisis de sangre tienen un costo elevado y requieren mucho tiempo, lo que impide que se realicen muchos exámenes cuando se trata de un número grande de trabajadores. El recuento de hemoglobina y elementos figurados, que forma parte de los análisis de sangre periódicos, sirven para detectar anomalías.

Los análisis que detectan problemas hepáticos, a diferencia de los de orina y la sangre, pueden dar resultados negativos, aún en presencia de alguna patología, antes de que se acentúen sus efectos. En otras palabras, los análisis de las funciones hepáticas no detectan el inicio de los efectos causados por exposiciones a sustancias químicas. Los efectos que producen problemas hepáticos son muy diversos y es difícil establecer cuál es el factor causante de determinada afección. En la Tabla 10.4 de esta sección se presenta una lista de los análisis que se hacen normalmente para estudiar los desvíos de las funciones hepáticas, y otra de los solventes utilizados en la industria que pueden causar disfunciones hepáticas y, dependiendo del grado de exposición, enfermedades graves.

Tabla 10.2. Relación entre el análisis de orina, los solventes contaminantes, las disfunc

Ensayo	Escala de Valor Normal	Significado Resultado del Ensayo	
Color	De pajizo claro a ámbar oscuro	Claro: gravedad específica baja. Oscuro: gravedad específica alta.	
Turbidez	Clara para una muestra reciente	La turbidez no se debe considerar como indicador de anormalidad.	
Acidez	pH 4,8 a 7,5	La muestra fresca es ácida. (el pH básico normalmente significa descomposición).	
Densidad	de 1,001 a 1,030 g/ml	La densidad está relacionada con el aporte de líquidos. En ciertas enfermedades renales la densidad permanece en 1,010 g/ml.	
Azúcar (glucosa)	No detectada	En individuos con dieta rica en carbohidratos se pueden encontrar trazos de azúcar en la orina, pero su presencia no significa un cuadro de diabetes ni una disfunción por exposición a contaminantes.	
Albúmina	Detectada por métodos específicos 2 a 8 mg/100 ml	La presencia de albúmina revela enfermedades renales. Aparece después de largos períodos de reposo pos quirúrgico o traumatismos.	
Sedimentos, glóbulos rojos y leucocitos	0 a 9.000/12h 0 a 1.500.000/12h 32.000 a 4.000.000/24h	En los análisis de orina normales se espera encontrar pocas partículas y glóbulos rojos.	
Cristailes	Trazas (cualitativo) 0,001 a 0,010 mg/100 ml (cuantitativo)	Su concentración puede aumentar por exposición al plomo.	
Sólidos disueltos	Común en el rango de 1,002 a 1,020 g/l	Método muy rápido, simple y útil para medir la función renal.	
Capacidad de excreción de la tinta	15 min 30 a 50% 30 min 15 a 25% 60 min 10 a 15% 120 min 3 a 10% máx 70 a 80% después de 2 h	Valores basados en la inyección intravenosa de sulfofenato fenólico. Menor porcentaje de excreción puede significar disfunción renal.	

Fuente: Banco de Datos - http://www.portaldapesquisa.com.br/databases/sites.

nicas y los órganos afectados

Ejemplos de Solventes	Principales Características de Anomalía	Diagnóstico
Benceno	Presencia de glóbulos rojos.	Envenenamiento grave con hemorragia en el interior del tracto urinario.
Brometo de metilo	Albúmina	Danos renales
Cloruro de metilo	Albúmina	Danos renales
Clorobenzeno	Albúmina, glóbulos rojos y coloración oscura.	Danos renales
Cloroformo	Difícil detección de esta especie por análisis simples. Exige técnicas más precisas como la cromatografía.	Aparecen indicios de disfunción renal, pero es cuestionable (la observación médica es un complemento importante).
Dicloroetil éter	No se detecta por medio de técnicas comunes.	Danos renales observados apenas em animales de laboratorio. Cuestionable (la observación médica es un complemento importante).
Disulfuro de carbono	Albúmina	Danos renales
Glicoles	Glóbulos rojos y disminución de la función renal.	Las respuestas aparecen después de la ingestión.
Nitrobenceno	Albúmina y glóbulos rojos.	Ocurre irritación renal, el color se oscurece.
Tetracloruro de Carbono	Presencia de albúmina, cristales, células sanguíneas y función reducida.	Reacciones típicas de danos renal.

Tabla 10.3. Relación entre el análisis de sangre, los solventes contaminantes y las disfunciones orgánicas

Ensayo	Escala de valor normal	Significado resultado del ensayo	Ejemplos de Solventes	Principales características de anomalías	Diagnóstico
Glóbulos rojos	Hombres 4,5 a 6,0 millones/cmm Mujeres 4,0 a 5,0 millones/cmm	Valores usados en la Unión Europea	Benceno	Diminuye el número de todos los elementos formadores de sangre	Pude producirse la muerte por depresión de la médula ósea
Hemoglobina	Hombres 14 a 18 g/100cc Mujeres 12 a 15 g/100cc	Los valores que se expresan en % no son significativos	Cloruro de metilo	Disminución de los elementos formadores de sangre	Los únicos resultados que se conocen son los de experiencias con animales
Glóbulos blancos	Total 5.000 a 10.000/cmm	El recuento total varía con la hora del día. Necesita un análisis estadístico para garantizar el resultado	Disulfuro de carbono	Cuando disminuyen los glóbulos blancos se produce anemia y leucocitosis	Estas informaciones presentan divergencias en la literatura médica (la observación médica es importante para el diagnóstico)
Hemoglobina corpuscular principal	27 a 32 micro-microgramos	Promedio del contenido celular de hemoglobina	Monometil etileno glicol	Disminución de todos los elementos formadores y aumento del porcentaje de glóbulos blancos inmaduros	Diagnóstico basado en observaciones en humanos
Urea en sangre	20 a 35 mg/100 cc sangre	Aumentada en enfermedades renales	Nitrobenceno	Provoca disminución de glóbulos rojos	Proceso degenerativo de la sangre
Colesterol total	150 a 250 mg/100 cc sangre	Se observa aumento de la obstrucción biliar y disminución de las enfermedades hepáticas	Tetracloruro de carbono	Anemia con leucopenia	Diagnóstico cuestionado (observación médica importante)

Fuente: Banco de Datos - http://www.portaldapesquisa.com.br/databases/sites.

Tabla 10.4. Análisis de la función hepática y lista de los solventes potenciales

Ensayo	Valores normales esperados	Comentarios
Ensayo de bromo sulfonaftalato	Niveles inferiores al 5% de retención después de 45 min	Afectación del tejido hepático, obstrucción biliar o circulatoria, que causan una elevada retención.
Floculación cefálica	0 a 1 + floculación en 48 horas	Aumento de la floculación revela enfermedad hepática o del tejido hepático asociada a anomalías de las proteínas del suero biliar.
Suero biliar	Total 0,2 a 1,0 mg% Directo 0,1 a 0,7 mg% Indirecto 0,1 a 0,3 mg%	Alteraciones en estas concentraciones indican anomalías hepáticas.
Turbidez timol	0 a 4 unidades Maclagan	Alteraciones en esta franja indican afecciones hepáticas.
Urobilinógeno en orina	0,5 a 2,0 mg/24h o dilución de 1:4 a 1:30	Las alteraciones pueden indicar obstrucción de los conductos biliares o afectación del tejido hepático.
Solventes que pueden producir anomalías hepáticas		
Cloruro de metileno* Disulfuro de Carbono* Cloroformo	Dióxido de dietileno* Nitrobenceno* Tetracloruro de carbono*	Dicloruro de etileno Tricloroetileno. Bromuro de metilo Trinitrotolueno*.

* existen publicaciones científicas sobre los resultados positivos de causa/efecto de las enfermedades hepáticas.

Fuente: Banco de Datos – http://www.portaldapesquisa.com.br/databases/sites.

Al hacer un diagnóstico el médico ocupacional debe considerar los análisis especiales de laboratorio como una herramienta de evaluación arbitraria, porque puede ser que la enfermedad supuestamente ocupacional tenga otra causa. Para llegar a la conclusión de que una enfermedad está causada por efectos ajenos al ambiente de trabajo se deben tener argumentos sólidos y confiables. Como ejemplos de enfermedades de origen no ocupacional se pueden citar: la inhalación de gases tóxicos producidos por calentadores o refrigeradores mal regulados; la ingestión de sustancias venenosas presentes en alimentos; el uso de productos como aguarrás, tinner, etc, en trabajos domésticos como la dilución de pinturas a base de solventes orgánicos.

Los datos de las tablas anteriores no son exhaustivos ya que en la literatura especializada se pueden encontrar numerosos ensayos que ayudan a elaborar el diagnóstico médico. El objetivo de este comentario es mostrar que actualmente el profesional de salud ocupacional cuenta con el auxilio de datos analíticos para elaborar el diagnóstico y la historia clínica del profesional o trabajador de determinada industria.

10.4.4. Carcinogénesis/mutagénesis/tóxicos para la reproducción humana - CMR

Existe una gran preocupación mundial para que las sustancias potencialmente nocivas, como las que pueden producir tumores cancerígenos, mutaciones genéticas o alteraciones de la reproducción, gradualmente se vayan sustituyendo por otras menos peligrosas.

Vale la pena reflexionar sobre la clasificación de un producto o sustancia como CMR – Carcinogénico, Mutagénico y Tóxico para la Reproducción Humana debido a la complejidad y diversidad de informaciones científicas que se divulgan por medios electrónicos. Normalmente, al tratar de este asunto nos enfrentamos a casos polémicos sobre los que emiten su juicio el Higienista, el Toxicólogo y el Médico Ocupacional, quienes buscan informaciones en campo y en las bases de datos científicas altamente confiables.

Los agentes carcinogénicos, de acuerdo con la IARC (Agencia Internacional de Investigaciones sobre el Cáncer), se pueden clasificar como:

- Grupo 1 – carcinogénicos para humanos;
- Grupo 2 A – probablemente carcinogénicos para humanos;
- Grupo 2 B – posiblemente carcinogénicos para humanos.

Los agentes denominados mutagénicos son los que causan alteraciones permanentes en la estructura genética de un organismo vivo, que al igual que los carcinogénicos, se clasifican de acuerdo con el grado de alteraciones provocadas en el organismo expuesto. Lo mismo ocurre con los tóxicos para la reproducción humana o teratogénicos que, como el nombre lo indica, causan alteraciones en las funciones o en la capacidad de reproducción de los organismos vivos, principalmente en los seres humanos.

Si los CMR se clasifican de acuerdo con la intensidad del efecto se necesita apelar a complejos sistemas matemáticos, por lo tanto es preferible hacer una clasificación descriptiva, sobre la base del cruce de informaciones extraídas de bancos de datos idóneos, como la siguiente:

1. Sin evidencias de carcinogenicidad, teratogenicidad o mutagenicidad;
2. Efectos carcinogénicos, teratogénicos y mutagénicos confirmados solamente para animales;
3. Sospecha de que sean carcinogénicos, teratogénicos o mutagénicos para seres humanos;
4. Efectos carcinogénicos, teratogénicos o mutagénicos confirmados para seres humanos.

La manipulación de sustancias potencialmente CMR exige cuidados especiales y un riguroso control de materias primas y productos. Este conocimiento permite orientar las acciones de control, tanto en el ámbito de la Higiene y Salud laboral como en el de la protección al Medio Ambiente, y las actividades de investigación y desarrollo para sustituir sustancias potencialmente tóxicas e implantar tecnologías de punta para proteger a los trabajadores; además permite mejorar el contenido de las FDS, Hojas de Informaciones de Seguridad.

10.4.5. Efectos neurotóxicos

En los bancos de datos idóneos mencionados anteriormente se encuentran informaciones de ensayos *in vitro* e *in situ* de trabajos de investigación y seguimientos de varios años en el área de la salud ocupacional a respecto de los efectos potenciales sobre el Sistema Nervioso Central (SNC). Considerando los criterios de GHS, las informaciones disponibles y las directrices propuestas y publicadas en el documento de NIOSH, se pueden establecer grados de neurotoxicidad de los solventes de acuerdo con su acción sobre el SNC. Esto constituye una herramienta que ayuda tanto a fabricantes como a usuarios a proteger la salud humana y desarrollar productos menos peligrosos.

En la Tabla 10.5 se presenta un criterio de clasificación para solventes en función de los efectos potenciales sobre el SNC debidos a la exposición ocupacional, según las directrices de clasificación de NIOSH, en la publicación oficial número 87-104.

Los solventes con acción neurotóxica sobre el SNC debido a la exposición ocupacional generalmente se clasifican en Tipo 1 y Tipo 2.

Tabla 10.5. Categorías de solventes inductores de disturbios del sistema nervioso central

Gravedad	Identificación según la Organización Mundial de Higienistas (WHO) en el Grupo de Trabajo realizado en Copenhague en julio/1985	Clasificación según el Workshop Internacional de Solventes, realizado en Raleigh, N.C, en octubre/1985
Mínima	Síndromes emocionales	Tipo 1
Moderada	Enfermedades cerebrales crónicas de efecto tóxico medio	Tipos 2 A o 2 B
Pronunciada	Enfermedades cerebrales crónicas de efecto tóxico grave	Tipo 3

Tipo 1 – Disturbio caracterizado por fatiga; memoria débil, irritabilidad, dificultad de concentración y disturbio suave de la estabilidad.

Tipo 2 A – La estabilidad emocional y el control y la motivación del impulso disminuyen

Tipo 2 B – La respuesta de la función intelectual se manifiesta en la disminución de la concentración y de la memoria.

Tipo 3 – Se caracteriza por el deterioro global de las facultades intelectuales y de las funciones de la memoria (demencia) que pueden ser irreversibles o solamente poco reversibles.

Fuente: WHO 1985/Baker and Seppalainen 1986. (*Current Intelligence Bulletin 48* – March 31, 1987).

10.5. Gestión de los aspectos ambientales

10.5.1. Los solventes y su comportamiento en el ecosistema

La palabra "solvente" proviene del latín *solventis*, y se usa comúnmente para designar a una sustancia, orgánica o inorgánica, que tiene el poder de disolver otras sustancias; se considera que el agua es un solvente universal.

Los solventes son ampliamente usados en los más variados ramos de las actividades antropogénicas y pueden llegar a un determinado compartimiento ambiental (aire, agua, suelo y sedimentos) en cualquier etapa de su ciclo de vida, ya sea durante su producción, utilización, o en su etapa de destrucción. La mayor o menor facilidad que tiene un solvente para alcanzar un compartimiento ambiental y causar efectos adversos está asociada a diversos factores; entre ellos se pueden citar la cantidad del producto, las condiciones climáticas y meteorológicas del medio, el tipo de compartimiento al que ha llegado el producto, etc. Pero el factor dominante para la partición en el ecosistema está asociado a las propiedades físico-químicas del solvente en cuestión. (Figura 10.2).

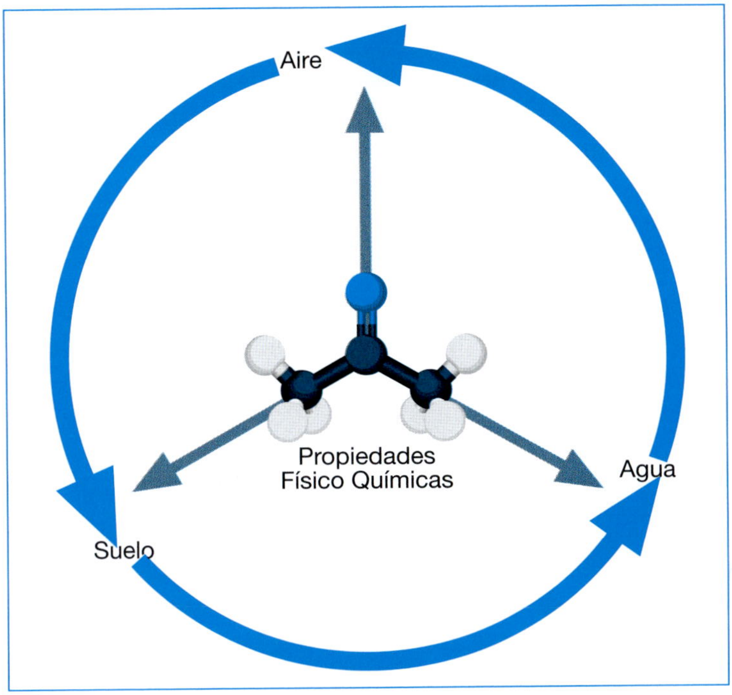

Figura 10.2. Diagrama representativo de la partición en el ecosistema.

Las características intrínsecas del compartimiento ambiental pueden favorecer la mayor o menor disposición para la partición en los tejidos de los organismos vivos (biota) debido a su potencial de absorción o adsorción, condición necesaria para indicar un efecto adverso.

Se puede inferir el comportamiento de un solvente en un determinado compartimiento ambiental por medio de informaciones ecológicas basadas en sus propiedades físico-químicas y/o de datos experimentales.

Este capítulo se trata sobre las propiedades físico-químicas y las principales informaciones ecológicas que sirven de base para predecir el comportamiento de los solventes en un ecosistema.

10.5.2. Propiedades físico-químicas

Las propiedades físico-químicas de un solvente dependen de su estructura molecular, lo que constituye una información fundamental para entender y predecir su comportamiento en los ecosistemas.

10.5.2.1. Estado físico

Cuando los solventes se encuentran en estado líquido, debido a la presión de vapor, pueden ocupar todos los compartimientos ambientales, pero cuando se encuentran en estado gaseoso van fundamentalmente al aire.

10.5.2.2. pH

El pH es una medida de la acidez o la basicidad de un producto y permite evaluar los posibles efectos corrosivos o irritantes sobre la piel y los ojos, algunos efectos sobre el medio ambiente y también sobre metales. Puede variar de 0 (fuertemente ácido) a 14 (fuertemente alcalino).

10.5.2.3. Peso molecular

Los solventes de bajo peso molecular tienen una mayor tendencia a volatilizarse y fotodegradarse en la atmósfera, mientras que los de alto peso molecular tienden a ser absorbidos por la materia orgánica.

10.5.2.4. Presión de vapor

Da una medida de la volatilidad de un agente químico en estado puro y también permite determinar la velocidad de volatilización desde los suelos o aguas contaminados hacia la atmósfera. El índice de volatilidad depende de la temperatura, la velocidad del viento, las condiciones del suelo, las características de adsorción y la solubilidad del solvente en el agua. En general un solvente cuya presión de vapor sea relativamente baja y su afinidad por suelos o agua alta tendrá una menor probabilidad de evaporarse hacia la atmósfera que un solvente de alta presión de vapor y baja afinidad por el suelo o el agua.

10.5.2.5. Solubilidad en agua

Se refiere a la máxima concentración de un solvente químico que se disuelve en una cantidad definida de agua pura; en general se encuentra en el rango de 1 a 100.000 mg/l. La solubilidad de un solvente en agua es función de la temperatura y de propiedades específicas del solvente. Como cada solvente tiene un grado de solubilidad específica se pueden encontrar solventes disueltos en agua en diferentes concentraciones.

Las condiciones ambientales, como la temperatura y el pH, pueden influir en la solubilidad. En general los solventes muy solubles en agua tienen una baja afinidad de adsorción en suelos y son fácilmente transportados desde los suelos contaminados hacia los cuerpos de agua superficiales o subterráneos.

La volatilidad está directamente relacionada con la solubilidad en agua; los solventes muy solubles en agua tienden a ser menos volátiles. Se puede determinar la solubilidad siguiendo el procedimiento standard de la Organización para la Cooperación y el Desarrollo Económico 105 (OCDE).

De acuerdo con Petrus (1995) se puede determinar la solubilidad de la siguiente manera:

Rango de Solubilidad (g/L)	Clasificación
> 1000	Muy soluble
100 a 1000	Fácilmente soluble
33,3 a 100	Soluble
10 a 33,3	Suficientemente soluble
1 a 10	Poco soluble
0,1 a 1	Muy poco soluble
< 0,1	Prácticamente insoluble

10.5.2.6. Densidad

El comportamiento en acuíferos para una determinada sustancia se puede predecir si se lo asocia a otras propiedades. Los solventes de baja solubilidad y densidad menor que la del agua tienden a formar una fase libre, denominada *Light Non-Aqueous Phase Liquids* (LNAPL), que flota sobre la superficie acuosa; los solventes de baja solubilidad y densidad mayor que la del agua tienden a migrar a través de las diferentes capas del suelo hasta llegar a una capa impermeable y dar origen a *Dense Non-Aqueous Phase Liquids* (DNAPL).

10.5.2.7. Liposolubilidad

La liposolubilidad permite estimar la tendencia de un solvente a acumularse en los tejidos grasos de los organismos vivos (peces, aves, mamíferos). Representa la cantidad de solvente disuelto en 100 g de aceite o grasa standard a una temperatura de 37 °C, y se expresa en mg/100 g a 37 °C.

10.5.2.8. Coeficiente de partición (Kow)

Es un dato específico de cada solvente, que sirve para estimar su comportamiento ecoquímico y ecotoxicológico (absorción por el suelo, absorción biológica, bioconcentración y acumulación en los tejidos grasos).

El coeficiente de partición es una medida de la proporción en que un solvente se reparte entre una fase acuosa y una fase orgánica no miscible, que sirve para determinar el potencial de transferencia del solvente a partir del ambiente acuático y su eventual bioacumulación.

En el tejido graso de los organismos vivos se acumulan solventes con valores altos de Kow; por eso una manera de estimar el potencial de bioconcentración de un solvente es medir su grado de lipofilicidad. Como es muy difícil obtener directamente esta medida se usa el índice de Kow para predecir la tendencia de un solvente a distribuirse entre el octanol (que aquí representa los compuestos orgánicos grasos) y el agua. El índice de Kow está directamente relacionado con la tendencia a concentrarse en la biota e inversamente con la solubilidad en agua. El coeficiente de partición octanol/agua se puede determinar según los procedimientos normalizados OCDE 107 y OCDE117.

10.5.2.9. Constante de Henry

Esta constante, que representa el coeficiente de partición aire/agua, considera el peso molecular, la solubilidad y la presión de vapor, e indica el grado de volatilidad de un solvente en una solución. Si un solvente tiene alta solubilidad en agua y relativamente baja presión de vapor permanecerá disuelto en el agua. Pero si su presión de vapor es alta con relación a su solubilidad en agua, la constante de la Ley de Henry también será alta y el solvente se volatilizará. En la tabla 10.15 se presentan los rangos de volatilidad en función de los valores de la constante de la Ley de Henry.

La volatilidad de acuerdo con los valores de la constante de la Ley de Henry

Volatilidad	Rango de valor (atm m^3/mol)
No volátil	Menor que 3×10^{-7}
Baja volatilidad	3×10^{-7} a 3×10^{-5}
Volatilidad moderada	1×10^{-5} a 1×10^{-3}
Alta volatilidad	Mayor que 1×10^{-3}

Fuente: ATSDR (1992)

10.5.3. Informaciones ecológias

Las informaciones ecológicas comprenden las informaciones relativas al comportamiento probable de un solvente en un ecosistema, tales como la movilidad, la persistencia, la degradabilidad, la bioacumulación, y también los efectos posibles sobre la vida acuática y el medio ambiente en general (ecotoxicidad).

Es importante destacar que el comportamiento ambiental de una preparación (mezcla de solventes) puede ser completamente diferente del de cada uno de los componentes en forma aislada. El resultado puede ser aditivo, sinérgico o antagónico.

A continuación se mencionan las principales informaciones sobre un solvente, en el ámbito ecológico, que se encuentran en las publicaciones científicas, que se pueden inferir a partir de sus propiedades físico-químicas, u obtener experimentalmente.

10.5.3.1. Movilidad

La movilidad caracteriza las posibles transferencias de una sustancia entre los diferentes compartimientos ambientales, estando asociada a las siguientes propiedades:

- Volatilidad;
- Absorción/desorción;
- Precipitación;
- Tensión superficial;
- Compartimiento blanco del solvente

10.5.3.2. Volatilidad

La volatilidad de un solvente en un medio acuoso se puede determinar a partir del valor de la constante de Henry (H), que representa el coeficiente de partición entre el aire y el agua, a partir del suelo está asociada a la presión de vapor (P).

De acuerdo con Petrus (1995) se puede seguir el siguiente criterio para predecir la volatilidad de un solvente:

- Si $H \geq 100\ Pa \cdot m^3/mol$, se considera que el solvente es volátil a partir de un medio acuático;
- Si $P \geq 100$ Pa, se considera que el solvente es volátil a partir del suelo.

10.5.3.3. Adsorción/desorción

Se puede estimar la adsorción y la desorción de un solvente por medio de sus propiedades físico-químicas como el coeficiente de partición octanol/agua (Kow), el coeficiente de adsorción de carbono orgánico (Koc) o la solubilidad en agua.

Según Petrus (1995) se puede estimar la capacidad de adsorción/desorción de acuerdo con los siguientes criterios:

- Si $\log Kow \geq 3$, el solvente sufre adsorción.
- Si $Koc \geq 10\ m^3/kg$, el solvente sufre una fuerte adsorción.
- Si S (solubilidad) ≥ 1 g/L, el solvente no sufre adsorción; en este caso el solvente se infiltrará fácilmente en el suelo.

10.5.3.4. Precipitación

La precipitación se estima a partir de la solubilidad (S) y de la densidad relativa al agua (d 20/4). Un solvente poco soluble en agua puede sedimentar por un proceso de adsorción a partículas o materia en suspensión, o también flotar en la superficie del agua.

Petrus (1995) establece el siguiente criterio para predecir la precipitación:

- Si S < 1 mg/L e se $d_{20/4} > 1$, el solvente precipita.
- Si S < 1 mg/L e se $d_{20/4} < 1$, el solvente flota en la superficie.

10.5.3.5. Tensión superficial

Cuando un solvente presenta la característica de disminuir la tensión superficial (T) se lo considera tensioactivo. Según PETRUS (1995) si T < 50 mN/m (a una concentración de 1 g/l) se considera que el solvente es tensioactivo.

10.5.3.6. Compartimiento blanco del solvente

El compartimiento blanco de un solvente es el compartimiento final, es decir al que migra. Este compartimiento no es necesariamente aquel en el se aplicó el solvente y/o se vertió accidentalmente; por ejemplo algunos solventes vertidos en el agua migran hacia la atmósfera.

Los diversos componentes de una mezcla o formulación pueden migrar hacia compartimientos blanco distintos. La movilidad de un solvente caracteriza sus posibles transferencias entre los diversos compartimientos ambientales: agua, aire, suelo/sedimentos.

De acuerdo con Petrus (1995) se puede predecir el compartimiento blanco de un solvente a partir de su solubilidad en agua, su volatilidad y de la capacidad de adsorción, de la siguiente manera:

- Si solubilidad > 1 g/L y el solvente es no volátil, el compartimiento blanco es el agua;
- Si solubilidad < 1 mg/L y el solvente sufre adsorción, los compartimientos blanco son el suelo y los sedimentos;
- Si solubilidad < 1 mg/L y el solvente es volátil, el compartimiento blanco es el aire.

Se pueden usar modelos matemáticos para determinar la distribución de un solvente entre los diversos compartimientos y cual es su compartimiento blanco, por ejemplo, el modelo de Mackay (Mackay, D. Paterson, S & Shin, W.Y. – 1992 – *Generic models for evaluating the regional fate of chemicals* – *Chemosphere*, 24, 695-717).

- Degradabilidad

  La degradabilidad de un solvente está caracterizada por los procesos asociados a la degradación abiótica, a la biodegradabilidad y a la persistencia.

- Degradación abiótica

  La degradación abiótica comprende transformaciones químicas, como hidrólisis, fotólisis, oxido/reducción y reacciones de intercambio iónico.

- Hidrólisis

  La hidrólisis es la capacidad que tiene un solvente de reaccionar con el agua. En función del pH del medio, puede ser ácida, básica o neutra.

- Fotólisis

  La fotólisis o fotodegradación es el proceso de descomposición de un solvente por acción de la luz. La fotodegradabilidad generalmente se expresa como tiempo de vida media en días. La vida media representa el tiempo necesario para que se degrade la mitad de una cierta cantidad del solvente.

10.5.3.7. Degradación biótica o biodegradabilidad

La biodegradabilidad es la capacidad que tiene un solvente de sufrir biodegradación, es decir, de ser metabolizado (descomposición parcial o total) por microorganismos que lo utilizan como fuente de carbono y/o de energía.

Por acción de la biodegradación en la molécula original pueden ocurrir cambios relativamente pequeños, como la sustitución o modificación de un grupo funcional (biodegradación primaria), o la completa descomposición del solvente en CO_2, H_2O y sales orgánicas, proceso conocido como mineralización.

Con el objetivo de prever el comportamiento del solvente y el impacto ambiental de sus productos de descomposición se establecieron metodologías de evaluación de la biodegradabilidad, desarrolladas y revisadas por agencias nacionales e internacionales como ISO y OCDE.

- Biodegradabilidad inmediata

  La biodegradabilidad inmediata indica la facilidad con que se degrada un solvente por acción microbiana en condiciones similares a las que normalmente se encuentran en el medio acuático natural. Por ejemplo, un solvente que da resultado positivo en un ensayo de biodegradabilidad inmediata -que dura normalmente 28 días- se va a degradar rápidamente en el medio acuático natural y en las estaciones de tratamiento biológico de efluentes, y se va a clasificar en la categoría de fácilmente biodegradable. Algunos de los ensayos son: OCDE 301 A – F, OCDE 310 e ISO 14593.

La Comunidad Económica Europea (CEE), tomando como base los resultados de la biodegradación inmediata, adopta los siguientes criterios para clasificar con relación a la facilidad de biodegradación:

Clasificación CEE	Resultado del Ensayo de Biodegradación Inmediata
Fácilmente biodegradable	≥ 60% desprendimiento de CO_2, o ≥ 60% consumo de O_2, o ≥ 70% remoción de Carbono Orgánico Disuelto (COD) y t ≤ 10 dias(1)
No es fácilmente biodegradable	< 60% desprendimiento de CO_2, o < 60% consumo de O_2, o < 70% remoción de COD
Intrinsecamente biodegradable	≥ 60% desprendimiento de CO_2, o ≥ 60% consumo de O_2, o ≥ 70% remoción de COD e t > 10 dias

(1) Se debe alcanzar este % dentro de un período (t) ≤ 10 días (10-*day window*), a partir del momento en que ocurre el 10% de biodegradación.

La biodegradabilidad se puede inferir a partir de la relación entre la Demanda Biológica de Oxígeno ($DBO_{5\ \text{días}}$) y la Demanda Química de Oxígeno (DQO); cuando este valor es mayor que 0.5 indica una rápida biodegradación.

- Biodegradabilidad intrínseca

  Se aplica el concepto de biodegradabilidad intrínseca para los solventes que no presentan evidencias de ser inmediatamente biodegradables. Generalmente se determina por medio ensayos realizados en condiciones más favorables a la biodegradación como mayor densidad microbiana y más largo período de adaptación o aclimatación del inóculo, y eventualmente la presencia de otros nutrientes y substratos que contienen carbono, con la finalidad de favorecer el aumento de la biomasa bacteriana y el cometabolismo. El valor de biodegradación intrínseca indica el máximo grado en que se puede degradar un compuesto en condiciones ambientales favorables, como en las estaciones de tratamiento biológico.

Se pueden citar, como ejemplo, el ensayo de Zahn –Wellens (OCDE 302 B; ISO 9888; EPA 835.3200) y el Semi-Continuous Activated Sludge (SCAS) modificado (OCDE 302 A; ISO 9887; EPA 835.3210). Si el ensayo da un resultado negativo significa que el compuesto probablemente persiste en el medio acuático, entonces se lo clasifica como no biodegradable.

Según el criterio de la Comunidad Económica Europea, citado en la referencia Petrus (1995), la clasificación adoptada es la siguiente:

Clasificación CEE	Resultado del Ensayo de Biodegradación Intrínseca
Intrínsecamente biodegradable	≥ 70% remoción COD o DQO y t ≤ 28 dias (duración total).
Parcialmente biodegradable	< 70% e ≥ 20% remoción COD o DQO y t ≤ 28 dias (duración total).
No biodegradable	< 20% remoción COD o DQO y t ≤ 28 dias.

10.5.3.8. Persistencia

Se denomina solvente persistente al que está compuesto por una sustancia estable, relativamente resistente al ataque biológico o químico, y que permanece en el ambiente después de haber sido usado. La estabilidad de un solvente depende de su estructura química, por eso los solventes cíclicos generalmente son más estables que los alifáticos, y los aromáticos, más estables que los cíclicos. Las estructuras ramificadas son más estables que las lineales. La unión cloro-carbono es muy resistente a la hidrólisis y, consecuentemente, aumenta la resistencia de la molécula a la degradación biológica y fotolítica.

La persistencia, o sea la alta resistencia a la degradación biótica y/o abiótica, se refiere a todo solvente no degradado, o a todo solvente degradado en subproductos no degradables, independientemente del compartimiento blanco al que migren.

La capacidad de un solvente de ser removido del medio ambiente es proporcional a su velocidad de degradación. En el caso de que ocurran pérdidas accidentales de solventes de rápida degradación, sus efectos quedarán restrictos y serán de corta duración. Si el producto no se degrada rápidamente en el medio ambiente significa que va a persistir en un determinado compartimiento durante un largo tiempo; ello representa una exposición ambiental crónica que no se puede solucionar apenas interrumpiendo el uso. Para evitar que un solvente se acumule su vida media debe ser igual o menor que su tiempo de residencia en el compartimiento ambiental considerado.

Se considera que un solvente es de “rápida degradación” en el medio acuático si se puede degradar (biótica y/o abióticamente) en más del 70% en un período de 28 días.

10.5.3.9. Bioacumulación

La bioacumulación corresponde a la capacidad que tienen algunos solventes de acumularse en organismos vivos. La asimilación y la retención de un solvente, si se encuentra en una concentración elevada, pueden causar efectos deletéreos en el organismo.

Para estimar la bioacumulación se puede usar el coeficiente de partición octanol-agua (Kow).

Petrus (1995) establece el siguiente criterio para predecir la bioacumulación:

- Si log Kow ≥ 3, el solvente se considera potencialmente bioacumulable.
- Si log Kow < 3, el solvente no se considera potencialmente bioacumulable.

Los solventes que tienen altos valores de Kow tienden a acumularse en la biota, se adsorben con facilidad al suelo, los sedimentos y la materia orgánica, y pasan al ser humano a través de la cadena alimentaria. Por otro lado los solventes que tienen bajos valores de Kow tienden a distribuirse en el agua y en el aire, por ejemplo los solventes orgánicos volátiles como el tricloroetileno y el tetracloroetileno, que van al aire y entran en el organismo principalmente por inhalación. (ATSDR, 1992).

Algunos solventes, como los hidrocarburos aromáticos, a pesar de su alto Kow no se acumulan de manera significativa en peces porque son metabolizados rápidamente. (ATSDR, 1992).

10.5.3.10. Factor de bioconcentración (FBC)

Es una medida de la magnitud de la distribución química con relación al equilibrio entre un medio biológico (como los tejidos de un organismo marino) y un medio externo como el agua. El FBC se determina dividiendo la concentración de equilibrio (mg/kg) de un solvente en un organismo o un tejido por su concentración en el medio externo.

Normalmente los estudios de bioconcentración se enfocan en los peces debido a su importancia como fuente de alimento humano y a la disponibilidad de procedimientos estandarizados para dichos organismos. Los FBC son elementos básicos para los estudios de evaluación de los riesgos ambientales o para la salud humana y se estiman por medio de modelos de equilibrio o cinéticos, o se determinan experimentalmente. El procedimiento standard que se usa normalmente es el OCDE 305.

Según Petrus (1995) se considera que un solvente es bioacumulable si su FBC es igual o mayor que 100.

10.5.3.11. Ecotoxicidad

La ecotoxicidad se refiere a los efectos tóxicos potenciales de los solventes sobre los organismos vivos, tanto los que se encuentran en el agua o en el suelo, como la fauna y flora terrestre. Su finalidad principal es evaluar los efectos de la presencia de dichos productos.

Los ensayos ecotoxicológicos más importantes que se aplican mundialmente fueron normalizados por agencias nacionales e internacionales como ISO, OCDE.

10.5.3.12. Efectos sobre los organismos acuáticos

La toxicidad acuática se refiere a los efectos tóxicos de los solventes sobre los organismos representativos del ambiente acuático. Se considera que este medio es el compartimiento receptor más importante porque por medio de las lluvias, el lavado del suelo y las infiltraciones, recibe los solventes lanzados al aire o dispensados en el suelo.

Los efectos de los solventes sobre la vida acuática se pueden estudiar por medio de ensayos biológicos "in loco" o en laboratorio. Los que más se usan son estos últimos porque permiten controlar más efectivamente los factores ambientales, como temperatura, pH, duración de la exposición, medio y concentración. Como, por razones técnicas y económicas, es imposible realizar ensayos con todas las especies del ecosistema acuático se eligen solamente algunas representativas. El criterio más aceptado es seleccionar especies representativas de diferentes niveles tróficos (posición en la cadena alimentaria): bacterias, algas, macro-invertebrados bentónicos, crustáceos (Daphnia para agua dulce y el camarón para agua marina), peces de agua dulce (truchas, danio cebra) y de agua salada.

Por medio del ensayo de toxicidad aguda se evalúan los efectos, en general graves y rápidos, sobre los organismos expuestos a un solvente durante un corto período de tiempo, generalmente de uno a cuatro días.

Para estimar los efectos agudos sobre una muestra se usan, como criterio, las reacciones fundamentales del organismo sometido al ensayo. En el caso de los peces dicha reacción es la muerte, en el los microcrustáceos, la movilidad, en el las fotobacterias, la inhibición de la emisión de luz, en el de las pseudomonas, la inhibición de la respiración o el crecimiento, y en el caso de las algas, la inhibición del crecimiento o el aumento de la fluorescencia..

Los resultados se expresan en Concentración Efectiva o Letal inicial media (CE50 o CL50), que corresponde a la concentración nominal del solvente, al principio del ensayo, que causa un efecto agudo (letalidad o inmovilidad) en el 50% de los organismos sometido a ensayo durante un determinado tiempo de exposición.

La toxicidad aguda normalmente se determina sobre las siguientes especies:

- Peces, como *Pimephales promelas, Danio rerio, Lepomis macrochirus*. El valor de CL50 en 96 horas se determina por el método OCDE 203 u otro equivalente;
- Crustáceos, como *Daphnia Magna, Daphnia Similis, Daphnia pulex*. El valor de CE50 en 24 o 48 horas se determina por el método OCDE 202 u otro equivalente;
- Algas, como *Scenedesmus cuadricauda, Scenedesmus subspicatus, Chlorella vulgaris*. El valor de CE50 en 72 o 96 horas (reducción del 50% del índice de crecimiento) se determina por el método OCDE 201 u otro equivalente;

Según el criterio de la Comunidad Económica Europea, citado en la referencia Petrus (1995), clasificación adoptada es la siguiente:

Clasificación CEE	Resultados del Ensayo de Toxicidad Acuática Aguda:
Sin efecto adverso agudo	CL o CE 50% > 100 mg/l
Nocivo	CL o CE 50% > 10 mg/l y ≤ 100 mg/l
Tóxico	CL o CE 50% > 1 mg/l y ≤ 10 mg/l
Muy tóxico	CL o CE 50% ≤ 1 mg/l

El ensayo de toxicidad crónica permite estimar los efectos adversos más sutiles sobre los organismos expuestos, como efectos sobre el crecimiento, la supervivencia, la reproducción y el desarrollo. Los ensayos tienen una duración que varía entre siete días y algunos meses, dependiendo de la especie.

Los datos de toxicidad acuática crónica están menos disponibles y los procedimientos experimentales menos normalizados que los de toxicidad aguda. Para determinar el valor de la Concentración de Efecto No Observado, (CENO), que corresponde a la mayor concentración nominal del solvente que no causa un efecto deletéreo estadísticamente significativo en los organismos durante determinado tiempo de exposición en las condiciones de ensayo, se usan los ensayos OCDE 210 (primer período de vida para peces) o OCDE 211 (reproducción de *Daphnia*).

10.5.3.13. Efectos sobre los organismos terrestres

Para estimar la ecotoxicidad terrestre se realizan ensayos con lombrices, vegetales superiores, pájaros y abejas. Se pueden citar como ejemplos de ensayos estandarizados para determinar la toxicidad terrestre: OCDE 207 (toxicidad aguda en la lombriz roja californiana: Eisenia foetida), OCDE 208 (toxicidad aguda en plantas), OCDE 216/217 (efectos sobre microorganismos del suelo), OECD 206 (toxicidad crónica en pájaros).

10.5.3.14. Efectos nocivos diversos

En el aire, estando puro o contaminado, ocurren diversos procesos químicos que son importantes desde el punto de vista de los efectos nocivos sobre el medio ambiente. Estas reacciones pueden ocurrir en la troposfera, que es la región comprendida desde el nivel de la superficie terrestre hasta una altura de 15 km, o en la estratósfera, que se extiende desde los 15 km hasta los 50 km de altura.

10.5.4. Potencial de formación fotoquímica de ozono

Como resultado de las reacciones entre contaminantes inducidas por acción de la luz, en la troposfera se encuentran altos niveles de ozono. Según Baird los reactivos más importantes de estas reacciones son los compuestos orgánicos volátiles (VOC) y los óxidos de nitrógeno; los productos finales son ozono, ácido nítrico y compuestos orgánicos parcialmente oxidados.

$$\text{VOC}s + \text{NO}^0 + \text{O}_2 + \text{Luz} \quad \rightarrow \text{O}_3 + \text{HNO}_3 + \text{Compostos orgânicos}$$

Se han creado diversas escalas de reactividad fotoquímica para clasificar los compuestos orgánicos con relación a su potencial de producción de ozono, entre ellas la escala *Maximum Incremental Reactivity* (MIR), creada por Carter (1998) para la organización *California Air Resources Board*. Se basa en la Reactividad Adicional, que corresponde al número de moléculas de ozono formadas por átomo de carbono agregado a la mezcla atmosférica de VOC original, para una dada relación de VOC/NOx. La medida de MIR corresponde al máximo de Reactividad Adicional de un dado VOC expresada en g O3/g VOC. En la Tabla 1 se presentan los valores de algunos productos.

La relación completa de los valores de MIR se puede encontrar en el trabajo de Carter en http://pah.cert.ucr.edu/~carter/r98tab.htm

Tabla 10.5. Valores de reactividad adicional – MIR (gramos de ozono formado por gramo de producto)

Substancia	IR (g/g)	Substancia	IR (g/g)
Acetato de amilo	1,16	Cidobutanona	0,73
Acetato de etilo	0,80	Dimetil éter	1,02
Acetato de isobutilo	1,08	Etanol	1,92
Acetato de isopropilo	1,21	Etil benceno	2,97
Acetato de n-butilo	1,14	Etilenoglicol	5,66
Acetato de propilo	0,98	Glicerol	3,76
Acetato de s-butilo	1,72	Metanol	0,99
Acetato de t-butilo	0,21	Metil butil éter	1,34
Acetileno	1,23	Isobutirato de metilo	0,42
Acetona	0,48	m-Xileno	11,06
Ácido acético	0,67	o-Xileno	7,83
Ácido propiônico	1,37	Propilenoglicol	2,65
Alcool isopropílico	0,81	p-Xileno	4,44
Benceno	1,00	Tolueno	4,19

Fonte: Carter, 1998

10.5.4.1. Potencial de destrucción de la capa de ozono

La denominada capa de ozono (O3) es una concentración de este gas que se encuentra en la alta atmósfera, entre los 15 y los 50 km de altura, es decir, en la estratósfera. Esta capa filtra la mayor parte de la radiación ultravioleta (UV-B) biológicamente nociva, que tiene efectos sobre la salud y el medio ambiente.

A continuación se presentan las sustancias químicas, de origen natural y antropogénico que, según la Convención de Viena para la Protección de la Capa de Ozono, podrían modificar las propiedades físicas y químicas de la capa de ozono.

a) Sustancias del grupo del carbono: monóxido de carbono (CO), dióxido de carbono (CO_2), metano (CH_4) y las especies de hidrocarburos sin metano.

   Las especies de hidrocarburos sin metano están constituidas por un gran número de sustancias químicas, pueden provenir tanto de fuentes naturales como antropogénicas y desempeñan un papel directo en la fotoquímica troposférica, e indirecto en la fotoquímica estratosférica.

b) Sustancias del grupo del nitrógeno: óxido nitroso (N_2O), óxido de nitrógeno (NO_x)

   Las fuentes de NO_x que se encuentran al nivel del suelo desempeñan un papel directo decisivo en los procesos fotoquímicos troposféricos, y uno indirecto en la fotoquímica de la estratosfera; mientras que si hay una entrada de NOx cerca de la capa intermediaria entre la troposfera y la estratosfera se pueden provocar cambios de la concentración de ozono en las capas superiores de la troposfera y de la estratosfera.

c) Sustancias del grupo del cloro: alcanos completamente o parcialmente halogenados, por ejemplo: CFC-11, CFC-12, CFC-113, CFC-114, CFC-22, CFC-21.

d) Sustancias del grupo del bromo: alcanos completamente halogenados, por ejemplo: CF_3Br.

e) Sustancias del grupo del hidrógeno: hidrógeno (H_2)

   El hidrógeno, que es tanto de origen natural como antropogénico, desempeña un papel de menor importancia en la fotoquímica estratosférica.

f) Agua (H_2O)

   El agua de origen natural desempeña un papel vital en la fotoquímica tanto de la troposfera como de la estratosfera.

Se puede estimar el riesgo potencial que tiene una sustancia química de destruir la capa de ozono por medio del potencial de depleción de ozono (ODP), que se define como la depleción de ozono en la estratosfera causada por la emisión de una unidad de masa de una sustancia química con relación a la depleción de ozono causada por la emisión de una unidad de masa de CFC-11. Cualquier sustancia cuyo ODP sea mayor que 0 puede destruir la capa estratosférica de ozono. En general, las sustancias que tienen una vida media en la atmósfera menor que un año presentan valores de ODP cercanos a cero. (Verschueren, 2001). También se observa que muchas sustancias con potencial de depleción de la capa de ozono también tienen potencial para aumentar el calentamiento global.

El Protocolo de Montreal, que es un tratado internacional por el que los países signatarios se comprometen a sustituir las sustancias ODP, no incluye en esta lista a los solventes no halogenados.

10.5.5. Potencial de calentamiento global

Se considera que la principal causa de los cambios climáticos es la emisión de los gases que producen el efecto invernadero. A este respecto hay reglamentos establecidos por la Convención Cuadro de las Naciones Unidas (UNFCC) y el Protocolo de Kyoto, pero en los que no está incluido ningún solvente industrial.

10.5.6. Efectos en las estaciones de tratamiento de aguas residuales

Los desechos de solventes vertidos en medios acuáticos pueden llegar a las estaciones de tratamiento de aguas residuales urbanas o industriales, y de acuerdo con sus características, ser eliminados por procesos químicos y/o biológicos, tales como volatilización, adsorción o biodegradación.

En las estaciones de tratamiento por procesos biológicos, como por lodos activados, un solvente eventualmente puede provocar efectos adversos debido a la cantidad dispensada, a su toxicidad sobre los organismos que componen los lodos activados y a su biodegradabilidad. Como ejemplo de efectos adversos se pueden citar los choques de carga y la inhibición parcial o total del sistema biológico, que provocan la pérdida de eficiencia del tratamiento.

Para evaluar esos efectos y la tratabilidad de solventes en las estaciones de tratamiento biológico se pueden realizar ensayos respirométricos de inhibición del consumo de oxígeno usando los organismos de los lodos activados (OCDE 209 o ISO 8192) y ensayos de simulación de tratamiento por lodos activados en plantas piloto o en laboratorios (OCDE 303A o ISO 11733).

Enlaces interesantes

En la web se encuentran numerosos enlaces con datos e informaciones sobre el comportamiento ambiental, la higiene y la salud ocupacional con relación a los solventes. A título ilustrativo citamos los siguientes:

http://www.syrres.com/esc/chemfate.htm - Propriedades físico-químicas.

http://www.syrres.com/esc/physdemo.htm - Propriedades físico-químicas.

http://toxnet.nlm.nih.gov/cgi-bin/sis/htmlgen?HSDB.htm - Datos toxicológicos, propiedades físico-químicas e informaciones ecológicas.

http://www.syrres.com/esc/biodeg.htm - Datos de biodegradabilidad.

http://cfpub.epa.gov/ecotox/quick_query.htm - Datos de ecotoxicidad.

http://pah.cert.ucr.edu/~carter/r98tab.htm - Datos de reactividad fotoquimica.

http://www.syrres.com/esc/ozone.asp - Datos sobre ODP (Ozone Depletion Potencial) y GWP (Global Warming Potencial).

http://hq.unep.org/ozone/Montreal-Protocol/Montreal – Protocolo de Montreal

http://www2.mst.dk/common/Udgivramme/Frame.asp?pg=http://www2.mst.dk/udgiv/Publications/2001/87-7944-596-9/html/kap11_eng.htm – Informaciones ecológicas sobre los grupos de solventes más usados.

http://chemfinder.cambridgesoft.com/ - Contiene enlaces de numerosos websites con datos sobre propiedades físico-químicas, toxicológicas y ecotoxicológicas.

http://www.portaldapesquisa.com.br/databases/sites

Referencias Bibliográficas

Associação Brasileira de Higienistas Ocupacionais (ABHO) – I Congresso Panamericano de Higiene Ocupacional. Anais/Curso Estratégia de Amostragem de Agentes Químicos.

American Conference of Governmental and Industrial Hygienists (ACGIH) – Limites de Exposição Ocupacional (TLVs®) para Substâncias Químicas e Agentes Físicos & Índices Biológicos de Exposição (BEIs®). Tradução ABHO, 2005.

Agency for toxic substances and disease registry. (ATSDR). Public health assessment guidance manual. Boca Raton: Lewis Publishers, 1992.

Cartr, W. Updated maximum incremetal reactivity scale for regulatory application. 1998.

Cikui L., David G. Prediction of physical and chemical properties by quantitative structur-property relationships. American Laboratory 1997.

Comstock, B. S. A review of psychological measures relevant to central nervous system toxicity, with specific reference to solvent inhalation. Clin. Toxicol., 11: 317-24, 1977.

Haguenoer, J. M. & Furon, D. Toxicologie et hygiene industrielles. Paris, Technique et Documentation. v. 10, p. 91-198. 1983.

Mulhausen, J. R., Damiano, J. - Strategy for Assessing and Managing Occupational Exposures; Second Edition, AIHA Press.

M. MacLeod, D. Mackay. Modeling transport and deposition of contaminants to ecosystems of concern: a case study for the Laurentian Great Lakes. 2003.

Niosh Publication No. 87-104. Current Intelligence Bulletin 48/Organic Solvent Neurotoxicity, march 31, 1987.

Organizações das Nações Unidas (ONU). Convenção de Viena para a Proteção da Camada de Ozônio. 1985.

Organizações das Nações Unidas (ONU). Protocolo de Montreal sobre substâncias que destroem a camada de ozônio. 1989.

Zagatto P. A., Bertoletti E. Ecotoxicologia aquática – princípios e aplicações – 1ª edição. 2006.

Petrus R Fiches de données de sécurité pour les produits chimiques dangereux. Manuscrit définit – Rhone Poulenc Chimie. 1995.

Rivaldo S. Toxicologia Industrial, Saúde e Trabalho on line.

Verschueren K. Handbook of Environmental Data on Organic Chemicals, 4ª edição. 2001.

Rebouças Z. Avaliação da Exposição de Agentes Químicos e Físicos. ABIQUIM, Agosto 09. 2004.

Glosario

H entalpía relativa
ΔH° entalpía de reacción a 25°C y 1 atm
δ^- polaridad negativa
δ^+ polaridad positiva
pe momento dipolar
Q producto de la carga en el extremo negativo
l distancia entre los centros de cargas
atm atmósfera
°C grados Celsius
p presión de vapor
T_c temperatura crítica
p_c presión crítica
C_nH_{2n} grupo alcano
OH grupo hidroxilo
O oxígeno
N nitrógeno
F flúor
$p.e.$ punto de ebullición
$p.f.$ punto de fusión
Na^+ iones sodio
Cl^- iones cloruro
K Kelvin
Pa Pascal
q cargas
r distancia entre cargas en el vacío
V energía potencial
ε_0 permisividad en el vacío
ε permisividad del medio
ε_r permisividad relativa o constante dieléctrica
k constante de Boltzman
ρ densidad
η viscosidad
M masa molar
P_m polarización
T temperatura
E energía
R constante universal de los gases
n_{21} índice de refracción relativo
v_1 velocidad de la luz en el medio 1
v_2 velocidad de la luz en el medio 2
c velocidad de la luz en el vacío
n índice de refracción absoluto
θ_1 ángulo de incidencia
θ_2 ángulo de refracción
γ tensión superficial
w trabajo
A_{sup} área superficial
s segundos
m masa
V volumen
d densidad relativa
ρ_0 densidad absoluta standar
VOC compuestos orgánicos voláteis

Índice remisivo

Impressão e Acabamento
Prol Editora Gráfica